给水装备运用与管理

冯 柯 李焕良 等编著

国防工业出版社

·北京·

内 容 简 介

本书较为全面地介绍了给水装备的运用与管理的基本理论和方法。首先,结合我国平、战时给水保障的形势与任务,总结分析了给水装备的现状与发展趋势;其次,重点针对水源侦察装备和钻井作业装备,详细介绍了主要类型给水装备的结构组成、工作原理和运用方法,进而系统阐述了给水装备维修的策略、技术和工艺等,为保持和恢复给水装备完好技术性能提供了理论与方法指导;最后,结合给水装备及其运用的特点和规律,全面论述了给水装备日常管理的内容、模式与方法。

本书是一本关于给水装备技术与管理的综合性书籍,可以作为给水工程相关专业的大学本科和研究生专业基础课程教材,也可以作为从事给水装备运用与管理相关技术人员的参考资料,且对于军、地单位开展给水装备综合管理工作也具有一定的指导意义。

图书在版编目(CIP)数据

给水装备运用与管理 / 冯柯等编著. — 北京 : 国防工业出版社,2017. 5
ISBN 978 - 7 - 118 - 11257 - 3

Ⅰ.①给… Ⅱ.①冯… Ⅲ.①给水设备 - 设备管理
Ⅳ.①TU821

中国版本图书馆 CIP 数据核字(2017)第 081074 号

※

国防工业出版社 出版发行

(北京市海淀区紫竹院南路 23 号   邮政编码 100048)
腾飞印务有限公司印刷
新华书店经售

*

开本 787×1092   1/16   印张 21½   字数 496 千字
2017 年 5 月第 1 版第 1 次印刷   印数 1—2000 册   定价 56.00 元

(本书如有印装错误,我社负责调换)

国防书店:(010)88540777   发行邮购:(010)88540776
发行传真:(010)88540755   发行业务:(010)88540717

前　言

　　水是人类赖以生存和发展不可缺少的最重要的物质资源之一。人类的日常生活和工业生产都离不开水,战时实施给水保障也是保证部队人员和装备战斗的重要内容。我国水资源分布极不均匀、局部地区缺水严重,为保障偏远、干旱地区人民的生活和生产用水,给水装备发挥了重要的作用。

　　自20世纪90年代以来,以经济建设、抗旱救灾、国际维和与预设战场水源点开辟等给水工程保障需求为牵引,我国陆续引进和研发了系列给水装备,给水装备得到了快速发展,构建了以勘探和钻取地下水为体系的给水装备体系,典型的给水装备有水源侦察车,新型水源普查车,SPC-300ST型、SPC-600ST型水文水井钻机,保峨RB50钻机和SWJ-1000型测井车等。可见,给水保障涉及历史、地理、天文、气候、信息技术等多个学科,对给水装备的运用与管理带来了一定的困难。

　　给水装备的建设具有长期性、整体性的特点,涉及国家、军队建设的诸多方面,是一项复杂的系统工程。看准方向、抓住机遇、迎接挑战、加快转型,实现给水装备建设健康、协调、持续地发展,是给水装备建设的一项长期而艰巨的战略性任务。

　　给水装备建设的关键是人才,人才的关键是素质。深入开展给水装备相关的理论研究,加强给水装备科学运用与管理知识的宣传,结合给水装备运用与保障特点,创新给水装备管理模式与方法,加速给水装备人才培养,提高人员的理论知识、操作技能和管理能力,对于提高给水装备的运用与管理水平,具有重要的现实意义和深远的历史意义。

　　给水装备作为工程机械的一个重要组成部分,其结构原理、操作使用与故障类型等和其他工程机械相比具有独特的特点,且缺乏现成、完整的理论体系。作者在给水装备建设理论研究和科研实践成果的基础上,归纳、总结出一本针对给水装备运用与管理的理论专著,便于读者全面地了解给水装备的构造与原理,掌握给水装备的运用、维修和管理相关知识,以满足给水保障人才培养的迫切需要。

　　本书从给水保障引出给水装备,深入浅出地讨论了给水装备运用与管理的相关理论和技术问题。全书共分5章。第1章绪论:主要介绍了水源类型与我国水资源的分布特点,阐述了给水装备的任务、分类与使用的特点,分析了给水装备的发展趋势。第2章给水装备构造与原理:以给水装备中应用较为广泛的水源普查车、水源工程侦察车、钻机和测井车为例,深入分析各装备的结构组成与工作原理,为给水装备的操作使用与维修管理奠定基础。第3章给水装备操作使用:针对各类给水装备的功能与使用环境,结合其作业特点和规律,深入分析给水装备的使用要求、操作步骤与注意事项等内容。第4章给水装备维修:结合给水装备的作业环境与作业特点,分析给水装备零部件的故障模型与故障机理,研究给水装备的维护技术与方法,总结得出给水装备的常见故障并给出了相应的排除方法。第5章给水装备日常管理:从给水装备全寿命周期的角度分析了给水装备的操作使用管理、维修管理、资产管理和备件管理等管理技术与方法,实现给水装备高效经济地完成作业任务。

本书由冯柯总体设计,编写人员均为长期从事装备管理保障的教学与科研工作。编写人员的具体分工为:冯柯编写第 1 章、第 5 章;李焕良编写第 2 章;崔洪新编写第 3 章;杨小强编写第 4 章。最后,由冯柯、李焕良汇总并统稿。编写过程中,研究生闫际宇、韩金华、李沛、潘军军也参与了资料整理、文字修改工作。在此,谨向所有参与本书撰写的人员表示衷心的感谢。

最后,需要指出的是:由于给水装备涉及学科门类多、跨度大,可借鉴的文献和资料有限,许多工作还需要不断深入研究和探讨。由于时间仓促、编者水平有限,书中的错误在所难免,敬请读者批评指正。

编　者

2016 年 9 月

目　录

第1章 绪 论

水是人类赖以生存的物质基础,也是决定战争胜败的重要因素。实施野战给水是现代战争中的一项关系全局的重要保障任务,现代战争是诸军、兵种合同作战,给水保障的标准高、需求大;并且现代战争的机动性、快速性为野战给水保障带来了更大的压力,部队机械化程度的提高大大增加了对水的需求量,对给水保障提出了更高的要求。给水装备运用与管理得科学合理与否直接关系到给水保障任务的完成。因此,有效地组织实施野战给水保障,对提高军队的战斗力和生存能力至关重要,在缺水地区和水质状况恶劣时更具有决定性的意义。

1.1 给水保障的意义

信息化条件下的战场环境复杂,武器破坏力剧增,使给水保障几乎在任何作战地区都存在一定的困难,尤其在缺水地区或水源遭受污染地区作战,将直接影响作战人员和装备作战能力的发挥。与以往作战相比,现代战争中战区内的给水工程设施更易遭到敌方的全面破坏,各类水源均不可避免地遭受不同程度的污染。因此,给水保障已成为现代战场生存保障一项必不可少的任务。随着我军机械化、信息化程度的不断提高,要求给水保障的对象多、范围广,不仅要满足人员生活用水,还要保障装备、车辆用水和部队洗消用水,给水保障任务十分艰巨。以上这些使给水保障的作用更加突出,往往成为决定战争进程与结局的重要影响因素。现代战争作战空间大、机动速度快、战线飘忽不定,军队作战难以利用当地水源,并为侦察水源、构筑野战给水站带来了极大不便,使野战给水成为影响部队战斗力的一个重要因素。

由于水是人类生存必不可少的物质,因此,除保障战时用水外,还需支援地方建设并保障人民生活生产用水。我国幅员辽阔但水资源缺乏且分布极不均匀,是世界主要缺水国家之一。从社会用水来看,一是受极端气候影响,降雨量逐年减少,干旱灾情时有发生,且愈演愈烈。二是经济的高速发展,对水资源的需求越来越大,工农业生产用水和经济发展受到水的制约,人民群众基本生活用水安全经常受到威胁。三是环境污染对水的危害,使水资源水平逐渐下降。四是地震、洪涝、泥石流等自然灾害频发,灾区生活用水困难。

近年来,我军给水工程部队先后完成了华北、东北和西北战区的综合水文地质普查、设防阵地"三防"水源井构筑、部分给水条件图调绘;参加了利比里亚、苏丹和刚果金等任务区的国际维和给水保障任务;支援地方经济建设,解决了大部分地区边防军民吃水难问题;参加了云南、贵州、广西、山东、河南、内蒙古、山西、河北、甘肃、宁夏、陕西、新疆、西藏等13省和自治区扶贫和抗旱救灾任务;承担了国防工程水源建设任务等。

未来我军给水工程部队可能担负的任务有:一是为执行各类应急行动和部队演习提

1

供给水保障,特别是在野战条件下,要完成快速构筑给水站、开辟水源、汲水、水质处理、储水、输配水和水质检验等任务;二是要继续解决部队用水难题,尤其是边防高寒部队的吃水难问题;三是收集野战给水保障信息,加强给水环境建设,给未来作战给水保障行动决策提供依据;四是参加维和给水保障行动;五是参加矿难救援行动;六是继续支援地方经济建设;七是承担应急给水保障任务。

1.2 给水保障的特点

给水保障与其他保障相比,具有平时为干旱缺水地区提供给水保障的任务,战时还担负着为部队提供用水的任务。近年来,局部地区严重干旱情况时有发生,给水保障的任务越来越重,同时,给水保障也跨越了地区限制实现全区域保障。

1. 平战结合紧密,任务拓展多元化

与其他工程装备相比,给水装备除了战时担负给水保障任务外,平时更多地担负着勘察我国的水文地质情况任务和支援干旱受灾地区与经济建设实施找水打井作业任务。作战给水打井与民用打井取水技术上相同,钻井作业难以区分战时和平时、军用和民用。近年来,我国大范围连续遭受旱灾,矿难事故时有发生,给水装备凭借专业技术优势,完成了抗旱救灾、矿难救援、支农扶贫、国际维和等多样化军事任务。在新世纪新阶段,给水装备的应用范围已由战场水源建设拓展到抗旱救灾、矿难救援等任务,任务类型多元化,政治、军事、经济效益突出。

2. 满负荷遂行任务增多,应急保障常态化

我国边防线漫长且大部分地区水文气候条件恶劣,驻防部队、哨所官兵长期用水困难,战场水源建设任务繁重;同时,随着给水装备应用范围的不断拓展,给水装备的任务量大幅度地增加。近年来,利用给水装备相继完成了西南、华东、华北、西北、东北等地大量抗旱救灾任务,主要给水装备几乎全部在一线实施作业。无论是战场建设还是抗旱救灾,支农扶贫等多样化任务都相当繁重,全装应急执行任务趋于常态化,长期处于满负荷实战状态。

3. 跨区作业保障频次增加,任务执行全域化

随着全球气候变暖,我国南方地区旱灾频发,旱情严重,无论是从军事角度还是生产生活角度来看,给水保障地位都更加凸显。给水装备除了完成本地区的给水保障任务外,还要经常应急支援干旱地区实施找水打井作业。给水装备跨地区作业和全域机动保障的明显趋势,对给水装备的机动能力和保障能力提出了更高的要求。

4. 钻井给水作业自我保障,平时任务野战化

战场水源建设作业通常位于经济落后的不发达地区,特别是西藏、新疆、内蒙古地区边防打井,社会保障能力弱,给水分队独立遂行任务,很难得到其他分队支援,野外钻井作业用电、用油、用水和生活食宿均需要自我保障。打井抗旱、矿难救援等任务作业地域,多是急需救助的贫困山区或欠发达地区,钻井作业任务重、时间紧、环境差,转场频繁,给水分队除了钻井作业人员还必须配备炊事、通信、维修人员,除了钻机主战装备还必须配备运水车、加油车、吊车、修理车等保障装备。平时执行钻井任务,战场建设和抗旱行动都要求野战化保障。

1.3 水源分类及特点

给水水源可分为两大类：地下水源和地表水源。地下水源包括潜水（无压地下水）、自流水（承压地下水）和泉水；地表水源包括江河、湖泊、水库和海水。

大部分地区的地下水由于受形成、埋藏和补给等条件的影响，具有水质澄清、水温稳定、分布面广等特点。尤其是承压地下水（层向地下水），其上覆盖不透水层，可防止来自地表的渗透污染，具有较好的卫生条件。但地下水径流量较小，矿化度和硬度较高，部分地区可能出现矿化度很高或其他物质如铁、锰、氟、氯化物、硫酸盐、各种重金属或硫化氢的含量较高的情况。

大部分地区的地表水源流量较大，由于受地面各种因素的影响，通常表现出与地下水相反的特点。例如，河水浑浊度较高（特别是汛期），水温变幅大，有机物和细菌含量高，有时还有较高的色度。地表水易受到污染。但是地表水一般具有径流量大，矿化度和硬度低，含铁锰量等较低的优点。地表水的水质水量有明显的季节性。此外，采用地表水源时，在地形、地质、水文、卫生防护等方面均较复杂。

因此，在选择水源以前要充分考虑下列几方面的因素：

（1）水量要丰富，不论在何时，水源的水量都要有保障；

（2）水质要好，所选择的水源之水最好不经处理或经简单处理就能符合使用要求；

（3）受外界条件影响小，尤其是战时受"核、生、化"沾染的可能性小；

（4）容易吸取，离配水点较近，以便节省建造和输水管道费用；

（5）便于施工和伪装，防护性能好。

根据这些因素，对照两种水源，可知地下水比较符合上述要求。一般在选择水源时的次序是：深层地下水（包括承压的泉水），浅层地下水，地面水。然而，在具体的工程中又往往难以做到，例如该地区地下水缺乏，或者埋藏很深或含某种对人体不利的溶解杂质太多等。因此，在选择给水水源时要从多方面去综合考虑，然后决定采用何种水源才能满足战术技术等方面的要求。

在野战条件下，给水水源遭受"核、生、化"武器的沾染性大，给水源选择带来更大的困难，为此，发达的国家从 20 世纪 50 年代开始着重研制在三防条件以及各种地理环境下利用地面水的净化和处理器材，到目前为止，已研制出各种系列的可供陆海空三军专用的净水装置或设备，对受"核、生、化"污染的水经过这类设备的净化处理后可供饮用，并且已装备部队。在我国，这方面的研制正在加紧进行之中。

1.3.1 地表水分布与特点

我国幅员辽阔，地理面积广。由于不同地区地质结构与气候条件不同，各地的地表水的分布与储量也存在较大的不同，通过本节对地表水的分析，为给水的侦察、钻井及给水装备的建设提供依据。

1. 地表水的形成和种类

当大气降水落到地面上以后，除了部分蒸发成水蒸气和渗入地下补给地下水以外，其余都被湖泊、洼地截留和沿着地表通流形成地表水。

地表水包括江河水、湖泊水、水库水、池塘水、冰雪水和海水,其中海水占 97% 以上。可见地表水源中不经处理能够饮用的水是很少的。

2. 地表水的特点

包括海水在内的地表水由于受到自然和人为因素的影响,形成了以下几个特点:

(1)水量丰富,地球上的水除了海水占 97% 以上外,不到 3% 的淡水中以冰的形式存在的水又占 75% 左右,其中大部分都在南极和北极的冰川上,所以,能够利用的地表水只是很小一部分,这一小部分地表水又受到季节和雨量的影响,水量变化很大。

(2)水质普遍较地下水差。撇开海水不论,其他地表水中含杂质和细菌多,尤其是近几十年来人为的破坏、污染,使地表水水质有进一步恶化的趋势。因此,世界卫生组织和许多有识之士不断发出要保护生态平衡,防止地表水污染的号召,各国政府也采取了种种相应的措施。

我国的地表水也是较丰富的,全国江河的年总流量达 2700 多亿 m^3。但是,多年来,由于缺乏治理“三废”的技术或设备,环保法不健全或贯彻不力,结果不仅几大水系如长江、黄河、珠江、黑龙江等受到了严重污染,而且较小一点的江河如闽江、赣江、淮河以及许许多多湖泊也遭受到了同样的命运。所以,今后要确实采取有效的预防措施,以改变地表水的水质。

(3)受外界条件影响大。由于地表水暴露在地表,除了上述受气候条件、雨季和人为的影响以外,战时还可能遭到“核、生、化”武器的沾染。

(4)矿化度和硬度较地下水低。地表水较易取得而且水量一般能保证,所以是应急给水的重要水源。

1.3.2 地下水分布与特点

地下水是人类赖以生存的主要用水来源,由于地质结构的不同,地下水的形成机理与存储形式也存在不同。本节主要对地下水的形成与特点进行分析,为地下水源的侦察与钻井打下基础。

1. 地下水的分类

由于地下水的形成条件和贮存环境十分复杂,地下水有各种不同的类型。不同类型的地下水,其分布规律和埋藏特征也各不相同。因此,对地下水的研究和寻找方法也不太一样,现根据地下水含水层的性质和埋藏特征作如下分类:

1)按含水层空隙性质分类

地下水贮存和运动于岩石空隙之中。岩石空隙性质不同,地下水在其中贮存和运动的条件也不一样。根据含水层空隙性质的不同,可将地下水分为孔隙水、裂隙水和岩溶水三个基本类型。

孔隙水是指贮存在具有孔隙岩层中的地下水,其含水层多为砂、砂砾石、砾石、卵石等,一般多分布于平原及河谷地带。

裂隙水是指贮存于各种成因类型裂隙岩石中的地下水,它的埋藏和分布与岩石裂隙的发育特点相适应。由于裂隙石多露于山区,所以裂隙水也多分布于山区。裂隙水水质好,是生活饮用水的良好水源。

岩溶水是指贮存和运动于可溶性岩石洞穴中的地下水。多分布于石灰岩、白云岩地层中,与裂隙水相比较,它具有独特的埋藏条件和分布规律,在我国南方和西南地区是大面积石灰岩分布地带,因此具有较丰富的岩溶水。它也是一种很好的地下水源。

2)按地下水埋藏条件分类

地下水在地面以下的埋藏条件是千差万别的,但概括起来可分为上层滞水、潜水和承压水三种基本类型。

(1)上层滞水埋藏在空气带中,是局部隔水层之上的重力水。分布面积不大,受当地气象因素影响剧烈。主要接受当地降水补给,以蒸发和向隔水层边缘流散的方式排泄。这种水的水量变化剧烈,如地表面长期不降雨,就有消失的可能,因此作为给水水源是不可靠的。

(2)潜水埋藏在地表以下,在第一稳定的隔水层以上,是具有自由表面的重力水。潜水自由水面以上,不存在连续的隔水层,所以为大气降水、地表水和凝结水的渗入补给创造了极为有利的条件。在大多数情况下,潜水的补给区和分布区是一致的。潜水的埋藏深度与含水层厚度及水道、水质等,深受地形、气候、地层岩性的控制,其中以地形对其影响较大。山区地形切割强烈,潜水埋藏较深,含水层厚度及富水性相差悬殊,但水质良好。平原地区切割微弱,潜水埋藏浅,含水层厚度与富水性较稳定,容易开采,可作为一种较好的给水水源。

(3)承压水是埋藏在两个含水层之间,具有一定压力水头的地下水。承压水的分布区和补给区不一致。由于补给区地下水位标高一般都高于承压区含水层顶板标高,所以承压区地下水位一般都具有一定的压力水头。当钻孔打穿承压含水层隔水顶板时,地下水就会上升到一定的高度,或在地形适宜的条件下,喷出地面形成自流水——泉水。由于承压含水层之上有隔水顶板覆盖,因此,很少受外界因素的影响,水质和流量比较稳定,卫生防护条件好,是重要的给水水源。

2. 地下水的特点

根据地下水的分布特点与形成机理,地下水存在着水质好、储量大、伪装好、水温变化小、矿化度高等特点。

(1)水质较好,清澈透明,基本上不含悬浮杂质。这是因为大气降水经过了土壤、砂石层等天然过滤,除掉了水中原有的尘埃、细菌及其他杂质。随着地下水埋藏越深,滤层越厚,自然过滤能力越强,其水质就越稳定。

(2)水温和水量变化小。由于地下水流动缓慢,受气候影响较小,因此,地下水的水温和水量变化一般较小,尤其是深层地下水,几乎终年不变。

(3)矿化度较地面水高。这是由于地下水流经各种岩层,与岩石矿物质接触产生溶解作用,使地下水的化学成分发生改变,含有较高的金属离子,使矿化度增高,含盐量增加,有时需经处理才能符合使用标准。

(4)防护伪装条件好。因地下水位于地表以下,所以不易遭到原子、化学细菌武器的污染。因此,一般地下水无需处理,或只需简单处理水质就能满足使用要求,给水系统上的构筑物的体积可大大缩小,因而直接可以设在地下或半地下,便于伪装和减少被敌方破坏的可能性。

1.4　我国水资源概况

我国幅员辽阔,河湖众多,水资源总量丰富。流域面积在 $100km^2$ 以上的河流有 50000 多条,河流总长度约有 42 万 km;天然湖泊中,面积在 $1km^2$ 以上的有 2759 个,总面积约9.1 万 km^2。根据 20 世纪 80 年代完成的全国水资源调查评价的结果,我国多年平均水资源总量为 28124 亿 m^3,其中河川平均年径流量 27115 亿 m^3。我国还有年平均融水量近 500 亿 m^3 的冰川及近 500 万 km^3 的近海海水。我国河川平均年径流量相当于全球陆面年径流量的 5.7%,仅次于巴西、俄罗斯、加拿大、美国、印度尼西亚,排在世界第 6 位。

但是,从人均占有量来看,我国水资源状况不容乐观。按目前人口统计,全国人均占有水资源量尚不到 $2200m^3$,仅为世界平均水平的 1/4,约相当于巴西的 1/20,俄罗斯的 1/12,加拿大的 1/44,美国的 1/4,印度尼西亚的 1/6,居世界第 120 位左右。联合国规定人均水资源量 $1700m^3$ 为严重缺水线,人均 $1000m^3$ 为生存起码标准。我国目前有 15 个省市人均水量低于严重缺水线。

由于受季风气候的影响,我国水资源具有时空分布不均和变率大的特点。在空间分布上,水资源比较集中于长江、珠江及西南诸水系。长江流域及其以南的珠江流域、东南诸河和西南诸河等南方四片区域,平均年径流深都在 500mm 以上,其中东南诸河平均年径流深超过 1000mm。北方六片区域中,淮河流域 225mm,略低于全国均值,黄河、海河、辽河、松花江四片区域平均年径流深仅为 100mm 左右,西北内陆河流域平均年径流深仅为 32mm。

在水资源时程分配上,主要表现为河川径流的年际变化大和年内分配不均,贫水地区的变化一般大于丰水地区。在年际变化上,长江以南的中等河流最大与最小年径流的比值在 5 以下,北方河流一般是 3～8 倍,有的甚至高达 10 倍以上。一般河川径流的逐年变化还存在明显的丰、平、枯水年交替出现及连续数年为丰水段或枯水段的现象。在年内分配上,长江以南地区由南往北雨季为 3 月—6 月至 4 月—7 月,降水量占全年的 50%～60%;长江以北地区雨季为 6 月—9 月,降水量占全年的 70%～80%。相应地,我国自南向北河川径流量年内分配的集中度逐渐增高。一年内短期集中的径流往往造成洪水。正因为如此,我国大多数河流都会出现夏汛或伏汛。华南及东北地区的河流春季会出现桃汛或春汛。受台风影响,东南沿海、海南岛及台湾东部河流会出现秋汛。北方地区大多数河流春季径流量少。

从以上分析可以看出我国水资源分布的主要特点是:总量并不丰富,人均占有量更低。中国水资源总量居世界第六位,人均占有量约为世界人均的 1/4,在世界银行连续统计的 153 个国家中居第 88 位。地区分布不均,水土资源不相匹配。长江流域及其以南地区国土面积只占全国的 36.5%,其水资源量占全国的 81%;淮河流域及其以北地区的国土面积占全国的 63.5%,其水资源量仅占全国水资源总量的 19%。年内年际分配不匀,旱涝灾害频繁。大部分地区年内连续 4 个月降水量占全年的 70% 以上,连续丰水或连续枯水较为常见。

1.5 给水装备分类与发展趋势

给水装备主要用于快速勘察地下水源、钻井取水,为部队执行大规模野外任务提供持续、可靠的用水保障。本节根据给水装备的不同用途对其进行分类,并进一步分析给水装备的发展趋势。

1.5.1 给水装备分类

给水保障是按用水量、水质标准及有关规定,向部(分)队提供人员饮食用水,卫生用水,技术兵器、车辆、机械的冷却、洗涤、洗消用水及牲畜用水。其基本内容是:水源侦察、水的汲取、水质处理、贮水、输运水、配水;一般都需要构筑野战给水站。根据给水作业的任务需求,给水装备主要由水源侦察装备、钻井洗井装备、汲水净水装备、贮水配水装备和配套保障装备五大类装备组成,如图1.1所示。

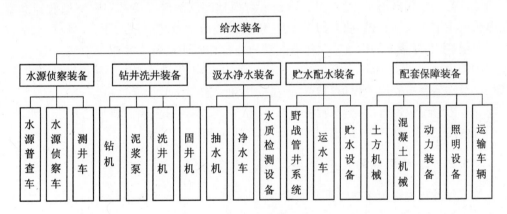

图 1.1 给水装备体系组成图

1. 水源侦察装备

水源侦察车主要是采用物探法间接找水法对地下水进行勘测,结合核磁共振直接找水法提高地下水勘测的准确率,为确定物探和钻井位置提供技术依据,也可用于测量地表水的贮量和流势,对水质进行简易检测。

水源普查车主要用于平时对战区内的给水条件进行普查,配备卫星导航定位、全站仪、流速仪、信息处理等设备,绘制战区给水条件图,为战时构筑野战给水站提供重要技术资料。

测井车主要用于对钻孔的含水层的判定以及井斜、井径及井温等参数的测定,进一步测定地下水的水源信息,并为成井提供技术支持。

2. 钻井洗井装备

钻井机主要用于不同地质、不同深度地层中实施水文勘探和水井钻凿,是水源物探勘测后进行钻探勘察及钻井汲取地下水的重要装备。钻井机有浅井、中深井和深井三个系列,浅井钻机有100m、300m两种钻深,中深井钻机有600m、1000m两种钻深,深井钻机有2000m、3000m两种钻深。泥浆泵是泥浆钻井工艺的重要设备,主要用于配制适合于不同地质层钻井泥浆。

洗井机主要用于新构管井或修复旧管井的洗井工作。固井机主要用于管井的修复作业。

3. 汲水净水装备

汲水净水装备主要由汲水装备、水质检测装备和水质处理装备组成。汲水设备的渣浆泵主要用于地表水特别是贮量小、水深浅的河流、池塘含有泥浆的地表水的汲取。净水车可用于施工时作业分队饮用水的供给,也可用于战时伴随部队机动净水作业,能够对海水进行淡化、净化处理。水质检测装备主要用于水源的细菌、矿物质、悬浮物等含量的检测,判断水质的理化特性。

4. 贮水配水装备

该类装备主要由管井系统、运水车和贮水设备等组成。管井系统主要用于架设水源至给水站的给水管线。贮水设备主要用于临时贮存水,主要是贮水罐。

5. 配套保障装备

该类装备主要由土方机械、筑城机械、动力装备、照明设备和运输装备组成。土方机械主要用于钻井作业场地平整、挖掘贮水池基坑、构筑作业点和给水站进出路等任务,包括机动性好的轮式推土机、挖掘机、装载机,可根据部队战区环境选用高原型和标准型。筑城机械主要包括拌和机、动力翻斗,用于构筑野战给水站时的泵站、贮水池、配水站、洗涤场、化验室和掩蔽部的构筑施工作业。动力装备和照明设备主要用于为钻井施工提供必要的动力源和照明,也可为野战给水站提供汲水、净水等设备的电力和提供必要的场地照明。运输装备主要用于设备、物资、人员的机动运输。

从以上分析可以看出,给水装备种类多、型号杂,本教材主要对典型给水装备水源侦察车、水源普查车、测井车、钻机和测井车的运用与管理进行分析。

1.5.2 给水装备的发展趋势

给水保障作为影响作战的重要因素,各国都十分重视给水装备技术的发展。主要的给水装备技术包括水源侦察技术、钻井技术和野战净水技术。

1) 水源侦察技术

20 世纪 80 ~ 90 年代,以美国为首的发达国家,在计算机技术的有力支撑下,应用于水源侦察的主要方法——物探方法得以迅速发展,特别是瞬变电磁法、高精度浅层地震法、高密度电法等,使得物探找水技术日益完善,物探仪器设备的功能和性能大大增强,找水的准确率大大提高。

在物探找水理论方面,包括与实际地质构造接近的复杂二、三维问题正、反演,浅层地震和电磁模拟地震的偏移及成像技术、瞬变电磁法的激电效应特征、分离技术和解释方法等应用于找水的研究不断丰富,理论体系不断完善。研究了许多找水的新方法,类似于可探源大地电磁法、拟地震工作方法等,时间域多次叠加和空间域多次覆盖技术、高密采集技术、高精度分辨率技术等许多新技术不断应用,研制出许多集成化、小型化的物探仪器。比如加拿大 Phoenix 公司生产的 V8 - 6 电法仪有三个电道、三个磁道,而质量只有 7kg,类似的还有美国 Eonge 公司生产的 GDP - 16 电法仪,大大提高了电阻率法和激发极化法找水的准确率;还有可用于混合场源的频率测深找水的美国劳雷(Laurel)公司生产的 EH - 4 连续电导剖面仪,是全新概念的电导率张量测量仪;用于瞬变电磁测深找水的加拿大的 TEM - 67 元损检测仪器等等。这些新型仪器设备具有多道采集、多功能、智能化等特点,能够在各种不同的地质背景下有效快速地勘测地下水,大大增强了水源侦察的能力。

核磁共振技术是目前世界上唯一的直接找水的地球物理新方法,是一种新兴的找水手段,它应用核磁感应系统(MRS),通过由小到大地改变激发电流脉冲的幅值和持续时间,探测由浅到深的含水层的赋存状态。相对于传统的地球物理方法而言,它无需打钻,是一种无损监测。目前世界上只有苏联研制的核磁共振层析找水仪(Hydroscope),法国IRIS公司生产的地面核磁感应系统 NUMIS + 实现了核磁共振找水。与间接找水的方法相比,地面核磁共振法(NMR)测深受地质影响较小,有水就有核磁共振信号,不受泥质填物干扰,能够直接探测出淡水的存在。该方法可将传统的电阻率法和高密度电法相结合,提高找水的准确性。

2) 钻井技术

钻井机是外军发展较多的一种给水装备,一般以轮式车辆为运载平台,机动性好。从钻探工艺上分主要有转盘正循环钻进、顶驱气动潜孔锤钻进两种,一般转盘驱动正循环钻进主要用于钻深1000m以下的钻机,气动潜孔锤钻进主要用于1000m以上深井的钻探。世界上的主要水文水井钻机生产企业主要有美国的钻科(GEFCO)和英格索兰、法国的玛特南(Matenin)和意大利的阿斯特拉。从钻机最近几年的发展看,顶驱动、全液压、底盘自由更换是发展趋势,并且随着自动化技术的应用,钻机基本上都实现了操作和监控的自动化,作业效率大大提高,钻机故障大大减少,延长了使用寿命。另外,由于无循环介质的干式钻井机更适合在干旱缺水地区钻探地下水源,得到了企业的重视。

美国的F1594(6×6)支援车为底盘的轻型钻井机,采用泥浆、空气和钻头交错冲击钻孔技术,全液压驱动,最大钻深457m,该机可由 C-130 飞机空运。法国的玛特南 MF8/20车载式钻井机采用气动钻孔锤作业,可在各种地层、岩石和混凝土中实施钻井作业,整机重14t,最高行驶速度70km/h。意大利的阿特拉斯 BM20MP1 汽车式钻井机,由 BM6×6载重车底盘和 G21 型钻机组成,可装配泥浆回转钻、气动回转钻和空气冲击钻,气钻的额定钻深200m。俄罗斯的 IIBY-50M 移动式钻用螺旋钻头钻出井孔,中空钻杆随钻探深度而伸出,用冲击机械装置以固定套管的方式加固井壁,井机钻孔深度50m。

3) 野战净水技术

无论美军还是俄军,野战净水设备是外军装备最多的给水装备,型号多,成系列发展,有野战净水车、便携式净水器和单兵净水器材三种形式。美国的反渗透净水设备有11355L/h、3785L/h、2271L/h 三个系列,英国的星式净水器有 10 多种型号,俄罗斯的CKO 组合式净水设备有 4 个型号。

野战净水车按净水工艺不同,可分为凝聚式、蒸馏式、离子交换式、电渗析式和反渗透式等。凝聚式如美国的 ERDLATOR 系列净水车,只能用于净化处理污染的废水,功能较为单一;蒸馏式如美军的热压缩蒸馏拖车和前苏军的 IIOY/IIOY-4 水源淡化车等,多用于海水、苦咸水脱盐和去除水中的放射性物质,但成本较高;离子交换式如美军的3000GPH 型离子交换净水车,采用离子交换树脂来去除水中呈离子状态的盐或带放射性的有害物质,常用作凝聚式净水设备的后续水处理装置;电透析式净水采用膜脱盐装置,在外加直流电场的作用下使水中的盐离子有选择地通过离子交换膜,从而淡化苦咸水。反渗透净水设备采用反渗透膜分离技术,将原水加压至超过其渗透压时,原水透过渗透膜,达到水净化的效果。

外军从 20 世纪 70 年代起开始研制反渗透净水装置,到 80 年代陆续装备部队。目前,美军、英军、俄军、加拿大陆军等均装备了反渗透净水装置,其中尤以美军的 Aqua-Chem3000 型反渗透净水装置最为典型。反渗透净水设备主要采用"粗滤－精滤－活性炭吸附"或"预过滤－反渗透"形式,能淡化海水、苦咸水,除去水中的化学、生物制剂和溶解性放射物质,大大简化了水处理的程序,具有结构简单、质量轻、体积小、出水快、水源适应性强、用途多、操作维护简便等特点,已成为净水设备采用的主流技术。

便携式净水器是供小分队野外使用的净水设备,主要用于净化被污染的淡水,有的能去除水中放射性物质和毒物。如英军装备的 JWP 便携式净水器采用分级式过滤方法,可去除原水中直径在 $3\mu m$ 以上的颗粒物,采用活性炭吸附有害化学污染物,采用碘树脂络合物杀灭病原性微生物,过滤和消毒筒采用硬质聚丙烯材料制成。JWP8 型净水器质量约为 14kg,净水能力为 2 万 L,可为 200 人提供饮用水。

1.5.3 我军给水装备发展重点

从未来高技术条件下的作战需求和给水装备发展来看,未来给水装备将逐渐向系列化、科技化、野战化等方向发展,不断提高我军给水保障的能力。

1. 给水装备系列化发展

给水工程保障包括水源侦察、勘探、钻井、测井、检测、净化、输配和开设、修复给水站等多项任务,需要多种装备协同配合,装备建设应符合体系要求。一是地下水源定位需要多种设备配合。地下水源侦察方法多、技术要求高,不同物探设备受环境和人员影响不同,需要多种原理物探设备相互印证,并且还需要在钻进过程中使用测井设备判断地下水源准确位置。二是钻机需要按钻进深度梯次配置。我国地域广阔,富水层深度因不同地质条件而差异较大,钻机要按 600m、1000m、3000m 形成浅井、深井、超深井梯次配置。三是钻井辅助保障装备需要完善配套。给水保障作业独立性强,开辟进出路、平整作业场地、挖掘泥浆坑、用水用电保障等都需要自行解决,推土机、挖掘机、装载机、电站等辅助保障装备要完备配套。

2. 提高给水装备科技化水平

在未来信息化战争中,水源特别是地表水源经常遭受敌方破坏,因此快速了解战场水资源的情况尤为重要。我们需要加大利用遥感技术、卫星技术的水源普查侦察能力,快速建立战场水源情况,包括管井遭敌破坏、地表水受污染沾染情况,采用智能控制技术和计算机技术,增强数据采集和施工过程的可靠性,为作战部队提供及时有效的战场水源情况。

钻进工艺与钻机同等重要,给水装备建设在注重钻机平台建设的同时,还要注重配套钻进工艺建设。如果没有配套的钻进工艺设备,再先进的钻机也很难发挥其应有的作用。一是提升钻机成井效率需要配备多种钻进工艺。不同钻进工艺效率因地质不同而差异较大,需要针对不同地层采用不同的钻进方式。比如:覆盖层多为松散土层,开钻采用泥浆循环钻进;深层多为坚硬基岩层,采用潜孔锤钻进,两种工艺结合要比一种工艺钻进效率高很多。二是不同工艺钻具数量要与钻机提升能力配套。钻机的成井深度受钻井工艺影响大,反循环钻进效率高,适合一次大口径成井,但钻具内通径大、重量大、成井较浅;正循环钻进的钻具重量小、成井深,但成井口径较小,钻具数量因工艺不同而有所差别。三是配套工艺设备的性能要与钻井深度要求匹配。气举泥浆钻进配套的泥浆泵,钻进越深要求泵的压力、流量越大;正循环钻进的泥浆泵比反循环的压力、流量还要求高。同样,潜孔锤钻进配套的空压机随钻深增加也要逐步增大压力和排气量。

3. 提高给水装备的环境适应性

给水装备施工地域宽,作业环境恶劣,即使在平时执行任务时也都是在自然条件十分艰苦的地区,社会依托条件差。给水作业的环境和行动特点对装备性能提出了更高的要求。一是装备环境适应性要好。给水装备主要施工地域是"三北"和高原地区,野外风沙大、冬季气温低,环境恶劣,特别是中印边境高原地区,机械功率和人员体能下降严重,而且年封冻期长、可作业时间短,要求装备具有良好的高原、高寒适应性。二是装备的机动性要强。无论是战时还是平时,无论是作战给水保障还是抗旱救灾行动,机动距离常常在数百千米以上,甚至上千千米,并且大多数路况差,要求给水工程装备具有较强的越野机动能力。三是装备的可靠性要高。钻井作业环境差、工作时间长,一旦开钻就必须连续作业。如果钻机发生故障,不仅影响钻井作业进度,还会因停机易发卡钻、掉钻等事故造成废井和装备器材非正常损耗。快速构筑给水站是未来作战工程保障的重要任务,主要是利用战备管井建设情况快速启封作业,疏通含水层井壁、抽取管井底泥沙,架设吸水设备和输水管线;以及利用江、河、湖等地表水,进行水质检测和汲取作业,在野战条件下快速构筑给水站,为人员和装备提供可用的清洁水。

第2章　给水装备构造与原理

由于给水装备特殊的作业用途和作业环境,给水装备的结构与原理和其他工程装备相比具有自身的特点;同时,给水装备的构造与原理是进行给水装备操作使用、维修、管理等研究的基础。因此,本章以典型给水装备为例对给水装备的构造与原理进行研究分析。

2.1　水源普查车构造与原理

水源普查车主要用于对江河、湖泊、水塘等地表水源的位置、储量、水文水质和地理环境等进行普查,绘制给水条件图,为构筑给水站提供重要技术资料,具备水文、地质普查、地表水质化验分析以及普查点定位、测量、采样、信息处理等功能。

水源普查车由底盘分系统、地表水源勘察分系统、水质检验分系统、数据处理分系统、通信指挥分系统、电源分系统、常用及附属器材、工具等组成。水源普查车的系统组成框图如图2.1所示。

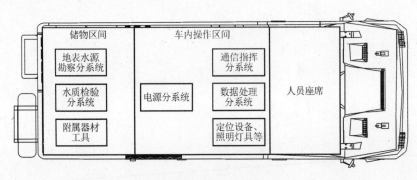

图2.1　水源普查车组成示意图

水源普查车根据使用方式将设备分为下车使用设备与车上使用设备两类。

下车使用设备在车内通常不工作,车内仅设有储运区间。在车下工作时使用电池供电、与车内设备无直接电气连接,设备工作时所收集的信息通过数据传输系统或数据存储卡导入车内计算机(笔记本电脑)。这类设备主要有:工程数字化勘测系统、地形地貌记录仪、水质检验设备、附属器材工具等。

车上使用设备主要在车内或车辆附近工作,对这些设备的操控大部分可在车内操作区间完成。这类设备主要有:笔记本电脑、打印机、短波数字化电台、车载电台、双模单向一体机、综合电源及发电机等。整车的配电以综合电源为中心加以实现,整车的信息处理过程则以运行于笔计本电脑中的水源普查信息处理软件为中心加以完成。

2.1.1 底盘分系统

水源普查车底盘选用依维柯 NJ2046 型加长(轴距)越野车底盘的硬顶厢体车。车厢内安装了显控台、储物架等装置。显控台上方为作业人员提供了简便的操作平台,内部安装有设备插箱与附件抽屉。储运架提供了车内各种工程设备和附件的装载空间。车辆自带的冷暖空调可以调节车厢内温度,为仪器设备的正常运行提供保障。配备的双模单向一体机能够提供实时的北斗/GPS 信息,为野外作业提供位置依据。

1. 底盘车厢体车外布局

水源普查车底盘车车厢整体主要由车厢左右壁、车厢后壁和车顶等组成,各部分的布局如下所示。

1)左壁布局

底盘车左壁车身中下部放有行车时顶车千斤顶,车顶由前至后分别放有双模单向一体机、天线包装箱、天调安装盒和鞭天线座等,如图 2.2 所示。

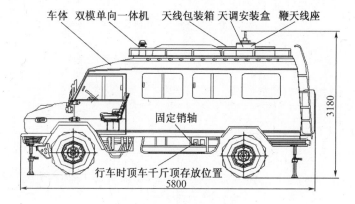

图 2.2 左壁布局示意图

2)右壁布局

底盘车右壁开有方舱侧门,车身中下部安装有工具箱,并装有电源壁盒,如图 2.3 所示。

3)后壁布局

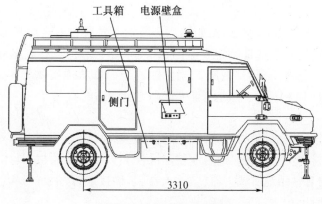

图 2.3 右壁布局示意图

底盘车后壁安装有后登车梯和车辆备用轮胎,如图2.4所示。

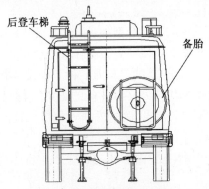

图2.4 后壁布局示意图

4) 车顶布局

底盘车顶安装有车载电台天线、车载顶置空调、天线包装箱、双模单向一体机、天调安装盒和鞭天线座等,其具体布置如图2.5所示。

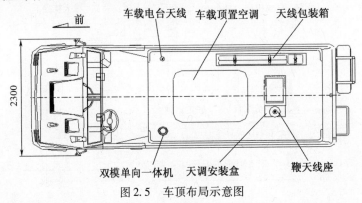

图2.5 车顶布局示意图

2. 底盘车厢体车内布局

整车根据功能要求分为三个部分:驾驶室、操作室、储物区,车内总体布局图如图2.6所示。

1) 驾驶室

驾驶室内安装了综合电源备用电池箱,在车内的布局如图2.6所示。

2) 操作室

显控台安装于操作室内,布局图如图2.7所示。显控台上表面是操作平台(简称操作台),操作台上放置有金刚Ⅲ笔记本电脑、TCR-154型短波电台、车载电台,交流输出插座;内部设有附件抽屉1、附件抽屉2、附件抽屉3、打印机插箱、综合电源插箱。附件抽屉1尾部显控台台面下部固定有金刚Ⅲ笔记本电脑的适配器。

3) 储物区

储物区位于车辆尾部,分为前储运架和后储运架两部分。前储运架放置有取样桶箱、常用水文调查器材、电工工具箱、地形地貌记录仪和资料箱等器材,具体布局如图2.8所示;后储运架放置有常用地质调查器材、灭火器、车辆接地钉、消防斧和绕线轮等器材,具体布局如图2.9所示。

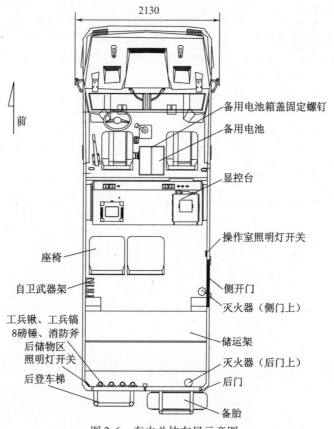

图 2.6　车内总体布局示意图

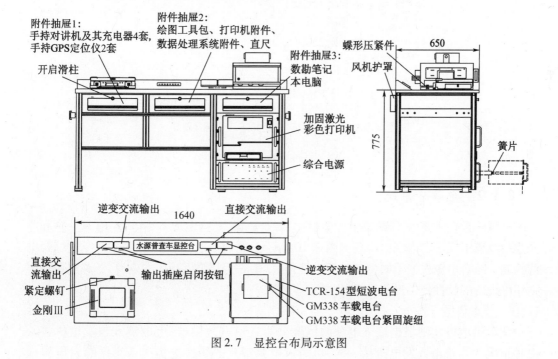

图 2.7　显控台布局示意图

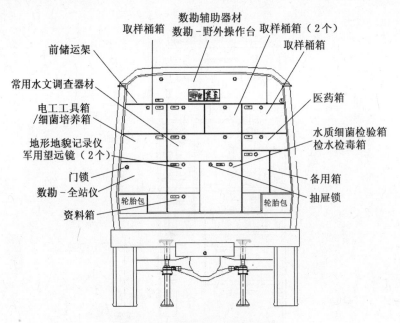

图 2.8 前储运架布局示意图

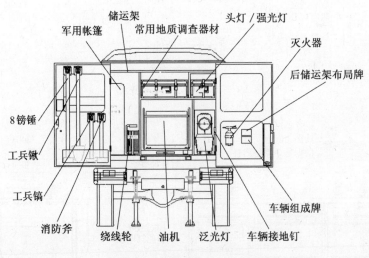

图 2.9 后储运架布局示意图

2.1.2 电源分系统

电源分系统主要由 5kW 柴油发电机组、综合电源、综合电源备用电池、电源壁盒和电源连接线缆组成。车内配电原理如图 2.10 所示。车内所有工作设备供电均经过综合电源控制。综合电源根据不同设备的用电性质、功率等为其提供相应的电源,各路电源均根据用电设备的特性提供过流、过压保护。

1. 整车供电方式

整车供电方式则根据输入电源的情况分为备用电池供电、市电接入与发电机接入三种情况。当市电或发电机接入时,可通过电源壁盒的切换选择送入车内综合电源或

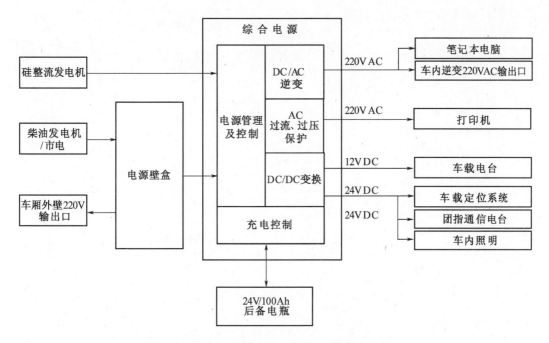

图 2.10　水源普查车内电气原理框图

车外用电设备；当无外部电源输入时，则可利用车内备用电池经综合电源为车内部分设备供电；在车辆行驶过程中还可利用底盘自身的硅整流发电机富余电能为备用电池充电。

1）市电接入方式

此时，所有车载设备均可工作，并可通过车厢外壁电源接口为车外设备供电。同时还将利用市电为后备电瓶充电。

2）发电机接入方式

此时，通过开关切换使用发电机为车内所有设备供电或为车厢外壁电源接口供电。在为车厢外壁电源接口供电时，车内设备（除打印机）可使用车内备用电池供电，如设备用电时间超过电池供电时限时，可发动车辆，利用硅整流发电机为备用电瓶补充电力。

3）备用电池供电方式

此时使用备用电池为车内部分设备供电，这些设备包括团指通信电台、车载电台、定位系统、笔记本电脑和车内照明。当电瓶完全充电后，可以保证上述全部设备连续工作2.5h 以上；若仅供通信设备、定位设备及车内照明使用可连续工作5.5h 以上。

2. 电源壁盒

电源壁盒作为车辆外接交流的输入设备，主要完成外接交流输入管理、整车电源安全性检测等方面的工作。

电源壁盒安装在底盘车方舱右侧壁上，如图 2.11 所示，使用时将电源壁盒小门打开上翻约80°，将电源壁盒门内侧的旋转锁扣旋至与三角支撑件上插孔方向一致的位置，放下两侧三角支撑件，并放在面板两侧的垫块槽内将门支撑住，可进行电源的输出和接入操作。使用完毕后将支撑三角件折叠固定在电源壁盒小门内侧，旋转电源壁盒小门内侧锁扣至与三角支撑件插孔垂直位置即可，行车前必须将电源壁盒小门锁好。

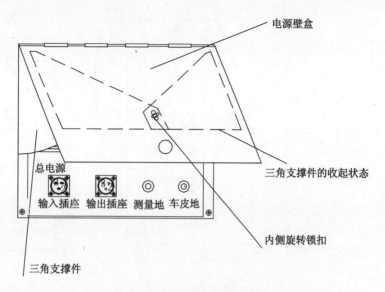

图 2.11　电源壁盒结构示意图

3. 发电机组

后储运架下层中间位置安装固定了发电机,发电机必须在车下使用。

1）发电机的下车使用

首先卸下固定在发电机前部两侧的压紧固定螺栓(见图 2.12),将固定螺栓放置于固定在平面跑车前部的工具盒内,并将两侧的固定压板分别向外侧旋转开启状态,手握平面跑车把手,并按下把手按钮;然后,向外拉动平面跑车至最外端,松开把手按钮,确认平面跑车在最外端定位,四名工作人员每人分别手握发电机支架四角向外抽拉发电机;最后,用力抬起发电机,放置于地面合适位置后,发电机即可使用。

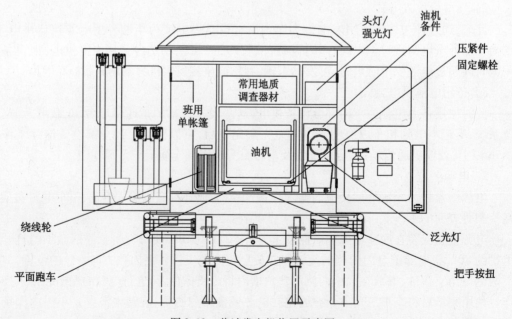

图 2.12　柴油发电机位置示意图

2）发电机的上车使用

发电机使用完毕后,首先将发电机清理干净,四名工作人员每人分别手握发电机支架四角用力抬起发电机,放置于在最外端定位的平面跑车上;其次,向后推动发电机,至最后端固定位置,在推动过程中,注意观察,尽量使发电机支架下前部的标志与平面跑车上粘接的标志对齐,手握平面跑车把手,并按下把手按钮;然后,向内推动平面跑车至最内端,松开把手按钮,确认平面跑车在最内端定位,将两侧的固定压板分别向内侧旋转;最后,用固定螺栓将发电机固定在平面跑车上。

注意：发电机支架下前部的标志与平面跑车上粘接的标志对齐后,方可用固定螺栓将发电机固定在平面跑车上。否则,应左右微调发电机,防止损坏固定螺栓。平面跑车向外抽拉时,应手握平面跑车把手,并按下把手按钮;然后,向外拉动平面跑车至最外端,松开把手按钮,确认平面跑车在最外端定位;平面跑车向内推动时,应手握平面跑车把手,并按下把手按钮;最后,向内推动平面跑车至最内端,松开把手按钮,确认平面跑车在最内端定位。

4. 综合电源

综合电源作为整车供电系统的核心设备,主要功能是对电源壁盒输入的交流电源、备用电池输入的直流电源以及硅整流输入的直流电源进行管理,通过开关控制各回路的通断。综合电源前面板示意图如图 2.13 所示。

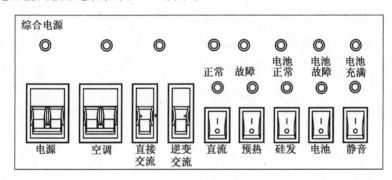

图 2.13　综合电源示意图

综合电源的输入/输出、对应开关及对应的用电设备见表 2.1。

表 2.1　综合电源输出列表

序号	输入/输出电源类型	输出电源功率	对应开关	输出对应设备
1	电源壁盒交流 220V 输入	—	电源	—
2	电池直流 24V 输入	—	电源	—
3	硅整流发电机 28V 输入	—	硅发	—
4	直接交流 220V 输出 1	1200W	直接交流	打印机
5	直接交流 220V 输出 2	1500W		显控台桌面直接交流插座
6	逆变交流 220V 输出 1	120W	逆变交流	笔记本电脑
7	逆变交流 220V 输出 2	300W		显控台桌面逆变交流插座

（续）

序号	输入/输出电源类型	输出电源功率	对应开关	输出对应设备
8	直流 12V 稳压输出	240W		GM338 车载台
9	直流 24V 稳压输出 1	500W	直流	TCR－154 型短波电台
10	直流 24V 稳压输出 2	25W		定位设备
11	直流 24V 稳压输出 3	125W		显控台风扇
12	直流 24V 电池直接	100W	电池	照明灯具
13	直流 28.8V 输出	600W	—	电池充电

5. 综合电源备用电池

综合电源备用电池箱设置在驾驶室,备用电池箱内固定有两块 6－GM－100 蓄电池,蓄电池通过前后、左右限位放置在备用电池箱内,维修时将备用电池箱顶面前端的固定螺钉逆时针松开,翻开上盖,可进行电池连线等相应操作,当需要取走电池时,拆掉外接连线,将备用电池用力拔出即可。

取出时先打开电池箱上盖,电池在电池箱中采用的是压紧方式,打开上盖后,按先"负"后"正"的顺序拆除电池连接线缆,将电池提出即可,注意须将电池线缆固定器件保存到电池箱内。安装时将电池放入电池箱后,按先"正"后"负"的顺序将电池连接线缆,固定好电池箱上盖即可。

2.1.3　通信指挥分系统

通信指挥分系统分为两个单元:团指通信单元与车载通信单元。其中团指通信单元用以实现与基地间的无线通信,通信设备采用 TCR－154 型 125W 短波数字化电台,并配备了鞭天线和基地短波宽带天线;车载通信单元用以在工作现场完成车辆与作业人员、作业人员间的无线通信,通信设备采用摩托罗拉 GM338 车载台及 GP338 手持对讲机。

1. 短波数字化电台

水源普查车为短波电台配备了两种天线:鞭天线、短波宽带基地天线。两种天线的区别主要在于:短波宽带基地天线适用于场地较大、通信方位不确定的情况,主要适用于中距离条件下的通信;鞭天线为 TCR－154 型短波数字化电台的原配天线,架设需要场地小,在中近距离处需根据通信方向调整仰角方位。使用电台时,应根据实际情况架设合适的天线。

短波数字化电台在使用时,需保证电台与综合电源、电台与天线调谐器、天线调谐器与鞭天线(或基地短波天线)、电台与大地、天调与大地的可靠连接。连接示意图如图 2.14 所示。

短波电台收发信机的前、后面板实际连接如图 2.15 和图 2.16 所示。

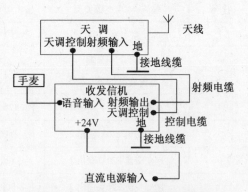

图 2.14　短波电台电气连接示意图

图 2.15　短波电台前面板话筒连接

图 2.16　短波电台后面板线缆连接

水源普查车在通常状态下,鞭天线底座与天线调谐器始终相连,在使用鞭天线通信时,将鞭天线插入鞭天线底座即可。使用基地短波天线时,需打开天调盒侧门,将天调与鞭天线底座的连线断开,将基地天线馈线接头与天调插座相连。

2. 车载电台

GM338 型车载电台由车载台、天线调谐器、送受话器和天线组成。

车载电台在使用时,须保证电台与综合电源、电台与天线、电台与大地的可靠连接。连接示意图如图 2.17 所示。

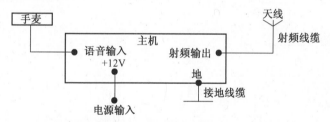

图 2.17　车台电气连接示意图

车载电台收发信机的前、后面板实际连接可参见图 2.15 和图 2.16。

2.1.4　数据处理分系统

数据处理分系统主要由控制处理终端(笔记本电脑)、加固彩色激光打印机以及水源普查数据处理软件等组成。水源普查数据处理软件运行于笔记本电脑平台上,可对水源普查信息进行处理。水源普查报告可通过笔记本电脑接口输出或通过打印机打印输出。

1. 笔记本电脑

水源普查车数据处理系统笔记本电脑配置如表 2.2 所示。

表 2.2　金刚Ⅲ型加固笔记本电脑配置清单

中央处理器	英特尔®笔记本电脑专用 Pentium – M 处理器,执行时钟 1.6GHz 或更高,处理器内建 2MB 二级高速缓存
内存	1GB DDR 内存
硬盘	标配 2.5 英寸 120GB 笔记本电脑专用硬盘
光驱	8XDVD 刻录光驱
显示器	15 英寸 TFT LCD,分辨率 1024 ×768
键盘/鼠标	内建 84 键三防键盘、触摸板、外配 USB 鼠标

（续）

	串口：2 个(RS - 232)
主要标准输入 /输出接口	并口：1 个
	USB2.0：3 个
	RJ45 局域网络插孔：1 个
	音频接口：耳机插孔、麦克风插孔

为了方便使用，为笔记本电脑额外配置了多功能读卡器、USB、HUB 和外接 USB 光学鼠标。

固定在显控台上时，笔记本电脑主要连接线有电源连接线、网线和串口线。电源连接线用于电脑的供电，来自综合电源逆变交流输出；网线用于笔记本计算机和打印机的信号传输；串口线用于电脑和车顶定位设备的信号传输。连线示意图如图 2.18 所示。

笔记本电脑在通常情况下，需固定安装在显控台台面工作，如有特殊工作要求，可从显控台上取下。如图 2.19 所示，笔记本电脑需要拆下取走时，拆除外接连线，逆时针松开其前端的固定螺钉，水平向前推移金刚Ⅲ约 11mm，双手抱住金刚Ⅲ向上拔出即可取走。安装时按照与拆卸相反的顺序进行。

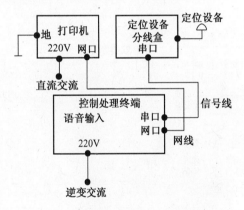

图 2.18　控制处理终端电气连接图

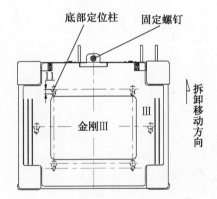

图 2.19　笔记本电脑拆卸示意图

2. 加固激光彩色打印机

加固激光彩色打印机的外形结构如图 2.20 所示。

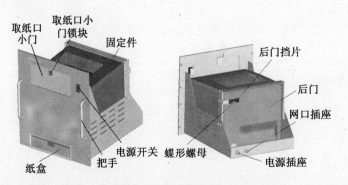

图 2.20　加固激光彩色打印机外形结构图

固定在显控台上时,打印机的连接线有电源连接线和网线。电源连接线用于打印机的供电,来自综合电源直接交流输出;网线用于打印机和固定于显控台台面的笔记本电脑的信号传输。

逆时针松开插箱面板两侧的固定螺钉,手握面板两侧把手将插箱拉出。当听到"咯哒"声响时,导轨已充分拉开,此时导轨左右两侧簧片已锁定设备当前状态。当需要取下插箱时,双手托住插箱同时按压住与插箱两侧相连接的末节滑轨上的簧片,即可将插箱连同末节滑轨一起抽出。插箱装入过程与拆卸相反的顺序进行,插箱推入时必须同时按压导轨左右两侧簧片(见图 2.21)向里轻推,切忌猛力操作。行车状态下应保证插箱面板固定螺钉与显控台可靠固定。

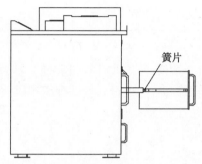

图 2.21　打印机插箱拆卸与安装示意图

3. 数据处理软件

水源普查车数据处理软件系统包括数据管理子系统、野战给水工程勘测子系统、给水分队侦察信息综合处理子系统、普查资料输出子系统和系统维护子系统,用以完成水源普查过程中的信息收集、处理、汇总和输出水源普查报告。处理软件的模块划分如图 2.22 所示。

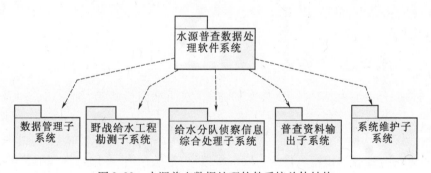

图 2.22　水源普查数据处理软件系统总体结构

2.1.5　地表水源勘察分系统

地表水源勘察分系统由工程数字化勘测系统(简称数勘系统)、地形地貌记录仪、常用水文调查器材箱、常用地质调查器材箱等设备组成。分系统利用数勘系统、地形地貌记录仪对地表水源的位置、与参照点的距离以及所在的地理环境进行测量,估算储水量,获取图像信息。常用水文调查器材、常用地质调查器材箱用于获取地表水源的常规水文、地形信息。在地表水源勘测时需用到的设备及其放置位置见表 2.3。

表 2.3　地表水源勘察分系统设备表

序号	设备名称		型号/规格	数量	放置位置
1	工程数字化勘测系统（简称数勘）	全站仪	拓普康 GTS－336N	1 套	前储运架（编号 06）
2		计算机	HP520	1 套	显控台右侧抽屉
3		辅助器材		1 套	前储运架（编号 02）
4		操作台		1 个	前储运架（编号 01）
5	地形地貌记录仪	数码摄像机	佳能 FS100	1 套	前储运架（编号 10）
6		数码相机	佳能 EOS450D	1 套	
7	常用水文调查器材			1 套	前储运架（编号 07）
8	常用地质调查器材			1 套	后储运架（编号 18）

1. 工程数字化勘测系统

工程数字化勘测系统由全站仪、便携式计算机和地形信息采集软件组成。利用全站仪快速获取拟作业区域的地形数据，并通过软件处理后获取该区域的大比例尺电子地图，为指挥员提供该区域较详细的地形侦察情报。

2. 地形地貌记录仪

地形地貌记录仪包括数码相机及数码摄像机。该设备利用静止画面或连续图像记录特定区域以及周边的环境信息，便于直观了解和直接记录该区域的地形、地貌信息。

3. 常用水文调查器材箱

常用水文调查器材箱配备的水文调查器材有地下水位计、采水器、测绳、堰板、酒精温度计。

4. 常用地质调查器材箱

常用地质调查器材箱由地质罗盘、高度计、水平尺、地质锤、手板锯、放大镜、折叠铲、测绳、皮卷尺、钢卷尺组成。其中水平尺、手板锯、放大镜、测绳、皮卷尺和钢卷尺为常用基本设备，其操作不再叙述。

2.1.6　水质检验分系统

水质检验分系统由 WES－02 检水检毒箱、水质细菌检验箱、细菌培养箱及取样桶组成。

WES－02 检水检毒箱可供卫生防疫人员进行水源选择、评价水质、判断水处理效果和实施饮水卫生监督。该箱可检测一般水质理化、常见毒物、军用毒剂和细菌学共 30 余项指标。它采用试剂管、检测管、侦检管、滤膜－营养纸垫等简易剂型方法及仪器检测方法相组合，可目视和仪器作定性、半定量、定量检测。试剂可稳定储存 3~5 年，操作简易快速，检测灵敏度符合野战饮水卫生标准要求。在战时未有充足时间检测细菌指标时，箱内配有饮水消毒剂，可对饮水进行细菌消毒处理。

水质细菌检验箱和细菌培养箱适用于卫生防疫人员在实验室或野外条件下进行水中细菌总数和大肠菌群的检验。必要时还可以进行水中肠道致病菌（沙门氏菌属和志贺氏菌属）的检验。

取样桶容量为 1L，用于存储现场的水样，便于将水样带回实验室环境做进一步的检测。

2.1.7　附属器材工具

附属器材工具包括手持 GPS 定位仪、军用望远镜、防爆头灯、防爆泛光工作灯、多功能强光灯、单兵净水器、帐篷等,为野外作业提供辅助保障。

2.2　水源工程侦察车构造与原理

水源工程侦察车(A 型/B 型)主要遂行水源工程侦察任务,用于探测地下水源、确定井位,适合在平原与高原山区等多种环境下的水源侦察,并能对需要构筑给水站地域进行野战给水勘察以及对水质进行常规检验,为构筑野战给水站提供重要技术资料,水源工程侦察车如图 2.23 所示。

图 2.23　新型水源工程侦察车图

水源工程侦察车(A 型/B 型)由底盘分系统、地下水源勘测分系统、野战给水工程勘察分系统、水质检验分系统、数据处理分系统、通信指挥分系统、电源分系统、附属器材、工具等组成。水源工程侦察车(A 型/B 型)的整车功能划分为三个部分,各个部分的功能划分如图 2.24 所示。

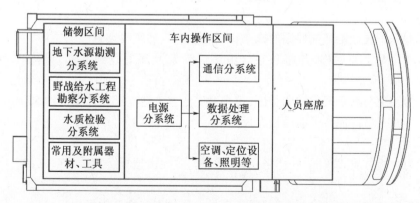

图 2.24　水源工程侦察车(A 型)功能划分示意图

水源工程侦察车(A 型/B 型)设备根据使用方式将分为下车使用设备与车上使用设备两类。

下车使用设备在车内通常不工作,车内仅设有储物区间。在车下工作时大多使用电瓶供电、与车内设备无直接电气连接,设备工作时所收集的信息通过数据传输系统或数据存储卡导入给车内计算机。这类设备主要有:V8 多功能电法仪、基本型 DZD－6A 多功能直流电法仪、工程数字化勘测系统、地形地貌记录仪、手持对讲机、手持 GPS 定位仪、野外照明灯具等。下车使用设备因其在使用中相对独立,故其工作原理将在各分系统中加以描述。

车上使用设备主要在车内或车辆附近工作,对这些设备的操控大部分可在车内操作区间完成。这类设备主要有:笔记本电脑、打印机、TCR－154 短波电台、GM338 车载台、6kW 柴油发电机、双模单向一体机、暖风机、空调以及综合电源等。整车的配电以综合电源为中心加以实现,整车的信息处理过程则以笔记本电脑为中心加以完成。

2.2.1 底盘分系统

水源工程侦察车底盘分系统主要由车辆底盘、车厢、车厢外布局和车厢内布局等组成,各部分的具体结构与组成如下。

1. 车辆底盘

车辆底盘的结构特征详见《EQ2102 系列军用越野汽车使用说明书》,本教材不再详细列举。根据使用和安装需要对原底盘车做了以下改装,所有改装均不影响原车底盘性能。

(1)在驾驶室后围的左上方和车厢侧门内部各安装了一个 1kg 的灭火器。

(2)在驾驶室左侧挡泥板后部安装了随车油桶。

(3)在副车架与主油箱之间安装了随车水桶。

(4)在底盘车架纵梁前、后部的左右各加装了四个顶车千斤顶,前千斤顶安装在前保险杠下方的纵梁上,分别向左右收起,并挂在保险杠两端,后千斤顶安装在纵梁后部,顺纵梁向前收起,并挂在纵梁上。

(5)为方便底盘加油和油机吊装架放置,将主、副油箱均下落约 140mm。

(6)为便于操作绞盘控制手柄,将右尾工具箱高度下降 30mm,并在其中放置方木、三角木各 4 块。

(7)拆除了底盘尾部拖挂用的拖车钩、气阀、电气插座等装置。

(8)将尾灯支架后移,并将防空灯由尾灯支架上部更改到下部,保持其灯头方向不变。

(9)为避免与副车架前横梁干涉,将车辆底盘蓄电池支架整体下落约 50mm。

(10)为中、后桥加装了前后挡泥板。

2. 车厢

车厢为大板方舱式车厢,厢体采用开式结构,主要由顶板、侧壁、前壁、后壁、后门及底板等组成。

车厢后壁和右侧壁各设一个单开门,人员由此进入储物区和操作区,门上分别设有采光窗和通风窗,所有车窗都装有防空窗帘,门开启后有限位器限位,侧门内外均有把手锁。车厢前、后壁各装一个轴流风机,用于厢内换气。车厢右前部装有电源壁盒,便于用电控制;右后部设有油机舱,用于存放 6kW 柴油发电机。车厢内壁和空调风道表面喷涂海灰色面漆;底板浇注墨绿色耐油橡胶板。

车厢与副车架用均布螺栓连接,车厢四周下部设置伪装网挂钩。车厢下部电缆箱到电源壁盒之间另外还设置有电缆托架挂钩。

3. 车厢外布局

1) 右壁布局图

右壁从后至前分别安装有 6kW 油机室、方舱车门及简易登车梯、电源壁盒、双模单向一体机和单冷一体空调器等,具体布局如图 2.25 所示。

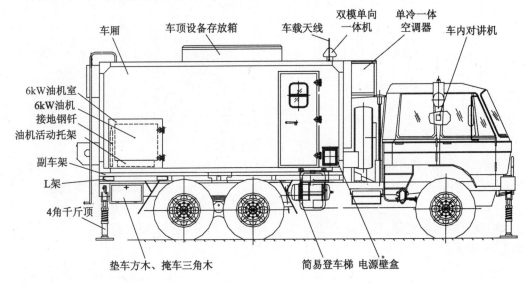

图 2.25　右壁布局示意图

2) 左壁布局图

左壁从后至前分别安装有龙门架、底盘随车水桶、底盘随车油桶和灭火器等,具体布局如图 2.26 所示。

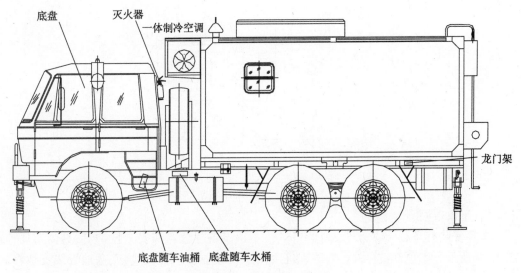

图 2.26　左壁布局示意图

3）前壁布局图

前壁安装有燃油暖风机、车厢换气扇、登车梯、单冷一体空调器和备胎等,具体布局如图 2.27 所示。

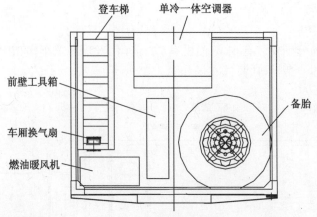

图 2.27　前壁布局示意图

前壁工具箱内装有部分随车工具。其中随车工具包 1 放置于前壁工具箱上层,随车工具包 2 放置于前壁工具箱中层,滑车放置于前壁工具箱下层。剩余的随车工具放于驾驶室内。

4）后壁布局图

后壁安装有电缆箱、登车扶手、U 形扶手、车厢换气扇、天调和登顶梯等,具体布局如图 2.28 所示。

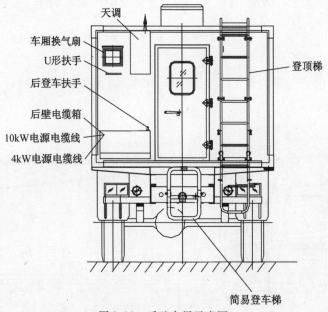

图 2.28　后壁布局示意图

5）车顶布局图

车顶安装有车载天线、双模单向一体机、车顶设备存放箱和安全挂钩等,具体布局如图 2.29 所示。车顶设备存放箱内放有班用帐篷、帐篷支杆、鞭天线杆、基地天线支撑杆、安全带和提物绳。

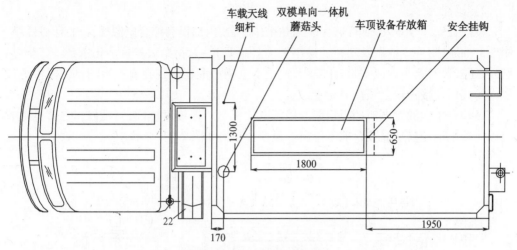

图 2.29　车顶布局示意图

在车顶取放车顶设备存放箱内设备时需使用安全带,安全带要挂到车顶设备存放箱的安全挂钩上以保证安全。行车时保证锁紧车顶箱盖。

4. 车厢内布局

1) 总体布局图

车厢内总体分为前储运架、左储运架、右储运架和箱内后壁等,各部分具体布局如图 2.30 所示。

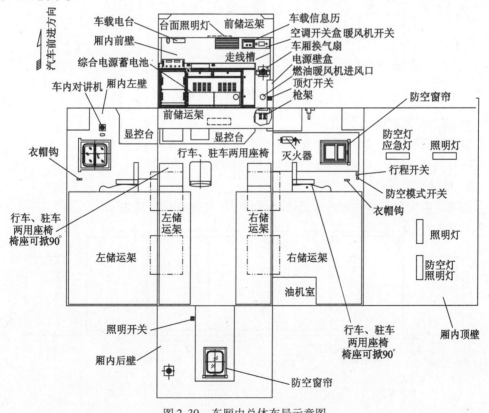

图 2.30　车厢内总体布局示意图

2）显控台

显控台安装于车厢内前部,上表面是操作平台,内部设有综合电源插箱、打印机插箱、附件 1 抽屉、附件 2 抽屉及斜柜。操作平台上除 TCR‑154 型短波数字化电台、笔记本电脑外,还安装有 5 个内嵌式带盖插座。笔记本电脑适配器固定在显控台内部。附件 1 抽屉内的接口转接插箱上预留 USB 接口。

显控台中间的蓄电池挡板用来遮挡蓄电池托盘。挡板可拆卸,当维修保养蓄电池时可以使蓄电池托盘从显控台前方拉出。显控台布局如图 2.31 所示。

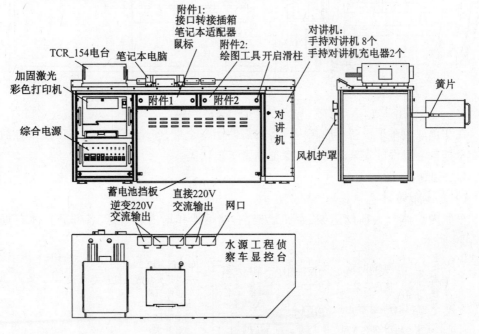

图 2.31　显控台布局示意图

3）综合电源蓄电池

蓄电池安装于显控台中间位置的车厢地板上。由于靠近暖风机出口,其上部在车壁上安装有隔热导风板,以避免暖风对蓄电池的影响。

4）前储运架

前储运架安装于车厢内前部、显控台的上方,布局如图 2.32 所示。

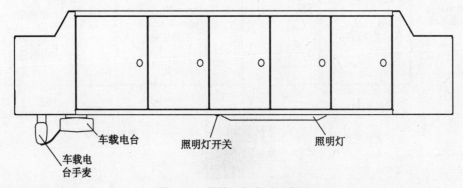

图 2.32　前储运架布局示意图

前储运架下方还装有车载电台加固架、手麦架,车载电台及车载电台的手麦,一盏照明灯及开关。前储运架内装载设备位置及编号如图2.33所示。

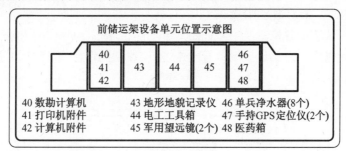

图 2.33　前储运架内设备位置示意图

5）储运架

储运架位于车厢中后部,分为左、右储运架,结构图如图2.34所示。各下车工作设备按上轻下重的原则分别装载于储运架中。左、右储运架均采用弹簧减振器实现整体减振以保护下车工作设备。

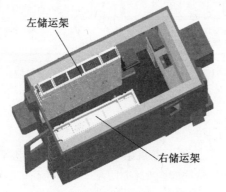

图 2.34　储运架结构示意图

储运架分层加门,各门上装有把手锁。左右储运架上面的上掀门可上掀90°,打开后用气弹簧支撑。下面的左右开门可开180°,并用三点定位锁锁紧。

右储运架内装载设备位置及编号如图2.35所示。

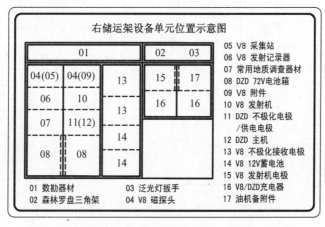

图 2.35　右储运架设备位置示意图

图中编号(05)和编号 04、编号(09)和编号 04、编号(12)和编号 11 对应的设备放在同一单元格内。右储运架设备有数勘器材、森林罗盘三脚架、泛光灯扳手、磁探头、发射记录器、常用地质调查器材、检水检毒箱。

左储运架内装载设备位置及编号如图 2.36 所示。图中编号(24)和编号 25 对应的设备放在同一单元格内。左储运架设备有土木工具、数勘操作台、取样桶、基地天线附件、接收线、发射电缆等。

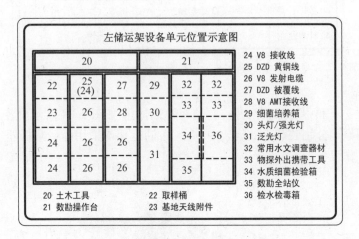

图 2.36　左储运架设备位置示意图

2.2.2　电源分系统

电源分系统主要由 6kW 柴油发电机组、综合电源、综合电源备用电池、电源壁盒和电源连接线缆组成。车内电气原理如图 2.37 所示。车内所有工作设备供电均经过综合电源控制。综合电源根据不同设备的用电性质、功率等为其提供相应的电源。

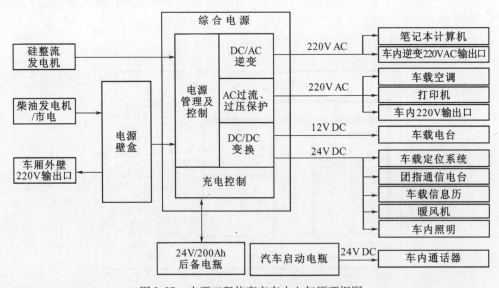

图 2.37　水源工程侦察车车内电气原理框图

1. 供电方式

整车供电方式则根据输入电源的情况分为备用电池供电、市电接入与发电机接入三种情况。当市电或发电机接入时,可通过电源壁盒的切换选择送入车内综合电源或车外用电设备;当无外部电源输入时,则可利用车内备用电池经综合电源为车内部分设备供电,如表2.4所示。

在车辆行驶过程中还可利用底盘自身的硅整流发电机富余电能为备用电池充电。

表2.4 供电方式与可用设备表

供电方式		可用设备
市电		所有设备
发电机	平原	所有设备
	高原	除空调和打印机不能同时工作外,其余设备均可工作
后备电池		除空调、打印机、直接交流插座外其余设备均可工作

2. 电源壁盒

电源壁盒面板在整车外接交流电前,"车皮地"和"测量地"接地柱必须通过接地线缆与接地钉相连。

电源壁盒作为车辆外接交流的输入设备,主要完成外接交流输入管理、整车电源安全性检测等方面的工作。

电源壁盒安装在舱右侧壁上。电源壁盒在使用时将电源壁盒小门打开上翻约80°,将电源壁盒门内侧的旋转锁扣旋至与三角支撑件上插孔方向一致的位置,放下两侧三角支撑件,并放在面板两侧的垫块槽内将门支撑住,可进行电源的输出和接入操作。使用完毕后将支撑三角件折叠固定在电源壁盒小门内侧,旋转电源壁盒小门内侧锁扣至与三角支撑件插孔垂直位置即可,行车前必须将电源壁盒小门锁好。

3. 吊装装置

吊装装置主要由固定在副车架后部左右侧的龙门架和两个L架组成。龙门架上装有升降装置,L架起到滑道作用,如图2.38所示。

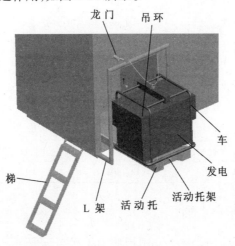

图2.38 柴油发电机吊装示意图

4. 综合电源

综合电源作为整车供电系统的核心设备,主要功能是对电源壁盒输入的交流电源、备用电池输入的直流电源以及硅整流输入的直流电源进行管理,通过开关控制各回路的通断。综合电源前面板示意图如图2.39所示。

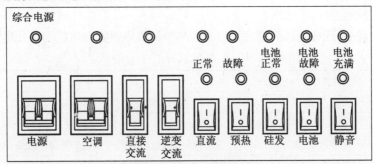

图 2.39 综合电源示意图

综合电源的输入/输出、对应开关及对应的用电设备见表2.5。

表 2.5 综合电源输出列表

序号	输入/输出电源类型	输出电源功率	对应开关	输出对应设备
1	电源壁盒交流 220V 输入	—	电源	—
2	电池直流 24V 输入	—	电源	—
3	硅整流发电机 28V 输入	—	硅发	—
4	直接交流 220V 输出 1	2800W	空调	空调
5	直接交流 220V 输出 2	1200W	直接交流	打印机
6	直接交流 220V 输出 3	1500W		显控台桌面直接交流插座
7	逆变交流 220V 输出 1	200W	逆变交流	控制处理终端
8	逆变交流 220V 输出 2	200W		接口转接插箱
9	逆变交流 220V 输出 3	600W		显控台桌面逆变交流插座
10	直流 12V 稳压输出	240W	直流	GM338 车载台
11	直流 24V 稳压输出 1	500W		TCR-154 型短波电台
12	直流 24V 稳压输出 2	500W		暖风机
13	直流 24V 稳压输出 3	25W		定位设备
14	直流 24V 稳压输出 4	170W		排风扇、车载信息历
15	直流 24V 稳压输出 5	125W		显控台风扇
16	直流 24V 电池直接输出	100W	电池	应急照明灯/防空灯
17	直流 24V 电池直接输出	100W	电源	照明灯
18	直流 28.8V 输出	1200W	—	电池充电

2.2.3 通信指挥分系统

通信指挥分系统分为两个单元:团指通信单元与车载通信单元。其中团指通信单元用以实现与基地间的无线通信,通信设备采用 TCR-154 型 125W 短波数字化电台,并配备了鞭天线和基地短波宽带天线。车载通信单元用以在工作现场完成车辆与作业人员、作业人员间的无线通信,通信设备采用摩托罗拉 GM338 车载台及 GP338 手持对讲机。

1. 短波数字化电台

水源工程侦察车为短波电台配备了两种天线:鞭天线、短波宽带基地天线。两种天线的区别主要在于:短波宽带基地天线适用于场地较大,通信方位不确定的情况,主要适用于中距离条件下的通信。鞭天线为 TCR – 154 型短波数字化电台的原配天线,架设需要场地小,在中近距离处需根据通信方向调整仰角方位。使用电台时,应根据实际情况架设合适的天线。

短波数字化电台在使用时,需保证电台与综合电源、电台与天线调谐器、天线调谐器与鞭天线(或基地短波天线)、电台与大地、天调与大地的可靠连接。连接示意图如图 2.40 所示。

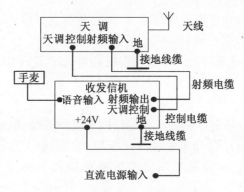

图 2.40 短波电台电气连接示意图

短波电台收发信机的后面板实际连接如图 2.41 所示。

图 2.41 短波电台后面板线缆连接

在通常状态下,鞭天线底座与天线调谐器始终相连,在使用鞭天线通信时,将鞭天线插入鞭天线底座即可。使用基地短波天线时,需打开天调盒侧门,将天调与鞭天线底座的连线断开,将基地天线馈线接头与天调插座相连。

2. 车载电台

GM338 型车载电台由车载台、天线调谐器、送受话器和天线组成。车载电台在使用时,须保证电台与综合电源、电台与天线、电台与大地的可靠连接。连接示意图如图2.42所示。

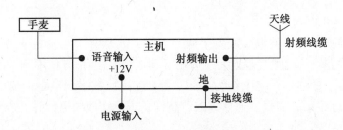

图2.42 车载电台电气连接示意图

2.2.4 数据处理分系统

数据处理分系统主要由控制处理终端、加固彩色激光打印机以及水源侦察数据处理软件等组成。水源侦察数据处理软件运行于笔记本电脑平台上,可对水源侦察信息进行处理,得出满足需求的给水条件图。水源侦察报告可通过笔记本电脑接口输出或通过打印机打印输出。

1. 笔记本电脑

固定在显控台上时,笔记本电脑主要连接线有电源连接线、网线和串口线。电源连接线用于电脑的供电,来自综合电源逆变交流输出;网线用于笔记本计算机和打印机的信号传输;串口线用于电脑和车顶定位设备的信号传输。连线示意图如图2.43所示。

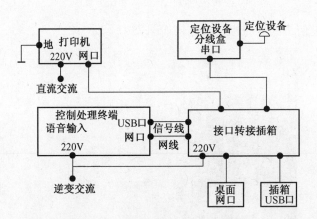

图2.43 控制处理终端电气连接图

2. 加固激光彩色打印机

加固激光彩色打印机与水源普查车数据处理分系统相应内容相同,参见2.1.4节相应内容。

3. 数据处理软件

水源侦察信息处理软件由数据管理子系统、地下水源勘测子系统、给水工程勘测子系统、给水分队侦察信息综合处理子系统、侦察资料输出子系统、系统维护子系统组成,用以完成水源侦察过程中的信息收集、处理、汇总和输出水源侦察报告。处理软件的模块划分如图 2.44 所示。使用方法参见《水源工程侦察车(A 型)软件使用说明书》。

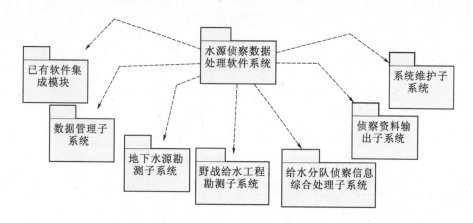

图 2.44　数据处理分系统总体功能分布图

2.2.5　地下水源勘测分系统

地下水源勘测分系统由 V8 多功能电法仪、DZD – 6A 多功能直流电法仪(基本型和增强型)、EH – 4 连续电导率剖面仪及物探外出携带工具箱、常用地质调查器材箱组成。

1. EH – 4 连续电导率剖面仪

EH – 4 由美国以研制大地电磁仪器而闻名的 EMI 公司和以制造高分辨率地震仪著名的 Geometrics 公司联合研制。这是全新概念的电导率张量测量仪。它利用大地电磁的测量原理,但配置了特殊的人工电磁波发射源。

这种发射源的天线是一对十字交叉的天线,组成 X、Y 两个方向的磁偶极子,轻便而且只用于普通汽车电瓶供电,发射率从 500Hz 到 100kHz,专门用来弥补大地电磁场的寂静区和几百赫兹附近的人文电磁干扰谐波。仪器用反馈式高灵敏度低噪声磁棒和特制的电极,分别接收 X、Y 两个方向的磁场和电场。由 18 位高分辨率多通道全功能数据采集、处理一体机完成所有的数据合成。

由此,EH – 4 的全新概念主要归结为如下几个方面:

(1) EH – 4 应用大地电磁法的原理,但使用人工电磁场和天然电磁场两种场源;

(2) EH – 4 既具有有源电探法的稳定性,又具有无源电磁法的节能和轻便;

(3) EH – 4 能同时接收和分析 X、Y 两个方向的电场和磁场,反演 $X – Y$ 电导率张量剖面,对判断二维构造特别有利;

(4) EH – 4 仪器设备轻,观测时间短,完成一个近 1000m 深度的测深点,大约只需 15 ~ 20min,这使它可以轻而易举实现密点连续测量(首尾相连),进行 EMAP 连续观察;

(5) 在 EH – 4 的采集控制主机中插入两块附加的地震采集板,就可使一台 EH – 4 兼作地震仪和电导率测量,为一机实现综合勘探首创先例;

(6) 实时数据处理和显示,资料解释简洁,图像直观。

EH – 4 连续电导率剖面仪的设备清单见表 2.6。

表 2.6　EH - 4 设备清单

序号	部件/说明	单位	数量
1	EH - 4 连续电导率剖面仪	台	1
2	四道模拟前放单元	台	1
3	前放(AFE)和主机(Console)连接电缆	根	2
4	电探头缓冲器,带有 26m 的连接电缆	根	6
5	不锈钢电极,与 BE 型电探头缓冲器相连接	根	5
6	磁探头,频率为 10Hz ~ 100kHz,带有 10m 的连接电缆	根	2
7	发射机,工作频率为 1 ~ 70kHz 补充天然频率	台	1
8	磁感应天线,两个 $4m^2$ 互相垂直的天线产生 $400A \cdot m^2$ 磁冲量	套	1

2. V8 多功能电法仪

V8 多功能电法仪是由加拿大凤凰地球物理公司研制生产的电磁法勘测仪器,可以采用多种模式工作,本装备选用了其中的大地音频电磁法(AMT)、可控源大地音频电磁法(CSAMT)和时域激发极化法(TDIP)功能。

大地音频电磁法是一种利用天然场源的电磁测深方法,该方法具有不受高电阻层屏蔽、设备轻便等优点;可控源大地音频电磁法则是使用了人工发射的可控制的场源达到电磁测深的目的,可以解决因天然场源信号弱所导致的 AMT 法易受周边环境影响的问题。时域激发极化法则是以岩、矿石的激电效应差异为基础而达到找水或解决某些水文地质问题的一种电探方法,该方法不受地形起伏干扰和围岩电性不均匀的影响,因而在山区找水中具有一定的优势。

水源工程侦察车配备的 V8 多功能电法仪主要分为发射系统、采集接收系统、定位系统和数据记录四大系统,各系统的内容如表 2.7 所示。

表 2.7　V8 多功能电法系统设备清单

发射系统	T3 型发射机	支持 AMT、CSAMT、SIP(CR)/TDIP 和 TDEM 等
	RXU - TMR 发射控制盒子	用于控制、记录发射机的发射频率、电流强度、相位等发射参数
	发电机	输出 220V/50Hz 交流,功率 6kW
	发射极板	发射接地装置
采集接收系统	V8 - 6R 主机	采集系统的控制中心
	V8 搭配的功能模块	AMT、CSAMT 和 TDIP 模块
	不极化接收电极	用于电信号的接收
	磁棒	用于磁信号的接收
	电缆	用于电极、磁棒与主机之间的连接
定位系统	利用全球卫星 GPS 定位系统,控制采集系统与发射系统之间时钟同步	
数据记录处理系统	V8 主机、RXU - TM 发射控制盒子将所采集的数据保存在 CF 卡上,由读卡器完成与计算机之间的数据传输	

3. DZD - 6A 多功能直流电法仪基本型

基本型 DZD - 6A 的设备清单见表 2.8。

表 2.8　基本型 DZD - 6A 设备清单

序号	部件/说明	单位	数量
1	多功能直流电法仪主机	台	1
2	可充电电源箱	个	10
3	配套充电器	个	5
4	不极化电极	个	8
5	被覆线	m	1000
6	黄铜线	m	400

（1）DZD - 6A 型仪器的所有操作部分均位于面板上,面板由下列部分组成:显示器为大屏幕图形符号液晶;25 个功能键,即 10 个数字键,14 个功能键,1 个小数点键;供电接线柱 AB;测量电位接线柱 MN;高压电缆,用于接高压供电电源;红色夹子接"＋",黑色夹子接"－";RS - 232 串行接口;仪器电源开关;背景光电源开关;灰度调节旋钮。

（2）25 个键的作用:0 ~ 9 为数字键,用于输入数据;小数点键用于输入小数点;清除键:双功能键,用于清除输入的数字和清除内存;文件(模式)键:用于建立新文件或补测文件;参数键:用于输入工作参数;测量键:用于仪器测量;极距键:用于手动时直接输入极距参数;查询键:用于查询文件目录、文件数据、文件工作模式;辅助键:a,用于检测电池电压;b,删除文件和测点;c,传输;d,检测自电;曲线键,用于绘制实测曲线,具体操作详见绘制实测曲线的操作说明。

（3）箭头键:

→向右移动光标,或选择坐标系,查看曲线各点值(每按一次测点号 NP 增加 1)。

←左移光标,向左移动光标或查看曲线各点值(测点号递减)。

↑键和↓键可上下移动光标。

4. DZD - 6A 多功能直流电法仪增强型

增强型 DZD - 6A 的设备清单见表 2.9。

表 2.9　增强型 DZD - 6A 设备清单

序号	部件/说明	单位	数量
1	多功能直流电法仪主机	台	2
2	120 道多路电极转换器	台	1
3	120 道通道检测器	台	1
4	5m 间距电缆	m	990
5	铜电极	根	130
6	拔叉卡	个	130
7	可充电电源箱	个	10
8	配套充电器	个	5
9	不极化电极	个	16
10	3kW 整流源	台	1
11	被覆线	m	2000
12	黄铜线	m	400

5. 物探外场携带工具箱

物探外场携带工具箱由森林罗盘、模拟万用表、便携工具包（20件组）、剥线钳、剪刀、黑胶布、医用白胶布、彩色胶条（红、绿、蓝）、接地线组成。除森林罗盘外，其余设备均为常用设备，这里只对森林罗盘做具体操作介绍。

DQL-1B型森林罗盘仪具有磁定向及距离、水平、高差、坡角等测量功能。它主要适用于森林资源侦察，农田、水利及一般工程的测量。

1）主要结构

该仪器主要由望远镜、磁罗盘和安平机构组成。仪器望远镜系统具有良好的成像质量。瞄准测距采用分划板，精度高，性能稳定。磁罗盘主要由磁针和度盘组成，其磁针磁性能稳定可靠，经久耐用。安平机构由转轴和球联接器组成，它既可安平仪器，又能与三脚架联接。

该仪器结构紧凑合理，体积小、重量轻，是理想的测绘用仪器。其主要结构如图2.45所示。

使用时，将仪器旋紧在三脚架上，调整安平机构，使两水准器气泡居中，即仪器安平。仪器安平时，其各调整部位均应处中间位置。

测量时望远镜是对目标照准的主要机构。根据眼睛的视力调节目镜视度，使之清晰地看

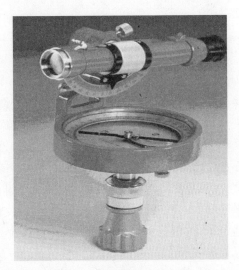

图2.45　森林罗盘仪机结构图

清十字丝，然后通过粗照准器，大致瞄准观测目标，再调整调焦轮，直到准确看清目标，这时即可作距离、坡角、水平等项的测量。放开磁针止动螺旋，望远镜与罗盘配合使用亦可对目标方位进行测量。

2）注意事项

（1）仪器应保存在清洁、干燥，无酸、碱侵蚀及铁磁物干扰的库房内；

（2）仪器在不使用时，应将磁针锁牢，避免轴尖与玛瑙轴承的磨损；

（3）仪器微调机构、横轴及纵轴非必要时，不可随意拆卸；

（4）光学系统各零部件拆装或修理后，须经严格校正方可使用。

6. 常用地质调查器材箱

常用地质调查器材箱由地质罗盘、高度计、水平尺、地质锤、手板锯、放大镜、折叠铲、测绳、皮卷尺、钢卷尺组成。其中水平尺、手板锯、放大镜、测绳、皮卷尺和钢卷尺为常用基本设备，其操作不再叙述。

2.3　钻井装备构造与原理

地表水和地下水是野战给水保障的两种最主要的水源类型。地表水具有分布广泛、便于汲取等优点，但同时具有季节性变化大、易遭污染破坏等缺点。而地下水具有水质清澈、分布广泛、不易污染破坏等优点，因此，开采和使用地下水作为给水保障的水源类型是需要一直致力研究的问题。构筑水井开采和使用地下水实施给水保障就是钻井工程的重要任务。

2.3.1　钻井工程概述

利用钻井装备实施地下水源的开采与利用是给水装备的重要工作,通过本节的学习,使读者对钻井工程的目的、任务与特点有个清楚的认识。

1. 钻井工程的目的与任务

钻井工程是指为了完成给水保障任务,在选定或占领的地域进行钻井取水所形成的工程系统。水文钻井是勘探和开采地下水的钻探工程,目的有两个:一是勘探地下水源获得水文地质资料;二是构筑供水管井开采地下水。

水文钻井的目的就是钻取地下水,为什么有两个目的呢? 主要原因是通过地质分析、电法数据处理仍不能很精确地确定地下水的情况,还必须井下钻探,这也就是为什么钻探中首先采用小孔钻进和电测井的原因。同样,钻井的目的:一是勘探地下水源获得水文地质资料;二是构筑管井,开设给水站,实施给水保障。

水文钻井的基本任务是:通过在钻孔内抽水,采取水样等试验达到确定地下水水位、水质、地下水的水力性质、含水层与地表之间的水力联系及含水层的水理性质等。而钻井工程的基本任务就是钻凿水井,开设给水站。

2. 钻井工程的特点

钻井工程即为对地下水源的开采利用,钻井工程与地质结构、钻井装备等因素有关,因此钻井工程具有以下的特点。

1)地层复杂

水文水井钻探大多数是在第四纪的卵砾石层、砂层或黏土层中进行钻进工作。钻井工程也不例外,这些地层给钻探工程带来的问题是坍塌、漏失和不易取心等,即使在基岩层中钻进,也多半是断裂带、溶洞或破碎带。

岩石对钻井的影响主要表现在:影响钻进速度与钻头进尺;使钻进过程中出现井漏、井喷、卡钻等复杂情况;钻井液受到污染,性能变坏,井径不规则,进而影响到测井、固井等。

黏土岩层,泥岩和页岩一般较软,钻速快,但容易产生钻头泥包。砂岩层,一般来说是较好的渗透层,在井壁上易形成较厚的滤饼,易引起泥饼粘附卡钻。砾岩层,钻进易发生跳钻、鳖钻和井壁垮塌。软硬交错地层,当钻进至地层软硬交错时,易发生井斜,地层倾角较大者也易发生井斜。含可溶性盐类岩层,即钻到石膏层、盐岩层时,要注意其对钻井液性能的影响。

2)钻孔结构复杂

钻孔结构受设计、地质条件等条件控制,因此水文钻井中钻孔的结构往往因需而变,千差万异,复杂多变。如在第四系松散层钻井,地质松软,钻进进尺快,钻孔可以采用大口开孔、一次成井进行。而在坚硬基岩层钻进,岩石坚硬,破碎困难,进尺较慢,则需要先开小孔、再扩大孔的顺序进行钻井,对于基岩深井还可以采取分级钻孔的方式进行成井。

3)钻进方法多

由于地层复杂,即使在同一个钻孔中往往遇到迥然不同的几种地层。对于不同地层可以采用相适应的钻进方法进行钻井,如空气钻进、反循环钻进、潜孔锤钻进和震动钻进等。

4)设备型式多

由于水文水井应用范围广及钻进方法的改进,近几年来世界各国都发展了相应的水文水井钻探的设备。我国也研制生产了各种类型的水文水井钻机。以装盘驱动为主的 SPC-300ST 型、SPC-600ST 型水文水井钻机，全液压钻机 RB50 宝峨钻机、钻科 3000 钻机等钻井主要装备。

5）劳动强度大

由于水文水井钻探直径大，破碎岩屑多，但深度较浅（相对石油钻探而言），给钻探工作带来了很多不便实现机械化操作的问题，如换钻具、清渣等工作，都使劳动强度大大增加。

除此之外，在战时，钻井工程还具有其战斗背景独特性、伪装防护困难性、完成任务时限性等特点和要求。

2.3.2 钻井方法

虽然钻机的形式各种各样，但综合钻井工艺技术，主要有两种钻井方法：一是冲击钻井；二是旋转钻井。

1. 冲击钻井法

冲击钻井法又称顿钻钻井法。其基本原理是利用钻头的自身重量，从一定高度下落，产生的惯性冲击破碎岩石，实现向下钻进的目的。顿钻钻井法最早起源于我国，在明朝发展成熟。明朝宋应星所著《天工开物》一书，详细记载了那时凿盐井用的冲击钻井法，"冶铁锥如碓，嘴形其尖，使极刚利，向石山春凿成孔"。悬挂钻头"铁锥"的是"破竹缠绳夹悬此锥"，即用竹丝编成的竹绳来悬挂铁锥。

1）冲击钻井原理

冲击钻井相应的钻井设备称为顿钻钻机或钢绳冲击钻机，如图 2.46 所示。其工作原理是钢丝绳周期提吊钻头到一定的高度，然后让钻头垂直自由下落，通过其重量冲击破碎岩石，实现破碎岩石，不断钻深。钻头的周期提吊是通过发动机带动曲轮转动通过钢丝绳收缩下放实现的，如图 2.47 所示。

图 2.46　钢丝绳冲击钻机

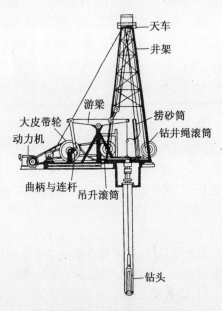

图 2.47　冲击钻进原理

对于地层和岩层来说,钻头冲击会砸实地层,影响钻井的效果。为了解决这一问题,在周期地将钻头提到一定的高度向下冲击井底,破碎岩石的同时,向孔内注水,将岩屑、泥土混成泥浆,等井底泥浆碎块积到一定数量时,便停止冲击,下入捞砂筒捞出岩屑,然后再开始冲击作业。如此交替进行,加深井眼,直至钻到预定深度为止。

同样,孔内注水,并且逐渐变黏稠,肯定对钻头的冲击动量有所影响。因此,在钻头设计和选材上,要尽量减少垂直接触面积和选用质密坚硬的材料制作钻头。

2）冲击钻井特点

冲击法钻井,破碎岩石、取出岩屑的作业都是不连续的,钻头功率小、效率低、速度慢,远不能适应水文钻井中优质快速打井的要求。

其特点决定了它的适用性不强,很难满足现代作战给水保障时效性的要求。

2. 旋转钻井法

随着蒸汽机等动力机的发明应用和工业革命的推动,一种崭新的钻井方法应运而生——旋转钻井。

1）旋转钻井原理

旋转钻井即利用驱动设备驱动钻头旋转并给钻头施加钻压破碎岩石,利用钻井液取出岩粉,使井眼连续不断的加深的钻井方式。

从三部分理解旋转钻井法:一是驱动设备驱动钻头旋转;二是给钻头施压;三是利用钻井液去除岩粉。旋转钻井法是边钻边取岩屑,具有很好的连贯性。

其钻进的原理如图 2.48 所示。先是钻头在驱动设备的驱动下旋转破碎岩石,在旋转的同时由于钻具或者钻机等给钻头提供一个纵向的压力和震动,震动冲击根据不同的钻进形式其冲击幅度有很大区别。

旋转研磨、冲击破碎岩石的同时,冲洗液通过钻杆内容部进入钻头,到达孔内,将破碎的岩屑带离孔底,实现持续钻进。旋转钻井最常用的冲洗液是泥浆,也就是泥土和水的混合物,因其具有较好的比重、黏度,而且价格便宜、便于取材而广泛应用于水文钻井作业中。旋转钻进根据其驱动位置,

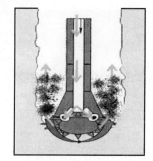

图 2.48 旋转钻井工作原理

可分为地面动力驱动旋转钻进法和井下动力旋转驱动钻进法。主要依据是钻机在钻进时钻进动力的来源。在井上的为地面驱动,在井下则为井下驱动。

地面驱动依据其驱动类型不同,又分为转盘驱动和动力头驱动也就是液压驱动钻井。井下驱动主要是顶驱旋转钻井,主要原理是利用冲洗液等流体驱动位于钻头位置的旋转驱动器带动钻头旋转,适应深井和定向井钻进。

我国主要钻井装备 SPC－300ST、SPC－600ST 型水文水井钻机属于转盘驱动钻机,依靠动力驱动车后部的钻盘旋转带动钻杆旋转进行钻进;RB50 等钻机,利用安装在钻塔上的动力头,通过液压原理驱动钻杆稳定旋转钻进。

旋转钻进原理中,直接接触岩石的是钻头,由于钻头具有不规则的接触面,因此在旋转过程中造成钻杆的纵向中心会产生轻微的上下移动,因此产生上下震动的冲击效果。转盘旋转钻井是目前最常用的钻井方式,这里做重点介绍。

旋转钻井钻进的过程如图 2.49 所示,井架、天车、游车、大钩及绞车组成起升系统,以

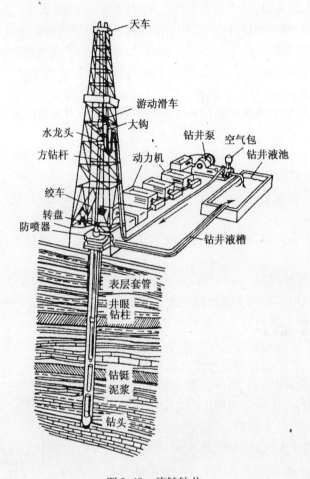

图 2.49 旋转钻井

悬持、提升下放钻柱。接在水龙头下的方钻杆卡在转盘中,下部承接钻杆柱、钻铤、钻头。钻杆柱是中空的,可通入清水或钻井液。工作时,动力机驱动转盘,通过方钻杆带动井中钻杆柱,从而带动钻头旋转。控制绞车刹把,可调节由钻柱重量施加到钻头上的压力即俗称钻压的大小,使方钻杆钻头以适当压力压在岩石面上,连续旋转破碎岩层。

其携带排出岩屑的方式主要是通过钻井液的循环实现的。如图 2.50 所示,钻井液由泥浆泵→地面管汇→立管→水龙头→钻杆柱内腔→钻头→井底→环形空间→泥浆净化系统→沉淀池。携带的岩屑到井口后经过泥浆净化系统被去除,较澄清的泥浆再次进入系统训练,如此往复。在循环的过程中钻井液还起到保护井壁的作用。

2)旋转钻井特点

相比较冲击钻井法,转盘旋转钻进具有以下特点:钻杆代替了顿钻中的钢丝绳,钻头加压旋转代替了冲击,钻井液连续循环携带岩粉。因此,转盘旋转钻井法破碎岩石和取出岩屑都是连续的,克服了冲击钻井的缺点,提高了钻井效率。因此,旋转钻井法现在还广泛地应用于水文、石油、采矿等工艺中。

3. 钻井新方法

随着新材料、新技术的发展,许多新技术应用于钻井装备中,发展形成的钻井方法主

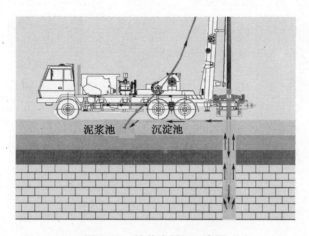

图 2.50　钻井液循环示意图

要有液压驱动钻井、井下动力钻井等方法。

1）液压驱动钻井

20 世纪 80 年代研究开发了液压顶驱钻机,首先成功地应用于海洋钻井,目前已迅速应用到陆地深井、超深井钻机上,呈现良好的发展前景。与转盘驱动旋转钻井的区别在于钻进动力来自于安装在井架上可随钻进上下移动的液压动力系统(液压马达)。

全液压钻机智能化程度更高,极大地节省了人力。钻进稳定,钻井效率较高。我国引进的宝峨 RB50 钻机(图 2.51(a))和钻科 3000 钻机(图 2.51(b))就属于全液压钻机,其钻进的智能化、自动化程度较高,因此作业效率得到极大提高,节省很多劳动力。但其配套设施设备要求较多,钻井的造价也比较高。

(a)　　　　　　　　　　　　　　　　　　(b)

图 2.51　液压钻机
(a)RB50 钻机;(b)钻科 3000 钻机。

2）井下动力钻井

从冲击到转盘钻井,是钻井方法上的一次革命。但随着钻井深度的增加,钻杆柱在井中旋转不仅要消耗过多的功率,且容易引起钻杆折断事故,这就促使人们朝钻杆不转或不用钻杆的方向去寻求驱动钻头的方法。将动力装置放到井下去,从而诞生了井下动力钻具旋转钻井法。

井下动力钻具主要有三类：涡轮钻具、螺杆钻具(图2.52)和冲击器。

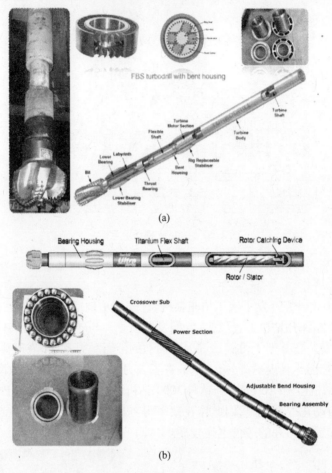

(a)

(b)

图2.52　井下动力钻具

(a) 涡轮钻具；(b) 螺杆钻具。

螺杆钻具和涡轮钻具工作时,钻井泵将高压钻井液从钻柱内腔泵入动力钻具驱动动力钻具转子带动钻头旋转,实现破岩钻进。

冲击器是利用冲击发生器将高压钻井液转化为冲击能量传递给钻头破碎岩石。常用的是空气冲击型动力,因此在钻进过程中,钻至含水层会出现井孔喷水现象。

2.3.3　钻具及管井原理

钻具是在钻井过程中直接参与钻井作业的组成部分,主要包括钻头、钻柱和机台工具;管井是钻井完成后成井的组成部分。

1. 钻头

钻头是安装在钻杆前端,回转破碎岩石的刀具。在工程学上也理解为用以在实体材料上钻削出通孔或盲孔,并能对已有的孔扩孔的刀具。钻头类型按结构及工作原理分类:刮刀钻头、牙轮钻头、金刚石钻头、硬质合金钻头、PDC钻头、特种钻头等。按功用分类:全面钻进钻头、取心钻头、扩眼钻头。

钻头的技术指标主要包括：① 钻头进尺,指一只钻头钻进的总长度;② 钻头工作寿命,指一只钻头的累计使用时间;③ 钻头平均机械钻速,指一只钻头的总进尺与工作寿命之比值;④ 钻头单位进尺成本。衡量钻头的主要指标是钻头进尺和机械钻速。

1）刮刀钻头

刮刀钻头是旋转钻井使用最早的钻头类型。其结构简单,制造方便,成本低。在泥岩和页岩等软地层中,钻井速度比较高。

（1）刮刀钻头的结构。

刮刀钻头如图2.53所示,包括上钻头体、下钻头体(分水帽)、刀翼、水眼。

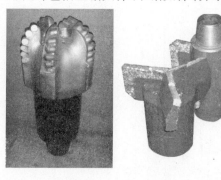

图 2.53　刮刀钻头

上钻头体位于钻头上部,车有螺纹用以连接钻柱,侧面刨装有焊刀片的槽,一般用合金钢制成。

下钻头体位于上钻头体的下部,与上钻头体焊接在一起,内开三个水眼孔,用来安装喷嘴,用合金钢制造。

刀翼是刮刀钻头直接与岩石接触、破碎岩石的工作刃,也称刮刀片。通常,刮刀钻头以其刀翼数量命名,如三刀翼的称作三刮刀钻头,两刀翼的称作两刮刀钻头或鱼尾刮刀钻头。刀翼焊在钻头体上,目前常用的是三刮刀钻头。

（2）刮刀钻头的工作原理。

刮刀钻头主要以切削、剪切和挤压方式破碎地层。这几种破岩方式主要是克服岩石的抗剪强度,它比克服岩石的抗压强度的破岩方式容易。岩石破碎大体分为三个过程:

刃前岩石沿剪切面破碎后,扭转力矩减小,切削刃向前推进,碰撞刃前岩石;

在扭转力矩作用下压碎前方的岩石,使其产生小剪切破碎,扭转力矩增大;

刀翼继续压挤前方的岩石(部分被压成粉末),当扭转力矩增大到极限值时,岩石沿剪切面破碎,然后扭转力矩突然变小。

碰撞、压碎及小剪切、大剪切这三个过程反复进行,形成破碎塑脆性岩石的全过程。

（3）刮刀钻头的合理使用。

刮刀钻头适用于松软至软的泥岩、泥质砂岩、页岩等塑性和塑脆性地层中钻进。

2）牙轮钻头

牙轮钻头是近代水文钻井中使用很广的一种钻头。这是由于牙轮钻头具有冲击、压碎和剪切破碎岩石的作用,牙轮钻头与井底的接触面积小、比压高,工作扭矩小,工作刃总长度大等特点。

（1）牙轮钻头的结构。

牙轮钻头由壳体、牙爪、牙轮、轴承、水眼和储油密封补偿系统等部分组成,如图2.54所示。

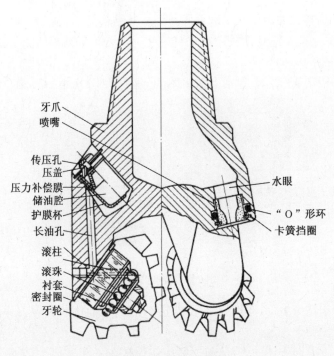

图 2.54　牙轮钻头结构

牙轮钻头工作时切削齿交替接触井底,破岩扭矩小,切削齿与井底接触面积小,比压高,易于吃入地层;工作刃总长度大,因而相对减少磨损。牙轮钻头能够适应从软到坚硬的多种地层。

水文钻井和地质钻探中应用最多的还是牙轮钻头。牙轮钻头在旋转时具有冲击、压碎和剪切破碎地层岩石的作用,所以,牙轮钻头能够适应软、中、硬的各种地层。

牙轮钻头按牙齿类型可分为铣齿(钢齿)牙轮钻头、镶齿(牙轮上镶装硬质合金齿)牙轮钻头;按牙轮数目可分为单牙轮(图2.55(a))、双牙轮、三牙轮(图2.55(b))和多牙轮钻头(图2.55(c))。目前,国内外使用最多、最普遍的是三牙轮钻头。

（2）牙轮钻头的分类。

国产牙轮钻头根据地层岩性的不同分为七种类型,其中JR、R、ZR三种型号适用于软到中软地层,Z、ZY型适用于中到中硬地层,Y、JY适用于硬到极硬地层。按轴承结构不同,分为普通轴承、滚动密封轴承和滑动密封轴承。

牙轮钻头有镶齿和铣齿两类,从极软到极硬地层均可适用。钻凿直径500mm以下的井孔,一般使用三牙轮钻头。

（3）牙轮钻头的工作原理。

牙齿的公转与自转:牙轮钻头工作时,固定在牙轮上的牙齿随钻头一起绕钻头轴线做顺时针方向的旋转运动称作公转;牙齿绕牙轮轴线做逆时针方向的旋转运动称作自转。

| (a) | (b) | (c) |

图 2.55　牙轮钻头类型

(a) 单牙轮钻头；(b) 三牙轮钻头；(c) 多牙轮钻头。

牙轮自转的转速与钻头公转的转速以及牙齿对井底的作用有关,牙轮的自转是破碎岩石时牙齿与地层岩石之间的相互作用力的结果。牙轮分为单锥、复锥。

钻头的纵向振动及对地层的冲击、压碎作用:钻头工作时,钻压经牙齿作用在岩石上,牙轮滚动使牙齿与井底的接触是单齿、双齿交错进行的,单齿接触井底时,牙轮的中心处于最高位置;双齿接触井底时,牙轮的中心下降。牙轮的滚动使牙轮中心位置不断上下交换,使钻头沿轴线做上下往复运动,即钻头的纵向振动。

牙齿对地层的剪切作用:牙轮钻头除对地层岩石产生冲击、压碎作用外,还对地层岩石产生剪切作用。剪切作用主要是通过牙轮在井底滚动时还产生牙齿对井底的滑动实现的,产生滑动的原因是由钻头的超顶、复锥和移轴三种结构特点引起的。

牙轮钻头的自洗:牙轮钻头工作时,特别是在软地层钻进时,牙齿间易积存岩屑产生泥包,影响钻进效果。自洁式钻头通过牙轮布置使各牙轮的牙齿互相啮合,一个牙轮的牙齿间积存的岩屑由另一个牙轮的牙齿剔除,这种方式称作牙轮钻头的自洗。自洁式牙轮钻头的牙轮布置分自洗不移轴和自洗移轴两种方案。

3）潜孔锤所用钻头

潜孔锤钻头(图 2.56)是直接破碎岩石的,它的结构和性能直接影响着钻进效率和成本,因此,它是潜孔锤钻进中的重要课题。

(1) 潜孔锤钻头的种类繁多,从碎岩的硬合金形状上分为两种:一种是刀片刃钻头,另一种为柱齿钻头。前者用于一般软地层,后者用于硬地层。钻头的直径,国外以 65 ~ 228mm 居多。井下潜孔锤的钻头直径一般为 65 ~ 115mm,露天矿爆破孔潜孔锤钻头直径则为 100 ~ 228mm。因受潜孔锤本身直径的影响,我军目前常用 220mm。

潜孔锤钻头与潜孔锤本体联接方式基本上有键销联接、花键联接、多角形联接和滚珠联接等。

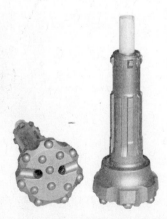

图 2.56　潜孔锤钻头

49

（2）潜孔锤钻头的结构比常规回转钻进所使用的钻头在井下受力情况复杂。因此，结构设计要比普通钻头复杂。

柱齿状钻头边齿倾角对钻进效率和钻头寿命影响很大。一般多采用40°~45°倾角，当岩石坚硬时可采用50°倾角。刀片刃排列形式有十字形、X形或采用超前刃等形式。

柱齿钻头硬合金几乎都采用过盈冷压固齿方法。这种固定齿的技术关键是掌握过盈量。而过盈量与柱齿直径、钻头材质和齿孔加工精度有关。

2. 钻柱

在水文钻井中，钻柱是水龙头以下，钻头以上的钢柱的总称。主要包括主动钻杆、钻杆、钻铤以及各种接头及稳定器等井下工具。

钻柱的作用主要包括：

（1）提供钻井液流动通道；

（2）给钻头提供钻压；

（3）传递扭矩；

（4）起下钻头；

（5）计量井深；

（6）观察和了解井下情况（钻头工作情况、井眼状况、地层情况）；

（7）进行其他特殊作业（取心、挤水泥、打捞等）。

1）主动钻杆（方钻杆）

主动钻杆是夹持在立轴或转盘中的非圆环断面的钻杆，其作用是向孔内钻具传递扭矩，在升降机、滑车系统及其他装置配合下还可以传递轴向力。

SPC-300ST型水文水井钻机主动钻杆（图2.57）的规格尺寸为110mm×110mm×7500mm；SPC-600ST型水文水井钻机主动钻杆的规格尺寸为108mm×108mm×7315mm。主动钻杆必须保持垂直，要用D-55以上的钢号制造。

图2.57　作业中的主动钻杆

2）钻杆（圆钻杆）

（1）钻杆的规格。

钻杆是进行钻进的重要工具。其功用是向钻头传递破碎岩石的扭矩和轴向力，输送冲洗介质。在采用绳索取心的金钢石钻进中，钻杆还是投放取心装置的通道。常用的钻杆为 89 钻杆,即直径为 89mm 的钻杆,钻杆的长度为 6.4m 左右,如图 2.58 所示。

图 2.58　圆钻杆

钻杆与接箍的连接螺纹为三角螺纹,锥度为 1∶16,常称"细扣"。由于钻杆直径不同,每英寸的螺纹扣数不一样,内加厚外径 42mm 钻杆和 50mm 钻杆为每英寸 10 扣,内加厚外径 60mm 钻杆及外加厚钻杆为每英寸 8 扣。

(2) 钻杆的柱磨损分析。

钻探中,钻杆柱的磨损是一个很严重的问题。钻杆柱磨损到一定程度,就应该更换新的。目前对钻杆柱的直径还没有达到用仪器自动监测的程度,大多是技术人员在现场进行目测,用游标卡尺测量钻杆柱的直径。而使用专门技术人员监测钻杆直径情况,常常是针对孔深较深的钻孔。当钻杆柱磨损严重,而没被注意,在遇到使钻杆柱应力集中的异常情况时,易发生钻杆柱折断的事故。在好的岩土层中,如果钻孔垂直度好,没发生缩径和扩孔,打捞钻杆柱相对容易,否则将浪费大量的时间,造成经济损失,对于深孔钻探,造成的损失更加明显。

钻杆的材质缺陷。从材质的角度来看,钻杆内部存在着缺陷。生产车间在生产钻杆时,有热处理这道工序。在加热和冷却过程中,钻杆内部组织会发生改变。热处理通常消除钻杆内部粗粒组织,使其结构细化,能受更大的应力。但局部总存在瑕疵。在高倍电子显微镜下观察钻杆晶粒结构,发现它是由许多离子、原子按一定规则排列起来的空间格子构成的,晶格一般处于稳定的平衡状态。晶粒之间常存在着为数不多的夹杂物、空洞等缺陷,在这些晶粒里,甚至在弹性范围以内,当力还不太大时,就可能发生塑性变形。

钻杆柱的工作环境因素。多采用回转钻进,对取心困难的岩层如砂层、全风化层等情况也采用冲击钻进。钻杆柱在工作中,与钻杆柱发生作用的主要介质包括钻井液与岩土层。钻探钻井液一般是水基钻井液,这是一种多相不稳定体系,以水为分散介质(连续相),以黏土为分散相(固相),加入一定的化学处理剂或加重材料组成。其成分包括水、膨润土、化学处理剂(如滤失剂羧甲基纤维素)、气体(溶解氧、二氧化碳气体、硫化氢气体)及其他腐蚀介质如 Cl^-、SO_4^{2-}、Ca^{2+}、CO_3^{2-}、HCO_3^- 等。钻探中岩芯常见的有土层、砂卵石层、全风化岩层、强风化破碎带岩层、弱风化岩层等。砂卵石层及坚硬的强风化岩层等复杂地层对钻杆柱造成的磨损比其他岩层尤为厉害。

钻杆柱工作受力特征。在工作过程中,钻杆柱的运动方式包括自转与绕钻孔中心的公转,在深孔钻探中这两种运动方式通常是共存的。钻杆所受力为复合应力,主要包括以下几个分项:钻杆受到钻杆自重引起的拉应力,在横向应力作用下产生的弯曲应力,由扭矩的作用产生的剪应力,钻杆振动引起的轴向及横向应力,与岩层的摩擦力,以及与钻井液的作用。

3)钻铤

钻铤由厚壁无缝钢管制成。其单位长度质量较大,接续在岩心管上部可起加压和"拉直"钻杆的作用。由于钻铤刚性大,钻进时还起防斜作用。但是当钻铤不直或在孔内摆动很厉害时,则会加剧孔斜。

4)接手

主要作用是实现主动钻杆与钻杆、钻杆与钻铤、钻铤与钻头、钻杆与钻头之间等的变径连接。

3. 机台工具

机台工具是钻井机台辅助操作的所有器材和工具,是钻井施工不可或缺的材料和设备,主要包括提引器、井管夹板、滑车道、小滑车、拨叉、垫叉以及各种管钳等。掌握机台工具的正确使用,对提高钻井作业效率,确保钻井施工安全具有重要意义。工具器材的使用要根据具体情况合理选用,要经过长期实践积累经验。提引器(图 2.59),主要是装在游动滑轮上,专门用于提升钻杆和钻头的。拨叉、垫叉(图 2.60),主要是在拧卸钻杆、钻头时使用的。

图 2.59　提引器

图 2.60　拨叉、垫叉

岩心管,连接在钻杆与钻头之间,其作用是容纳岩心和导正钻孔。套管,作用是做孔口管或下入孔内防止孔壁坍塌、隔离涌水层、漏水层。

沉淀管,作用是钻进时收集较重的岩粉和碎钢粒等,是钢粒钻进时不可缺少的钻具。

4. 不同地层中的管井结构

井,首先是要往地下构建的,因此要与地层打交道。打井,首先要在地层中挖一个空间,使其深至含水层,井孔挖好了还不能算是严格意义上的井,只能算是原始的或者浅井,还需要进行井管的安装。井孔不同位置所安装的井管也不同,尤其是含水层位置要留有进水的空隙,也就是滤水管,然后建造井口,这样才能称为完整的一口井。农村用的机井,基本就是这个构造。"井"是个象形字,来自其结构,上横表示地面,下横表示地下水层水位,两竖则主要表示井壁管,因此可以简单地了解到管井的基本结构。

钻孔的结构根据需求千差万别,因此管井的结构也各不相同,如图 2.61 所示,总结几

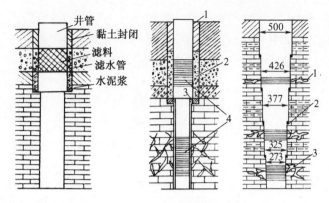

图 2.61　不同结构管井

种常见的地层,可以了解到管井的基本结构有以下几种。

1)松散地层中的管井结构

(1)浅管井。

井口(井头)部分包括井台及井盖。井台应高于地面,稳固结实,以便装置抽水机泵,预防洪水流入和杂物掉入井中。

井壁管(井身)上端井口部位,在井管外应封闭 3m 以上,防止地表污水下渗,污染地下水源。过滤器的填砾高度,应超过地下水位最高位置。完整井应在底部安装 2 ~ 4m 的沉淀管。非完整井,底部滤水管应多深入含水层 1 ~ 2m。浅井除特殊原因外,均采用同管径的井管成井。

(2)深管井。

深管井一般采用两管段成井,上部为大直径管,适应于安装水泵,也称泵段管。通过变径管与下部安装直径较小的井管相连接。

井口部分为了安泵需要,应设预制或现浇混凝土泵座,泵座下段为井管外封闭层,一般用黏土球或水泥浆封闭,垂直厚度应大于3m;自流水井,应在井管外浇注水平宽度不小于 250mm 的混凝土。泵座必须与井管外护管隔离,以防井管承重受力。

井管外封闭层应自滤料顶部起算,封闭垂直厚度为 5 ~ 10m。对不良含水层的封闭层,采用单层取水分段开采的,每层间封闭厚度上、下均不少于5m;多层混合开采的,上部不良含水层的封闭垂直厚度,不应小于 10m,其余部分填黏土块。深管井的沉淀管,底部应封闭,且其长度常为 4 ~ 8m。

2)基岩地层中的管井结构

基岩管井,上部为安泵段,除完整和稳定的基岩可保留裸眼外,均应安装井管。下部井段可根据岩石稳定情况,确定是否安装井管。基岩管井结构一般有以下几种常见类型。

(1)坚固稳定基岩层。

建井段金属坚固或半坚固的稳定基岩层,含水层呈大小不等的裂隙状。视其埋藏深度可钻成一径到底或数次变径的完整或非完整的裸井孔,只需要在井口安装一段 4 ~ 5m 的护管,下端嵌入基岩层,并用水泥浆封闭。全井毋须再安装井管。

对于上部有部分松散非稳定的覆盖层,则应对该段井身护以井壁管或套管。为了不使地表污水沿井管外壁流入井内,还须将井管嵌入稳定基岩层不少于 1 ~ 2m。在嵌入段

53

应采用水泥浆予以封闭,上段则可采用黏土块封闭。而下部的基岩段,如坚固稳定则可仍为裸井孔;如在覆盖层部分较厚,且有可资开采的良好含水层时,则应对应含水层的位置,安装合适的过滤器,其技术要求与松散含水层相同。

(2)破碎基岩层。

在地质断裂带和强烈运动区,常有岩层严重破碎的富水构造带。在这种岩层中建井,不仅破碎而且还常夹杂有松软的泥灰岩层,所以易于坍塌且成井较难。如用松散岩层钻进方法可成井孔时,其井结构可按松散岩层同样对待。为了使两种不同直径套管联接(搭接)严密稳固,必须在其重合处,最少搭接 2~3m。并在搭接段采用水泥浆或水泥砂浆封闭。根据生产经验,在采用冲击法钻进时,套管分段一般为 20~30m 长,变径依次减小约 50mm。

(3)溶洞基岩层。

基岩层如为石灰岩,在其富水构造中,常会遇到溶洞含水层。在这种岩层中建井,多可得到较大的出水量。但在溶洞中多含有大量泥砂,故仍须安装井壁管和过滤器。而且滤料应尽量多填入溶洞中,以增大其稳定性和透水性。

5. 井管

井管是安装在井下的管材,主要用于支撑井结构,储存地下水。在管井中根据井管的作用不同分为井壁管、滤水管和沉淀管,如图 2.62 所示,同一管井的井管材料是相同的。

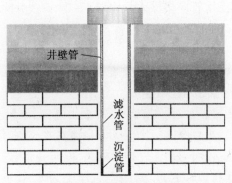

图 2.62　管井中的井管

井管材料需要具备一定机械强度、抗腐蚀性,使用寿命长,无污染等条件。满足这些条件的材料有钢、铸铁、混凝土、塑料、石棉等。

1)井管的分类

常用井管有钢管、铸铁管、混凝土管、无砂混凝土管、钢筋混凝土管以及石棉水泥管与塑料管等。我军构筑的管井总数中,深管井约占 10%,多采用钢管和铸铁管。民用的水井 90% 的中、浅管井,大都采用混凝土管、无砂混凝土管和钢筋混凝土管,少量采用石棉水泥管和塑料管。不同的需求选用不同的井管,不同的井管也适应不同的地质条件。野战给水构筑管井通常使用钢井管作为井管。

(1)钢井管。

钢井管可分为焊接与无缝两种。在焊接钢管中,又可分为直缝对接焊和螺旋缝焊。钢井管使用碳素结构钢 A3。

钢管(图 2.63)的优点是机械强度高,规格尺寸标准统一,施工安装方便且成井较易。但易于锈蚀,使用寿命相对较短,而且造价高。

(2)混凝土管与无砂混凝土管。

混凝土管与无砂混凝土管,其优点是耐腐蚀,制作容易,造价便宜。缺点是机械强度较低,适用于浅管井。图 2.64 所示为混凝土管。

图 2.63　钢井管

图 2.64　混凝土管

(3)铸铁管。

铸铁管较钢管耐腐蚀,抗拉抗压强度也高,但性脆抗剪和抗冲击强度低,管壁较钢管厚,质量较大,故适用深度较钢管为小,而且造价也较高。

(4)钢筋混凝土管。

钢筋混凝土管耐腐蚀,具有一定的机械强度,适用于中、深管井,缺点是井壁较铸铁管厚质量较大,施工安装较复杂。

(5)石棉水泥管。

石棉水泥管的优点同混凝土管,而且质量小,其缺点是性脆,抗剪抗冲击强度低。

(6)塑料管。塑料管,其优点是耐腐蚀,质量小,运输与安装方便,但造价较高。

各种井管的适应深度不同,如表 2.10 所示。

表 2.10　不同井管的适应井深

井管类型	钢管	铸铁管	钢筋混凝土管		混凝土管与无砂混凝土管	塑料管	石棉水泥管
			托盘下管	悬吊下管			
适宜深度/m	>400	200~400	<200	<400	<100	100~200	<200

钢井管的适应性最好。管井直径根据需求选择,190、200、250、300、350、400、450、500、600 几种。常用的是 300~500,500 以上常称作大口井。

2)井管尺寸的确定

大量实验研究得到一个出水量与井径的关系曲线。如图 2.65 所示,出水量增长率随井径增长而逐渐衰减,如井径从 100mm 扩大至 150mm,出水量增加一倍;由 150mm 扩大到 200mm,出水量又增加一倍,即出水量与井径几乎成线性关系;但从 200mm 扩大到 400mm 时,出水量只增加 66%,再从 400mm 扩大到 800mm,出水量仅增加 15%。此例说明了从小井径扩大到中等井径时出水量增加很快,继续扩大,则出水量的增长率就逐渐减小。这是因为当井径扩大到一定程度后,井内竖向流速变小,沿滤管的水头分布基本上趋于常数,因而含水层中竖向分速趋近消失,水流基本按照二维流的规律运动。

生产井的口径,应根据当地水文地质条件、井的设计出水量、水泵的规格、井管规格等

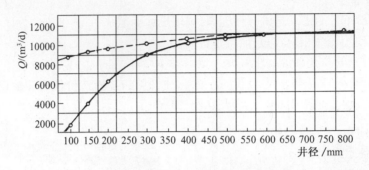

图 2.65　管井出水量与井径的关系

条件而定。一般含水层富水性越强,井的口径也应越大,反之越小。在生产中,通过统计调查,一般在中等埋深的松散含水层中,井管直径与出水量的关系大致见表 2.11。

表 2.11　井管直径与出水量的关系

井管直径/mm	150	220	250	350	400	500	600
适宜出水量/(m³/h)	20	40 ~ 80	80 ~ 100	150 ~ 200	200 ~ 300	300 ~ 400	400 ~ 500

由此得到结论:根据管井的设计出水量来确定管井直径,同时根据地层情况和对滤料的要求来确定管井的滤料层厚度,然后根据这两个厚度来确定钻孔的孔径。井管的长度则由井深和含水层的厚度确定。而井深则是按照钻井深度确定的,钻井深度是由前期勘查得到的指标。

3)井管的设计

管井主要包括井壁管和滤水管,也称作实管和花管。滤水管是在同等材料的井壁管上加工而成的,是安装在井内含水层位置,含水层内的水可以通过过滤器的孔隙流入井内,它的作用是防止含水层井壁因大量抽水而坍塌和阻止细小的砂粒涌入井内淤塞井筒。滤水管设计是井管设计的重点。

(1)过滤器的分类。

过滤器大致可以分为两类:填砾过滤器和非填砾过滤器。

填砾过滤器优点很多,适用于各种含水层,防砂过水效果好。只有在卵石、砾石松散含水层与基岩破碎带、石灰岩溶洞等含水层,才采用非填砾过滤器。但是为了提高钻进作业效率,野战给水构筑阵地管井时通常使用非填砾过滤器。

过滤器根据制成材料,还可分为金属过滤器和非金属过滤器;根据结构,也可分为骨架式过滤器、缠丝过滤器、包网过滤器和砾石过滤器。

经常采用的过滤器种类为金属开孔包网缠丝过滤器,即在钢井管避上开孔,然后包网,最后在外侧包缠铁丝,有时候为了提高过滤器的滤水能力,还会在钢丝外侧包扎棕垫约 1cm。

(2)开孔过滤器的设计。

① 圆孔式。所有的井管均适宜加工成这种形式的过滤器,不过其成形的方法因管材性质的不同而异。混凝土和钢筋混凝土的孔眼,只能在浇筑成形时用专门的管模预留;其余均可钻孔。一般孔眼在井管壁上多按梅花形排列布置,小管径者通常按等腰三角形布置;大管径者则按等边三角形布置。

圆孔的优点是简单易行,其缺点则是易于被堵塞和阻力较大,同时对管材强度的影响也较大。故对提高其开孔率,便受到一定限制。因而对于不同管材的圆孔过滤器,为了不致使强度降低过多,其开孔率便随之有所不同。其开孔率的大小在设计时可参考表 2.12 所列值。

表 2.12　不同管材圆孔过滤器的参考开孔率

管材类别	钢管	铸铁管	塑料管	石棉水泥管	钢筋混凝土管	混凝土管
开孔率/%	30 ~ 20	20 ~ 22	17 ~ 20	15 ~ 17	15 ~ 18	10 ~ 15

② 条孔式。其形成方法也与管材的性质有关。钢管可用烧割、刻磨或冲压而成;混凝土和钢筋混凝土管,也是由特制管模预留而成;塑料和石棉水泥管多用合适砂轮刻磨而成。

条孔的优点是基本可以克服圆孔的缺点,故得到广泛的应用。由于其开孔率可较圆孔提高,特别对混凝土和钢筋混凝土井管,因而大有逐步代替圆孔之势。条孔在过滤器上的布置形式可分为垂直式和水平式两种(图 2.66),其中以水平式较佳,但形成工艺较复杂。对于不同管材的开孔率,可参考表 2.13 所列。

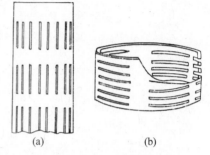

图 2.66　条孔过滤器示意图
(a) 垂直式; (b) 水平式。

表 2.13　不同管材条孔过滤器的参考开孔率

管材类别	钢管	铸铁管	塑料管	石棉水泥管	钢筋混凝土管	混凝土管
开孔率/%	32 ~ 35	22 ~ 25	20 ~ 22	17 ~ 20	17 ~ 20	12 ~ 17

需要指出,穿孔式过滤器,因其强度总有一定程度的降低。因而在井管强度的设计或校核中,为安全计,常以穿孔管为校核对象,对强度高的井管多是如此考虑的。而对强度低的混凝土和钢筋混凝土穿孔管,则需要加强混凝土的标号和增加钢筋,以使其强度与井壁管相同。

2.3.4　水文水井钻机特点与分类

水文水井钻机是钻井的专用装备且钻机的军民通用性强,在给水保障中,目前装备的主战装备是 SPC – 300ST 型水文水井钻机(图 2.67)、SPC – 600ST 型水文水井钻机(图

图 2.67　SPC – 300ST 型水文水井钻机

2.68)和宝峨 RB50 钻机(图 2.69)等。目前,SPC-600ST 型水文水井钻机作为主要钻井装备应用最为广泛;SPC-300ST 型水文水井钻机基本淘汰,仍有使用;RB50 钻机作为进口先进钻机正在深入摸索使用,逐步形成战斗力。

图 2.68　SPC-600ST 型水文水井钻机

图 2.69　宝峨 RB50 钻机

1. 水文水井钻机的特点

水文水井钻机是目前使用最为广泛的钻机,具有以下特点。

(1)钻机多采用转盘式或动力头式回转器。

由于井径大,管柱质量也大,因此钻机多采用转盘式或动力头式回转器,且钻机的性能是低转速(50~300r/min)、大扭矩(5~15kN·m)和大功率。

(2)钻机具有多种功能。

一台钻机兼有冲击、回转、振动、静压等多种钻进功能。同时,在钻探设备方面也配备有大流量的泥浆泵、空气压缩机、砂石泵和反循环装置等,以适应多工艺施工的需要。

(3)设备多为车装。

由于大多数水源井的深度不大,施工地点常处平原或丘陵地区,因施工周期较短,设备搬迁频繁,故其钻探设备多为车装形式。

2. 水文水井钻机分类

水文水井钻机的一个显著特点是具有多种功能。多功能的含义有两个:其一是钻机拥有多种钻进工艺方法;其二是钻机可完成多种作业程序。

水文水井钻机的作用:一是用于水文地质勘查,包括水文地质勘查孔和长期观测孔,以获取水文地质资料;二是用于开发地下水资源。

(1)按钻进功能划分,包括:① 冲击式钻机,如钢丝绳冲击钻机;② 回转式钻机,如 SPC-600ST 型水文水井钻机;③ 冲击-回转复合式钻机;④ 多功能钻机。

其中,回转式钻机又可分为立轴回转式钻机、转盘回转式钻机、动力头式钻机三类。兼有静压、振动、冲击、回转等功能的钻机,既可单功能使用,亦可多功能复用。

(2)按钻井深度划分,包括:① 浅井钻机:指的是钻井深度不大于 300m 的钻机;② 中深井钻机:指的是钻井深度在 300~800m 之间的钻机;③ 深井钻机:指的是钻井深度在 800~2000m 之间的钻机;④ 超深井钻机:指的是钻井深度超过 2000m 的钻机。

(3)按驱动设备类型划分:① 机械驱动钻机:包括柴油机直接驱动或柴油机驱动的钻机;② 电驱动钻机:包括交流电驱动钻机、直流驱动钻机等;③ 液压钻机:通过液压动力和传动方式驱动的钻机。

2.3.5　SPC-300ST 型水文水井钻机

SPC-300ST 型水文水井钻机是一种车装回转钻机,如图 2.70 所示。钻机以转盘回转钻进为主,适应性较强,可在黏土、砂层、砾石层、石层及基岩等多种地层中钻进。回转钻进时可采用泥浆作为冲洗液,实现正循环钻进,另配潜孔锤钻具、空压机,可以实现潜孔锤钻进。回转钻进开孔初期可以辅助加压钻进,以提高成孔钻进效率,随着孔深的增加,当钻具质量超过需要加给钻具的压力时,可使用主卷扬系统实现减压钻进。

图 2.70　SPC-300ST 型水文水井钻机

钻机配备有一个主卷扬机和两个副卷扬机。该钻机配备相关钻具可以应用各种先进钻探工艺,提高钻探效率。

1. 构造与工作原理

SPC-300ST 型水文水井钻机主要由传动系统、液压系统、工作装置和操纵系统组成。各组成部分的结构与工作原理如下所述。

1)传动系统

钻机主传动为机械传动。钻机组成部件包括传动箱、变速箱、转盘、卷扬机、冲击机构、导向加压机构、桅杆、泥浆泵等,如图 2.71 所示。车载发动机经离合器、变速箱第二轴

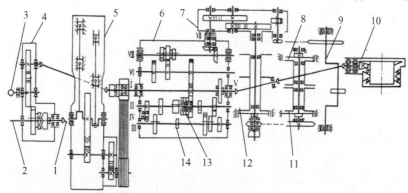

图 2.71　机械传动系统示意图

1—至汽车后轮驱动器;2—发动机输出轴;3—液压泵;4—传动箱;5—BW600/30 泥浆泵;
6—变速器;7—减速箱;8—工具卷机构;9—冲击机构;10—转盘;11—抽筒卷扬;
12—主卷扬机;13—转盘离合器;14—转盘制动轮。

进入传动箱 4。通过传动箱内双联齿轮分动，可以把动力传至汽车驱动桥或钻机变速箱 6。变速箱的动力经万向轴传至转盘 10，转盘于此可获得 3 个正转和一个反转速度。在变速箱轴Ⅱ上装有控制转盘的离合器 13；轴Ⅲ上有制动轮 14，以便脱开离合器时立即使转盘停止转动。

变速箱轴Ⅶ经过一对圆锥齿轮，与减速箱 7 联接，将动力传至主卷扬机 12，主卷扬机可获得 3 个转速。在主卷扬机的另一端装有齿状离合器，经链条传动把动力传至副卷扬机即抽筒卷扬 11 和工具卷扬 8。减速箱轴中装有徘徊齿轮，其轴端固定装有链轮，经链条传动，带动冲击机构 9 工作。变速箱动力输入轴Ⅰ的端部装有三角皮带轮，经齿状离合器，将动力传至泥浆泵 5。在传动箱 4 的中间轴端部有浮动离合器，可将动力传递给 CB - 32 型齿轮油泵 3。

2）液压系统

钻机液压系统用于各操作机构的控制。包括钻进加压、起塔、移动孔口板、卸管及主卷扬机和副卷扬机的操作等，如图 2.72 所示。液压系统的主要元件有液压泵、各种控制阀、蓄能器和其他辅助元件等。该系统分两大部分：一为多路换向直接控制系统；二为带有蓄能器的系统。全系统额定压力为 $70 \times 105\text{MPa}$，最大压力为 $100 \times 105\text{MPa}$。液压系统中的 CB - 32 型齿轮油泵所需动力是由传动箱中间轴端的浮动联轴器带动。

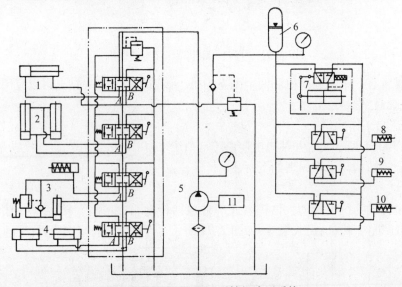

图 2.72　SPC - 300ST 型钻机液压系统

1—卸管油缸；2—起搭油缸；3—加压油缸；4—孔口板油缸；5—油泵；6—蓄能器；7—液压助力器；8—主卷扬机涨闸油缸；9—油筒卷扬涨闸油缸；10—工具卷扬涨闸油缸；11—传动箱。

（1）直接控制的液压系统。

直接控制的液压系统由多路换向阀组直接控制。全系统共分四路，分别控制卸管、起塔、加压钻进和孔口板移动等的操作。各路的作用如下：

第一路换向阀控制卸管油缸 1 及蓄能器 6 的液压系统。阀的工作负载出口 A 接卸管油缸的顶出腔，B 端接卸管油缸的回油腔，并与蓄能器的油路相接。卸管时换向阀拉出，A 端进油 B 端回油，这时因蓄能器回路中装有单向阀，故系统中仍保持一定的压力而不受影响。当卸管后活塞返回时换向阀向里推，B 端进油 A 端回油，当活塞回程终了时，高压油即可对蓄能器充油。

60

第二路换向阀控制起塔油缸 2,阀的负载油口 A 和 B 分别接于油缸上、下腔,操纵换向阀便可实现桅杆起落。

第三路换向阀控制加压机构两个油缸 3,一个是加压用主油缸,另一个是控制夹紧或松开钢丝夹钳机构的辅助油缸,为使两个油缸动作协调,装有一个单向顺序阀的顺序回路。加压绳的夹钳机构是常闭式(靠弹簧夹紧,液压松开)。加压时,换向阀向里推,高压油从 B 端进入主油缸的上腔,使活塞下行。而辅助油缸由于弹簧拉力使夹钳夹紧钢丝绳。这样,便实现加压钻进时作用力的传递。而主油缸下腔油则经单向阀返回油箱。主油缸活塞行程终了后,将换向阀拉出,高压油从 A 端油口进入辅助油缸,打开夹钳缸机构,钢丝绳放松,待辅助油缸活塞行程终了时,高压油液压力增高打开顺序阀进入主油缸下腔。推动活塞杆下移,即实现"倒杆"油缸返回行程。当换向阀往里推,即置于加压位置,此时辅助油缸活塞杆在弹簧拉力的作用下复位。夹钳机构重新夹紧钢丝绳,又进行下一循环的加压钻进。当采用加压钻进时,施于钻具上的轴向力可借液压系统调压阀手轮来控制,最大压力为 206kN。

第四路换向阀用于控制孔口板两个油缸 4,孔口板由两半块合成,各半块均连接有移动油缸,当操纵控制阀手柄,即可实现孔口板的开合动作。系统压力由调压溢流阀调节,当负载压力超过调定值时,溢流阀开放,高压油液返回油箱,使系统压力降低,起限压安全保护作用。

(2)带有蓄能器的液压系统。

带有蓄能器的液压系统用于主卷扬和副卷扬机的操纵。它采用的是蓄能器卸荷回路。它的特点是能保证发动机或油泵发生故障时,卷扬机能依靠蓄能器使卷扬机液压涨闸继续工作一段时间,并配合采用人力提升机构,将钻具提离孔底,避免发生孔内埋钻事故。

全系统中有 3 个换向阀,分别控制 3 个卷扬机的液压涨闸离合器 8、9、10。其执行元件采用常开式单作用油缸,利用液压闸扩展传递动力,靠弹簧复位推动活塞回程;涨闸带回缩,从而切断动力。液压助力器 7 半接在主卷扬机涨闸操纵机构中,得以减轻操作者的劳动强度。当液压系统油泵停止工作时,仍可用人力操作保证卷扬机正常工作。正常钻进时,如果不需要液压系统工作,应将多路换向阀的手柄置于中间位置,使直接控制的液压系统中的压力表指针在零位置。使油泵得以卸荷,以减少泵的磨损和延长使用寿命,并可减少油温的增高。

3)工作装置

工作装置主要是为钻机做功提供直接作用的装置和设备,主要包括转盘、卷扬机、泥浆泵等。

(1)转盘,钻机转盘结构如图 2.73 所示。

转盘大伞形齿轮 5 用平键和螺钉固定于转台 2 上,与齿轮 6 相啮合,由万向轴带动回转。转台同样用平键和螺母固定有两个拨柱 4,推动拨叉 3 回转。拨叉 3 为方形内孔,方主动钻杆插于其中,从而带动钻具旋转。

转台 2 由上下两盘轴承支撑在转盘壳体 1 上,由上下轴承支撑,并用螺母锁紧,螺母用螺钉固定。在使用过程中,当上下轴承磨损间隙增大时,可打开紧固螺钉的端盖,通过转盘体上的通孔把螺钉松开,并转动圆螺母直至轴承间隙合适为止,然后再把紧固螺钉拧入圆螺母内使其固定。

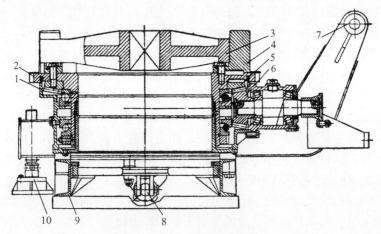

图 2.73　SPC – 300ST 型钻机转盘

1—壳体；2—转台；3—拨叉；4—拨柱；5—大伞形齿轮；6—小伞形齿轮；7—轴销；
8—油缸；9—底座；10—千斤顶。

在转盘底座 9 上装有两个油缸 8,用于控制两块井口支承板沿底架导轨的开合,支承板用于支承钻具。底座 9 上装有支承千斤顶 10,借以增加回转钻进时转盘的稳定性。转台外圆铣有棘形齿,棘爪通过液压卸管油缸推动转台,用于卸开锁接头第一扣之后,以便转盘旋转拨动垫叉卸管。转盘体与汽车架通过轴销 7 联接,便于在搬迁运输时,将转盘悬挂起来。

（2）卷扬机。

钻机配有主卷扬机和副卷扬机。在副卷扬机轴上装有抽筒卷扬和工具卷扬两套装置。各自可以独立工作而不干扰。主卷扬和抽筒卷扬及工具卷扬的结构基本相同,下面仅介绍主卷扬机结构。

主卷扬机结构如图 2.74 所示。主卷扬机动力由减速箱输入至主卷扬机轴 11,轴套有主卷扬卷筒 7 和用平键固定联接的卷扬涨闸 9,涨闸通过油缸和杠杆机构控制闸带与卷筒的离合。涨闸结构如图 2.75 所示。当涨闸油缸 1 输入压力油时,推活塞 2 上移,顶起支臂 6,支臂另端推涨闸带 10 向外涨开,主卷扬轴于是即可靠涨闸带与卷筒摩擦力带动卷筒 7 旋转,实现提升动作。在涨闸油缸回油时,弹簧 7 的作用使油缸活塞返回,涨闸带被弹簧 7 拉缩而脱开卷筒内圈,卷筒停止转动。当涨闸带松开而制带 6 抱紧时,卷筒被制动。若涨闸带和卷筒制带均处于松开状态时,即实现钻具自重下放。

涨闸动作失灵时应松开螺母 3,旋紧顶杆 4,即可通过十字头 5 使支臂 6、销轴 8 摆动,直到调节涨闸能正常工作为止。另外,旋动分布在圆周上的 60 个限位螺钉 9,可调节涨闸带与卷筒之间间隙均匀程度。

接头 5 的前端制有螺纹,拧接于卷扬机轴 11 的一端。接头采用滚动轴承 7 安于接头体 2 内,中间有油孔道。在与输油管接合处有环形油槽。为防止漏油,在接头与接头体间装有密封圈 3。当卷扬机工作时,除接头 5 随卷扬机轴一同旋转外,其他零件皆不转动。

主卷扬机轴靠涨闸的一端,还装有空套在轴上的链轮 8 和滑动小齿轮 5,小齿轮用两个平键与轴套 3 啮合,而轴套又用两个平键固定在卷扬机轴上。因此,当拨动小齿轮与链轮 8 的内齿啮合时,便可通过链条把动力传递给副卷扬机轴,抽筒卷扬与工具卷扬得以回转,用于提升其他辅助钻具或工具。

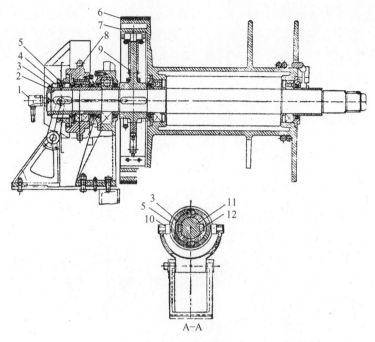

图 2.74　主卷扬机

1—油管接头；2—锁母；3—轴套；4—键；5—小齿轮；
6—制带；7—卷筒；8—键轮；9—涨闸体；10—拨叉；11—卷扬机轴；12—键。

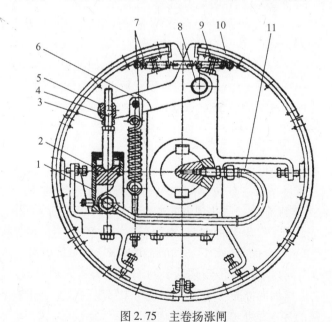

图 2.75　主卷扬涨闸

1—油缸；2—活塞；3—锁紧螺母；4—顶杆；5—十字头；6—支臂；
7—弹簧；8—销轴；9—限位螺钉；10—涨闸带；11—油管。

（3）泥浆泵。

泥浆泵工作原理如图 2.76 所示,工作时,动力机通过皮带、传动轴、齿轮等传动部件带动主轴及固定其上的曲柄旋转。当曲柄从水平位置自左向右逆时针旋转时,活塞向动力端移动,液缸内压力逐渐减小并形成真空,吸入池中的液体在液面压力作用下,顶开吸入阀进入液缸,直到活塞移动到右止点。这个工作过程称为泵的吸入过程。曲柄完成了上述的吸入过程后继续沿逆时针方向旋转,这时活塞开始向液力端运动,液缸内液体受挤压,压力升高,吸入阀关闭,排出阀被顶开,液体进入排出管,直至活塞运动到左止点。这个工作过程称为泵的排出过程。随着动力机连续不断地运转,往复泵不断重复吸入和排出过程,将吸入池中的液体源源不断地经排出管送向井底。活塞在液缸中移动的距离,称作活塞的冲程长度。活塞每分钟往复运动的次数称作活塞的冲次。

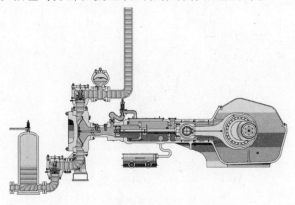

图 2.76　泥浆泵工作原理

泥浆泵的种类较多。按液缸数目分为双缸泵、三缸泵等。按一个活塞在液缸中往复一次吸入或排出液体的次数分,吸液或排液一次的称为单作用泵;吸液或排液两次的称为双作用泵。按液缸的布置方式及相互位置分,有卧式泵、立式泵、V 形泵和星形泵等。按活塞式样分为活塞泵、柱塞泵等。按排出液体压力大小又分为低压泵(≤4MPa)、中压泵(4 ~ 32MPa)和高压泵(32 ~ 100MPa)。根据活塞的往复次数可分为低速泵(≤80 次/min)、中速泵(80 ~ 250 次/min)和高速泵(250 ~ 550 次/min)。由于泥浆泵输送的液体通常是钻井液,故习惯上又称为钻井泵。目前水井施工中使用的钻井泵主要是三缸单作用和双缸双作用卧式活塞泵。

钻井泵工作能力的大小可以用其基本参数来表示,分别是流量、压头、功率、效率、冲次和泵压。① 流量:流量是指在单位时间内泵通过排出管输出的液体量。流量通常以体积单位表示,又称为体积流量。钻井泵中的流量又分为平均流量和瞬时流量,现场所说的流量一般是指平均流量。习惯上把流量称作排量。② 压头:压头指的是单位质量的液体经泵压所增加的能量,也称为扬程。③ 功率和效率:功率是指泵在单位时间内所做的功。一般把在单位时间内发动机传到泵轴上的能量称为输入功率或主轴功率;把在单位时间内液体经过泵后增加的能量称为泵的有效功率。泵的效率是指有效功率与输入功率之比。④ 冲次:泵的冲次是指在单位时间内活塞的往复次数。⑤ 泵压:泵压是指泵排出口处的液体压力。

SPC – 300ST 型水文水井钻机上装的是 BW900/25 型泥浆泵,如图 2.77 所示。其结构由 5 部分组成:机架与泵体、离合器部分、三通水门及安全阀、空气室及压力表、水龙头。

机架与泵体为水泵主体,它包括曲轴箱与泵头两部分,曲轴箱除减速外,还将回转运动变为往复运动,泵头是直接进行排水吸水的机构。

图 2.77　BW900/25 型泥浆泵

离合器是在动力机照常转动的情况下需要泥浆泵工作或停止而用的,其主要动作是,当需要泵停止工作时则将离合器打开,当需要泥浆泵工作时则将离合器合上。

三通水门是为了调节井内冲洗液流量和压力的大小。旋转手轮,通过丝杠即可达到分流或调压的目的,安全阀与三通水门为连身或弹簧结构的,当井底堵塞产生整泵,使液体压力超过额定压力时弹簧被压缩,阀门打开,泵的压力即下降,以避免产生机械事故。

空气室是用无缝钢管焊接成气缸,下部通过法兰盘与泵体相连接,上部装有压力表以指示液体压力,侧面的法兰与三通水门连接,由于活塞式泵的流量和压力都是脉动不均匀的。压力表装在有载流阀的弯管上,在观察压力时可将阀打开,不用时关闭,以保护压力表不致因长期工作而冲坏。

水龙头是装在吸水胶管下部供泥浆泵吸泥浆(或清水)进行过滤和防止泥浆(或清水)由泵头返回泥浆(或清水)池之用。

4) 操纵系统

SPC - 300ST 型钻机操纵机构比较复杂,把手比较多。全部集中在钻机尾部左侧,如图 2.78 所示。

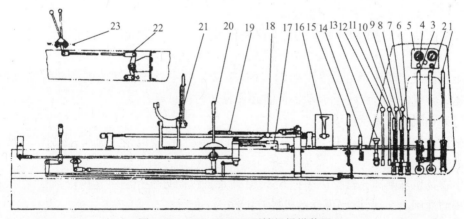

图 2.78　SPC - 300ST 型钻机操纵装置

1—主卷扬机抱闸操纵手把;2、3—副卷扬机操纵手把;4—按钮;5—起动操纵盘;6、8、10—卷扬机离合器操纵手把;7、9、11、12—多路换向阀操纵手把;13—多路换向阀调压手轮;14—柴油机油门操纵手把;15—转盘离合器操纵手把;16—转盘变速手把;17—泥浆泵离合器操纵手把;18—冲击离合器手把;19—柴油机离合器操纵手把;20—主卷扬机变速手把;21—副卷扬机离合器操纵手把;22—汽车大梁;23—汽车驾驶室底板。

（1）发动机操纵。

起动汽车发动机时，将点火开关钥匙插入点火锁 5 内，顺时针转动一挡，即接通点火电路，而后按下起动按钮 3，即能发动起来，若在 10 秒钟尚不能起动，应立即释放按钮，待过 30 秒钟以后，再作第二次起动。若连续进行 4～5 次无法起动时，应检查并找出故障原因。另外，在汽车驾驶室内同样可以起动发动机。

柴油机油门操纵手把 14 由把手、定位机构和钢绳以及滑轮等组成，用以控制汽车柴油机的燃油供应量，以达到调速的目的。汽车运行时，应将手把放到最里位置（即柴油机待速位置）。

柴油机离合器操纵手把 19，是操纵钻机和汽车动力的总离合器，扳动手把 19，即可通过杠杆对钢绳机构控制总离合器的开合。当钻机开动或汽车运动时，必须将手把 19 放在结合位置上（即钢绳处于松弛状态）。

（2）钻机操纵。

传动箱操纵手柄设在汽车驾驶室中，扳动手柄，可通过桅杆机构控制传动箱内的一个双联齿轮，把动力分别传至汽车驱动桥或钻机变速箱。

转变离合器操纵手把 15，通过杠杆连接控制变速箱内摩擦离合器，以实现转盘转动或停止。此外，当离合器打开的同时，还可以通过装在变速轴Ⅲ上的抱闸制动轮使转盘瞬间停止转动。这种动作是操纵手把 15 打开转盘离合器联动实现的。

转盘变速箱操纵手把 16，有 4 个工作位置，均通过杠杆连接控制变速箱内轴Ⅲ的滑动齿轮，而使转盘相应地获得三种不同的正转速度和一个反转速度。应该注意变速前必须首先打开转盘离合器。

主卷扬机变速手把 20，通过杠杆连接控制变速轴Ⅶ上的三联滑动齿轮，可使卷扬机或冲击机构获得三种不同的提升速度或冲击次数，变速时必须首先扳动手把 19，脱开钻机总离合器。

冲击离合器手把 18，经杠杆控制减速箱内的游动齿轮，使冲击机构曲轴回转或停止，同样挂挡时也必须首先脱开钻机总离合器。

泥浆泵离合器操纵手把 17 用以控制泥浆泵工作或停止，操纵前应先脱开总离合器。

副卷扬机传动离合器操纵手把 21，通过拨叉控制主卷扬轴端上的滑动齿轮，以实现副卷扬旋转或停止。应注意扳动手把前必须脱开钻机总离合器。

（3）钻机液压系统操纵。

多路换向阀调压手轮 13，通过一对伞形齿轮传动，控制可调溢流阀，达到调节液压系统压力的目的。

主卷扬机涨闸离合器操纵手把 6、8、10 通过操纵阀分别控制主卷扬机、抽筒卷扬和工具卷扬的涨闸离合器，以实现卷扬机提升工作。

主卷扬机抱闸操纵手把 1 通过液压助力器控制主卷扬闸制动。副卷扬抱闸操纵手把 2、4 主要通过桅杆制动泵分别控制抽筒卷扬和工具卷扬机的抱闸油缸动作，以实现其制动。多路换向阀操纵手把 7、9、11、12 通过换向阀控制孔口板开合、钻具加压、桅杆起落、卸管油缸卸管和蓄能器充油。图 2.79 为钻机操作手操作钻机。

图 2.79　钻机操作

2.3.6　SPC‑600ST 型水文水井钻机

SPC‑600ST 型水文水井钻机可在第四纪和基岩中钻进,其主要用途:勘探和普查地层的水文地质情况,为农业灌溉、工业和国防用水钻凿水井,地下坑道的通风孔、工程建筑钻孔也可选择使用。

SPC‑600ST 型水文水井钻机是车装回转钻进钻机。其部件(包括柴油机、传动箱、变速箱、转盘、卷扬机、双液压缸——钢绳给进机构、钻塔、泥浆泵等)均装在斯太尔越野汽车上,钻机的主传动为机械传动,操纵机构为液压操纵和机械操纵。

选用的 SX2190E 斯太尔越野汽车为原 SX2190 加长轴距后的变型,驾驶室后可用空间大,采用大功率潍柴 WD615.77A 发动机,动力强劲,6×6 驱动,可满足多种路况下使用要求,越野能力强。

选用北京北内柴油机有限公司生产的 BF6L93C 柴油机,该机为 6 缸直列空冷直喷发动机,采用道依茨技术制造,效率高、功率大、可靠性好,维护简便。

钻机以转盘回转——泥浆正循环钻进为主要钻探方式,如配备适当钻探工具,也可适应其他钻探工艺方法,可在黏土、砂层、基岩等多种地层中钻进。开孔初期可用加压机构给钻具加压,实现加压钻进,以提高浅孔钻进效率。随着孔深的增加,当钻具质量超过需要加给钻具的压力时,可实行减压钻进。

钻机配有一个主卷扬机、一个副卷扬机和一个工具卷扬机。主卷扬机用于升降钻具、下井管等。副卷扬机用于带动冲击取土器或其他取心工具及提砂筒,也可用于洗井作业。工具卷扬机主要用于提升移动单个立根,也可用来提吊其他工具等,钻机备有卸管机构,利用卸管油缸卸开锁接头第一扣后,再用转盘反转卸开钻杆。配备 1 台变缸套泥浆泵,供施工使用。装有四个液压支腿,操作简便,安全可靠。

SPC‑600ST 型水文水井钻机主要由传动系统、液压系统、作业系统、操纵系统等组成。传动系统包括离合器传动箱、链条箱、变速箱及离合器等,作业系统包括转盘、卷扬机、双液压缸—钢绳给进机构、钻塔、泥浆泵等。钻机的主传动为机械传动,操纵系统以液压操纵为主,辅以机械操纵,钻机在钻进过程中经常使用的操纵手柄均安装在钻机尾部左侧的操纵台上,便于操作者使用。

1. 传动系统

钻机的主传动为机械传动,传动系统示意图如图 2.80 所示,柴油机传动至传动箱,然后由万向轴经泥浆泵传动的三角皮带轮轴、传动轴传至链条箱。链条箱将运动分两支传出:一支经变速箱、传动轴传给钻机转盘,使其获得五种正转速度和一种反转速度;另一支经链条箱降速后由传动轴输给主卷扬机的变速、减速箱,经一对伞齿轮减速和变向后传给主卷扬机主轴,通过行星齿轮和抱闸机构带动卷筒旋转,它的提升速度靠变速箱及调节柴油机转速的方法来变更。主卷扬机轴的一端装有一个链轮和齿形离合器,经链条传动把动力传给副卷扬机轴,通过涨闸带动滚筒旋转。柴油机通过另一套三角皮带传动驱动液压系统的 GPC4 – 50 型齿轮泵。

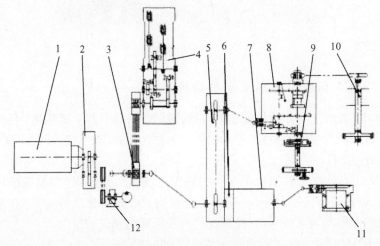

图 2.80　传动系统图

1—柴油机;2—离合器传动箱;3—泥浆泵传动;4—泥浆泵;5—链条箱;6—变速箱离合器;
7—法式特变速器;8—卷扬传动箱;9—主卷扬机;10—副卷扬机;11—转盘;12—齿轮泵皮带轮。

2. 液压系统

钻机的液压系统(图 2.81)主要由油箱、油泵、压力表、多路换向阀、油缸、转阀、减压阀、单向节流阀、油马达、单向阀、蓄能器、液压操纵阀、液压助力器、管路等组成。

液压系统油箱容量约 280L,一般使用 N32 液压油,在冬季施工中可采用 Z46 液压油。该系统包括压力油源供应,以 ZL20 多路换向阀组成的回路、以 ZL1 – L10E 多路换向阀组成的回路和带蓄能器的卸荷回路等部分。

3. 作业系统

SPC – 300ST 型水文水井钻机作业系统主要由转盘、卷扬机、钢绳给进机构、钻塔、泡沫与注油系统等组成,各部分的结构与工作原理如下所述。

1)转盘

转盘(图 2.82)动力由变速箱经万向轴输入至小伞齿轮,小伞齿轮带动用螺钉与平键固定在转台上的大伞齿轮回转,在转台上还用螺钉及平键固定着两个拨柱,通过这两个拨柱可推动拨杠回转,以实现回转钻进。

转台由下轴承和上轴承支撑在转盘体上,转台与上下轴承用圆螺母锁紧,圆螺母靠螺栓和键固定。在使用过程中,当上下轴承磨损使间隙增大时,可打开托油盘,松开螺栓,取下键,通过转动圆螺母来调节轴承间隙。

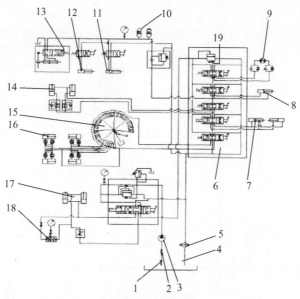

图 2.81　液压系统

1—进油口滤油器；2—球阀；3—齿轮泵；4—回油口滤油器；5—散热器；6—多路换向阀；7—孔口板油缸；
8—卸管油缸；9—工具卷扬液压马达；10—蓄能器；11—转盘离合器油缸；12—副卷扬涨闸油缸；
13—液压助力器；14—其他油缸；15—转阀；16—支腿油缸；17—加压油缸；19—三通换向阀。

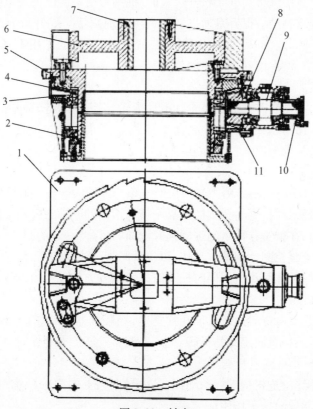

图 2.82　转盘

1—拨柱；2—下轴承；3—上轴承；4—大伞齿轮；5—转台；6—拨杠；
7—方心补；8—小伞齿轮；9—轴；10—法兰；11—轴承 7612。

2) 主卷扬机

主卷扬机(图2.84)的动力由链条箱经万向轴输入给主卷扬机减速箱,可实现两种速度。

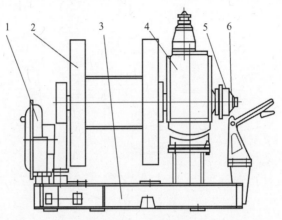

图 2.83　主卷扬机

1—水刹车；2—主卷扬机；3—底架；4—减速箱；5—链轮；6—滑动齿轮。

主卷扬机制动与提升均靠抱闸控制,制动是通过杠杆机构和液压助力器来控制其闸带与滚筒的离合。在操纵机构处于松开位置时,抱闸带与滚筒保持规定的均匀间隙,当制动抱闸抱紧时即实现制动。提升是通过杠杆机构实现闸带与提升盘的离合,当提升抱闸带抱紧时,提升盘被固定,即可实现提升;当松开时,在弹簧的作用下闸带即可离开提升盘,并保持一定间隙,使卷筒处于不转动位置;当提升抱闸和制动抱闸同时松开时即可靠重力实现自由下放。

主卷扬轴的另一端装有空套的链轮和滑动齿轮,当齿轮与链轮的内齿啮合时,通过链条传动即把动力传递给副卷扬机。主卷扬配有水刹车,当下放井管或钻杆速度过快时,使用水刹车可以减缓下放速度。

3) 副卷扬机

副卷扬机(图2.84)的动力由主卷扬机经链条传递给大链轮,带动副卷扬运转。当涨闸油缸给油而闸带涨紧时,副卷扬轴即可靠闸带与滚筒的摩擦力带动滚筒旋转实现提升,在涨闸油缸回油时,在弹簧作用下闸带即离开滚筒,并保持一定的间隙。抱闸安装在支架上,通过杠杆和制动泵控制抱闸油缸动作,以实现闸带与滚筒的离合。当涨闸松开而抱闸抱紧时即实现制动;当涨闸和抱闸同时松开时即可靠重力实现自由下放。

4) 工具卷扬机

工具卷扬机(图2.85)动力来源于叶片马达,经联轴器和减速器带动卷筒转动,以实现提吊钻具。工具卷扬机固定在钻机底盘上,并配有卷筒护罩确保安全可靠。

5) 双液压缸—钢绳给进机构

双液压缸—钢绳给进机构的导向动作,是由导向架上的滚轮沿着固定在钻塔上的导轨运动而形成的,起导向扶正作用。

该机构的加减压部分是由导向架、后导向架、滑轮、钢丝绳加压油缸等组成。操纵液压系统使加压油缸带动后导向架而通过水龙头对钻具进行加压或减压。另外,在加减压

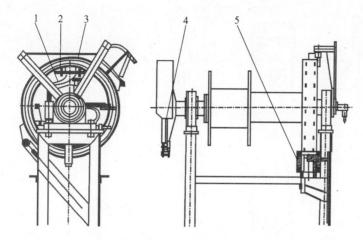

图 2.84 副卷扬机
1—涨闸；2—卷扬滚筒；3—抱闸；4—大链轮；5—支架。

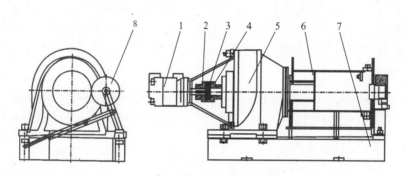

图 2.85 工具卷扬机
1—马达；2—联轴器主动轮；3—滑块；4—联轴器从动轮；5—减速器；6—卷筒；7—底盘；8—压绳轮。

机构发生故障后,导向架还可用大钩由卷扬机提引。

6) 钻塔

钻塔(图 2.86)部分由钻塔体、天车、起塔油缸、钻塔支架等主要部件组成。起塔油缸可将钻塔起落。钻塔立起后,其承重点应通过支架、支座及支承梁传至支承千斤顶。天车上装有四个提升滑轮和一个副卷扬滑轮,供升降钻具等用。另外,天车上还装有提吊工具的悬臂吊车,配合操作者完成辅助工作。钻塔工作时塔顶四角到地面需安装可靠的绷绳。

7) 提引水龙头

提引水龙头(图 2.87)由主轴、壳体、芯管、弯头等组成。芯管与壳体不转,主轴随主动钻杆旋转,循环液经弯头、芯管、主轴通向主动钻杆。弯头顶端有一个螺塞,供投放卡料使用。

8) 泡沫与注油系统

泡沫与注油系统(图 2.88)泡沫泵装置的液压马达与孔口板为一个操纵手柄,当钻机钻进时,必须关闭孔口板进油的截止阀,打开液压马达的进油及回油截止阀,再操纵手柄泡沫泵方可工作。当卸落钻杆时,必须关闭液压马达的进油及回油截止阀,打开孔口板进油截止阀,操纵手柄孔口板工作。

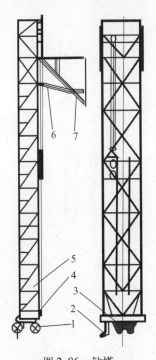
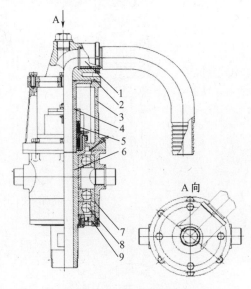

图 2.86　钻塔

1—主卷扬滑轮；2—悬臂吊车；3—副卷扬滑轮；

4—天车；5—钻塔体；6—起塔油缸；7—钻塔支架。

图 2.87　提引水龙头

1—弯管；2—法兰弯管；3—管架；4—内管；

5—V 形密封圈；6—主轴；7—水龙头体；

8—轴承 66320；9—调节螺母密封圈。

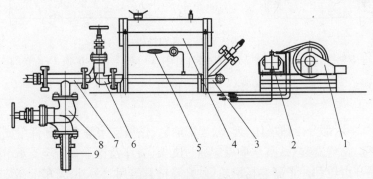

图 2.88　泡沫与注油系统

1—泡沫泵；2—马达；3—连接管路；4—润滑油箱；

5—截止阀；6—截止阀1；7—三通阀；8—截止阀2；9—接头。

4. 操纵系统

操纵系统是控制钻机完成各种动作与任务的控制单元,根据操纵形式的不同,将 SPC‐600ST 水文水井钻机的操纵系统分成机械操纵系统和液压操纵系统,各部分的组成与功能如下所述。

1）机械操纵系统

SPC‐600ST 水文水井钻机机械操纵系统主要包括转盘变速操纵装置,泥浆泵离合器操纵装置,副卷扬机链传动离合操纵装置,机械、液压联合操纵系统和无泵液压操纵系统,各分系统的结构与功能如下所述。

（1）转盘变速操纵装置。

该装置的变速手柄有六个工作挡和一个空挡,均通过杠杆系统来控制变速箱内的各滑动齿轮,从而使转盘相应地获得五种不同的正转速度和一种反转速度。变速前必须首先摘开变速箱离合器。

（2）泥浆泵离合器操纵装置。

在泥浆泵的传动主动皮带轮上装有齿形离合器,由该装置进行控制。在摘开主离合器以后,扳动操纵手柄,即可控制泥浆泵工作或停止。

（3）副卷扬机链传动离合操纵装置。

该装置通过杠杆系统由拨叉控制主卷扬轴上的滑动齿轮,使副卷扬机的链传动转动或停止,以实现副卷扬轴的旋转或停止。在使用该装置时须首先摘开柴油机离合器。

（4）机械、液压联合操纵系统。

主卷扬机制动抱闸操纵装置为杠杆系统和液压助力器联合工作式。液压助力器减轻司钻的劳动强度,当液压源出现故障时,通过杠杆系统也能直接控制抱闸工作,确保制动安全可靠。

（5）无泵液压操纵系统。

副卷扬抱闸操纵装置使用了无泵液压系统,通过手柄、杠杆和制动泵来控制副卷扬机抱闸油缸的动作,实现其制动。出厂时在制动泵系统中注满 101 号汽车制动液。

2）液压操纵系统

液压操纵箱操纵台的操纵面板上,正对着操作者,里面装有一片四位多路换向阀、五片三位多路换向阀、转阀、压力表、调压手轮、操纵手柄等。

（1）调压手轮。

旋转调压手轮可以直接控制远程调压阀的弹簧压力。远程调压阀控制 ZL20 换向阀内的可调溢流阀,通过改变弹簧压力,能达到调节液压系统压力之目的。调压时应使 ZL20 换向阀位于加压油缸回缩位置,调定压力的数值可以从压力表上读出,额定压力为 16MPa。

（2）281 多路换向阀的五个操纵手柄。

各手柄的工作情况详见液压系统部分。该多路换向阀自带一个可调溢流阀。ZL20 换向阀内溢流阀调定,油液经该阀向 ZSL 多路换向阀供油,操纵第二片换向阀,使卸管油缸伸出到头后,及时旋转调压手轮,如压力达不到 16MPa,说明该自带可调溢流阀的弹簧松动,此时,调紧弹簧即可上升到 16MPa。

（3）ZL20 多路换向阀的一个操纵手柄。

通过该手柄可控制加压油缸的工作情况。

（4）两个手动两位三通阀。

两个手柄排列在操作者前面,通过二位三通阀分别控制转盘离合器、副卷扬机涨闸的工作情况。各部分的执行油缸均为单作用式,其回程动作靠弹簧来完成。由于这个阀联在蓄能器回路中,当液压油源出现故障时,仍能维持一定的时间以保证工作的可靠性。

2.3.7　RB50 车载水文钻机

RB50 车载钻机可用于水井、工程勘探/资源开发、钻孔开采、地层透水水井监测、工程孔开采等领域,且只能采取下面钻机工艺其中一种:采用泥浆正循环、采用泡沫泥浆循环钻进、采用泥浆反循环、取芯钻进、气举钻进、自重钻进、吊打钻进、潜孔锤钻进,如图2.89所示。钻机包括下面的主要组成部分:动力头,动力头支架,卷扬机,钻桅,塔头,离心泵,空压机,夹持器,上、卸扣装置,液压系统,电气系统,操纵台(可装防护罩),带铁鞋的支腿油缸,带梯子和工具箱的主框架。

图2.89　RB50 车载水井钻机

1. 总体结构

RB50 钻机装在一个六轮全驱的载重卡车上并且和卡车形成了一个整体。卡车发动机通过动力输出装置驱动液压泵分配齿轮箱来驱动钻机的所有部件(图2.90 和图2.91)。

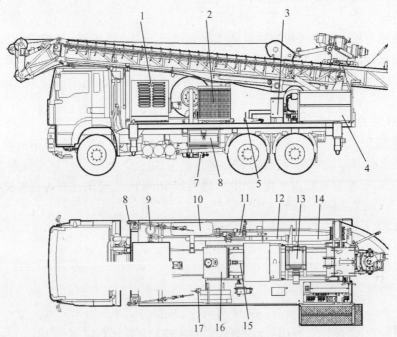

图2.90　钻机的主要部件 A

1—空压机;2—油/气冷却器;3—终端箱;4—防护罩;5—柱塞泵;6—工具箱;7—离心泵;
8—钻塔张紧锁固定孔;9—调整阀;10—备胎;11—卸扣油缸;12—泥浆管路;13—主卷扬;14—泥浆胶管;
15—驱动装置;16—液压油箱;17—液压油加油泵。

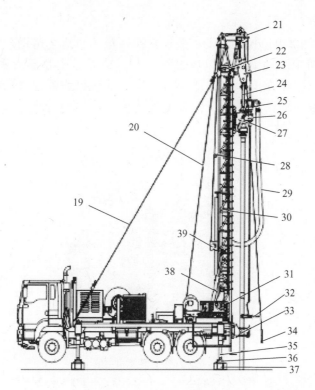

图 2.91　钻机的主要部件 B

19—绷塔绳；20—主卷扬绳；21—塔头；22—给进装置；23—大钩；24—动力头悬挂架；25—弯头；26—动力头；
27—动力头支架；28—照钻机的泛光灯；29—泥浆胶管（长的）；30—上塔的梯子；31—控制面板；
32—手动工具；33—夹持器；34—带钩环的副卷扬绳；35—支腿油缸；36—铁鞋；37—支撑物；
38—起塔油缸；39—副卷扬。

2. 动力头

动力头（图 2.92）是钻机的核心部件，它驱动钻杆和钻头。另外，还向孔底供泥浆。动力头有一个可变速的三速行星齿轮，可以通过变速杆改变齿轮，在不同的速度下钻进。通过接头连接着胶管的弯头装配在动力头上。

图 2.92　动力头

1—动力头；2—变速杆；3—弯头；4—泥浆管。

3. 动力头支架

动力头支架(图2.93)控制着动力头使它在钻桅的轨道上滑动。它的滚轮向钻塔上传递反力和反扭矩。动力头可以通过给进装置或者是主卷扬沿着钻塔垂直移动。两个翘起油缸可以把动力头从它的垂直的工作位置翘起到接近水平的位置以方便于加或拆钻杆。翘起油缸在钻进过程中必须被处于浮动状态,否则,翘起油缸的油封很快就会坏。

图2.93　动力头支架及相关的油缸

1—动力头支架;2—摆出框架;3—横动油缸;4—送气管;5—锁缸;6—翘起油缸(左边的)。

动力头被装在动力头支架的摆出框架上,为了接近孔口,可以用横动油缸摆出框架,横动油缸可以把框架向右摆出90°(从钻机的后面看)。在把框架摆回到它的工作位置的时候,必须用锁缸把它锁在动力头支架的主框架上。

4. 给进装置

给进装置(图2.94)包括给进油缸和驱动绳,还有相应的绳滑轮。它们被装在网格状的钻塔内。给进装置可以使动力头沿钻塔垂直移动。它提供了必要的动力来控制相当重

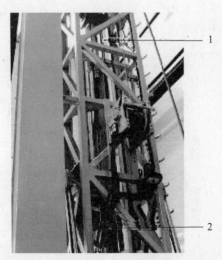

图2.94　给进装置

1—给进油缸;2—驱动绳。

的动力头、钻杆及钻头并且可以用来实现钻进中对钻压的控制。当拉钻杆的时候,给进装置使动力头向上。在钻深孔的时候,给进装置的拖力可能会不够,这种情况下,可以把给进模式改变成起拔(吊打)模式。给进装置的钢丝绳受力很大,因此,必须仔细地检查和维护钢丝绳,不要的时候张紧钢丝绳。

5. 卷扬机

卷扬机主要用于提升钻井所需要的重物,RB50 钻机有一个主卷扬机和一个副卷扬机。每个卷扬机的结构与功能如下。

1)主卷扬(见图 2.95)

钻深孔的时候,钻具很重,接近或者超过了给进装置的承载能力,就可以切换到起拔操作,也就是说,主卷扬接替了控制动力头的任务。在这种情况下,必须把动力头通过它的悬挂架固定。

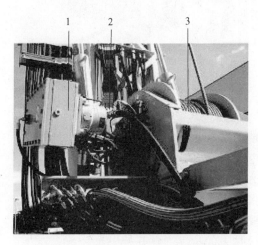

图 2.95　主卷扬
1—起拔钻进控制用齿轮;2—油齿;3—主卷扬绳。

在大钩上,大钩和主卷扬相连(起拔工况)(吊打)。起拔钻进通过使用起拔钻进控制齿轮的起拔钻进控制系统来控制。液压马达驱动主卷扬。可以用油齿来看油量的多少。主卷扬绳被放置在钻塔顶部的塔头上,并且通过一个测量大钩荷载的限力计。绳速可以通过控制面板连续调节。为了得到需要的负载能力,大钩上安有滑轮组,主卷扬绳通过这个滑轮组。

钻机在运输过程中,大钩放置在钻塔的较低处,两个运输固定轴把大钩固定在网格状钻塔的两个滑道之间。在操作过程中运输固定轴可能会伤到机器。因此,在开始操作之前,运输固定轴必须被拆除。例如,只要运输固定轴还在上面装着,不能放低大钩(要在动力头横动转到边上时),让它无损害地通过动力头支架。可以通过适当的销子把动力头悬挂架连接到大钩的叉接头的销孔中。

2)副卷扬

副卷扬(图 2.96)是用来在孔口及周边地区提升和吊运钻杆和其他的钻进设备的。液压马达驱动副卷扬。可通过控制面板连续地调节绳速。像其他的卷扬绳一样,副卷扬绳通过塔顶的塔头导向。

图 2.96　副卷扬
1—带连接器的液压马达；2—副卷扬绳。

6. 钻桅

钻桅是有高负载能力并且是小质量的网格状钻塔（图 2.97）。厂家的公司铭牌装在钻桅的一侧。为了避免过大的风载对钻塔稳定性的影响，起塔之前应拆掉公司铭牌。两根张塔绳应该固定在主框架上的专用固定孔中并做好安全保护。只有绷紧的钻塔才能有效地承受钻具质量带来的拉力。在开始操作之前，必须用套筒螺母来张紧绷塔绳，并对螺母施以保护。绷塔绳上装有测力计，从测力计上可以看出绳子的张紧度。在操作台一侧的钻塔的梯子可以用来上到塔上进行维修和保养工作。在这种情况下必须系好安全带确保不会从钻塔上脱落。用来照钻机的泛光灯安装在副卷扬的下面。两个起塔油缸可以把钻塔起到它的工作位置。

图 2.97　钻塔
1—绷塔绳；2—上塔梯子；
3—照钻机的泛光灯；4—起塔油缸。

必须在钻机尾部的左右两个销孔中插入两个楔子来把钻塔固定在它的工作位置以防钻塔向平台方向翻转。金属的油管接盘（图 2.98）导向在钻塔上的胶管。额外的塑料的保护罩防止胶管和钻机摩擦而产生伤害。

在钻机的运输过程中，钻塔必须要放置在钻塔支座上。如果在这状态下发动机出现故障，必须靠近去修，然而在这种状态下液压系统不工作，就需要另一种工具来升起钻塔。钻塔安全支座支起钻塔并且阻止它意外地下来而伤到在发动机处工作的人员。推起安全支座并用销子固定住。驾驶室后面的主框架上的手动起塔装置可以用来升起钻塔，可以翻开驾驶室。

7. 塔头

像钻塔一样,塔头(见图2.99)支架也是网格状设计。它装在塔顶上。两个可折叠的装在钻塔上的支架安在塔头的左右两侧。每个支架上安装有一个照钻孔的泛光灯和一个可以连接手动工具的悬挂绳的圆孔。

图 2.98 油管接盘

1—油管接盘;2—油管护罩。

图 2.99 塔头

1—钻塔上的支架;2—拖绳;3—限位开关和
重锤链;4—塔头支架;5—带导向轮的塔头。

塔头上安有主卷扬绳的滑轮。为了运输钻机,须放下钻塔降低塔头和塔头支架到它的运输位置。在钻进的时候利用系在动力头支架上的拖绳把它拖到工作位置。塔头和塔头支架必须通过在适当的孔中插入固定销被固定在工作位置。

提升限位的重锤通过链子系在塔头上。重锤标志着连在主卷扬绳上的大钩的末端位置。它和限位开关上的传感器相连。

这套系统可以防止大钩(带着连在它上面的动力头)被拖到塔顶的滑轮处而损坏滑轮或是它的支架。只要重锤被举起,限位开关就被触动并且关掉主卷扬驱动。

塔头上还有一个限力计。此表可以通过电荷载传感装置测量出悬挂在主卷扬上的大钩荷载。钻进力和大钩上的荷载都能在控制台上的相应的元件上指示出来。

8. 离心泵

离心泵(图2.100)是钻机的泥浆泵。它在钻机的右侧的主框架的下面。离心泵可以被连续地调整。这样,可以根据钻进过程的需要采用最佳的泥浆流量。天冷的时候,全部的泥浆系统可以通过球阀来清空。吸浆胶管可以连在吸水管接头上。

9. 附属设施接头

在钻机的右侧,在主框架的上方,有两个可用于额外的附属设施的接头,例如一个额外的泵。如果连接一个额外的泵,必须关上泥浆管路中的主阀。

10. 柱塞泵

柱塞泵(图2.101)在不同种类的地层需要的时候用来做泡沫泵,用于向泥浆中注入添加剂。

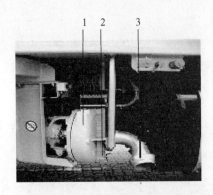

图 2.100 离心泵

1—离心泵；2—球阀；3—吸水管接头。

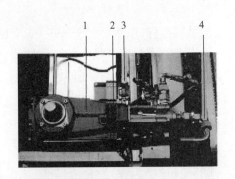

图 2.101 柱塞泵

1—柱塞泵；2—放水器；3—油灌；4—连接管线。

11. 空压机

空压机(图 2.102)是一个可以喷油的单阶螺杆空压机。原始动力通过齿轮箱传到空压机。

图 2.102 空压机

1—节流阀；2—主保险；3—温度表；4—油冷却器放油螺丝。

空压机腔内有两个螺杆转子装在滚珠和滚柱轴承上。被空压机发动机驱动的主动杆驱动从动杆。这些空压机件能够输出不间断的平稳的气流。喷的油用于密封,以及冷却和润滑空压机的部件。

对气举钻进,可以通过使用节流阀来降低空压机的输出压力。空压机的主保险和所有的排放螺丝,例如,油冷却器放油螺丝,都被安置在胶管的外面并且易于接近,这里的表可以显示出空压机出气口的温度。关于空压机的细节,尤其是操作和维修,请参照空压机厂家提供的教材。

12. 夹持器

在上卸钻杆的时候,夹持器(图 2.103)可以用来夹住钻杆。两个夹持油缸向被夹的钻杆推出两个卡爪。夹持器分两半,两半在后部各有一个固定销,在前部共有一个固定销,所有的固定销都装有开口销。为了可以接近钻杆或钻孔,可以拔掉两半所共有的固定

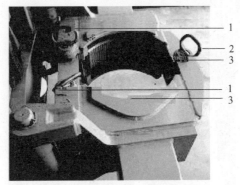

图 2.103　夹持器

1—插销(后部)；2—插销(前部)；3—卡爪。

销来向左右打开夹持器。夹持器可以更换卡瓦以适应于不同的钻进过程和钻杆类型。

13．上、卸扣装置

上、卸扣装置(图2.104)用来正、反拖动钻杆、钻杆接头及其他工具。上、卸扣装置包括主动油缸、手动钳(很容易找到的或者客户提供的)。把手动工具悬挂在钻塔上的两个吊绳上。可以把手动工具向左拖(上扣)或向右拖(卸扣)的拖绳可以用副卷扬吊起手动钳,把它卡好在要上或卸的钻杆上并且卡好。(从卡车行走的方向看)钻塔右侧吊着的手动钳是用来卸扣的,左侧的是用来上扣的。卸扣油缸布置在钻机的右侧,首先伸出油缸,然后把拖绳固定好,最后收回油缸,在油缸收回的时候,带动拖绳,继而卸开钻杆接头。上扣也是如此。

图 2.104　上、卸扣油缸

1—拖绳；2—上、卸扣油缸。

柱塞泵通过法兰盘连接到液压泵分配齿轮箱上。对上扣来说,适当的拖绳要插入到钻机左侧的排绳装置里,然后再连到手动工具上。对卸扣来说,适当的拖绳要放在钻机右侧的枢轴螺栓的周边然后再连到手动钳上。

上钻杆的拖绳固定在钻机左侧的排绳装置上。卸扣用的拖绳放在工具箱里,必要的时候可以接上。

14．液压系统

液压系统用于钻机内部的能量传递,包括下列的组成部分：液压泵；带有手动加油泵的液压油箱；油/气冷却装置；液压管线；夹持装置的蓄能器。

1）液压泵（图 2.105）

图 2.105　液压泵

1—柱塞泵；2—液压泵分配齿轮箱；3—齿轮泵。

齿轮泵用法兰盘连接在柱塞泵上，它向油/气冷却装置上的风扇马达和先导油路提供工作压力。

2）液压油箱

液压油箱（图 2.106）里装的是钻机的液压油。可以在油箱的指示标上看出里面的油量。通过手动加油泵可以向油箱里加入少量的液压油。

图 2.106　带有手动加油泵的液压油箱

1—液压油箱；2—油量指示标；3—加油泵。

回油路滤芯在钻机的运转过程中清洁液压缸和工作管路中回来的液压油，也就是阻止外部物体及杂质的侵入。回油路上的压力计指示着回油路中的背压。如果压力计的指针在或者超过红色区域，就表示回油滤芯堵了而且必须得更换。在操作过程中，通气阀向液压油箱内提供必要的压力补偿。

3）冷却装置

在运转过程中，油/气散热器冷却液压油。一个二级阀门根据液压油的运转温度能实现自动冷却控制。可以从终端箱的显示中读出液压油的温度。液压油通过油/气冷却装置的冷却栅中被空气冷却。液压马达驱动风扇可以产生冷却气流。

15. 电气系统

钻机的电气系统包括：带有继电器和保险丝的终端箱；照明系统；控制面板上的操作

和控制元件；钻机上的传感器和阀门驱动；底盘卡车的发电机向电气系统提供必要的电量。

1）终端箱

终端箱（图2.107）中装有钻机的继电器、保险丝和其他电气元件。终端箱装在控制台的左侧。终端箱在钻机的运转过程中及对钻机进行清洗的时候必须关上。

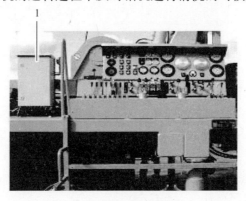

图 2.107　终端箱

2）照明系统

照明系统包括：驾驶室上的泛光灯；照钻机用的泛光灯；钻塔上的两个泛光灯；操作台右侧的照孔口用的泛光灯；照操纵面板的两个荧光灯；在公路上行驶用的尾灯支架；四个侧面的为公路行驶用示宽灯。

尾灯支架一定要放置在钻机的钻塔尾部，才能符合公共道路交通规则。

16. 控制台

控制台包括控制面板和铰接的踏板。控制面板上装有钻机的控制元件。控制面板有防护罩保护。

结实的蓬布可以在恶劣的天气下防护操作员和操作面板，当然，也可以用来遮阳。

17. 支腿

钻机主框架的每个长边有两个支腿油缸可以用来支撑和对正钻机。铁鞋放在支腿的最下端。支钻机的地面如果需要垫，就用适当的如方木之类的东西垫上。在运输钻机的时候必须收回支腿，拿走铁鞋。

18. 主框架

自支撑的主框架承载着钻机的所有部件。使用梯子可以方便地上到钻机的平台。在运输钻机时必须把梯子折起锁好。工具箱位于钻机上的操作台的一侧，包括标准的成套工具，必要时可以把它拿出来或用锁锁住以防被盗。

2.4　测井车构造与原理

水文测井机是通过车载测井绞车、电缆将井下仪器（探管）下放到试钻裸眼水井内采集产水地层的自然电位、自然伽码、密度、三侧向电阻率、井温、流体电阻率、井径和井斜等物理参数,由电缆传输到地面仪器及相关软件解释产水地层的孔隙度、透水率、地层分界及含水矿化度等。

2.4.1 电测井基本原理

根据测井原理的不同,电测井一般可以分为视电阻率法和自然电位法两种,每种方法的结构与原理如下。

1. 视电阻率法

视电阻率法划分岩层界面,可分为梯度电极系法和电位电极系法。梯度电极系又分为正装和倒装两种。

1）电极系结构

井下电缆依一定顺序和距离排列的三个电极称电极系。A、B 为供电电极;M、N 为测量电极。功用相同的如 M、N 或 A、B 称为成对(同名)电极;功能不相同的如 A、M 或 B、N 称为不成对(异名)电极。

梯度电极系:当成对电极 M、N 或 A、B 的电极距小于不成对电极 A、M 或 B、N 的电极距时,称梯度电极系。

电位电极系:当成对电极距大于不成对(异名)电极距时,称电位电极系。

根据上述电极系的定义可分为八种,见表 2.14。

表 2.14　测井用电极系

类型	电位电极系				梯度电极系			
	单极供电		双极供电		单极供电		双极供电	
	正装	倒装	正装	倒装	正装	倒装	正装	倒装
图示	O－A,M,N	N,O－M,A	O－M,A,B	B,O－A,M	A,O－M,N	O－N,M,A	M,O－A,B	B,O－A,M
电极距	$\overline{AM}$	$\overline{AM}$	$\overline{AM}$	$\overline{AM}$	$\overline{AO}$	$\overline{AO}$	$\overline{MO}$	$\overline{MO}$
电极系全名	单极供电正装电位电极系	单极供电倒装电位电极系	双极供电正装电位电极系	双极供电倒装电位电极系	单极供电正装梯度电极系(底部)	单极供电倒装梯度电极系(顶部)	双极供电正装梯度电极系(底部)	双极供电倒装梯度电极系(顶部)

电极系的结构与井孔直径、泥浆、含水层厚薄等因素有关。

2）梯度电极系测井

单极梯度电极系测井的线路连接如图 2.108 所示。电极系的 M、N 极与仪器的电位插孔连接,1、2 孔可以与 M、N 极任意连接。A 极与仪器的一个电源极插孔连接,地面电极 B 与另一个电源极插孔连接。在 A 极或 B 极与仪器连接的线路中,串联上电源、电位器和电表。电源可用 45~90V 乙电池。电位器可选用 13k 的,作用是调节供电电流的大小。供电电流强度可直接从串联的电表中读出,也可不用电表,而用电位计测出。地面电极打在井口附近的较湿润处。注意使各电极通电性能良好。

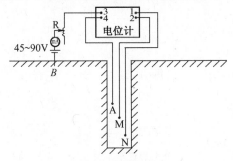

图 2.108　单极梯度

1、2—电位极；3、4—电源极；

R—电位器；mA—毫安表或万能表。

双极梯度电极系测井的线路连接,如图 2.109 所示。测井时,将电缆放入井底,从下向上逐米进行测量,电阻率计算公式为

$$\rho_s = k \frac{\Delta U}{I}$$

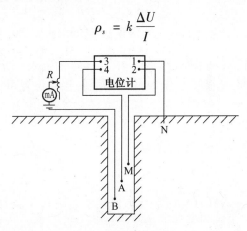

图 2.109　双极梯度

式中：k 为电极系数；I 为电流强度；ΔU 为电位差。

如果用电位器将电流强度 I 调整到与 k 值相等或为 k 值若干分之一,则可使计算简化。例如当 $I = k$ 时,$\rho_s = \Delta U$；当 $I = k/2$ 时,$\rho_s = 2\Delta U$。在测量过程中,由于 I 变化很小,可以间隔几十米调整一次。其他测点只做电位差测量。

底部梯度电极系,对高阻层的下界面和上界面反映都较明显,在测井时一般常用底部梯度电极系。

3）电位电极系测井

电位电极系与梯度电极系的工作方法不尽相同,主要是电极距的选择和曲线分析不同。

电位电极系测出的 ρ_s 曲线是对称的。故不论成对电极在上或在下,测出的 ρ_s 曲线是相同的。

为了减少井液的影响,当地层电阻率为井液电阻率的 5 倍时,电极距应大于或等于井径;当地层电阻率为井液电阻率的 20 倍时,电极距应大于或等于井径的 3 倍。

当电极距大于砂层厚度时,砂层反映不明显;当电极距小于砂层厚度时,砂层在曲线上有明显的反映。

选择电极距时,应同时兼顾以上两个方面。

4）二极法测井

二极法是指井下只用两个电极,即 A、M 极。B、N 电极在井上,线路连接如图 2.110 所示。

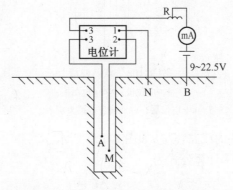

图 2.110　二极测井线路连接示意图

图中 R 为电位器,用以控制供电电流的大小。mA 为电表,用以指示电流的大小。A、M 电极互换,对测量结果没有影响。B、N 两个电极的相互位置可任意选择,但 B、N 间的距离必须保持固定。M、N 与仪器的 1、2 插孔可任意连接,A、B 与仪器电源极插孔 3、4 连接。

电极系数(装置系数)k 的计算公式为

$$k = \frac{2\pi}{\dfrac{1}{2AM} + \dfrac{1}{BN}}$$

对于测量深层淡水,为了减少 A、M 极之间和 B、N 极之间的互相影响,B、N 极离井口的距离不得小于 20m。A、M 之间的距离为二极法的电极距,记录点在 A、M 的中点。电极距一般可取 0.5m、0.75m、1.0m。为了使 k 值成为整数,B、N 间的距离及相应的 k 值见表 2.15。

表 2.15　AM、BN 及 k 值

AM/m	BN/m	k
0.5	3.9	5
0.75	1.7	5
1.0	1.32	5
1.0	7.8	10

二极法的分析方法与电位电极系相同。它的优点是反映砂层可靠,曲线圆滑,便于分析。缺点是受井液影响较大,单独用二极法测井时,电极距可选用 1m。

5) 视电阻率测井曲线分析

在孔隙含水层中为淡水时,含水砂层在视电阻率曲线上,呈相对高阻反映;黏土层呈相对低阻反映。当砂层充满矿化度较高的咸水时,视电阻率曲线异常幅度明显变小,呈低阻反映,与黏土难以区分,则需用自然电位测井来区分。在裂隙、岩溶含水层中,由于含水层的导电性比围岩好,所以视电阻率曲线呈低值异常。

（1）梯度电极系测井曲线解释。厚度大于电极距的高阻厚砂层。当采用底部梯度电极系时,在视电阻率曲线上,相应于高阻岩层的底界面处 ρ_s 值最大,而在高阻岩层的顶界面处 ρ_s 值最小,根据这一特征来划分含水层(淡水)的顶、底界面。顶部梯度曲线与此相反。具体确定含水层厚度:

底部梯度在最大值点和最小值点向下移动 MN/2 的距离,即为含水层厚度。

当为顶部梯度时,最大值点和最小值点向上移动 MN/2 的距离,即为含水层厚度,如图 2.111 所示。

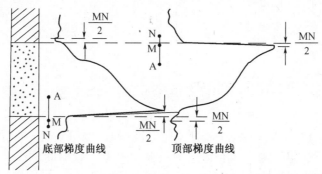

图 2.111 视电阻率梯度曲线确定砂层厚度示意图

厚度小于电极距的高阻薄砂层。顶部梯度和底部梯度曲线都是对称的,砂层的中心出现 B 最大值。砂层界面位于曲线急剧上升的地方,通常取曲线最大值的 2/3 为界面位置,如图 2.112 所示。

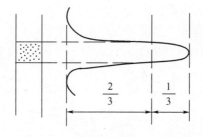

图 2.112 砂层小于梯度电极距的含水层厚度确定图

（2）电位电极系测井曲线解释。对厚砂层 $h > 5AM$,可根据测井曲线急剧上升的拐点划分含水层上、下界面,如图 2.113(a)所示。对中厚砂层 $AM < h < 5AM$,可用异常的 1/2 幅值点确定砂层上、下界面,如图 2.113(b)所示。对薄砂层 $h < AM$,可用异常的 2/3 幅值确定砂层的顶、底界面,如图 2.113(c)所示。

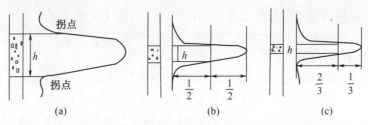

图 2.113　视电阻率电位曲线确定砂层上下界面示意图

2. 自然电位法

1）测井方法

自然电位法测井线路连接如图 2.114 所示。井下电极 M 一定要接电位计的电位极插孔 2，否则出现正、负异常恰恰相反的结果。地面电极可埋在井口附近，并踏实浇水。

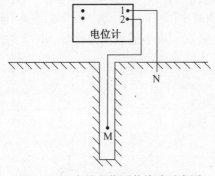

图 2.114　自然电位测井线路示意图

测井时，先将 M 极放入孔底，在提升过程中每隔 1m 测量一次。在测第一个点时，如果检流计指针不稳定，说明极化电位差还不稳定，可以等一段时间，指针基本稳定后再测。如果第一个测点自然电位差很大，可用极化补偿器补偿一部分，只测量剩余的部分，在以后的整个测量过程中，极化补偿器就不能再动了。在每个点测量读数的同时，应从电位计的换向开关上读出自然电位的正、负。在进行自然电位测井时，应关闭附近的一切电器设备。

2）曲线分析

在孔隙含水层中，当地下水矿化度高于井液矿化度时，含水砂层部位产生负异常；地下水矿化度低于井液矿化度时，含水层部位产生正异常。当砂层厚度大于 4 倍井径时，可用 1/2 幅值点来确定砂层的顶底界面，如图 2.115 所示；当砂层厚度小于 4 倍井径时，可

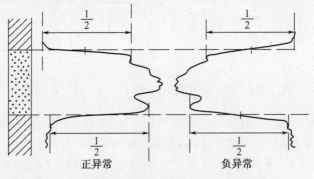

图 2.115　自然电位曲线确定含水层厚度示意图

用2/3幅值点来确定砂层的顶底界面。

咸淡水界面在自然电位曲线上的反映,主要决定于井液矿化度和含水层矿化度的差异,其差别越大,扩散吸附电动势越大,曲线反映就愈明显。

设井液矿化度为 C_0,浅层淡水矿化度为 C_1,咸水矿化度为 C_2,深层淡水矿化度为 C_3,分四种情况来分析:

(1)当 $C_2 > C_0 > C_1 > C_3$ 时,自然电位曲线反映特征如图2.116中的 $JDHZ_1$ 所示。由于井液矿化度大于浅层和深层淡水矿化度,故自然电位曲线在淡水砂层上有明显的正异常;而井液的矿化度小于咸水的矿化度,所以自然电位曲线在咸水段出现负异常,此时再根据视电阻率测井的大小,就很容易划分出咸淡水界面。

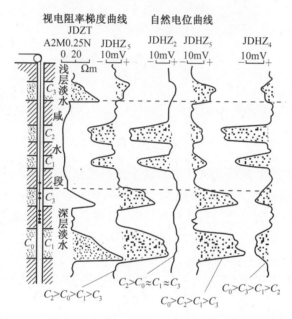

图2.116　井液矿化度 C_0 不同时,自然电位曲线的反映特征

(2) $C_2 > C_0 \approx C_1 \approx C_3$ 时,自然电位曲线反映如图2.116中的 $JDHZ_2$ 所示。由于 $C_0 \approx C_1 \approx C_3$,故自然电位曲线在淡水段砂层上无明显反映,而咸水砂层则出现明显的负异常,此时再对照视电阻率测井曲线,就能确定咸淡水界面。

(3)当 $C_0 > C_2 > C_1 > C_3$ 时,即井液矿化度很高,在自然电位曲线上凡属含水层的均反映出正异常,如图2.116中的 $JDHZ_3$ 所示。此时,淡水砂层的正异常非常明显,而咸水层正异常较小,应结合视电阻率测井曲线来划分咸、淡水界面。

(4)当 $C_0 < C_3 < C_1 < C_2$ 时,即井液的矿化度既小于咸水层的矿化度,又小于淡水层的矿化度。在自然电位曲线上凡属含水层的均反映出负异常,如图2.116中的 $JDHZ_4$ 所示。此时,淡水砂层在自然电位曲线上所反映的负异常较小,而咸水砂层则出现极明显的负异常。矿化度愈高,负异常愈大。

综上所述,在划分咸、淡水界面时,应根据视电阻率曲线和自然电位曲线互相配合,才能正确的划分。

2.4.2 测井车结构组成

水文测井车如图 2.117 所示,由汽车底盘、车厢、取力传动系统、绞车装置、液压系统、控制系统、气路系统、电器系统、测量系统及辅助系统等构成。

图 2.117　水文测井机侧视图

1. 汽车底盘

底盘型号 SX2180,供给绞车动力,装载并移运绞车、电缆、仪器、发电机及其他有关配套设备。

2. 车厢

安装在汽车二类底盘上,分为操作舱和绞车舱。操作舱内安装有测井仪器、操作台、电控箱、双向冷暖车载顶式空调、工作台、卧铺及各种辅助设施等;绞车舱内主要安装有绞车、排绳机构、测量头、仪器探管及各种辅助设施等;在车厢左后尾部安装发电机,车厢的裙边适当位置设有工具箱、汽车底盘附件的舱门等。

3. 取力传动系统

主要包括取力器、传动轴、泵架等。取力器与变速箱连接在一起,直接取力,传动到泵架,给油泵提供动力。

取力器直接从汽车变速箱取力,经传动轴、泵架传动到油泵,动力系统示意图如图 2.118 所示。取力器的挂合、脱开开关设在驾驶室的控制面板上。

挂合、脱开取力器时应确保气压不低于 0.6MPa,底盘供给直流电即驾驶室钥匙处于

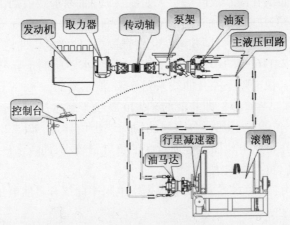

图 2.118　动力及液压传动系统示意图

开的状态,变速箱在空挡位置,油泵控制手柄处在中位,"紧急通断阀"处于按下位置。踩下离合器搬动"取力器挂合开关"进行操作,慢慢抬起离合器踏板,取力器指示灯亮起。再次踩下离合器,操作变速箱换挡杆处于3挡位置,不可高于3挡。当作业完成后应先脱挡再脱开取力器(注意踩下离合器)再进行发动机熄火。

4. 液压系统

为绞车系统提供动力,主要包括液压油泵、马达、各种控制阀件、仪表、散热器、油箱、管线、接头以及附件等。

液压系统是将发动机动力转变为绞车驱动力的传动系统,具有传动平稳、过载保护、换向简单等优点。主要有液压油泵、马达、减速机、控制阀件、仪表、散热器、油箱、管线、接头等组成,液压传动示意图如图2.118所示。

1）油泵控制

通过操作台的滚筒控制器的手柄(图2.119)来控制油泵的高压油输出方向,进而控制滚筒旋转方向。

当滚筒控制器手柄在中位时,油泵不向外泵油,滚筒不动。向"上提"位置推动手柄,滚筒上提电缆,手柄离中位越远,滚筒上提速度越快;向"下放"位置拉动手柄,滚筒下放电缆,手柄离中位越远,滚筒下放速度越快。

推动滚筒控制器手柄时要平稳,不可生拉硬拽。要经常检查控制器与油泵连接的软轴,保证连接可靠。如果软轴脱落,油泵将不工作。如果进行滚筒刹车,应先将滚筒控制器手柄放中位。

2）系统调压阀(图2.120)

图2.119　滚筒控制器手柄

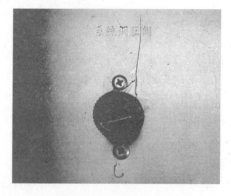

图2.120　系统调压阀

为防止测井过程中造成系统过载或拉断电缆,需调节液压系统的压力,通过旋转操作台上的系统调压阀完成。右旋手轮电缆拉力增大;左旋手轮拉力减小。

注意:当井下仪器遇卡时,可缓慢调节系统调压阀,使系统压力增高,提高绞车的提升力,切记绞车的提升力不得超过电缆的破断拉力。当解卡后应将系统调压阀调至较小位置。

3）紧急通断阀

该阀安装在操作台上如图2.121所示,当作业过程中出现紧急情况,迅速按下该阀可使液压系统卸荷,滚筒不旋转。解除紧急情况后向右旋转弹出该阀即可正常工作。

4）液压油箱（图2.122）

图2.121　紧急通断阀

图2.122　液压油箱

液压油箱包括油箱体、液位计、空气滤清器、温度传感器、滤油器、电加热器、吸油滤油器等。油箱用于储存系统所需足够的液压油，并具有散热、加热、沉淀杂质、分离油气泡等功能。打开油箱上部空气滤清器的盖子，可向油箱内加注液压油，放油时打开油箱底部的球阀即可。加油量以油位计为准。

5）加热散热装置（图2.123）

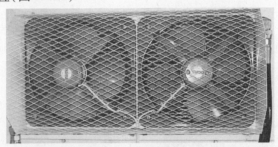

图2.123　加热散热装置

在液压油箱有温度传感器、电加热器，可根据环境温度对液压油进行预热；另外在液压回路上安装有散热器总成。电控箱上安装有智能温度控制器及其控制开关，智能温度控制器根据预设的液压油温度调整点自动加热或散热。一般情况下，当温度低于0℃时自动进行预热，当温度上升到5℃时关闭预热；温度达到预设散热温度"45℃"以上自动打开散热装置，当温度下降到35℃时关闭散热装置。加热散热温度控制点可通过智能温度控制器面板进行调整，详见《智能温度控制器使用说明书》。

作业时，液压油温应为25~55℃之间，最高不得超过70℃。低温启动时应空负荷运转10min，待油温升高再正常作业。油温过高时应打开散热开关强制散热，或者作业时把智能温度控制器调节好，把加热散热开关设在自动状态即可。

6）压力表

压力表由负压表、补油压力表和系统压力表组成，其示意图如图2.124所示。

（1）负压表：显示油泵吸油的压力，作业时压力不得低于 -10psi，否则说明油路不畅或补油泵出现故障，应检查油路。

（2）补油压力表：显示补油泵的压力，作业时压力在（280~400psi）范围，压力越稳说明油泵性能越好，如压力跳动较大油泵可能出现故障。

（3）系统压力表：显示主系统的压力，作业时压力越大滚筒提升力越大；压力越小滚

 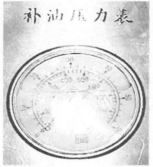 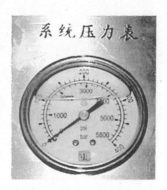

图 2.124 压力表

筒提升力越小。但不得大于 4000psi,否则可能引起系统故障。

5. 绞车装置

用于测井作业过程中提升或下放电缆,满足井下仪器的不同位置及运转的要求。绞车装置主要由滚筒、机架、带式刹车机构等构成。

1)滚筒

滚筒用来提升下放电缆,滚筒轴安装有集流环,集流环的一端与测井电缆连接,另一端通过信号线输入仪器,把井下探管采集的信号输入仪器进行解释处理,滚筒结构如图 2.125 所示。

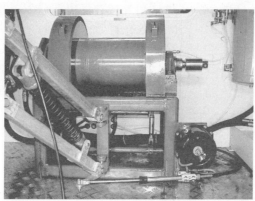

图 2.125 滚筒机构

2)带式刹车机构

刹带的死端通过平衡梁及平衡梁中心销轴与机架连接在一起,如图 2.126 所示。活端通过拉杆、连接叉、销轴与刹车轴转臂连接。操纵刹车气缸施力于转臂使刹车轴转动,从而拉紧刹带,进行刹车。

刹带与刹车鼓的间隙一般为 1～2mm,可通过刹带吊架弹簧调节;另外,还可通过刹带活端的拉杆进行调节,顺时针拉紧,逆时针松开,调好后拉杆上下两端的螺帽要锁紧。

刹带是易损件,当刹带的石棉带磨损到铆钉突出摩擦面应更换石棉带;刹带与刹车鼓摩擦面保持清洁,严防油水、泥污等进入影响刹车性能。

刹车装置中各部件均为受力部件,应经常检查,发现问题及时解决,确保刹车安全。

6. 电器系统

主要包括外接交流电源、发电机交流电源、车身交流用电器和交流电控系统、车厢内

(a)   (b)   (c)

图 2.126　刹车机构

(a) 刹车气缸；(b) 调整拉杆；(c) 调节弹簧。

交直流照明以及用电系统。

电器系统由交流电与直流电组成，交流电源有外接电源、发动机电源提供，主要用于仪器、空调、液压系统的加热散热、交流照明等。直流电源由车载直流电源提供，主要用于绞车系统的启动运行、直流照明等。

1）交流电系统

整车交流电源均为 220V/50Hz，可选用外接井场电源或发电机电源（请参阅发电机使用说明书），当井场有外接 220V/50Hz 交流电源时应优先选用外接电源。根据工作要求，首先设定电源的工作方式，由电控箱上的电源选择开关来完成。将电源选择开关选择到与电源形式对应的标志工作位置，选择正确后与标志对应的信号灯将有指示。总电源漏电断路器打开后，操作舱内的普通用电器插座、自带开关壁灯，以及电箱上断路器控制的各交流用电器即可使用。应先打开需要使用的大功率用电器（如空调），而且是逐个启动，留足够的启动时间间隔，当一个运行平稳后再启动下一个。

注意：

（1）系统运行时严禁打开电控箱！

（2）检修该系统时必须断开所有交流电源！

（3）更换元器件时采用相同型号高质量产品！

（4）检修时由专业人员进行，并穿戴电工劳保用品！

2）柴油发电机

柴油发电机安装在车厢左后尾部发电机舱内，如图 2.127 所示，其燃油与底盘油箱相

图 2.127　发电机

连,由安装在油箱旁边副车架上的输油泵(图 2.128)供油。发电机吸油、回油管线(图 2.129)直接与油箱连接。工作时抽出发电机底座的中间固定销,把发电机拿出一半即可;当作业完成后推入舱内,插好固定销。作业前将车体可靠接地,选择土壤潮湿致密的地方,将车上所带的接地棒打入地下,用粗导线将车体与接地棒相连,接地电阻小于30Ω,此时方可进行系统正常运行。

图 2.128 输油泵图

图 2.129 发电机吸油、回油管线

发电机输油泵受发电机"启动、熄火控制开关"控制。打开发电机"启动、熄火控制开关",行程开关闭合,接通输油泵电源,主车燃油箱上的输油泵将燃油箱里的柴油泵入发电机油箱。停止发电机后应使发电机"启动、熄火控制开关"关彻底,断开行程开关,油泵停止泵油,否则油泵一直给发电机供油。

3)直流电系统

由底盘电瓶提供,作业时把操作台上的发动机启动钥匙开关置于工作位置,打开直流电源开关,电源继电器闭合,与绞车运行有关的各直流用电器均可以正常工作。

绞车舱电喇叭:用于和井口联系,按下操作台上的喇叭按钮,喇叭连响,以提示井口人员,喇叭的正确操作为点响。

绞车喷油装置:按下操作台上的喷油按钮,喷油电磁阀控制储油压力罐向绞车喷油。

绞车照明灯:打开操作台上的绞车照明开关,点亮绞车照明灯。

暖风装置:打开暖风机开关,暖风机即可工作。

暖风机工作前打开发动机与暖风机间的两个循环水开关(图 2.130 为关闭)。不使

图 2.130 发动机与暖风机间的循环水开关

用时先关闭暖风机电源再关闭两球阀。打开操作台面板上的暖风机电源开关即可工作。

7. 气路系统

以汽车底盘储气筒为气源,通过开关阀控制,为电缆喷油装置、仪器压紧装置及绞车刹车装置等提供压缩空气。

测井机车上用气直接通过球阀(图2.131)从底盘气包取出,供取力装置、气囊压紧、滚筒刹车、喷油、发动机油门控制等使用。当作业时应打开该球阀,行车时要关闭此球阀,保证行车安全。

图2.131　气囊压紧减压阀和用气开关球阀

1)气囊压紧

为了保证仪器探管行车时不颠簸,采用气囊压紧装置压紧。气囊内部压缩空气来自底盘气包,经气囊减压阀降压后进入各个气囊,压紧仪器。压紧开关在仪器架上,每层设开关单独控制,用户可根据需要打开或关闭气路。

拉出气囊减压阀旋钮,顺时针旋转气压增大,逆时针旋转气压减小,调整后把旋钮推到原位即可(气压为0.1~0.2MPa之间)。气囊压紧开关共两个,上下层仪器架各一个,需压紧上层时滑动压紧开关(图2.132)向车头方向即可,滑动压紧开关向车尾为松开气囊。

压紧气压不可超过0.2MPa,仪器架内无探管时压紧开关要关闭,防止气囊被破坏。

图2.132　滑动压紧开关

2)滚筒刹车

滚筒刹车有一个行车制动阀(图2.133)、一个作业用刹车阀(图2.134),行车时行车制动阀按钮要按下,保证滚筒不旋转;作业时行车制动阀要拔出方可开动绞车滚筒。作业过程中使用作业刹车阀进行滚筒的刹车控制,向前推动刹车阀手柄,行程越大刹车力越大。

图2.133　作业刹车阀

图2.134　行车制动阀

3）喷油装置

喷油装置结构如图2.135所示,作业时打开喷油罐旁的球阀,压缩空气进入喷油罐。需给电缆喷油时按下操作台上的"按下喷油"按钮,喷油电磁阀打开,压力油输送到滚筒上的喷油杆即可给电缆喷油。

图2.135　喷油装置

1—喷油阀；2—球阀；3—放气阀；4—放油口；5—罐体。

喷油罐为压力容器,向喷油罐内加油时必须将球阀关闭,切断压缩空气,打开放气阀待罐内余气放尽后再打开加油盖,否则高压油气混合物将高速喷射而出。

喷油罐内油品为50%的煤油和50%的机油混合物,加油量为整罐容量的4/5。

4）发动机油门控制（图2.136）

油门由安装在操作台面板上的控制旋钮阀控制膜片气缸,通过拉线控制油门。

8. 控制系统

包括取力控制机构、油门控制、滚筒控制、刹车控制、排绳控制及喷油控制机构等。

9. 测量系统

测量头用于绞车电缆的起下速度、测井深度、电缆张力等参数的测量、报警和控制;仪器探管主要用于采集产水地层的自然电位、自然伽码、密度、三测向电阻率、井温、流体电阻率、井径和井斜等物理参数。

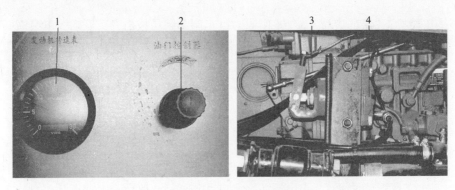

图 2.136　发动机油门控制

1—转速表；2—油门控制器；3—油门拉线；4—膜片气缸。

10. 辅助系统

包括双向冷暖车载顶式空调、暖风机、滑轮、灭火器、接地棒、线轮以及信号线接线板等。

2.4.3　CM－3A 测量系统

CM－3A 测量系统适应于油井、水井的测量、打捞等作业,测量下井电缆的深度、速度、张力,并显示、报警和控制相关参数。

1. 测量系统结构组成

测量系统主要由测量面板、测量头和深度机械计数器等三部分组成。

1）测量面板

如图 2.137 所示。

图 2.137　测量面板

2）测量头(含张力传感器、光电编码器)

如图 2.138 所示。

3）深度机械计数器(含软轴)

如图 2.139 所示。

2. CM－3A 测量系统的基本工作原理

CM－3A 测量系统工作原理如图 2.140 所示,绞车上提下放电缆带动测量头计量轮跟随转动,轴向传动给光电编码器,纵向向上施压张力传感器,编码器与张力计分别发出数字、模拟信号由测量面板采集,通过解码与计算显示输出深度、速度、张力、差分张力数值,并配有声光报警、去抖信号输出和同步校深功能。

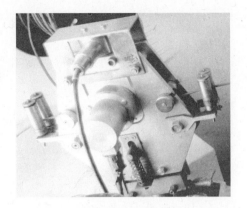

图 2.138　测量头

图 2.139　机械计数器

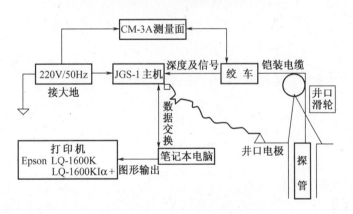

图 2.140　测量系统原理图

3. CM – 3A 测量系统的技术指标

1）深度显示

量程： – 99999.99 ~ 99999.99m。

分辨率：0.01m。

精度：同步自动校深误差小于 0.5‰。

系数设置：2.9999 ~ 9999.9999。

出井口报警：电缆出井距井口 100m 时开始连续报警,距井口 50m 时停止,距井口 20m 时开始间断报警,出井口时停止。

机械深度计数器：量程 0.0～9999.9m，复位深度可任意设置。

2）速度显示

量程：-99999～99999m/h（或 -9999.9～9999.9m/min，凡保留一位小数的速度显示均表示速度单位是 m/min）。

分辨率：1m/h（或 0.1m/min）。

精度：小于1‰。

超速设置：30～65535m/h（或 3.0～6553.5m/min）。

报警：速度超过设定值时声光报警。

3）张力

A/D 转换：$\Sigma - \Delta$ 型 13 位二进制（输入 0～5V）。

采样频率：16Hz（显示 2Hz）。

量程：（0～1000 * 系数）kg。

精度：小于5‰。

分辨率：1kg。

系数设置：0.10～32.760（即传感器输出 5V 满载时的吨量程，可直接设置，也可设夹角自动转换）。

超重设置：50～40000kg。

声光报警：测量张力大于设定值时。

4）差分张力

量程：-500～500kg/s。

摆动频率：16Hz。

分辨率：5kg/s。

声光报警：张力梯度大于400kg/s，或小于 -350kg/s。

5）电源

AC220V。

6）环境要求

工作温度：-20～60℃。

保存温度：-40～75℃。

湿度：≥80%。

2.4.4 JGS-1B 智能工程测井系统

JGS-1B 智能工程测井系统由重庆地质仪器厂生产，主要完成对探井设备运动速度、深度等状态参数的测量。

1. 测井主机

JGS-1B 智能工程测井系统主机结构如图 2.141 所示。

其内部由测量通道及主控板、电源和缆芯切换以及电阻率测量供电板、供电电流选择板、下井电源板组成，各电路板的功能如下。

1）测量通道及主控板

40106（U4）、4013（U3）、4081 组成深度测量通道，深度脉冲信号输入到单片机 8031

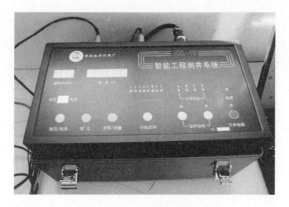

图 2.141　智能工程测井系统

的计数输入端,单片机计算出速度和深度后输出到数码窗口显示,并通过通信端口 233 输出到电脑。

LM311、40106(U15)、8251、8253 组成数字信号测量通道,数字信号均由该通道进入单片机 8031,经处理后再经 233 输出到电脑。

U28、U27(均为 3140)组成专用模拟信号测量通道。

U26、U29(均为 3140)组成自然电位测量通道。

U30、U31(均为 3140)组成梯度电阻率测量通道。

U21、U24(均为 3140)组成电位电阻率测量通道。

AD202 和 U32(3140)组成电流测量通道。

上述五个测量通道的信号接到选择器 4051(U20)的各个输入端,选通的信号经 U33、U34(均为 3140)放大后再到 AD574 进行模数转换,再经 8031 计算处理后通过 233 输出到电脑。

线路板右侧 8031、373、27512、138、62256、8279、8255、2003、74HC245 组成单片机数字电路及其扩展电路。

2)电源和缆芯切换以及电阻率测量供电板

该板左侧四个三端稳压器为 7812、7815、7912 和 7905,为测井主机提供工作电源,右侧 78H05 为主控板提供 +5V 电源。中间长方体继电器为各个测量通道与铠装电缆内四根导线的连接开关,继电器的开、关由单片机自动控制。右侧下半部分为电位电阻率和梯度电阻率测量时的供电电桥,供电节拍为正供—停供—负供—停供。

3)供电电流选择板

该板右下侧 7805 稳压器给左侧 4013、4017、2003 提供工作电源;7812 稳压器给左侧的继电器 JQC - 5F(JD1 - JD12)提供工作电源。

继电器 JD1 - JD8 分别连接 1~8 挡电流输出端,继电器控制信号由译码计数器 4017 提供,2003 是驱动器。

4)下井电源板

该板有两组下井电源,左侧一组 120V(R43 左端为 120V +,R42 右端为 120V -)作为电阻率测量时的供电电源;右侧一组 70~85V(R17 右端为 +,R18 左端为 -)作为除电极系外其他探管的工作电源,绞车电缆越长需要提供的电压越高,调节金黄色电位器 W2

和 W1 可对该组电源进行调节。线路板左侧的四排电阻是电阻率测量时 1~8 挡供电电流的限流电阻。测量时需要使用哪组电源由仪器自动控制,不需人为干预。

2. 井下仪器(探管)

目前有关单位配备的有电极系探管、测斜探管、井温流体电阻率探管和贴壁组合探管,对水文测井来说已能满足工作需要。

1)电极系探管

实芯聚胺脂棒,上面装有三个电极,内部没有线路,如图 2.142 所示。最上面一个电极与探管马龙头 1 脚相连,中间电极与 3 脚相连,最下面一个电极与 4、5 脚相连。

图 2.142　电极系探管

可测自然电位、电位电阻率、梯度电阻率。

这是最简单的探管,但要获得较好的电阻率测量效果却并不简单,电阻率是水文测井中最重要的参数之一,将在后面的章节中重点介绍。

2)测斜探管

外管为铜材,其上镀有锌,传感器在探管下部。探管内有一长条形线路板,使用 12V 工作电源,如图 2.143 所示。可测倾角、方位角、磁场三个分量(X、Y、Z),由于磁分量的精度不够高,所以不能用于磁测井,方位角的测量还受磁场影响,在有磁性影响的情况下需用陀螺测斜。该探管测出的数据是真实值,无需刻度计算,可直接使用。

图 2.143　测斜探管

3)井温流体电阻率探管

探管下部有一段空心外管,其上部开有窗口,以便井液流动及感知温度,温度传感器为圆柱形的铂电阻(其阻值随温度升高而增大),安装在探管中下部的金属网内,探管最下部的外管内装有四个微电极(用于测量井液电阻率,相当于地面电法的对称四极装置)。上部外管内有一长条形线路板,使用 12V 工作电源,如图 2.144 所示。

图 2.144　井温流体电阻率探管

可测量井内温度和井液(泥浆、水)电阻率。该探管测出的数据经刻度系数数值计算后才是真实值。刻度系数最初由厂家提供,之后可自行刻度。

4)贴壁组合探管

探管分上下两部分,上部为自然伽玛和三测向部分,下部为井径和长、短源距部分,探管总长度约 2.8m,如图 2.145 所示。

探管上部外管内有三块线路板,其中一块为电源及自然伽玛测量通道板,一块为三侧向测量及主控板,另一块为高压板。下部探管上端为井径电机及测量线路(上端有一块

图 2.145　贴壁组合探管

小线路板)部分,下端为密度探头(晶体、倍增管)及测量线路(内有一块小线路板)部分。

四个白色绝缘环之间有三个电极,中间 2cm 长的一个为三侧向主电极,另外两个为屏蔽电极。探管使用 12V 工作电源。可测量自然电位、自然伽玛、短源距和长源距人工密度(需装放射源)、三侧向电阻率、井径。

3. 测井工作软件

目前广泛使用的为 JGS 3.0 版软件,该软件为中文操作系统,运行环境为 Windows XP 系统,安装完毕后,自动在桌面上生成快捷图标。

每一探管或参数测量完毕会产生两个文件,其中 *.fld 为原始数据文件, *os.fld 为备份文件,两个文件的数据完全一样,在 *.fld 文件未能保存或不可用的情况下可用 *os.fld 为文件。

在对软件操作不是特别熟悉的情况下,最好将原始数据文件备份以后再来进行其他操作,以防产生意想不到的后果。

软件每进行一步处理便会自动生成一个文件名,多步处理后生成的文件名很长,在打印之前需修改文件名,长度不超过 10 个字母或 5 个中文字,否则打印时曲线的宽度会变窄。

有的菜单在测量过程中是不可用的(变为灰色),有的菜单需在打开测井曲线后才可用,还有的菜单需将鼠标移到曲线上双击鼠标使曲线变粗以后才可用。

第3章　给水装备操作使用

第2章详细介绍了典型给水装备的结构与工作原理,本章在此基础上对典型给水装备的操作使用进行分析,可为给水装备使用分队和修理分队提供参考教材,提高装备的作业性能和经济性。

3.1　给水装备操作使用概述

要做到正确使用给水装备,用好给水装备,首先必须从管理入手。没有一套良好的、切实可行的管理方法和规章制度,就不可能真正管好、用好给水装备。

1. 合理使用给水装备

给水装备只有在使用中才能发挥其作为生产力要素的作用,给水装备的使用合理与否直接影响给水装备的使用寿命、精度和性能,从而影响其生产的产品数量、质量和企业的经济效益。因此,对给水装备合理的使用,就成了实现给水装备综合管理极其重要的一个方面。

合理使用给水装备包含两方面内容:一是指按照给水装备规定的性能指标使用给水装备;二是指在有备用给水装备的情况下,应合理均衡安排给水装备的运行时间,不能长期连续运行某一台装备,应给给水装备留出足够的保养时间。

合理使用给水装备,应该做好以下几方面工作:

(1) 充分发挥操作工人的积极性。给水装备是由工人操作和使用的,充分发挥他们的积极性是用好、管好给水装备的根本保证。因此,企业应经常对职工进行爱护给水装备的宣传教育,积极吸收群众参与给水装备管理,不断提高职工爱护给水装备的自觉性和责任心。

(2) 合理配置给水装备。企业应根据自己的生产工艺特点和要求,合理地配备各种类型的给水装备,使它们都能充分发挥效能。为了适应产品品种、结构和数量的不断变化,还要及时进行调整,使给水装备能力适应生产发展的要求。

(3) 配备合格的操作者。企业应根据给水装备的技术要求和复杂程度,配备相应的工种和胜任的操作者,并根据给水装备性能、精度、使用范围和工作条件安排相应的加工任务和工作负荷,确保生产的正常进行和操作人员的安全。

机器装备是科学技术的物化,随着给水装备日益现代化,其结构和原理也日益复杂,要求具有一定文化技术水平和熟悉给水装备结构的工人来掌握使用。因此,必须根据给水装备的技术要求,采取多种形式,对职工进行文化专业理论教育,帮助他们熟悉给水装备的构造和性能。

(4) 为给水装备提供良好的工作环境。工作环境不但与给水装备正常运转、延长使用期限有关,而且对操作者的情绪也有重大影响。为此,应安装必要的防腐蚀、防潮、防尘、防振装置,配备必要的测量、保险用仪器装置,还应有良好的照明和通风等设施。

2. 编制和贯彻操作规程

操作规程就是给水装备的操作方式和操作顺序,是保证给水装备正常启动、运行的规定。严格按照操作规程操作是正确使用给水装备、减少给水装备损坏、延长给水装备寿命、防止给水装备发生事故的根本保证。在给水装备施工中发生事故,往往就是因为没有严格执行操作规程而造成的。

1）操作规程的编制

操作规程是培训操作人员和操作人员规范操作给水装备,保证给水装备正常运行的文件,如果操作规程不正确,操作人员按照错误的操作规程操作,就会发生给水装备事故或缩短给水装备的使用寿命。因此,技术人员在编制操作规程时,必须充分了解给水装备的性能,掌握给水装备正确的操作方法,再根据现场的实际情况,制定必要的措施,才能编制出完善、合理的操作规程。

操作规程的编制,要根据具体的给水装备来制定,一般包括:操作给水装备前对现场清理和给水装备状态检查的内容和要求;操作给水装备必须使用的工作器具;给水装备运行的主要工艺参数;常见故障的原因及排除方法;开车的操作程序和注意事项;润滑的方式和要求;点检、维护的具体要求;停车的程序和注意事项;安全防护装置的使用和调整要求;交、接班的具体工作和记录内容。

操作规程应简单明确、浅显易懂,操作过程的叙述应准确明白,不能含糊不清。

2）操作规程的贯彻

操作规程编制好后,作为技术人员的一项重要工作仅完成了其中的 1/3,要让规程得到正确执行,还需要进行认真贯彻和严格检查。规程的贯彻就是对规程的学习,也就是组织给水装备的操作人员和相关的管理人员将规程中的各项规定、各个操作步骤进行针对性的详细讲解,特别是要让操作人员弄清楚严格执行操作规程的必要性和不按操作规程操作可能产生的严重后果。操作规程的学习可以采用理论教学和现场教学相结合的方式。

3）操作规程的检查

在生产过程中,并不是每一个操作人员都能严格执行操作规程,也不是每一个操作规程都完美无缺,生产条件和环境的变化,都有可能导致原来的规程不再适用。因此,管理人员必须经常到现场检查情况,发现违章操作现象时要立即制止,在检查的同时,也可以发现操作规程存在的问题,以便及时修改和完善。

4）操作人员的基本要求

我国大多数企业管理的特点之一,就是采用"专群结合"的装备使用维护管理制度。采用这项制度,首先是要抓好给水装备操作基本功培训,基本功培训的重要内容之一就是培养操作人员具有"三好""四会"和遵守"五项纪律"的基本素质。

"三好"要求是指:① 管好给水装备。操作人员应负责管理好自己使用的给水装备,未经领导同意,不允许其他人员随意操作给水装备。② 用好给水装备。严格执行操作规程和维护规定,严禁超负荷使用给水装备,杜绝野蛮操作。③ 修好给水装备。

操作人员要配合维修人员修理给水装备,及时排除给水装备故障,及时阻止给水装备"带病"运行。

"四会"要求是指:① 会使用。操作人员首先应学习给水装备的操作维护规程,熟悉给水装备性能、结构、工作原理,正确使用给水装备。② 会维护。学习和执行给水装备维护、润滑规定,上班加油,下班清扫,保持给水装备的内外清洁和完好。③ 会检查。了解自己所用给水装备的结构、性能及易损零件的部位,熟悉日常检查,掌握检查项目、标准和方法,并能按规定要求进行日常检查。④ 会排除故障。熟悉所用给水装备的特点,懂得拆装注意事项及鉴别给水装备正常与异常现象,会作一般的调整和简单故障的排除,能够准确描述故障现象和操作过程中发现的异常现象。自己不能解决的问题要及时汇报,并协助维修人员尽快排除故障。

"五项纪律"要求是指:① 实行定人定机、凭证操作和使用给水装备,遵守操作规程;② 保持给水装备整洁,按规定加油,保证合理润滑;③ 遵守交接班制度,每班使用装备的情况应真实、准确记录在相应的记录表中,对重要情况应当面向接班人交代;④ 发现异常情况立即停车检查,自己不能处理的问题,应及时通知有关人员到场检查处理;⑤ 清点好工具、附件,不得遗失。

3. 给水装备的安全经济运转考核指标

给水装备的正常运转包括两个方面:一是安全运转;二是经济运转。

1) 给水装备的安全运转考核指标

给水装备的安全运转,就是从使用、维护及检测方面尽可能提高给水装备的可靠性,把给水装备的故障降到最低限度。给水装备运转的考核指标一般用事故率表示,通过这个指标可以考核装备事故影响生产的程度,看出降低装备事故率的重要性。为了更全面、更科学地反映给水装备的管理水平,还可采用以下 3 种考核指标:给水装备故障频率、给水装备停机率和故障强度率。故障频率等于总故障次数与总运转时间的比值;停机率等于故障停机时间占生产运转时间的百分比;故障强度率等于故障修复时间占生产运转时间的百分比。

2) 给水装备的经济运转考核指标

给水装备的经济运转要考虑给水装备的负荷问题、效率问题和多环节的协调问题。

给水装备的负荷应在其规定的额定值下,长期超载运转不仅会降低给水装备寿命,而且容易引发突发事故;而长期欠载则不能发挥给水装备应有的能力,无功损耗相对增加,经济性差。对于大型给水装备应尽可能使它们的工况点在高效区运行,有的给水装备不仅要考虑给水装备本身效率,还应考虑系统效率。效率越高,系统运行越经济。

给水装备的经济运转,就是耗费最少的费用取得最佳的运转效果。具体来讲,就是通过对给水装备的合理使用、精心维护和科学检测,使给水装备效率达到应有的水平,在确保施工任务完成的基础上,有较长的服务寿命,而所花费的运转费用(包括劳动工资、材料、备件等费用)相对来讲是最低的。

使用与维护这个环节占用劳动力最多,消耗时间和润滑油最多,对装备经济效益影响大。因此如何做到经济运转,以降低运转费用非常重要。经济考核一般采用费用指标和效率指标进行考核。

3.2　水源普查车操作使用

水源普查车主要完成对江河、湖泊、池塘水的位置、水量、水质等信息普查的装备,主要性能指标包括:

(1)能进行包括水陆边界的确定、水域面积估算、储水量估算、水温及水质监测以及其他给水信息的获取;

(2)能对地表水源及构筑给水站的位置、与参照点的距离以及所在的地理环境进行实地勘测,快速形成大比例尺数字地图,为给水工程构工作业提供依据;

(3)可检测国军标 GJB 651—89 规定的战时 7 天和 90 天饮用水相关指标;

(4)可对获取的水源普查信息进行处理,得出满足需求的给水条件图;

(5)可实现车辆与外界之间、车辆与作业人员之间、作业人员之间的通信;

(6)可为作业系统提供电源和充电;

(7)车辆作业环境条件 −41～46℃,普查仪器、设备作业条件见各分系统使用部分;

(8)可为作业人员提供野外作业和夜间作业的工作保障;

(9)作业人员 4 名(含司机),随车机动。

3.2.1　水源普查车工作流程

操作水源普查车实施地表水源普查时,应根据水源普查车的特点按照给定的工作流程进行作业,以保证水源普查车能够正常作业。

1. 水源普查车操作步骤

水源普查车的正确使用步骤为:

(1)车辆在离开驻地开往作业地点前,按照注意事项对整车进行检查,须满足要求。

(2)根据作业预案,由底盘分系统承载普查仪器设备到达作业地点。

(3)到达作业地点后,根据任务内容取下地表水源勘察分系统、水质检验分系统一种或几种普查仪器设备展开作业。

(4)电源分系统可为车上设备提供电源。

(5)利用数据处理分系统对得到的数据进行处理,获得水源普查信息。

(6)可利用通信指挥分系统与团指或作业人员之间进行通信。

(7)根据作业需要可使用附属器材工具辅助作业。

(8)在完成作业任务后,使用过的设备需按清单检查齐套性,按照铭牌指示放回车内相应位置,并进行可靠固定。

(9)检查无误后人员就位,由底盘分系统承载设备开往下一作业地点或驻地。

水源普查车工作流程如图 3.1 所示。

2. 注意事项

(1)操作人员必须经过上岗培训并取得合格资格。

(2)车辆开赴作业地点前,必须确认以下要求是否完成: ① 检查设备齐套性;② 开启综合电源,确认综合电源后备电池电量;③ 显控台上各插箱、抽屉及内部设备已固定可靠;④ 储运架上各设备、附件按区位已放置齐备并可靠固定;⑤ 车辆顶部天线箱、天调箱

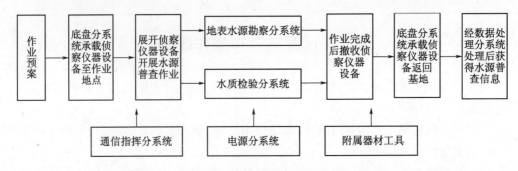

图 3.1　水源普查车工作流程

及其内部设备附件已固定可靠;⑥ 车厢外各附件箱、工具箱、壁门已锁闭;⑦ 油箱、水箱已按要求加注到位;⑧ 确认车厢门已关闭。

（3）车厢内乘员就位后报告司机准备完毕。

（4）行进中,乘员必须系好安全带。

（5）必要时严格按自救绞盘使用说明书(见《NJ2046 系列越野汽车使用说明书》)操作使用绞盘,放置固定时尽可能使钢缆排绕整齐复位。

（6）行驶中和驻车工作时,请注意各处操作警示及内部空间障碍警示。

（7）重量较重的箱子应由两人配合取放,防止磕碰。

（8）车辆在驻车工作时,须保证车辆良好接地。

（9）定期查看车辆各处的连接螺栓是否紧固到位。定期查看外挂油箱等附件的固定情况。

（10）车辆驻留时,必须确认车辆电源开关已关闭;长期驻留,应注意每隔 20 天为车辆电瓶和综合电源后备电池充电一次。

（11）长期库存不使用时,为了消除整车重量对车桥和车轮的静压,或满足工作状态需要调平车身的要求,及在使用中遇有问题时(如车轮陷入坑沟、车轮漏气需更换时),在该车的四角各设置一个螺旋千斤顶,应用顶车千斤顶将车辆顶起。

（12）如果整车储存环境不能满足车上设备的储存环境要求,则需将设备从车辆移至具备条件的储存地点。

（13）车辆上设备在使用综合电源备用电池供电时,当电池电量不足告警时,须停止使用,并为电池充电。

（14）注意对车厢门、窗等处密封橡胶条的爱护,切忌将各种油污、酸碱腐蚀剂涂抹在胶条上,以防老化龟裂和失效,影响车厢密封;保养时擦去胶条上灰尘或脏物后涂上滑石粉,胶条使用时间过久老化失效必须更换,以确保密封性。

（15）定期检查调整各类铰链、锁止机构,适量注入润滑脂,保持铰链转动灵活,弹簧插销无卡滞现象。

3.2.2　底盘车使用

本节对水源普查车底盘系统上的车厢、显控台、储物架等主要部件的操作使用进行分析。

1. 车厢

根据水源普查车车厢的构造,主要对底盘车后门、后踏板、后登车梯和车顶平台的使用进行分析。

1）车辆后门

车辆后门由左、右两扇门组成,如图3.2所示。关闭时应首先关闭右门,将右门左下角的定位固定螺栓顺时针旋转可靠固定右门后再关闭左门。后门打开时必须将钥匙插入到位后将锁旋开,同时按压住门锁将左门打开,逆时针旋开右门左下角的定位固定螺栓即可打开右门。禁止右门未固定就锁闭后门。

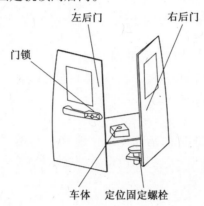

图 3.2　后门关闭示意图

2）后踏板

水源普查车后门下部安装了后踏板,供人员登车使用,在正常使用时,后踏板上可同时站立两人（每人按75kg考虑）。

后踏板固定在弹簧夹内。使用时,双手握住后踏板框架用力下压,使后踏板从后踏板固定弹簧夹内脱出,放置于水平位置,可靠定位后,松开双手,后踏板即可正常使用。

车辆行驶时,后踏板应收起。后踏板收起时,双手握住后踏板框架用力上掀,使后踏板固定在弹簧夹内,可靠定位后,松开双手,车辆即可正常使用。

图3.3为后踏板放下（收起）状态示意图,图3.4为后踏板使用状态。

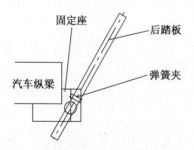

图 3.3　后踏板放下（收起）状态示意图

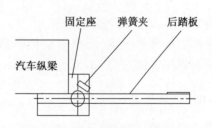

图 3.4　后踏板使用状态示意图

3）后登车梯和车顶平台

车辆左后门上安装了登车梯,车顶安装了操作平台,方便人员操作车顶设备。

操作人员使用后登车梯前,必须首先关闭后门。应按使用要求固定牢固双后门后使用,严禁双后门在自由状态时使用。

操作人员登上车辆车顶平台后,应踩踏花纹铝板行走,严禁踩踏其他工具箱及空调罩表面。严禁两人以上同时使用。

2. 显控台

显控台主要由显控台附件抽屉和电源输出插座组成,其各自的使用如下。

1)显控台附件抽屉

各附件抽屉均有三节滑动导轨与显控台相连接,抽屉打开时按下抽屉面板锁中间的开启滑柱,开启滑柱弹出,手拉滑柱将抽屉拉开;抽屉关上时与打开相反的顺序进行。行车状态下应保证各抽屉面板可靠锁定。

2)电源输出插座

显控台台面电源输出插座有两组,分别为直接220V交流输出、逆变220V交流输出,使用时将插座下部的弹起按钮轻轻按下,插座盖板会自动弹起,插座处于可使用状态,使用完毕将插座盖板轻轻合拢即可。

3. 储运架

前储运架存放01~15号设备;后储运架存放16~23号设备。按照车辆侧门及后门上安装的设备单元布局标牌所示位置取放设备,取放时请检查设备上的标识及序号是否与设备单元标牌一致。

1)前储运架门板

门板打开时,按压门板上的黑色门锁,锁中间锁柱弹出,将锁柱旋转约30°,拉动锁柱即可开启门板;门板锁闭时,将门板翻转推到位后,按下门板上锁中间的锁柱即可。

2)前储运架抽屉

按压抽屉上的黑色门锁,锁中间锁柱弹出,将锁柱旋转(左、右均可)约30°,拉动锁柱当听到"咯哒"声响时,导轨已充分拉开,此时导轨左右两侧簧片已锁定设备当前状态,抽屉处于完全开启状态;锁紧抽屉时,按压住与插箱相连接的一节滑轨上的簧片即可将插箱滑轨逐节推入,推到位后按下锁中间的锁柱即可。

3)储运架设备的取放

储运架设备固定方式有粘接带、压紧器、拉紧器三种固定方式:

抽屉内设备镶嵌在橡胶泡沫内,上面用粘接带压紧固定;

压紧器固定取样桶箱、强光灯箱、常用地质调查器材箱采用压紧器压紧的方式,使用时将箱体推入,后部与限位件接触,逆时针旋转前端上部的压紧器手柄,压紧器旋转手柄逆时针旋转至右侧压紧状态(图3.5)。取出时将压紧器手柄顺时针旋转至左侧松开状态,拉出箱体即可。

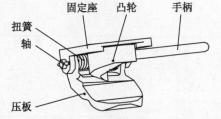

图3.5 压紧器结构示意图

拉紧器固定设备时,拉紧带横跨设备并穿过拉紧器穿带槽,摆动拉紧器,抽拉拉紧带,然后扶正拉紧器底座,并使启闭旋把绕棘轮转轴重复地旋开—合拢直到设备压紧牢靠为止。

取出设备时,用食指和中指同时按压旋把的限位件(限位弹簧压缩),使旋把限位件完全脱离棘轮,同时旋开启闭旋把大约与拉紧器底座成平直状,此时拉紧带处于松弛状态,摆动拉紧器使拉紧带松开,取出设备。此时应将拉紧器放置于储运架内侧,必要时拉紧带和拉紧器拉紧。当受空间限制时,同时按压旋把限位件和底座限位件使其同时脱离棘轮,此时不用使拉紧器成平直状态,拉紧带即处于松弛状态,摆动拉紧器使拉紧带松开,取出设备,如图3.6所示。

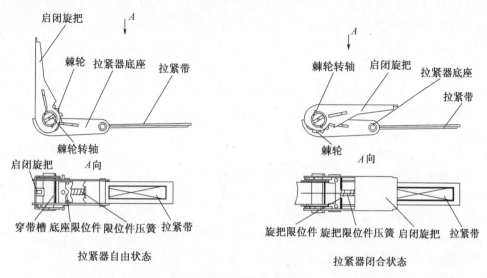

图3.6　拉紧器结构示意图

4. 附属装置

水源普查车的附属装置主要由车内照明灯、车下工具箱、车顶天线包装箱、天调、顶车千斤顶和双模单向一体机等组成,各部分的使用如下。

1）车内照明灯

车内照明分操作区照明和后储物区照明两种,操作区照明灯(显控台上部灯)由车内右侧中部立柱上的开关控制,后储物区照明灯由后门左侧立柱上开关控制。

照明灯具的供电来自备用电池。开启综合电源"电池"开关,开关上方供电指示灯亮,此时开启照明灯开关,相应照明灯亮。

2）车下工具箱

车下工具箱内放置的设备有：随车工具、油机附件包1、油机附件包2、车用线缆包、泛光灯呆扳、油机工具盒。工具箱打开时需用专用钥匙打开,工具箱内设备均有拉紧器拉紧固定。关闭的同时必须用钥匙将工具箱门板锁闭。注意,行车时工具箱必须可靠锁闭。

3）车顶天线包装箱、天调

车顶天线包装箱内放置有鞭天线、短波宽带基地天线支撑杆包及其附件包。天线包装箱内设备均由拉紧器拉紧固定,使用时,用钥匙将天线包装箱侧面两端的锁打开,翻开上盖即可取放箱内设备。天调箱顶面上有鞭天线座,供驻车时天线安装使用。注意,行车时天线包装箱及天调箱必须处于锁闭状态,天调箱顶面鞭天线座上的连接杆的可折叠部分处于折叠状态,以降低车辆顶部高度。

4）顶车千斤顶

水源普查车配备了四角千斤顶,在长期库存时及在使用中遇有问题时(如车轮陷入坑沟、车轮漏气需更换时)使用。受整车通过性的限制,后面的两个千斤顶行车时吊挂在车架大梁上,前端的两个千斤顶用时安装、不用时取下放置固定于车辆左侧底盘下部。顶

111

车千斤顶如图 3.7 所示。

　　使用时,旋转手柄使丝杠从丝母中伸出,顶车千斤顶脱出固定挂钩,将顶车千斤顶从固定位置处旋转取下并竖直放置,使顶车千斤顶位于汽车纵梁底部,继续旋转手柄,使丝杠伸出丝母,即可顶起汽车;前顶车千斤顶使用时,拆下固定于车辆左侧油箱后部的顶车千斤顶的开口销,拔出销轴,取下顶车千斤顶,安装于汽车前端纵梁下千斤顶安装座内,即可使用(前顶车千斤顶使用同后顶车千斤顶)。

　　顶车千斤顶撤收时,后顶车千斤顶反向旋转手柄,使丝杠旋入丝母,汽车下降,继续旋转顶车千斤顶,当顶车千斤顶离开地面后收起,将顶车千斤顶悬挂在挂钩内。调整旋转千斤顶的长度到合适位置,使顶车千斤顶能可靠固定。

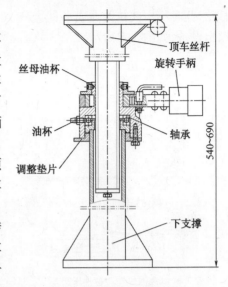

图 3.7　顶车千斤顶示意图

　　前顶车千斤顶的撤收与后顶车千斤顶相同,撤收后,取出顶车千斤顶,重新安装放置固定于左侧底盘中间下部位置。安装过程同拆卸过程相反,开口销必须可靠安装,防止车辆使用过程中前顶车千斤顶脱落。

　　5) 双模单向一体机

　　TNS‒6919 双模单向一体机设备内置了北斗模块和 GPS 模块,充分利用了北斗和 GPS 的导航定位资源,把两种卫星资源有机结合起来,互为补充,能同时接收北斗一号卫星和 GPS 卫星信号,进行定位和授时。具有精确定位、不受制于人、系统成熟、体积小、功耗低的特点,能广泛应用于陆地及海上定位导航、搜救、系统监控、野外作业等领域。

　　TNS‒6919 双模单向一体机主机安装在车厢顶部,通过专用线缆连接到操作区的笔记本电脑上。用户可运行计算机上的"定位信息终端",实时查看车辆所在位置的相关信息。

3.2.3　电源分系统使用

　　水源普查车的供电方式有市电供电、发电机供电和备用电池供电等,根据每种供电方式的特点分别分析其操作使用。

　　1. 市电供电

　　水源普查车采用市电供电的使用步骤如下:

　　(1) 确认电源壁盒、综合电源和车内各用电设备的开关均处于"关断"位置;

　　(2) 将两根车辆接地钉相隔 5m 以上距离敲入地面,将电源"测量地"和"车皮地"接线柱通过接地线缆良好接地;

　　(3) 将市电通过"30m 市电到车线缆"接入电源壁盒"输入"端口,严格按棕色线缆接火线、绿色线缆接零线的方式连接市电;

　　(4) 市电接入后,如果电源壁盒上的电源指示灯亮,故障指示灯不亮,可以确认上电正常,开启电源壁盒上的"总电源"开关;

　　(5) 根据对车内供电和车外供电的需要开启"车内"或"车外"开关;

（6）确认车内温度在 −25 ~ 55℃ 温度范围内,开启综合电源上的"电源开关";

（7）确认电源壁盒和综合电源上无报警指示后,可按工作需要开启各种供电电源在综合电源上的供电开关。

2. 发电机供电

水源普查车采用发电机供电的使用步骤如下:

（1）确认电源壁盒、综合电源和车内各用电设备的开关均处于"关断"位置;

（2）将两根车辆接地钉相隔 5m 以上距离敲入地面,将电源"测量地"和"车皮地"接线柱通过接地线缆良好接地;

（3）将柴油发电机通过"10m 柴油发电机到车线缆"接入电源壁盒"输入"端口;

（4）柴油发电机供电后,如果电源壁盒上的电源指示灯亮,故障指示灯不亮,可以确认上电正常,开启电源壁盒上的"总电源"开关;

（5）根据对车内供电和车外供电的需要开启"车内"或"车外"开关;

（6）确认车内温度在 −25 ~ 55℃ 温度范围内,开启综合电源上的"电源开关";

（7）确认电源壁盒和综合电源上无报警指示后,可按工作需要开启各种供电电源在综合电源上的供电开关。

3. 备用电池供电

水源普查车采用备用电池供电的使用步骤如下:

（1）确认电源壁盒上的"车皮地"接线柱良好接地;后备电瓶与综合电源良好连接。

（2）确认车内在 −25 ~ 55℃ 温度范围内,开启综合电源上的"电源开关"。

（3）确认综合电源上"电池正常"指示灯亮,可按工作需要开启各种供电电源在综合电源上的供电开关。

4. 注意事项

在行车状态时,只有外接备用电池作为供电电源,除使用照明灯具和显控台逆变插座提供的 400W 交流供电外,不可使用其他用电设备。

车辆开赴作业地点前,在不接外接交流情况下,打开综合电源,检查电池状态。如果电池正常指示灯亮,电池充满指示灯灭,在车辆启动后,应打开综合电源"硅发"开关为电池充电。如果电池故障灯亮,表示电池处于欠电状态,应关闭综合电源,同时在车辆启动后只打开"硅发"开关,为备用电池充电。

如果备用电池出现故障,在应急状态下,将电池拆下,车辆通过外接交流供电,此时,交流供电回路（包括直接交流和逆变交流）可正常工作;直流供电回路中只能保证 TCR −154 短波电台单独工作或短波电台不工作,其他直流用电设备工作。

3.2.4　通信分系统使用

由前面的分析知水源普查车通信分系统主要由短波数字化电台、车载电台和对讲机组成,各组成单元的使用如下。

1. 短波数字化电台使用

水源普查车短波数字化电台的使用步骤如下:

（1）鞭天线架设与撤收。安装鞭天线时,车辆须处于驻车状态,操作人员须按照注意事项从后登车体上车顶进行安装操作,操作中需注意安全。

驻车时鞭天线的安装:将鞭天线从天线附件箱内取出(5根),先将鞭天线对接成5m天线,再安装在天调箱的鞭天线座上,拆除过程与安装相反的顺序进行。使用完毕后将鞭天线放回天线箱内并用拉紧器固定,将天线箱的上盖盖好。

(2)基地天线架设步骤:

① 打开包装袋拿出其中物件有序摆开;

② 在地上将匹配器夹在天线杆顶端后一次将天线杆逐节装配;

③ 将射频电缆旋紧在匹配器接口上;

④ 两对振子挂接后,将挂钩挂在支撑杆顶端的位置拉盘上;

⑤ 将天线振子与匹配器挂接,另一端旋卡在地钉上;

⑥ 将拉绳挂在天线上并连接好角桩;

⑦ 将天线竖起。

天线连接示意图如图3.8所示,架设完成示意图如图3.9所示。

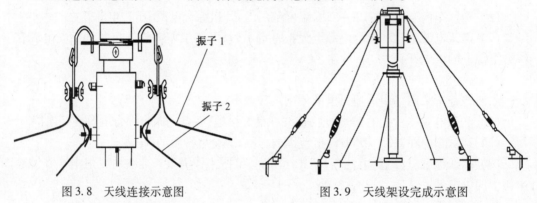

图3.8　天线连接示意图　　　　　图3.9　天线架设完成示意图

(3)基地天线撤收步骤:

① 松开天线振子与地钉的连接;

② 松开挂绳与三角桩的连接;

③ 将天线缓慢放倒;

④ 拆除振子与匹配器的连接;

⑤ 从天线上拆下匹配器;

⑥ 将地钉、三角桩、拉绳等设备按基地短波天线组成表收齐并装入基地短波天线附件包中,将附件包装入放回天线箱内,将天线箱的上盖盖好。

(4)电台操作。收发信机控制面板示意图如图3.10所示。电台操作步骤如下:

① 在电台使用时必须保证车辆良好接地,检查电台右后端接地线确定其可靠连接;天线调谐器接地线也需要确定其可靠连接。开启综合电源上的"直流"开关给电台供电。

② 顺时针旋转收发信机面板上的音量控制旋钮接通收发信机及天线调谐器电源,将音量旋钮旋至中间位置。

③ 开机后,收发信机的显示屏应显示"WAIT…",然后将自动显示上次关机前的显示内容:若上次关机前,电台处于人工状态或跳频状态,显示屏应显示频率,扬声器应发出"沙沙"的噪声,电台进入人工状态;若上次关机前电台处于自适应状态,则显示"组号信道号(变化)",电台进入自适应状态。频率稳定度要求高时,待频率稳定后方可投入

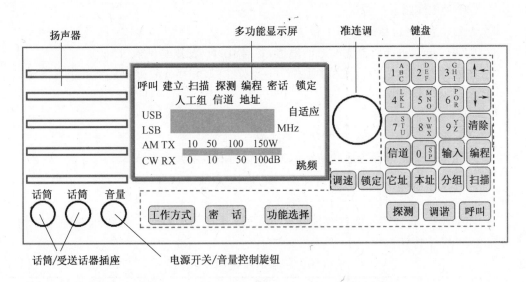

图 3.10　125W 短波电台收发信机控制面板示意图

使用。

2. 车载电台的使用

水源普查车车载电台的使用步骤如下：

（1）车台天线架设和撤收。安装车台天线时，车辆须处于驻车状态，操作人员须按照注意事项从后登车体上车顶进行安装操作，操作中需注意安全。

驻车时天线的安装：将天线从显控台右边抽屉取出（2 根），先将两根天线对接，再安装在车顶右前角的车台天线底座上，拆除过程与安装相反的顺序进行。使用完毕后将天线放回原处。

（2）车台操作。车载电台操作面板如图 3.11 所示。

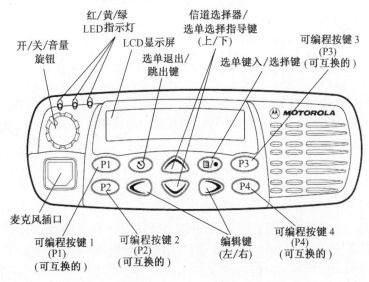

图 3.11　车载电台操作面板示意图

发出呼叫步骤如下：

① 开启电台,将音量选择一个合适的区域;

② 旋转信道旋钮选择合适的通话信道,各信道的收发频率见表3.1;

③ 按通话键(PTT),手持麦克风距嘴1~2英寸(2.5~5mm)处以清晰的声音讲话;

④ 释放PTT键接听。

接听呼叫步骤如下：

① 开启电台,将音量选择一个合适的区域;

② 旋转信道旋钮选择合适的通话信道,各信道的收发频率见表3.1;

③ 回应呼叫时,按PTT键,手持麦克风距嘴1~2英寸(2.5~5mm)处以清晰的声音讲话。

④ 详细操作、注意事项等内容请参见《GM338用户手册》中的"对讲机概述""开始""对讲机呼叫"等章节。

表3.1　各信道收发频率表

信道号	频率点/MHz	信道号	频率点/MHz
信道1	440.300000	信道9	454.925000
信道2	440.650000	信道10	455.950000
信道3	440.900000	信道11	460.925000
信道4	452.675000	信道12	462.300000
信道5	452.700000	信道13	465.475000
信道6	452.725000	信道14	466.625000
信道7	452.750000	信道15	467.150000
信道8	454.875000	信道16	468.175000

（3）注意事项：

不要用尖锐物体划擦电台表面,尤其是液晶屏幕,以免在使用时看不清屏幕。

使用本电台之前首先检查一下各部分连接是否正确,没连天线时一定不要呼叫通话,否则将损坏电台。

一般情况下不要随意更换频道,除非当地噪声干扰十分严重,不能正常通话。不进行通话时对讲话筒要放置在指定位置,不可随便乱放。不使用时应关闭电台电源开关,长期不用时请断开供电电源。

3. 对讲机操作方法

水源普查车对讲机各种操作的使用步骤如下：

（1）发出呼叫步骤：

① 旋转开/关/音量旋钮开启对讲机,并调节音量大小于一个合适的位置上;

② 旋转信道旋钮选择合适的通话信道,各信道的收发频率见表3.1;

③ 将对讲机切换到不同的信道;

④ 按通话键(PTT),对着"麦克风"清楚讲话。

（2）接听呼叫步骤：

① 旋转开/关/音量旋钮开启对讲机,并调节音量大小于一个合适的位置上;

② 旋转信道旋钮选择合适的通话信道,各信道的收发频率见表3.1;

③ 回应呼叫时,按 PTT 键,对着麦克风并相距 1～2 英寸(2.5～5mm)处以清晰的声音讲话。

关于对讲机的详细操作、注意事项等内容请参见《GP338 用户手册》中的"对讲机概述""开始""对讲机呼叫"等章节。

(3) 对讲机充电。对讲机在车上充电的电源来自综合电源的交流输出(包括直接交流和逆变交流),当车辆有外接交流输入时,将对讲机充电器连接至显控台桌面直接交流输出插座;当车上设备的供电由备用电池供电时,将对讲机充电器连接至显控台桌面逆变交流输出插座。

关于对讲机充电的详细操作、注意事项等内容请参见《GP338 用户手册》。

(4) 注意事项:

使用前请仔细检查对讲机各部件是否连接好,一定不要在没有天线的情况下发射通话,检查完毕后再开机试验一下电池是否有电。没有电或电量不足时请及时充电,一般本对讲机连续使用 6～7h 就需要充电,防止下次再使用时中途没电。

不要用尖锐物体划擦对讲机表面,尤其是液晶屏幕,以免在使用时看不清屏幕。

充电时间应按规定,不要经常使电池处于半充满状态,降低电池使用寿命。

一般情况下不要随意更换频道,除非当地噪声干扰十分严重,不能正常通话。不使用时应关闭电源开关,长期不用时请取下电池,再次使用前应首先进行充电。

3.2.5 数据处理系统使用

由前面的分析知水源普查车数据处理系统主要由笔记本电脑和打印机组成,各部分的使用如下。

1. 笔记本电脑的使用

线缆连接好后,打开综合电源,为笔记本电脑供电。掀开笔记本电脑显示屏,按下启动键,笔记本电脑即可使用。

笔记本电脑的使用维护方法详见《JGN－Ⅲ型加固笔记本电脑使用维护手册》。

2. 打印机的使用

(1) 安装驱动程序。打印机驱动程序的安装方法请参见《水源普查车软件使用说明书》。若系统已安装了打印机驱动程序,用户则不需要重复安装。

(2) 操作加固打印机

① 打开电源:在综合电源的"直接交流"开关开启后,将打印机电源开关置于"开",此时,打印机进入自检状态,待自检完成后,方可进行打印操作。自检状态可通过打开取纸槽小门观察,当打印机主机上状态指示灯为绿色且稳定后,自检完成。

② 放置打印纸:将纸盒门打开,将纸盒抽出(用户自行控制抽出纸盒的长度,以能将纸放入纸盒为准),将适量的 A4 空白打印纸放入,整理好之后再将纸盒推入,直到听到"咔"的声音。

③ 打印文档:用户在用计算机处理文档时,可以点击文档工具栏内图标直接启动一次打印,打印好的文档将从打印机出纸口自动输出。启动打印机的另一种方法是打开文

档处理软件"文件"菜单下的"打印"选项,对打印机相关设置项进行设置之后,点击"打印"按钮启动打印。

④ 打印完成后,打印材料可从打印机面板上部取纸口取出:轻轻按压取纸口小门上的锁块并向下翻转小门,此时取纸口小门打开,轻轻转动约180°放下,可取出打印纸,使用完毕,关闭取纸口小门,关闭时按照与打开相反的顺序进行。

⑤ 关闭电源:长期不使用打印机时,请将打印机电源开关置于"关"。

(3) 加固打印机卡纸处理。打印过程中如遇卡纸现象,拉出打印机插箱,将打印机尾部的蝶形螺母逆时针松开,后门挡片顺时针旋转90°,拉开打印机后门取出被卡纸张。被卡纸张取出后关闭后门,将后门挡片逆时针旋转挡住后门,同时顺时针拧紧蝶形螺母,防止车辆行进中后门振动产生噪声。

(4) 加固打印机粉盒更换。当打印的文档不清晰时,请更换打印机粉盒,操作步骤如下:

① 将打印机从显控台内取出;

② 断开打印机插箱与打印机的线缆连接;

③ 将加固打印机底面的四个固定螺丝拆除;

④ 将打印机的固定件、后门挡板拆除;

⑤ 从插箱中取出打印机;

⑥ 按照《CLP‑350N 彩色激光打印机操作手册》更换粉盒。

3.2.6 地表水源侦察系统使用

地表水源侦察系统包括地形地貌记录仪和工程数字化勘测系统。地形地貌记录仪包括数码相机及数码摄像机,利用静止画面或连续图像记录特定区域以及周边的环境信息,便于直观了解和直接记录该区域的地形、地貌信息,通过 SD 卡读卡器或数据线将数据导入到数据处理分系统的笔记本电脑中,形成地表水源信息。地形地貌记录仪的使用较为简单,本节主要介绍工程数字化勘测系统的操作使用方法。

工程数字化勘测系统由全站仪、便携式计算机和地形信息采集软件组成。利用全站仪快速获取拟作业区域的地形数据,并通过软件处理后获取该区域的大比例尺电子地图,为指挥员提供该区域较详细的地形侦察情报。

1. 人员的配备

为了保证野外作业效率和所测数据的正确性及良好的可用性,数勘系统的使用人员必须具备一定的测量知识和较熟练的计算机操作能力。一般情况下人员数量以四人为宜,也可以根据野外地形的复杂程度灵活调整。

2. 准备工作

准备工作包括硬件准备和软件准备。硬件的准备:全站仪三脚架能正常使用并能灵活调节;全站仪工作电池及备用电池电量充足;全站仪能正常开机、关机、测定点位;便携式计算机工作电池及备用电池电量充足;便携式计算机能正常工作;全站仪与计算机RS232 口连线及备用连线数据传输通畅;用于测站和碎部点人员之间进行通话的对讲机(至少三部)电量充足,信号良好。软件的准备:便携式计算机安装工程数字化勘测系统软件并能正常运行。

3. 确定总体测量计划

为了提高测量效率,应在测量之前,详细考察现场地形,掌握现场的地形走势,现场河流、道路、桥梁、房屋等地物的数量及其分布和现场植被的覆盖情况。根据测区面积、复杂情况和通视率按控制点的选取原则预先定出控制点的数量及其分布。

明确而良好的人员分工可以充分利用人力资源,利用最少的人力完成野外复杂的测量工作。根据数勘系统的软硬件配置和野外测量优化方案,野外测量小组一般由五人组成,具体分工如下:现场总体指挥员 1 名,指挥协调棱镜架设人员在合理的碎部点架设棱镜,并协调测站与碎部点之间的配合。全站仪观测人员 1 名,负责操作全站仪,要求其能够熟练操作全站仪,利用全站仪进行测量。测量工作结束后,能够操作全站仪,将数据导入便携式计算机。负责在碎部点架设棱镜人员 2 名,此两名人员要主动向指挥员报告棱镜的架设情况、棱镜参数、碎部点属性等并请求下一碎部点的位置。

4. 架设仪器

地表水源侦察系统仪器的架设应严格按照相应的步骤,避免仪器的损坏与测量的准确。具体的仪器架设步骤为:

(1)架设三脚架。首先将三脚架打开,调整三脚架的腿到适当高度。调节三脚架上的平台座,使其基本水平,并保证它在测站点的竖直方向上。拧紧三个固定螺丝。

(2)安装仪器。将仪器放在脚架架头上。一手握住仪器,另一手旋紧中心螺旋。

(3)利用圆水准器气泡粗平仪器。观察圆水准器气泡的偏离方向,缩短近气泡方向的三脚架腿,或伸长远气泡方向的三脚架腿。为了使气泡居中,必须反复调节三脚架的腿长。

(4)利用照准部长水准气泡精平仪器。松开水平制动旋钮转动照准部,使照准部长水准器轴平行于三个脚螺旋的其中两个脚螺旋所在竖直平面。旋动这两个脚螺旋使照准部水准器气泡居中(气泡向顺时针旋转脚螺旋的方向移动)。

(5)转动 90°使气泡居中。将照准部旋转 90°使水准器轴垂直于上一步的两个脚螺旋平面。用另一脚螺旋使照准部长水准器气泡居中。

(6)检查气泡是否在任何方向都在同一位置。

(7)再旋转 90°并检查气泡的位置,并检查气泡位置观察气泡是否偏离中心。如果气泡偏离中心,则重复(6)、(7)步。直到长水准气泡始终居中为止。

5. 测量前的准备

测量前应做好准备工作,确保测量有条不紊地进行。测量前需要完成的工作包括开机、调焦和照准目标,具体实现方法如下所述。

(1)对分化板进行调焦:通过望远镜目镜观察一个明亮而特殊的背景,转动目镜直至十字丝成像最清晰为止。

(2)照准目标:松开垂直和水平制动钮,用粗瞄准器瞄准目标,使其进入视野。固紧两制动钮。

(3)对目标进行调焦:旋转调焦螺旋,使目标清晰,调节垂直和水平微动螺旋,用十字丝准确地照准目标。

6. 测量

水平角归零;转动全站仪到正北方向,将水平角置零。

按下三维坐标系键即可进入坐标测量模式,坐标测量模式分三页操作,其按键、显示符号和功能见表3.2,请按照以下步骤操作全站仪:

(1) 设置全站仪高度(仪高);

(2) 设置目标高(棱镜高);

(3) 设置全站仪测站点坐标(测站);

(4) 进入连续测量模式,开始测量。

表3.2　全站仪坐标测量菜单项

页码	按键	显示符号	功能
1	F1	测量	开始测量
	F2	模式	设置测量模式精测/粗测/跟踪
	F3	S/A	设置音响模式
	F4	P1↓	显示第二页设置功能
2	F1	镜高	通过输入设置棱镜高度
	F2	仪高	通过输入设置仪器高度
	F3	测站	通过输入设置测站点高度
	F4	P2↓	显示第三页设置功能
3	F1	OFSET	偏心测量模式
	F3	M/f/I	米、英尺、英寸的转换
	F4	P3↓	显示第一页设置功能

全站仪的详细操作可参见《GTS-330N 系列拓普康电子全站仪使用手册》。

7. 将测量数据导入计算机

将全站仪与便携式计算机相连接。全站仪通信参数设置:

(1) 要使发送与接收端能相互匹配,并保证传输数据的正确无误,必须首先设置通信参数。

① 波特率(BaudRate)设置为1200;

② 校验位(Parity)设置为偶检验;

③ 数据位(DataBit)设置为7位;

④ 停止位(StopBit)设置为1。

(2) 便携式计算机通信参数设置。

① 波特率(BaudRate)设置为1200;

② 校验位(Parity)设置为偶检验;

③ 数据位(DataBit)设置为7位;

④ 停止位(StopBit)设置为1。

(3) 导入测量数据。操作方法参见《工程数字化勘测系统用户操作手册》第12章,将测量数据保存到计算机上。

8. 软件成图

软件基本操作方法参见《工程数字化勘测系统用户操作手册》第3章。

(1) 勘测子系统。利用勘测子系统对数据进行标准化处理,操作步骤如下:

①　导入离散点；

②　构建三角形网络；

③　构建 TIN；

④　注记；

⑤　创建网格 DEM。

（2）成图子系统。点击菜单"地图查看"子菜单"进入成图系统"菜单项，即可进入成图子系统查看电子地图，地图显示包括二维显示和三维显示。

①　导入 DEM 数据；

②　生成、显示等高线；

③　空间分析。

在电子地图上可以选择距离量算、面积计算、填挖方量计算、通视分析、剖面分析等功能对地形图进行分析，得到相应地形信息。

3.2.7　水质检验分系统使用

水质检验分系统的使用主要包括检水检毒箱、多功能水质理化速测仪、水质细菌检验箱和细菌培养箱等的使用。

1. 检水检毒箱

WES－02 检水检毒箱操作方法及注意事项参见《WES－02 检水检毒箱使用说明书》。

2. 多功能水质理化速测仪

便携式多功能水质理化速测仪是检水检毒箱内配备的辅助检测设备，可检测的项目有色度、混浊度、硫酸盐、氨氮、氟化物、总铁、六价铬、镉、氰化物、余氯、有效氯、结合氯、亚硝酸盐氮、氯化物、砷、铅、汞、有机磷农药。详细操作说明及注意事项参见《多功能水质理化速测仪说明书》。

3. 水质细菌检验箱

使用水质细菌检验箱时首先将箱内酒精灯装入酒精，酒精棉球瓶中装入 75% 浓度的酒精。箱中所配沙门氏和志贺氏菌属凝集试剂，平时不用时请放在冰箱中冷藏。水质细菌检验箱详细操作方法参见《水质细菌检验箱使用说明书》，使用时应注意以下事项：

（1）应尽量做到无菌操作；

（2）每检验完一个水样后应用燃着的酒精棉球烧灼漏斗和滤床消毒后，再进行第二个样品的检验；

（3）每次实验完毕，必须用干纱布把过滤漏斗和滤床等处擦干，以免腐蚀漏斗。

4. 细菌培养箱

细菌培养箱与水质细菌检验箱配合使用，详细操作方法参见《水质细菌检验箱》第三部分"微型培养箱使用操作说明"。使用时应注意以下事项：

（1）安装的新的镉镍电池出厂时为放电状态，因此使用前必须进行充电，然后才能使用；

（2）蓄电池严防金属同时接触两级而短路，尤其刚充好的电池更要严防短路，以免电池受损；

（3）如果电池长时间不用时，请将电池取出，使其处于放电状态，放入纸盒或木箱内，

储存在干燥通风的地方,避高温,严防受潮短路,勿与酸性物质或腐蚀性气体接触;

（4）电池长时间不用,至少三个月要把电池放在电池盒内进行一次充电和放电,然后取出存放。

（5）细菌培养箱在车上使用需外接交流时,供电电源可来自显控台桌面直接交流插座或逆变交流插座。

3.3　水源工程侦察车操作使用

水源工程侦察车主要用于对地下水的分布、水质及地质结构等进行测量分析,以确定钻井位置采用钻机实施打井。水源工程侦察车主要技术性能为:

（1）地下介质平均电阻率大于 $100\Omega \cdot m$ 时,可勘测 800m 以内地下水源;

（2）可检测国军标 GJB 651—89 规定的战时 7 天和 90 天饮用水相关指标;

（3）可实现车辆与团指之间、车辆与作业人员之间、作业人员之间的通信;

（4）可为作业系统提供电源和充电;

（5）车辆作业环境条件 –41 ~46℃,侦察仪器、设备作业条件见各分系统使用部分;

（6）作业人员 8 名(含司机),随车机动。

水源工程侦察车电源分系统及车载仪器的使用环境为:电源系统的使用环境温度: –25 ~55℃;环境湿度:20% ~90% 。各测量仪器的使用环境条件参见其使用说明书。

3.3.1　水源工程侦察车工作流程

水源工程侦察车是由多系统组成的复杂装备,正确使用水源工程侦察车应遵循正确的工作流程进行,避免出现不必要的故障和错误。水源工程侦察车工作流程如图 3.12 所示,具体

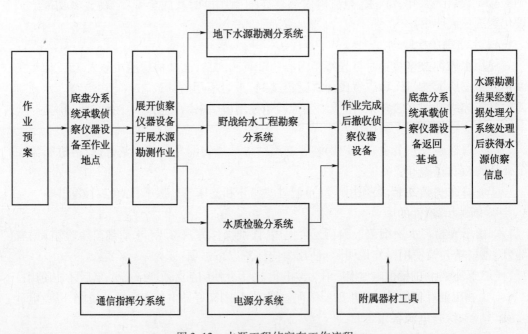

图 3.12　水源工程侦察车工作流程

步骤为：

（1）根据作业预案，由底盘分系统承载侦察仪器设备到达作业地点；

（2）到达作业地点后，根据任务内容取下一种或几种侦察仪器设备开展作业；

（3）如果车上使用设备需要工作，应使用电源分系统提供电源；

（4）利用数据处理分系统对得到的数据进行处理，获得水源侦察信息；

（5）在作业及数据处理过程中，通信指挥分系统、电源分系统及附属器材工具提供作业保障；

（6）在完成作业任务后，使用过的设备需按清单检查齐套性，按照铭牌指示放回车内相应位置，并进行可靠固定；

（7）检查无误后人员就位，由底盘分系统承载设备开往下一作业地点或驻地。

除严格遵守水源工程侦察车工作流程外，还应对装备使用人员、装备技术状况、装备运输等进行控制与管理，因此，在工作过程中还应注意的事项如下：

（1）操作人员必须经过上岗培训并取得合格资格。

（2）车辆开赴作业地点前，必须确认以下工作是否完成：① 检查设备齐套性；② 确认综合电源工作正常，确认综合电源备用电池电量；开启油机，确认油机工作正常；③ 显控台上各插箱、抽屉及内部设备已固定可靠；前储运架设备已固定可靠、各柜门已锁闭；④ 储运架上各设备和附件按区位已放置齐备并可靠固定、各柜门已锁闭；⑤ 车辆底盘附件设备已固定可靠，车顶附件箱、车前附件箱、线缆箱、天调箱及油机舱内的设备附件已可靠固定且箱门已锁闭；备胎已可靠固定，其套筒已安放于驾驶室左侧壁脚处，登车梯已挂于车厢右前壁，并用固定插销锁闭；⑥ 油箱、水箱已按要求加注到位；⑦ 确认各壁口已锁闭、登顶梯和简易登车梯都已收起锁闭，各电气设备开关处于关闭状态，车厢门已关闭。

（3）车厢内乘员就位后报告司机准备完毕。

（4）车辆行进中，乘员必须系好安全带。

（5）行驶中和驻车工作时，请注意各处警示标识；按油机操作规程进行油机下车作业，严禁违反操作规程。

（6）油机吊架的安装和放置固定严格按操作规程进行；按电缆箱操作规程收放电缆，严禁违反操作规程。

（7）按使用维护说明书取放设备箱、附件箱。重量较重的箱子应由两人配合取放，防止磕碰。

（8）车辆底盘的操作使用和维护应按其使用维护说明书进行。定期进行检查，发现问题及时通知底盘生产商进行维修。

（9）定期查看车辆副车架与底盘大梁的连接螺栓紧固状况，确认良好。定期查看外挂油箱、水桶等附件的固定情况，确认良好。

（10）必要时按自救绞盘使用说明书（见《EQ2102 系列军用越野汽车使用说明书》）操作使用绞盘，收起时尽可能使钢缆排绕整齐复位。

（11）座椅的调整应按使用说明要求进行。

（12）车辆驻留时，必须确认车辆电源开关已关闭；长期驻留时，应注意每隔20天为车辆电瓶和综合电源备用电池充电一次。

（13）如果整车储存环境不能满足车上设备的储存环境要求，则将设备从车辆移至具备条件的储存地点;在工作时,须保证车辆良好接地。

（14）车辆上设备在使用综合电源备用电池供电时,当电池电量不足告警时,须停止使用,并为电池充电;维修保养蓄电池时需要先拆除大座椅。

3.3.2　底盘车使用

水源工程侦察车底盘车的使用主要包括车厢门窗、显控台、前储运架、储运柜和附属装置等的操作使用。

1. 车厢门窗

（1）车厢开门时应开至使限位器限位。车厢关门时必须先解除门限位,以免对车门及门限位造成损坏。

（2）打开窗户或收起窗帘时应将卡舌收拢到位再推拉。打开窗户通风时,应先把窗帘收起。

（3）行车前应将门内、外把手锁锁牢靠。

2. 显控台

1）附件 1 抽屉

附件 1 抽屉均由三节滑动导轨与操作台相连接,抽屉打开时按下抽屉面板两侧锁中间的开启滑柱,开启滑柱弹出,手拉滑柱将抽屉拉开;抽屉关上时与打开相反的顺序进行。行车状态下应保证抽屉面板锁可靠锁定。

正常使用时,抽出抽屉,进行插拔卡操作和抽屉右侧笔记本电脑便携电源适配器与鼠标的捆绑固定。

当插箱左侧设备需要维修更换时,先将插箱完全抽拉,拆去插箱底面及侧面如图3.13 所示的 8 颗螺钉后拆下左侧挡板即可进行相应操作。安装时先固定好底面左侧的 3颗螺钉,再把左侧挡板安装到位后固定剩余的螺钉。安装完成后上紧面板表面的松不脱螺钉,保证行车状态下插箱可靠固定。

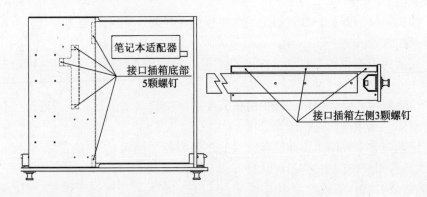

图 3.13　插箱底面及侧面示意图

2）附件 2 抽屉

附件 2 抽屉由三节滑动导轨与操作台相连接,抽屉打开时按下抽屉面板两侧锁中间的开启滑柱,开启滑柱弹出,手拉滑柱将抽屉拉开;抽屉关上时与打开相反的顺序进行。行车状态下应保证抽屉面板锁可靠锁定。附件 2 抽屉内设备用尼龙粘扣固定。

3）笔记本电脑

笔记本电脑可固定在显控台上使用,也可携带使用。固定在显控台上正常使用时,一只手按住笔记本电脑上盖另一只手向上推笔记本电脑扣手(如图3.14所示)即可打开笔记本电脑。笔记本电脑的电源适配器固定在打印机后方,如需要维修更换,卸下打印机插箱,然后再拆卸电源适配器。

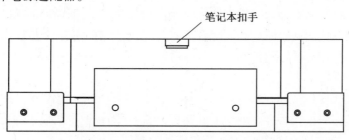

图 3.14　加固笔记本电脑开启示意图

如需携带笔记本电脑,先松开笔记本电脑底座后侧的松不脱螺钉,然后松开前面的把手即可取下笔记本电脑,固定操作过程与拆卸操作过程相反。行车时须保证笔记本电脑的牢固固定。为笔记本电脑配备的便携电源适配器存放在附件1抽屉中。

4）短波数字化电台的拆卸与安装

将 TCR - 154 型短波电台两侧的蝶形压紧件向上掀起,使蝶形压紧件与短波电台完全脱离,拆掉尾部连接线缆即可将 TCR - 154 型短波电台取走。安装时按照与拆卸相反的顺序进行。

5）打印机插箱的拆卸与安装

加固彩色激光打印机通过其底部的固定螺孔固定在插箱底板上,尾部由固定件压紧,插箱面板上有取纸口小门、纸盒、打印机电源开关。打印机插箱安装在显控台内,有三节滑轨与显控台相连。

逆时针松开插箱面板两侧的固定螺钉,手握面板两侧把手将插箱拉出。当听到"咯哒"声响时,导轨已充分拉开,此时导轨左右两侧簧片已锁定设备当前状态。当需要取下插箱时,双手托住插箱同时按压住与插箱两侧相连接的末节滑轨上的簧片,即可将插箱连同末节滑轨一起抽出。插箱装入过程与拆卸相反的顺序进行,插箱推入时必须同时按压导轨左右两侧簧片向里轻推,切忌猛力操作。行车状态下应保证插箱面板固定螺钉与显控台可靠固定。

打印机插箱面板上部有取纸口,轻轻按压取纸口小门上的锁块并向下翻转小门,此时取纸口小门打开,轻轻转动约180°放下,可取出打印纸,使用完毕,关闭取纸口小门,关闭时按照与打开相反的顺序进行。打印过程中如遇卡纸现象,拉出打印机插箱,将打印机尾部的蝶形螺母逆时针松开,后门挡片顺时针旋转90°,拉开打印机后门取出被卡纸张。被卡纸张取出后关闭后门,将后门挡片逆时针旋转挡住后门,同时顺时针拧紧蝶形螺母,防止车辆行进中后门振动产生噪声。

拆卸打印机时,将打印机插箱拉出,将打印机尾部外接线缆拔掉,松开打印机尾部固定件的螺钉及打印机底部的四个固定螺钉,将打印机轻轻后移即可将打印机完全取出,此时可按照打印机的使用说明书对打印机进行相应的维修,安装时按照与拆卸相反的顺序进行。拆卸打印机插箱时,逆时针松开面板的固定螺钉将插箱拉出。操作人员托住插箱双手同时按压住与插箱两侧相连接的末节滑轨上的簧片,即可将插箱连同末节滑轨一起抽出,安装过程与拆卸相反的顺序进行,行车状态下应保证各插箱面板可靠锁定。

6)综合电源插箱的拆卸与安装

维修拆卸综合电源插箱时,首先按照第 5 部分(打印机插箱的拆卸与安装)拆卸掉打印机插箱,然后松开面板表面的松不脱螺钉,抽出电源插箱后摘除后面板的电缆。由于综合电源插箱较重,拆卸插箱时须两人配合。综合电源插箱的拆卸和安装步骤与打印机插箱相似,请参考打印机插箱的拆卸与安装方法。

7)蓄电池隔板

蓄电池隔板是由上方的四个松不脱螺钉,下方的两个插销固定在显控台上。如需卸下蓄电池隔板时,先松挡板上方的松不脱螺钉,再松开隔板下方的插销即可。固定操作过程与拆卸操作过程相反。行车时须保证蓄电池隔板的牢固固定。

8)注意事项

(1)使用 USB 口等接插件后应及时关闭保护门;

(2)使用打印机后应及时关闭保护门;

(3)各附件设备使用完毕后,随手放回原处并锁闭插箱;

(4)设备需要抽出工作时,向外抽拉设备当听到"咯哒"声响时,导轨已充分拉开,此时导轨左右两侧压片已锁定设备当前状态,当工作完毕要推进时,同时按压导轨左右两侧压片向里轻推,切忌猛力操作;

(5)切勿用锐、钝器等物碰击显控台,以防变形或损伤涂覆表面。

3. 前储运架

前储运架门均为左开门,门上带有门锁(兼把手)。开门时按下门锁中间的开启滑柱,开启滑柱弹出,手拉滑柱将门打开;关门时与开门的顺序相反。

行车前,应确认前储运架内的设备已用尼龙粘扣固定牢靠,门已关闭且锁紧。

车载电台通过车载电台加固架固定在前储运架下面,拆卸时,逆时针松开车载电台侧面的紧固旋钮,拔掉尾部连接线缆即可将车载电台取走。安装时按照与拆卸相反的顺序进行。

4. 储运柜

左、右储运柜的门上有各分系统设备组成标识图和设备在储运架中的放置位置图。

设备下车使用时可根据上述图示查找设备位置,再对应单元格名称标识取出设备。设备装车时根据设备箱(包)铭牌编号确定其在储运架中的位置,然后对应单元格名称放入设备并紧固。

设备在储运架中的推拉取放有两种助力方式:一种是储运架的单元格中装有导轨托盘,另一种是储运架的单元格中带有尼龙滚轮,可方便取放设备。

右储运架中,络车绕线器每两个一组用一根拉紧带固定在导轨托盘上,托盘外侧有限位锁,旋转限位锁的把手约 90°,即可使托盘的单元格限位,其余设备箱(包)采用拉紧器和拉紧带固定,一个设备对应一根或者两根拉紧带。

左储运架中,一部分设备固定在导轨托盘上,其余设备箱(包)采用拉紧器和拉紧带固定,一个设备对应一根或者两根拉紧带。土木工具和泛光灯扳手放置于同一单元格内,采用尼龙粘扣拉紧固定。

1)上掀门

上掀门开启:在上掀门锁闭状态下,轻按上掀门门锁,门锁手柄弹出后,同时旋转(左右旋转均可)并拉动门锁手柄将门拉开,当打开一定角度后门可在气弹簧的作用下自行上掀到90°。上掀门锁闭:上掀门开启后,双手用力拉压门板下边缘,上掀门在气弹簧作用下闭合。门板闭合后,轻按两个门锁手柄,锁紧门锁。

上掀门锁闭时由于气弹簧拉力的作用,门板在锁闭瞬间会突然闭合,此时严禁把手指放置门板内侧,避免夹伤。

2)单开门

单开门开启:在单开门锁闭状态下,抬拉门锁手柄,然后平行于门板向开门方向旋转手柄,旋转并拉动门锁手柄,门即可打开。

单开门锁闭:如果门锁手柄未处于旋转向上状态,握住门锁手柄并旋转向上。然后握住门锁手柄关闭单开门,门板与门框架贴合后,反向旋转门锁手柄,直到门锁手柄可以放置到手柄槽内,单开门锁闭。

3)对开门

对开门开启:在对开门锁闭状态下,抬拉对开门左边门的门锁手柄并左旋向上,拉开左边门。然后抬拉右边门的门锁手柄并右旋向上,拉开右边门。

对开门锁闭:对开门右边门带有门板条,所以对开门锁闭时,首先关闭对开门右边门(抬拉门锁手柄右旋),门板贴合门框后,同样方法关闭对开门左边门,最后旋动门锁手柄并把门锁手柄放置锁槽内,对开门锁闭。

4)拉紧带、拉紧器

拉紧带和拉紧器有两种状态:拉紧状态(设备固定)和自由状态(设备取出)。固定设备时,拉紧带横跨设备并穿过拉紧器穿带槽,摆动拉紧器,抽拉拉紧带,直到设备固定牢靠为止。取出设备时,打开拉紧器成平直状,摆动拉紧器使拉紧带松开,取出设备。此时应将拉紧器放置于储运柜内侧,必要时拉紧带和拉紧器拉紧。

拉紧器严禁搭于或悬置储运柜门板一侧,避免碰伤门板及门板漆模。

拉紧带损坏更换:要求配有相同规格(长度、宽度和厚度等)的拉紧带,拆卸下损坏的拉紧带(注意拉紧带的固定方式),按原有的固定方式固定即可。更换的拉紧带带头需在不低于200℃的高温下处理,拉紧带上的螺钉穿过孔用尖锥物插入后扩大。拉紧器损坏更换:首先制作一条带拉紧带(与损坏拉紧器的带长大约相等)的拉紧器组件,然后拆卸下损坏的拉紧器(注意拉紧器固定方式和方向),按原有方式固定即可。

5)导轨托盘

在托盘上取出设备:左旋限位锁的把手,使解锁,然后拉出托盘,打开拉紧器取出设备;之后,放好拉紧器和拉紧带,双手同时按压住与托盘两侧的末节滑轨上的簧片,平推托盘到位,锁闭托盘。

在托盘上固定设备:左旋限位锁的把手,使托盘解锁,然后拉出托盘,将设备按位置放置于托盘上,并用拉紧带和拉紧器拉紧固定。双手同时按压住与托盘两侧的末节滑轨上的簧片,平推托盘到位,锁闭托盘。

6）注意事项

当车辆的后门未开启前,禁止打开左储运架靠近后门的柜门。

取出上掀门内的较长物品时,应先将拉紧带和拉紧器妥善放置于储运架中。

5. 附属装置

水源工程侦察车的附属装置主要包括顶车千斤顶、照明设备、车内有线对讲机、方舱空调器、燃油空气加热器、车载信息历、双模单向一体机和随车工具,各部分的使用如下所述。

1）顶车千斤顶

使用时,旋转手柄使丝杠从丝母中伸出,顶车千斤顶脱出挂钩,旋转顶车千斤顶,使千斤顶位于汽车纵梁底部,继续旋转手柄,使丝杠伸出丝母,即可顶起汽车,使汽车轮胎支离地面。

反向旋转手柄,使丝杠旋入丝母,汽车下降,轮胎接触地面,旋转顶车千斤顶,将顶车千斤顶悬挂在挂钩内。

顶车千斤顶使用时,应注意保护丝杠,防止磕碰,并涂油保护。顶车千斤顶丝母安装有油杯,应定期加注润滑油。四个顶车千斤顶使用时,应尽量同时平衡降落或同时平衡升起。

2）照明设备

车厢顶部安装了两盏照明灯、一盏照明/防空一体灯和一盏应急/防空一体灯,车厢内前储物架下安装了一盏应急灯。

照明灯的供电受综合电源管理,当综合电源开关开启时,照明灯供电回路有电。

照明/防空一体灯内有两支灯管,一支起正常照明的作用,另一支起防空照明的作用。该一体灯内两种灯管的供电来自综合电源,当综合电源"电池"开关开启时,防空灯管供电回路有电;当综合电源"电源"开关开启时,正常照明灯管有电。

应急/防空一体灯内有两支灯管,一支起应急照明的作用,另一支起防空照明的作用。一体灯内两种灯管的供电来自综合电源,当综合电源"电池"开关开启时,两灯管供电回路有电。

在综合电源为照明灯具供电后,照明灯受"照明灯"开关控制;应急照明灯管受"应急灯"开关控制;一体灯中的防空灯管受"防空模式"选择开关和后舱侧/后门的"行程"开关控制。

车厢照明分为"防空"和"非防空"两种模式。模式切换由防空模式切换开关控制,该开关拨到"防空"挡,车厢照明为防空模式,拨到"正常"挡,后舱照明为非防空模式,现将车厢照明灯控制按此两种模式介绍如下:

此时一体灯中的防空灯管始终不亮。当各照明灯供电回路有电时,车厢顶部照明灯受"照明灯"开关控制;前储运架照明灯受灯具左侧的开关控制。应急灯管受"应急灯"开关控制。

此时车厢内各照明设备均受车厢侧/后门"行程"开关控制。当照明灯供电回路有电时,车厢侧/后门中的任意一个或同时处于开门状态,则后舱内只有一体灯中的防空灯管亮,其余灯不论各自开关拨到"开启"或"关闭"均不亮。如果车厢侧/后门都处于关门状态,则车厢内的照明控制与非防空状态时一样。

照明开关分别安装在两门框一侧的内壁靠近底部的位置。前门右内侧的开关从左至右的排列顺序为：应急灯开关、照明灯开关、换气扇进风开关。后门左内侧的开关从左至右的排列顺序为：照明灯开关、换气扇出风开关。"防空模式"开关在侧门行程开关处的内侧壁上，与"行程"开关并排，以免"防空模式"开关与"照明灯"开关一体时容易误操作。

3）车内有线对讲机

在车辆电源开启后，按下通话开关，指示灯亮即可进行通话。

使用过程中，请注意以下两点：

不要用对讲机传送音乐等非工作性话音，否则将会缩短使用寿命；

通话时，应视环境噪声的大小调整嘴与话筒的距离，在强噪声时 2mm 的距离比较好。

4）方舱空调器

空调器的线控器控制面板安装在车厢内前储运架下方，如图 3.15 所示。详细使用方法参见《FKWL – 50a/BP（HX）型方舱空调器技术说明书/使用手册/维修手册》。

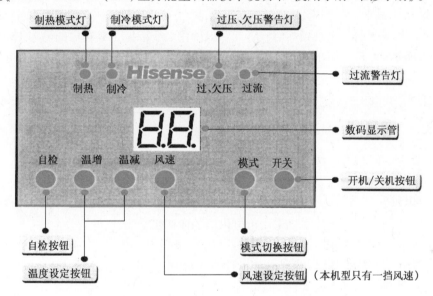

图 3.15　控制面板功能示意图

5）燃油空气加热器

燃油空气加热器，又称燃油暖风机，其控制开关安装在车厢内前储运架下方，有"OFF""1""2""3""4"五个挡位，用于控制加热器的开关与挡位调节。详细使用方法参见《FJH 系列燃油空气加热器安装使用维修手册》。

6）车载信息历

打开"电源开关"，信息历显示当前的时间和温、湿度等所有信息。

当第一次开机如显示时间为"2010 年 1 月 1 日"时，说明机内的 7 号电池未装入或其他原因。请打开机壳后面的电池盖换上新的 7 号电池并按如下方法调整到当前日期和时间：重复按"S"键，两位数码管开始闪烁，闪烁某两位即为待修改位，利用"S""↑""↓"这三个按键调整至当前的日期和时间。

若需要设置闹钟时，首先按"↓"键，闹钟指示灯亮，重复按"↑"键，两位数码管开始闪烁,闪烁某两位即为待修改位:利用"S""↑""↓"这三个按键调整至所需要的闹钟"时"和"分",再按"↑"恢复到正常走时状态后,闹钟设置完毕。当时间到达闹钟设定时间时,蜂鸣器即发出嘀嘀声,1分钟后自动停止。闹钟响后要终止响声,只需按一下"↓"即可(此时"闹钟"指示灯灭)。如果还想保持闹钟功能则再按"↓"一次,闹钟指示灯亮表示闹钟设置有效。

7) 双模单向一体机

TNS-6919双模单向一体机设备内置了北斗模块和GPS模块,充分利用了北斗和GPS的导航定位资源,把两种卫星资源有机地结合起来,互为补充,能同时接受北斗一号卫星和GPS卫星信号,进行定位和授时。具有精确定位、不受制于人、系统成熟、体积小、功耗低的特点,能广泛应用于陆地及海上定位导航、搜救、系统监控、野外作业等领域。

TNS-6919双模单向一体机主机安装在车厢顶部,通过专用线缆连接到操作区的笔记本电脑上。用户可运行计算机上的"定位信息终端",实时查看车辆所在位置的相关信息,详细操作方法参见《水源工程侦察车(A型)软件使用说明书》第7节。

8) 随车工具

随车工具装于前壁工具箱和驾驶室内。如使用装于前壁工具箱内的随车工具需先用驾驶室内的随车工具按照车辆底盘说明书卸下备用轮胎打开前壁工具箱取出所用的随车工具。

注意事项:行车时应锁紧前壁工具箱,并按照车辆底盘说明书固定好备用轮胎。

3.3.3　电源分系统使用

水源工程侦察车的电源分系统的供电方式有市电供电、发电机供电和备用电池供电,各种供电方式的使用方法如下。

1. 市电供电

水源工程侦察车电源分系统采用市电供电的使用步骤为:

(1) 确认电源壁盒、综合电源和车内各用电设备的开关均处于"关断"位置;

(2) 将两根车辆接地钉相隔5m以上距离敲入地面,将电源"测量地"和"车皮地"接线柱通过接地线缆良好接地;

(3) 通过"50m市电线缆"连接市电,严格按棕色线缆接火线、绿色线缆接零线的方式连接;

(4) 市电接入后,如果电源壁盒上的电源指示灯亮,故障指示灯不亮,可以确认上电正常,开启电源壁盒上的"总电源"开关;

(5) 根据对车内供电和车外供电的需要开启"车内"或"车外"开关;

(6) 确认车内温度在-25~55℃温度范围内,开启综合电源上的"电源开关";

(7) 确认电源壁盒和综合电源上无报警指示后,可按工作需要开启各种供电电源在综合电源上的供电开关。

2. 发电机供电

水源工程侦察车电源分系统采用发电机供电的使用步骤为:

(1) 确认电源壁盒、综合电源和车内各用电设备的开关均处于"关断"位置;

(2) 将两根车辆接地钉相隔5m以上距离敲入地面,将电源"测量地"和"车皮地"接线柱通过接地线缆良好接地；

（3）将柴油发电机通过专用"10m 柴油发电机到车线缆"接入电源壁盒"输入"端口；

（4）柴油发电机供电后，如果电源壁盒上的电源指示灯亮，故障指示灯不亮，可以确认上电正常，开启电源壁盒上的"总电源"开关；

（5）根据对车内供电和车外供电的需要开启"车内"或"车外"开关；

（6）确认车内温度在 -25 ~ 55℃温度范围内，开启综合电源上的"电源开关"；

（7）确认电源壁盒和综合电源上无报警指示后，可按工作需要开启各种供电电源在综合电源上的供电开关。

3. 备用电池供电

水源工程侦察车电源分系统采用备用电池供电的使用步骤为：

（1）确认电源壁盒上的"车皮地"接线柱良好接地，后备电瓶与综合电源良好连接；

（2）如果车内温度在 -40 ~ 25℃内，按综合电源预热开关使用方法，通过暖风机工作使车内升温；

（3）确认车内在 -25 ~ 55℃温度范围内，开启综合电源上的"电源开关"；

（4）确认综合电源上"电池正常"指示灯亮，可按工作需要开启各种供电电源在综合电源上的供电开关。

3.3.4　通信指挥分系统使用

通信指挥分系统的操作使用参见水源普查车通信分系统的操作使用，即为 3.2.4 节相应内容。

3.3.5　数据处理分系统使用

由前面分析知，水源工程侦察车数据处理分系统主要由笔记本电脑和加固激光彩色打印机组成，其使用方法如下。

1. 笔记本电脑的使用

固定在显控台上时，笔记本电脑主要连接线有电源连接线、网线和串口线。电源连接线用于电脑的供电，来自综合电源逆变交流输出；网线用于笔记本电脑和打印机的信号传输；串口线用于电脑和车顶定位设备的信号传输。连线示意图如图 3.16 所示。

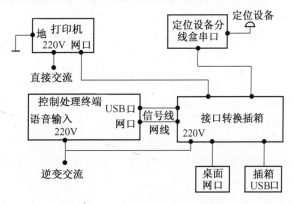

图 3.16　控制处理终端电气连接图

线缆连接好后,打开综合电源,为笔记本电脑供电。掀开笔记本电脑显示屏,按下启动键,笔记本电脑即可使用。

2. 加固激光彩色打印机

固定在显控台上时,打印机的连接线有电源连接线和网线。电源连接线用于打印机的供电,来自综合电源直接交流输出;网线用于打印机和固定于显控台台面的笔记本电脑的信号传输。

(1)安装驱动程序。打印机驱动程序的安装方法请参见《水源工程侦察车软件使用说明书》。若系统已安装了打印机驱动程序,用户则不需要重复安装。

(2)操作加固打印机:

① 打开电源:在综合电源的"直接交流"开关开启后,将打印机电源开关置于"开",此时,打印机进入自检状态,待自检完成后,方可进行打印操作。自检状态可通过打开取纸槽小门观察,当打印机主机上状态指示灯为绿色且稳定后,自检完成。

② 放置打印纸:将纸盒门打开,将纸盒抽出(用户自行控制抽出纸盒的长度,以能将纸放入纸盒为准),将适量的 A4 空白打印纸放入,整理好之后再将纸盒推入,直到听到"咔"的声音。

③ 打印文档:用户在用计算机处理文档时,可以点击文档工具栏内图标直接启动一次打印,打印好的文档将从打印机出纸口自动输出。启动打印机的另一种方法是打开文档处理软件"文件"菜单下的"打印"选项,对打印机相关设置项进行设置之后,点击"打印"按钮启动打印。

④ 打印完成后,打印材料可从打印机面板上部取纸口取出:轻轻按压取纸口小门上的锁块并向下翻转小门,此时取纸口小门打开,轻轻转动约 180°放下,可取出打印纸,使用完毕,关闭取纸口小门,关闭时按照与打开相反的顺序进行。

⑤ 关闭电源:长期不使用打印机时,请将打印机电源开关置于"关"。

(3)加固打印机卡纸处理。打印过程中如遇卡纸现象,拉出打印机插箱,将打印机尾部的蝶形螺母逆时针松开,后门挡片顺时针旋转 90°,拉开打印机后门取出被卡纸张。被卡纸张取出后关闭后门,将后门挡片逆时针旋转挡住后门,同时顺时针拧紧蝶形螺母,防止车辆行进中后门振动产生噪声。

(4)加固打印机粉盒更换。当打印的文档不清晰时,请更换打印机粉盒,操作步骤如下:

① 将打印机从显控台内取出;

② 断开打印机插箱与打印机的线缆连接;

③ 将加固打印机底面的四个固定螺丝拆除;

④ 将打印机的固定件、后门挡板拆除;

⑤ 从插箱中取出打印机;

⑥ 按照《CLP – 350N 彩色激光打印机操作手册》更换粉盒。

打印机的详细操作及保养等说明详见《CLP – 350N 彩色激光打印机随机光盘内的操作手册》。

3. 数据处理软件

水源侦察信息处理软件由数据管理子系统、地下水源勘测子系统、野战给水工程勘测子系统、给水分队侦察信息综合处理子系统、侦察资料输出子系统系统维护子系统组成,用以完成水源侦察过程中的信息收集、处理、汇总和输出水源侦察报告。使用方法参见《水源工程侦察车软件使用说明书》。

3.3.6 地下水源勘测分系统使用

地下水源勘测分系统主要有 EH-4 连续电导率成像系统、V8 多功能电法系统和 DZD-6A 多功能直流电法仪组成,本节主要介绍各部分的使用。

3.3.6.1 EH-4 的使用

1. EH-4 的操作方法

利用 EH-4 连续电导率成像系统进行地下水源勘测的作业流程主要有制定测量计划—创建新工作目录—野外建立 EH-4 系统(主要包括接收机和发射机的建立与使用)—数据采集—数据处理(包括数据传输与数据分析处理)等步骤。

1)制定测量计划

在进行勘测之前,应该设计一个测量计划。制定的测量计划将在很大程度上影响甚至决定 EH-4 的布置和数据采集。在这个计划中要考虑测点的位置、记录的频率范围、周围的噪声环境等。另外就是准备好班报。

2)创建新工作目录

当制定完测量计划后,首先应该新建一个新的工作目录来存储和处理新的数据。

3)森林罗盘仪的使用

DQL-1B 型森林罗盘仪具有磁定向及距离、水平、高差、坡角等测量功能。

将仪器旋紧在三脚架上,调整安平机构,使两水准器气泡居中,即仪器安平。仪器安平时,其各调整部位均应处于中间位置。

测量时望远镜是对目标照准的主要机构。根据眼睛的视力调节目镜视度,使之清晰地看清十字丝,然后通过粗照准器,大致瞄准观测目标,再调整调焦轮,直到准确地看清目标,这时即可作距离、坡角、水平等项的测量。放开磁针止动螺旋,望远镜与罗盘配合使用亦可对目标方位进行测量。

4)接收机的建立

布置站点最简单的方法是把前置放大器(AFE)放在测点的中间的位置上,然后用前置放大器作为参考点来布置其他的部件。由于 EH-4 测量取决于磁棒的相对方向,所以在测量时选择一个参考方向。找一个放置前置放大器的地方,在前置放大器的旁边安装接地电极,将接地电极用电缆接到前置放大器旁边螺纹接线柱上,接收机建立示意图如图 3.17 所示。

5)发射机的建立和使用

首先,用天线的连接垫圈把两个天线装在一起,成"+"字形放在中间。其他部分通过滑动天线棒连接在相互对着的套管中。其次,依次把两根天线弯至垂直状态。当两天线弯到与地面垂直时,它们就可以独立地立在平地上了。然后,把发射器平放在天线交叉处,接上控制开关。最后,把电源线的另一端接到 12V 的电瓶上。黑色接负极,红色接正极。

当发射器的操作员打开发射开关时,接收端的工作人员按下"ENTER"键。工作时,控制开关上的指示灯会有规律的一闪一闪。当停止发射时,指示灯就不闪了。发射机建立示意图如图 3.18 所示。

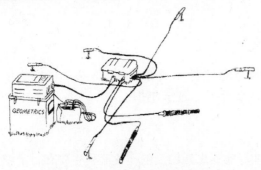 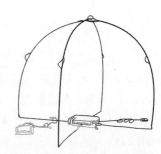

图 3.17   EH - 4 接收机建立示意图   图 3.18   发射机建立示意图

6) 数据采集

数据采集是在 EH - 4 连续电导率剖面仪,即 EH - 4 主机上完成。根据 EH - 4 使用说明书正确使用面板操作按钮;完成增益的设置,增益设置选项是用来检验信号强弱;在数据采集之前调整增益放大器。选择增益调整选项就会弹出如下一系列询问对话框。

首先输入数据点的位置坐标,输入一个数据仅改变测点在 X 轴上的坐标。输入两个数据同时改变测点在 X 轴和 Y 轴上的坐标。Z 轴代表测点的高程。

然后输入电极距,输入坐标以后是确定 X 和 Y 方向的电极距,以米为单位。

最后输入要采集频段和叠加次数。

输入"ENTER"键后频段的增益和滤波器设置送给前置放大器(AFE),数据开始采集。当一个采集过程完成时,每个频段的叠加次数和叠加后的阻抗结果将显示出来。你还可以通过重复上述过程来增加叠加次数,按"0"保存数据结果并回到主菜单,或键入"CLR"退出采集过程并清除叠加数据。

一个点数据采集完成后我们需要采集下一个点的数据,这个时候我们就需要搬站,也就是移动到下个点继续采集。

7) 数据处理

数据采集完成后经过处理可以得到地质剖面图,某河道数据采集处理后得到的地质剖面图如图 3.19 所示。

2. EH - 4 操作注意事项

在 EH - 4 的操作使用过程中,为保证仪器的正确有效使用,在使用过程中应时刻注意接收机和发射机的使用注意事项。

1) 接收机注意事项

当电极线与电极相连的时候不要拖动电极:因为这些电极里含有一个灵敏的电子电路,瞬时的碰撞可能破坏器件。

在风比较大的天气条件下建议把电缆埋到土里以减少由于风产生的影响。

由于磁棒是高敏装置,建议用铁锹挖一个合适的槽,在这个槽里磁棒能水平放置且与 X 方向平行误差夹角应在 +/ -2°以内。把探头用土埋上,这样将会减少由风引起的噪声。

磁棒的 X 探头放在离 Y 探头至少 2m 的地方。

主机电缆两端的公母头,只有其中的一端和主机的一个插槽相匹配。在使用前应注

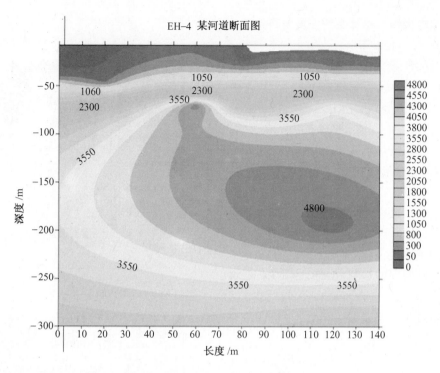

图 3.19 EH - 4 数据处理地质剖面图

意公母头,切忌使用蛮力。

电源线将电池与主机相连,黑接负极,红接正极,切勿接反。

2) 发射机注意事项

在操作发射器时,人与天线至少要远离 3m。

每次都要在开始测量时最后接电源,停止工作时最先关电源。

在任何情况下都不要拆开 TX - IM1 发射机。

建立完成后的 EH - 4 完整示意图如图 3.20 所示。

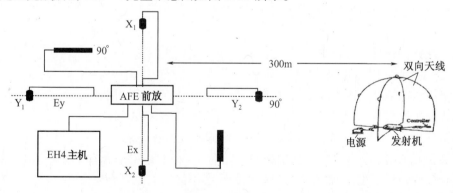

图 3.20 EH - 4 系统建立示意图

3.3.6.2 V8 多功能电法系统的使用

1. V8 基本操作

V8 多功能电法系统的基本操作包括埋设电极、连接电极线和不极化电极罐、连接接收设备和电极线及磁探头的安放等待。

1）埋设电极

电极的埋设如图 3.21 所示，在地上挖一个 20～50cm 深的坑，并仔细刨开所有碎石、植物根系等；在坑底铺上一层松土。

倒入 1L 左右盐水，将松土混合成盐水泥浆，在干旱地区或炎热的天气，可能需要倒入更多的盐水用来保持泥浆的湿度，并用以适应长时间的观测。

将电极罐底盖取下，小心放入电极罐，左右旋转几下，让电极罐的瓷底和泥浆充分接触，并将电极的引线放在坑外。

对于长时间的观测（AMT），可以考虑将电极用松土完全遮盖。

图 3.21　埋设电极

回收过程与安装顺序相反，注意设备取回清洁干净再装入箱中。

2）连接电极线和不极化电极罐（如图 3.22 所示）

将电极线和不极化电极罐电极引线的尾部用剥线钳剥开 2～2.5cm 的铜芯出来，并将露出的铜芯线扭紧；

将剥好的电极线和不极化电极罐的电极引线放在一起，使其内部导线芯朝一个方向；

拧紧放在一起的导线芯，拧几圈后将两个接头的导线芯分开，各自绕回自己的导线芯，这样一般会接得很牢固；用防水绝缘胶布在接头处缠约 3～4 层；

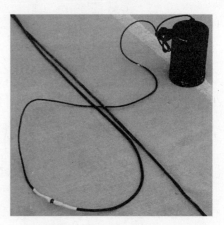

图 3.22　连接电极线和电极罐

最后在接头处打个安全结，安全结能防止拉动电极线时接头断开。

3）连接接收设备和电极线

在电极线电缆的头部用剥线钳剥开 2～2.5cm 的铜芯出来，并将露出的铜芯线扭紧；

将电缆头屏蔽层的铜网修短，外面用绝缘防水胶布缠 3～4 圈；

完全拧松 V8 采集站上接线柱的螺帽（此螺帽不能被拧下来）；

将准备好的电缆头穿入接线柱中央的小孔中，然后拧紧螺帽；

检查接头是否接牢，然后检查穿过小孔的铜芯不能与其他接线柱相碰。

4）磁探头的安放

确定 Hx 磁探头和 Hy 磁探头，并将连接这两根磁探头的连接线分别编号为 Hx 和 Hy；

将 Hx 和 Hy 磁探头分别拿到计划安放的地点，并将各自对应连接线的一段拉到该处；

使用森林罗盘,在地上利用标杆划定出安放的正确方向;

用铁锹沿划定的方向上挖一深 10~15cm 的深槽,宽度以放下两根探头为宜;

将磁探头和磁探头连接线的一端连接;

将磁探头以正确的朝向(未连线的一头应该连接到测量的参考北方(Hx 磁探头)和参考东方(Hy 磁探头)放入深槽,并用森林罗盘校正方向;

利用水平尺确认磁探头水平安置,如图 3.23 所示;

图 3.23　安放磁探头

最后用松土覆盖(磁探头连接头很脆弱,请小心覆盖),但不要在探头上方堆起土堆,这样风吹的颤动会形成噪声,应该用铁锹将多余的土抚平;

若连接线太长,余下的部分让其 S 形地平放在地面上,用小土堆或岩石压在上面,避免风吹动产生干扰;

回收过程与安装顺序相反,注意设备取回后需清洁干净再装入箱中。

5)磁探头与接收设备的连接

磁探头安放完毕后,将磁探头连接线拉到 V8 采集站处;

将"磁探头 3 通连线"连接到 V8 采集站上标有"AUXILIARY(辅助)"名称的插座上;

分别将磁探头 Hx、Hy 连接线与"磁探头 3 通连线"相应的 Hx、Hy 分头线相连(Hz 空闲);

最后检查确认磁探头连接线与磁探头和"磁探头 3 通连线"的对应分头线、"磁探头 3 通连线"与 V8 采集站连接良好。

6)发射电极的操作

V8 多功能电法仪进行 CSAMT 和 TDIP 模式测量时,需要对地发射信号,若发射接地不良会影响发射信号的质量,导致接收端采集数据的不准确。发射极板作为发射接地设备,其埋设的好坏影响到接地性能,正确而快速地埋设极板会大大减少接地不良情况的发生。

极板埋设的基本操作步骤如下:

发射极板共 8 块,发射两端各埋设 4 块,在极板边缘处有一个发射线缆连接头,每次应用时需检查连接头的紧固性,连接不牢时需做处理;

极板检查完毕后,将极板带到预先规划的埋设极板处,且尽量选取土壤较多,地势平坦之地;

用铁锹或铁铲挖 4 个方形坑,长宽比发射极板略长,深度大约 30cm,若条件允许,最

好到 50cm 左右;

将坑底部修正平坦,如果碎石太多,需要去除,有条件可以垫一层浮土,随后浇灌盐水,将底部泥土弄湿润;

将极板平放在坑底部,用脚踩实,让极板与底部接触无缝隙;

将土回填入坑中,填土时注意把极板上的连接线缆引出,填完土后,再用盐水浇灌,使极板与大地充分良好接触;

4 块极板埋设完毕后,将 4 根引出线的铜芯与发射电缆的铜芯绞合在一起,并用绝缘胶布缠绕;

极板埋设时,发射机必须处于不发射状态;极板埋设完毕,发射机正常发射时,不能接近极板埋设处,并且时刻注意发射线缆和发射极板附近的安全性;必须确认发射机停止工作后,才能接触发射极板;

测量完毕后,设备取回并清洁干净后装入箱中。

7) CF 卡的使用

V8 多功能电法仪的发射和接收设备都采用 CF 卡来存储参数和记录数据,CF 卡可以插入 V8 采集站(V8 – 6R)侧面的插槽里或发射记录器(RXU-TMR)的面板插槽里,用一个黑色铁片加以保护,没有插入 CF 的情况下开机,V8 采集站(V8 – 6R)的状态栏上会提示错误信息,发射记录器(RXU-TMR)的指示灯也会提示错误信号。无论如何,不得在开机状态的时候拔出/插入 CF 卡,这将造成仪器损坏。

CF 卡很贵重,它保存了野外采集的宝贵数据,请小心保存,不用的时候将其放到盒子内,以防静电损坏。

(1) 安装 CF 卡(如图 3.24):

确认 V8 – 6R 或 RXU-TMR 处于关机状态;

在 V8 – 6R 的侧面或 RXU-TMR 的面板找到插槽,旋转保护盖上的旋钮,松开并拔出保护盖;

手执 CF 卡的底部两角如图中的朝向插入插槽;

盖上保护盖,并旋紧保护盖的旋钮。

(2) 拔出 CF 卡(如图 3.25):

图 3.24　安装 CF 卡

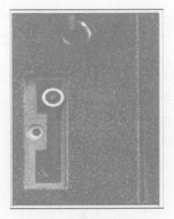

图 3.25　拔出 CF 卡

确认 V8 – 6R 或 RXU-TMR 处于关机状态；

在 V8 – 6R 的侧面或 RXU-TMR 的面板找到插槽,旋转保护盖上的旋钮,松开并拔出保护盖；

按下插槽内 CF 卡上方的小方形按钮,CF 卡会被弹出；

手执 CF 卡底部的两角取出 CF 卡并盖上保护盖。

8) 电池连接

V8 – 6R 和 RXU-TMR 都采用 12V 直流电源供电,具体连接步骤如下。

测量电池电压;检查电池连接头和 V8 – 6R 或 RXU-TMR 的"EXTBATT"插座是否干净,如果存在污物,请小心清理；

确认 V8 – 6R 或 RXU-TMR 都已连接地线接地；

将 V8 – 6R 或 RXU-TMR 电源线的接头端和仪器面板上标有"EXTBATT"的插座相连；

将电源线红色线夹接电池的" + "极,黑色线夹接电池" – "极；

不得在仪器工作时拔掉电池连接线,这将造成数据的丢失甚至损坏仪器。使用完毕后,必须确保仪器已经正常关机,并等待 5s 后,再拔下电池连接线。

9) 连接 GPS 接收天线

V8 – 6R 或 RXU-TMR 进行标定或观测的时候,必须通过 GPS 卫星接收天线实时获取卫星的同步信号,GPS 卫星接收天线的连接线有两个连接头：一个类环锁连接头连接到 V8 – 6R 或 RXU-TMR 上,另一个旋钮接头连接到 GPS 卫星接收天线上。

将旋钮连接头连接到带三脚架的白色 GPS 卫星接收天线头上；

将类环锁连接头连接到相应仪器上标有"GPSANT"的插座上；

打开 GPS 天线的三脚架将其安放在无遮蔽区域,为了保证 GPS 天线的稳定,某些极端情况下,可以将三脚架绑在一些辅助物体上,如树干、简易三脚架等；

回收过程与安放顺序相反,设备取回后需清洁干净再装入箱中。

2. V8 多功能电法系统工作流程

V8 多功能电法系统作业流程如下：

制定测量计划→标定设备→建立并安装初始 TBL 文件→仪器布置→设置发射机和 RXU-TMR(可控源方法)→设置 V8→检查采集参数→开始记录→调整更好的采集参数→移动到下一个测点→数据处理(包括数据传输与数据分析处理)→数据解释。

1) 制定测量计划

选择测点,工区内的测点是否布置成测线,或测网,考虑是否测点必须按照真北参考、磁北参考,或根据测线方向自定义参考方向。在地形图上将所有的测点标出,在地形条件好,估计噪声水平较低的地区标出一两个远参考点。

在野外测量中,充分考虑测点附近的干扰源,设备安全。还必须考虑当地家畜、野生动物、徒步旅行者或其他运输活动,输电线及防御电网等野外实际问题,由于 AMT 采集的是天然场源信号,所以即使地形条件好、人为噪声较小的地方,起风的天气也会增加数据噪声。

多次更改观测计划之后,最终在地图上标定。

2）标定设备

在每个测区开始数据观测之前,所有的仪器和磁探头都必须经过标定,标定主要用于检测仪器的工作状态。对于磁棒而言,由于磁信号受环境影响较大,标定结果可以用来校准接收信号,使数据更加准确。

设备标定是一个独立的过程,只要相关的设备标定完成了,它就可以应用于所有的地球物理方法并适应任意的采集参数。各设备使用标定结果和设定的增益、滤波器等参数来计算设备响应。

一般在实际工作中是先标定 V8 – 6R,然后立即标定磁探头,还可以同时标定 RXU-TMR,随后标定 T3 发射机。

如果设备设置正确,将使用 10 分钟左右完成 V8 – 6R 或 RXU-TMR 的标定、45 分钟完成磁探头标定、25 分钟完成发射机的标定。每一次标定必须一次性完成,不能在中途被打断。开始标定后会在 CF 卡中擦去所有相应的存在文件,所以最好将以前的标定文件保存到计算机中。

（1）标定 V8 采集站（V8 –6R）。

准备仪器:被标定的 V8 – 6R、电池及电池连线和 GPS 天线及其延长线;

将 CF 卡装入仪器,连接 GPS 天线、电源线、磁探头连线和接地线;

V8 – 6R 开机,进入 Calibrate（标定）窗口界面;

检查 Calibration 窗口的底部的状态栏,查看标定状态;

等待仪器锁定 GPS（CLK：LockedtoGPS）后,进行标定工作;

观察状态栏,确定仪器处于 Mode：Setup 模式,如果在 CS_Record 状态,要先回到 Setup 模式。

在 Setup 菜单中,选择 50Hz 的线频滤波器;检查确认"OptionsandStatus"窗口中"Temperature（温度）"显示稳定、"ClockError"应小于 ±2μs;

在 Calibration 菜单选中 BoxCalibration 选项,这样 V8 – 6R 会立刻开始标定,状态栏上会显示 BoxNoCal,然后 V8 – 6R 会检查工作状态,大约两分钟后会显示 BoxCalInProgress,表示标定过程正在进行中;

时常检查状态栏,如出现 BoxCalFail 提示,如图 3.26 所示,说明标定失败,需检查设备重新标定;

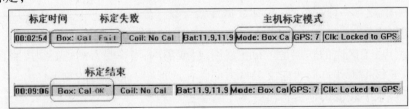

图 3.26　V8 采集站标定界面

标定失败很可能是因为噪声干扰引起,如果一切正常,在 8 分 56 秒之后,会出现 BoxCalOK 字样。

到 Calibration 菜单中选中 StopCalibration（必须）,让仪器回到 Setup 状态,仪器会生成并存储标定文件,可以在 View 菜单里选择标定文件查看标定曲线。

此时可以继续标定磁探头,如果不想此时标定磁探头,在"Setup"菜单中选择"Exit-Calibration"退出回到主窗口。

(2) 标定磁探头。

AMT 和 CSAMT 方法通常需要 1 个或更多的磁探头观测磁场。磁探头必须在使用前进行标定(使用标定过的 V8 – 6R 标定,也就是说在 OptionsandStatus 对话框中盒子标定文件(* . CLB)必须存在,或在状态栏中必须显示 BoxCalOK),尽管标定并不一定需要像正式观测系统那样去摆放设备,但也必须在户外进行磁探头标定工作。磁探头标定至少需要半个小时或更多,进行标定的地点电磁噪声越大,需要的标定时间越长。

电信号噪声、磁探头发生颤动以及仪器温度的改变都会导致低质量的标定结果。尽管无需将磁探头埋入土中进行标定,但最好避免将其放在风大或阳光直射区域、其周围不能有机车通过,远离电台、公路等一切可能干扰标定的地点。如果这些要求无法被满足,则需要将磁探头埋入浅槽中进行标定(如果仅仅是因为阳光直射,可以用帆布遮盖)。

准备仪器:被标定的磁探头及相应连线、已经标定的 V8 – 6R 和磁道连线、电池及电池连线、GPS 卫星天线及连线、接地电极及连线和铁锹、帆布等辅助工具设备,如图 3.27 所示。

布置标定的磁探头:选择一个开阔地点,将磁探头置于 V8 – 6R10m 开外;安放接地电极,并连接到 V8 的 GND 接线柱上;在 10m 开外将两根磁探头平行放置,之间相隔 3m,所有连线端朝向 V8;如果现场环境较复杂,可以考虑与实际测量时一样埋放磁棒;将磁探头用连接线连接到 V8 – 6R 上,并记录下与连接线 Hx、Hy 对应连接的磁探头的序列号,并且以后按此区分两根磁探头,使用时不可混淆;为了尽量减小风吹的噪声,所有连接线都平放在地上(如果

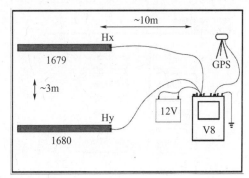

图 3.27　标定磁探头

必要,用重物压实它们);完成磁探头埋设后,准备开始标定,标定过程中,磁探头安放区域不可随意走动,避免产生噪声干扰标定结果。

标定磁探头准备:V8 – 6R 开机,进入 Calibrate(标定)窗口界面;检查 Calibration 窗口底部的状态栏,需要满足:V8 – 6R 应该标定完成,即显示 BoxCalOK;仪器处于"Mode:Setup"模式,如果在 CS_Record 状态,要先回到 Setup 模式;仪器显示锁定 GPS(CLK:LockedtoGPS)。

在 Setup 菜单中,选择 50Hz 的线频滤波器;在 Calibration 菜单选 CoilCalibration 选项,会出现 CoilCalibration 对话框。

选择"CoilType"为"MTC3(AMT)",确定探头的固有频率及放大倍数等指标;

在 Calibrationtime(×20min)滚动列表中选择标定时间长度,一般填入数字为 2,即 40 分钟。如果该地区噪声较强,就选一相对较长的标定时间;

在每个 Serialnumber 文本框中,输入对应各道连接的磁探头的 4 位序列号;

一定要保证序列号和磁探头类型是正确且唯一的,所以需要仔细检查 Hx、Hy 各自连

接到哪个探头之上。

要马上开始标定,选择 OK;要取消标定,选择 Cancel。在选中 OK 后,就会开始磁探头标定,状态栏先会显示 CoilNoCal,约两分钟后显示 CoilInProgress;

时常检查状态栏,如出现 CoilCalFail 提示,说明标定失败,需检查设备重新标定;

标定失败很可能是因为噪声干扰引起的。如果一切正常,在大约 45 分钟后,状态栏会出现 CoilCalOK 字样;

等到状态栏显示 CoilCalOK 之后,一定要到 Calibration 菜单中选中 StopCalibration 先停止标定,让仪器回到 Setup 模式,仪器会生成并存储标定文件。可以在 View 菜单里选择标定文件查看标定曲线。标定完成后,可以进行实际测量工作。

(3)标定发射记录器。

准备仪器:需要被标定的 RXU-TMR、电池及连线、GPS 天线及连线和安装 RXUPilot 软件的 Palm 设备。

RXU-TMR 连接好 GPS 天线、电池线和接地线,然后正常开机;在 Palm 里运行 RXUPilot 软件;确认 RXU-TMR 已与 GPS 同步(可以通过 Palm 查询 GPS 同步);在 RXUPilot 的主窗口(图 3.28)上点击 Cal 按钮,出现如图 3.29 所示窗口。

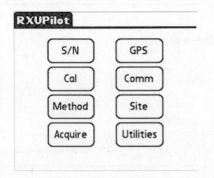

图 3.28   RXUPilot 的主窗口

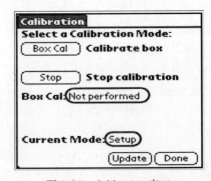

图 3.29   Calibration 窗口

点击图 3.29 所示 BoxCal 按钮,如果 RXU 盒子已经和 GPS 同步,两分钟后标定会马上开始;

在大约 8 分 56 秒之后,点击 Update 按钮查看标定是否完成,如果标定完成,BoxCal 信息会显示 Calfilepresent;

点击 Stop 结束标定然后回到 Setup 模式。

(4)标定 T3 发射机(CMU-1 电流传感器)。

标定 T3 发射机前,需要完成的准备工作为:选择一个合适的地点进行 T3 发射机标定,必须距输电线、电磁噪声源几米远;将 GPS 天线和 RXU-TMR 连接;连接 RXU-TMR 的地线;连接 RXU-TMR 的电池;记下 T3 发射机的序列号;将 T3 发射机和 RXU-TMR 用 TMR 至 CMU-1 连线连接起来;RXU-TMR 开机;运行 Palm 手持机的 RXUPilot 软件;检查 GPS 状态,保证 RXU-TMR 和 GPS 同步。然后才能进行标定,步骤如下:

在 RXUPilot 主窗口中点击 Cal 按钮,调出 Calibration 窗口,如图 3.30 所示;

如果 CurrentMode 信息显示的不是 Setup,先使仪器回到 Setup 模式;

点击 SensorCal,调出 SensorCal 窗口,如图 3.31 所示;

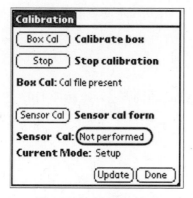

图 3.30 Calibration 窗口

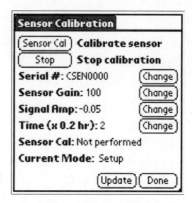

图 3.31 SensorCal 窗口

如果 Serial#信息显示的不是正标定的 T3 发射机序列号,点击 Change 按钮正确地设置它,请记得在前面加上"T3 -"标记,如图 3.32 所示;

设置电流传感器的增益(SensorGain),对于 T3 和 CMU - 1,增益为 100,如图 3.33 所示;

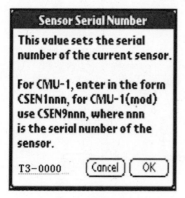

图 3.32 T3 标定窗口

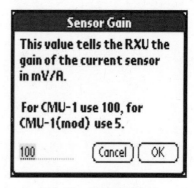

图 3.33 增益设置窗口

设置 SignalAmp(标定测试信号的振幅),对于 CMU - 1 和 T3 选择 - 0.05,如图 3.34 所示;

设置标定时间(Time(x0.2hr)),对于 CMU - 1 和 T3 至少要设置为 2,如图 3.35 所示,点击 SensorCal;

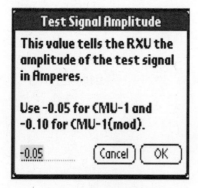

图 3.34 振幅设置窗口

图 3.35 时间设置窗口

在设置的标定时间过后,在 Calibration 窗口中点击 Update 更新显示状态,如果发现 SensorCal 信息显示为 CalFilepresent,则表示标定完成。

点击 Stop 完成标定回到 Setup 模式。

3）建立并安装初始 TBL 文件

TBL 文件是保存设备工作参数的磁盘文件,对于不同的设备可以拷贝 TBL 文件来让他们有共同的设定;TBL 文件还可以保存当前的设定,这样在下次测量中无须重复填写参数;TBL 文件还提供数据处理的输入参数。

4）仪器布置

仪器布置流程为:设置测点—做好野外观测班报—设备清点—确认测点位置—定位测点中心安放设备—安置电极线—设置磁探头—测量并记录电道接地电阻和偶极电压(交流/直流)。

AMT 模式、CSAMT 模式和 TDIP 模式的布线示意图分别如图 3.36、图 3.37 和图 3.38 所示。

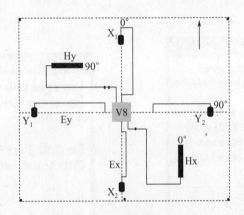

图 3.36 AMT 模式布线示意图

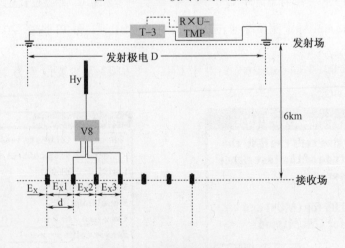

图 3.37 CSAMT 模式布线示意图

5）大地音频电磁法(AMT)操作

使用大地音频电磁法进行地下水源试采集时,需要首先进行开机并检查操作和完成野外观测班报。然后按照：调整采集参数—采集数据—移动到下一个测点—数据处理—数据解释的步骤完成对大地音频电磁法的操作，如图 3.39 所示。

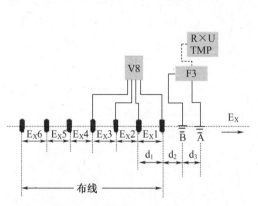

图 3.38　TDIP 模式布线示意图

图 3.39　大地音频电磁法

可控源大地音频电磁法（CSAMT），基本工作流程与大地音频电磁法类似，只是标定设备多了发射记录器（RXU-TMR）和 T3 发射机，布线示意图也不同，且增加了试发射的工作环节，数据处理与解释也不同。

时间域激发极化法（TDIP），基本工作流程与可控源大地音频电磁法类似，只是只需要标定 V8 – 6R、发射记录器和 T3 发射机，布线示意图不同，数据处理与解释也不同。

6）V8 配套设备的使用

6 – GFM – 65 型蓄电池是 12V 蓄电池，为 V8 相关设备提供直流电源，连接蓄电池时应注意" + "" – "极，禁止反接。

当蓄电池放电完毕后，应立即使用配套的充电器进行充电，最大充电量 0.25℃，推荐采用 0.1C。充电电流随充电时间增加逐渐减小，最终到 0 左右，此时充满指示灯会亮，一般再继续充电 1 ~ 2h，表示电池已充满。

3.3.6.3　DZD – 6A 多功能直流电法仪的使用

1. 仪器作业流程

DZD – 6A 多功能直流电法仪（基本型）作业流程如下：

制定测量计划→野外建立基本型 DZD – 6A 勘测系统→数据采集→数据处理（包括数据传输和数据分析处理）。

（1）制定测量计划。在进行勘测之前，应设计测量计划。制定的测量计划将更大地决定或影响基本型 DZD – 6A 的布置和数据采集。测量计划不但确定测点的位置和地形起伏等环境条件，还须考虑诸如野外工作日程、点的存取、合理的目标体构造的水平分量和合理的目标体构造或测区的覆盖范围。

（2）野外建立基本型 DZD – 6A 勘测系统。按图 3.40 进行设备连接。采用四极测深装置进行电极布置，电极布置有多种方法，这是最常用的方式。其中 AB 极间距一般在 500m 左右，MN 极间距为 AB 极间距的（1/15 ~ 1/3），推荐为 1/8。而且 AB 电极选用钢棒，MN 电极选用不极化电极。电池组一般串联 2 个，供电电压为 100V 左右，其中主机上的红色夹子为正极，黑色夹子为负极。设备连接完成后，准备开机测量。

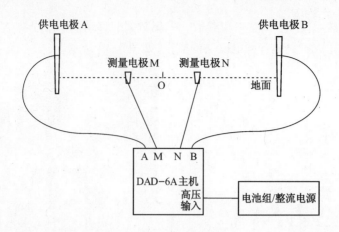

图 3.40　野外连接示意图

（3）数据采集：

① 开机与对比度的调整：

按住文件键,同时打开仪器电源,选中普通电法 DZD－6A。

如果选择一种仪器类型后,下一次不再改变时,可直接开机,进入原来的仪器类型。重新选择仪器类型时,需再次按住模式文件键开机,或按住模式文件键的同时,再按复位键,也能进入仪器类型选择菜单。

旋转面板灰度旋钮到合适的清晰度,如果光线太暗,可按下背景电源开关接通背景光电源,点亮显示器背景光,显示屏字迹清晰可见,但一般情况不用,以免浪费电池。

② 建立文件。无论使用何种测量方法都必须在文件中进行,所以在操作前必须首先建立文件。按文件（模式）键,仪器显示：① 新建文件;② 补测文件。如果新建文件选 1 回车;对以前所做文件某点进行重测或追加测点,下移光标选 2 回车。

③ 具体操作步骤。以文件 1 为例。

开机应按文件（模式）键;显示工作文件：① 新建;② 补测。

输入 1 回车,新建文件。

输入断面号：如 1 回车。

选测量参数,如 2（视电阻率）回车。

选择装置类型,如 1（四极测深）回车。

设置测深点号,如 1（为第一条断面上的第一测深点）回车。

设置水平坐标（第一条断面上第一测深点初始水平位置）回车。

选择工作参数环境（或直接按参数键进入选择工作参数环境）。

设置供电时间：如 0.3s（根据实际设置）。

移动光标按↓键：设置当前开始测点。

移动光标按↓键：设置测点增量（一般以 10 为单位,加密测点时方便）,此时应按回车键翻屏。

设置当前极号：输入极号,下移动光标,按↓键。

设置极号增量：输入极号增量,下移光标。

设置供电波形个数：默认值为 2（如只做电阻率,可设置为 2,如要做激电,建议设置为 3 个为好），此应翻屏，按回车键。

选择极距方式：如用自动极距表，选择"自动"。选择方法将按上或下箭头键，将光标移动极距方式后面，再按→键，选择"自动"为准，如测量前输入，可选择手动方式。

选择存储方式：方法同极距方式操作一样，选择"存储"或"不存储"，此应直接按回车键→。

选择工作极距表

手动：直接按极距键，输入当前的极距参数值，如 AB/2、MN/2…等再回车，显示 K = ××.××值，可开始测量。

测量：直接按测量键，显示正在测量请等待测量结果显示。

④ 数据存储。

有关存储的说明：在前面我们提到的有关"存储"或"不存储"的功能选择中，如果已经设置了"存储"，再按其他功能键后，仪器将提示"测量数据未存，是否保存?"

否定：如不存选择"否"，将光标移到"否"字位置旁边再回车，仪器自动继续执行您当前所按键的功能。此时如果是重复测量，再测点号不变，此功能适用于在同一点多次测量。

存储：移动光标到"存储"二字位置再按一次回车，此时显示数据已存，此后便可以开始下一测点的测量。

（4）VES 电测深反演处理系统软件。数据处理包括数据传输和数据的分析处理，先打开处理软件，选仪器类型，"打开端口"，点"接收数据"后，再按仪器上的"辅助"键，选"3"，进行传输。仪器中的数据以文件号为单位进行传输。

处理软件可以接收完一个文件的数据，然后保存，也可以分时接收一条测线上多个文件的数据，然后保存。

处理软件数据保存格式有两种，一种是电测深数据，测量参数只有视电阻率值，数据名后缀为".ves"，一种是激电找水数据，共有六个测量参数，包括视电阻率、视极化率、半衰时、衰减度、偏离度、综合参数，数据名后缀为".dat"。

2. 配套设备的操作说明

（1）不极化电极的制作：

① 将瓶用清水洗净，或放入沸水中将污物或有机物除去，以保证瓶底部陶瓷的毛细孔通畅。

② 将铜棒或铜条用细砂纸擦净，或浸在 15%～20% 的硝酸溶液中洗涤 2～3s 后用清水洗净，用棉花擦干。

③ 将硫酸铜倒入蒸馏水搪瓷缸中加热煮沸，使硫酸铜在蒸馏水中完全溶解，达到饱和状态，并过滤。

④ 将煮沸后的饱和硫酸铜溶液倒入瓶内，必须保证铜棒浸入溶液深度大于 5cm 以上。

⑤ 测定电极极差。将两个不极化电极放在装有硫酸铜溶液的瓷缸或玻璃缸内，用数字万用表测量的极差若大于 2mV 应将铜棒抽出放入装有硫酸铜溶液的同一缸中。测量两个铜棒的极差，若超过 1mV，应将铜棒再放入硝酸溶液中洗净，极差变化小于 0.01mV/5 分钟。

（2）72V 可充电电源箱的使用：

① 不使用时应将电瓶箱开关置于"关闭"位置。

② 供电操作前应将电瓶箱开关置于"关闭"位置，选定的电压挡用电线与外部连接好，在确认无短路和断路的情况下将电瓶箱开关置于"供电"位置即可使用，供电电流小于 2A。

③ 充电前将电瓶箱开关置于"关闭"位置，去掉供电连接线，用所配的充电线把充电器与电瓶箱连接好，红夹子接充电器的正极，黑夹子接充电器的负极，充电器充电电压置于最小挡，然后先将电瓶箱开关置于"充电"位置，再打开充电器。电源开关开始充电，逐渐增大充电电压，观察充电电流不能大于 2A，充电电压不能大于 13.8V。

（3）72V 可充电配套充电器的使用。将充电器所用的充电夹子一端接在充电器的输出正极，另一端与电池箱的正极相连，同样输出负极与负极相连。开启充电器，调整表盘上指示充电电流为 1A 左右（注意，充电电流不能高于 2A）。通过表盘上的定时器根据需要设定充电时间，充电开始后，表盘上显示的充电电流会慢慢减小，当快接近于 0 时，则电池箱已经基本充满，可以关闭充电器后，拔下充电夹子，停止充电。

3.3.6.4　其他工具的使用

除了 EH-4、V8 等水源侦察仪器外，水源工程侦察车还有森林罗盘、常用地质调查器材箱等工具，相应的使用方法如下。

1. 森林罗盘的使用

使用时，将仪器旋紧在三脚架上，调整安平机构，使两水准器气泡居中，即仪器安平。仪器安平时，其各调整部位均应处于中间位置。

测量时望远镜是对目标照准的主要机构。根据眼睛的视力调节目镜视度，使之清晰地看清十字丝，然后通过粗照准器，大致瞄准观测目标，再调整调焦轮，直到准确地看清目标，这时即可作距离、坡角、水平等项的测量。放开磁针止动螺旋，望远镜与罗盘配合使用亦可对目标方位进行测量。

仪器应保存在清洁、干燥、无酸、碱侵蚀及铁磁物干扰的库房内；仪器在不使用时，应将磁针锁牢，避免轴尖与玛瑙轴承的磨损；仪器微调机构、横轴及纵轴非必要时，不可随意拆卸；光学系统各零部件拆装或修理后，须经严格校正方可使用。

2. 常用地质调查器材箱

常用地质调查器材箱由地质罗盘、高度计、水平尺、地质锤、手板锯、放大镜、折叠铲、测绳、皮卷尺、钢卷尺组成。其中水平尺、手板锯、放大镜、测绳、皮卷尺和钢卷尺为常用基本设备，其操作不再叙述。地质罗盘和高度计的使用详见其说明书。

3.3.7　给水工程勘察分系统使用

给水工程勘察分系统主要包括工程数字化勘测系统、地形地貌记录仪、常用水文调查器材箱等，各种仪器的使用方法如下。

1. 工程数字化勘测系统

工程数字化勘测系统由全站仪、便携式计算机和地形信息采集软件组成。利用全站仪快速获取拟作业区域的地形数据，并通过软件处理后获取该区域的大比例尺电子地图，为指挥员提供该区域较详细的地形侦察情报。

（1）人员的配备。为了保证野外作业效率和所测数据的正确性及良好的可用性,数勘系统的使用人员必须具备一定的测量知识和较熟练的计算机操作能力。一般情况下人员数量以 4 人为宜,也可以根据野外地形的复杂程度灵活调整。

（2）准备工作。需要准备的硬件主要包括:全站仪三脚架能正常使用并能灵活调节;全站仪工作电池及备用电池电量充足;全站仪能正常开机、关机、测定点位;便携式计算机工作电池及备用电池电量充足;便携式计算机能正常工作;全站仪与计算机 RS232口连线及备用连线数据传输通畅;用于测站和碎部点人员之间进行通话的对讲机(至少三部)电量充足,信号良好。除此以外,还应将便携式计算机安装工程数字化勘测系统软件并能正常运行。

（3）确定总体测量计划。总体测量计划是实施测量的总指导,因此在测量前应合理进行计划,主要包括选取控制点和明确人员分工,具体内容如下。

① 选取控制点。为了提高测量效率,应在测量之前,详细考察现场地形,掌握现场的地形走势,现场河流、道路、桥梁、房屋等地物的数量及其分布和现场植被的覆盖情况。根据测区面积、复杂情况和通视率按控制点的选取原则预先定出控制点的数量及其分布。

② 明确人员的分工。明确而良好的人员分工可以充分利用人力资源,利用最少的人力完成野外复杂的测量工作。根据数勘系统的软硬件配置和野外测量优化方案,野外测量小组一般由 5 人组成,具体分工如下:现场总体指挥员 1 名,指挥协调棱镜架设人员在合理的碎部点架设棱镜,并协调测站与碎部点之间的配合。全站仪观测人员 1 名,负责操作全站仪,要求其能够熟练操作全站仪,利用全站仪进行测量。测量工作结束后,能够操作全站仪,将数据导入笔记本电脑。负责在碎部点架设棱镜人员 2 名,此两名人员要主动向指挥员报告棱镜的架设情况、棱镜参数、碎部点属性等并请求下一碎部点的位置。数勘系统作业流程参见水源普查数据处理流程。

（4）现场勘测。进行地下水源勘察的现场勘测时,主要分为架设仪器与调整、测量前的准备、测量等几个步骤,各部分的内容如下。

① 架设仪器与调整。首先将三脚架打开,调整三脚架的腿到适当高度。调节三脚架上的平台座,使其基本水平,并保证它在测站点的竖直方向上;拧紧三个固定螺丝。将仪器放在脚架架头上。一手握住仪器,另一手旋紧中心螺旋。

观察圆水准器气泡的偏离方向,缩短近气泡方向的三脚架腿,或伸长远气泡方向的三脚架腿;为了使气泡居中,必须反复调节三脚架的腿长。

松开水平制动旋钮转动照准部,使照准部长水准器轴平行于三个脚螺旋的其中两个脚螺旋所在竖直平面。旋动这两个脚螺旋使照准部水准器气泡居中(气泡向顺时针旋转脚螺旋的方向移动)。

将照准部旋转 90°使水准器轴垂直于上一步的两个脚螺旋平面;用另一脚螺旋使照准部长水准器气泡居中。检查气泡是否在任何方向都在同一位置。

再旋转 90°并检查气泡的位置,观察气泡是否偏离中心。如果气泡偏离中心,则重复上述步骤。直到长水准气泡始终居中为止。

② 测量前的准备。为保证测量的顺利进行,测量前进行的准备工作主要包括对分化板进行调焦、照准目标和对目标进行调焦,其内容与方法分别如下所述。

对分化板进行调焦:通过望远镜目镜观察一个明亮而特殊的背景,转动目镜直至十字丝成像最清晰为止。

照准目标：松开垂直和水平制动钮，用粗瞄准器瞄准目标，使其进入视野。固紧两制动钮。

对目标进行调焦：旋转调焦螺旋，使目标清晰，调节垂直和水平微动螺旋，用十字丝准确地照准目标。

③ 测量。转动全站仪到正北方向，将水平角置零。按下直角坐标系键即可进入坐标测量模式，坐标测量模式分三页操作，其按键、显示符号和功能见表 3.3，请按照以下步骤操作全站仪：设置全站仪高度(仪高)；设置目标高(棱镜高)；设置全站仪测站点坐标(测站)；进入连续测量模式，开始测量。

表 3.3 全站仪坐标测量菜单项

页码	按键	显示符号	功能
1	F1	测量	开始测量
	F2	模式	设置测量模式精测/粗测/跟踪
	F3	S/A	设置音响模式
	F4	P1↓	显示第二页设置功能
2	F1	镜高	通过输入设置棱镜高度
	F2	仪高	通过输入设置仪器高度
	F3	测站	通过输入设置测站点高度
	F4	P2↓	显示第三页设置功能
3	F1	OFSET	偏心测量模式
	F3	M/f/I	米、英尺、英寸的转换
	F4	P3↓	显示第一页设置功能

（5）将测量数据导入笔记本电脑。测量后，需要将数据导入笔记本电脑进行分析、存储，将数据导入笔记本电脑可以分成以下几个步骤。

① 将全站仪与笔记本电脑相连接。

② 全站仪通信参数设置：要使发送与接收端能相互匹配，并保证传输数据的正确无误，必须首先设置通信参数。波特率(BaudRate)设置为 1200；校验位(Parity)设置为偶检验；数据位(DataBit)设置为 7 位；停止位(StopBit)设置为 1。

③ 笔记本电脑通信参数设置：波特率(BaudRate)设置为 1200；校验位(Parity)设置为偶检验；数据位(DataBit)设置为 7 位；停止位(StopBit)设置为 1。

④ 导入测量数据。将测量数据保存到笔记本电脑上。

（6）软件成图：

① 勘测子系统。利用勘测子系统对数据进行标准化处理，操作步骤如下：导入离散点；构建三角形网络；构建 TIN；注记；创建网格 DEM。

② 成图子系统。点击菜单"地图查看"子菜单"进入成图系统"菜单项即可进入成图子系统查看电子地图，地图显示包括二维显示和三维显示：导入 DEM 数据；生成、显示等高线；空间分析。

在电子地图上可以选择距离量算、面积计算、填挖方量计算、通视分析、剖面分析等功能对地形图进行分析,得到相应地形信息。

2. 地形地貌记录仪

地形地貌记录仪包括数码相机及数码摄像机。该设备利用静止画面或连续图像记录特定区域以及周边的环境信息,便于直观了解和直接记录该区域的地形、地貌信息。

(1)数码相机。数码相机用于记录地表水源的静止图像信息。所记录的图像数据存储在相机内2GB的SD存储卡内。可通过SD卡读卡器或数据线将数据导入到数据处理分系统的笔记本电脑中,形成地表水源信息。

操作方法参见《佳能 EOS450D 数码相机使用说明书》。

(2)数码摄像机。数码摄像机用于记录地表水源的连续图像信息。所记录的连续图像数据存储在相机内8GB的SD存储卡内。可通过SD卡读卡器或数据线将数据导入到数据处理分系统的笔记本电脑中,形成地表水源信息。操作方法参见《佳能 FS100 数码摄像机使用说明书》。

3. 常用水文调查器材箱

常用水文调查器材箱是顺利进行地下水源勘察的重要器材,主要以水位计和采水器为例,对其使用方法进行介绍。

(1)水位计。水位计的测量深度为50m。当传感器接触到水面时,音响器鸣叫,根据下放的绳长计算地下水位。

(2)采水器。采水器的容量为1000mL。操作按以下步骤进行:

① 将橡胶出水管用铁夹夹住;

② 将测绳系到不锈钢提手中间;

③ 用测绳系住采水器,将其沉入水中,直到所需深度;

④ 然后将采水器拉出水面。

用手提住采水器,将出水管上的铁夹取走,通过出水口,将采集到的水样装到取样桶中进行保存。

3.3.8 水质检验分系统使用

水质检验分系统的使用主要包括检水检毒箱的使用、多功能水质理化速测仪的使用、水质细菌检验箱的使用和细菌培养箱的使用等。

1. 检水检毒箱的使用

WES-02检水检毒箱操作方法及注意事项参见《WES-02检水检毒箱使用说明书》。

2. 多功能水质理化速测仪的使用

便携式多功能水质理化速测仪是检水检毒箱内配备的辅助检测设备,可检测的项目有色度、混浊度、硫酸盐、氨氮、氟化物、总铁、六价铬、镉、氰化物、余氯、有效氯、结合氯、亚硝酸盐氮、氯化物、砷、铅、汞、有机磷农药。详细操作说明及注意事项参见《多功能水质理化速测仪说明书》。

3. 水质细菌检验箱的使用

使用水质细菌检验箱时首先将箱内酒精灯装入酒精,酒精棉球瓶中装入75%浓度的酒精。箱中所配沙门氏和志贺氏菌属凝集试剂,平时不用时放在冰箱中冷藏。水质细菌检验箱详细操作方法及注意事项参见《水质细菌检验箱使用说明书》。使用时应注意以下事项：

（1）应尽量做到无菌操作；

（2）每检验完一个水样后应用燃着的酒精棉球烧灼漏斗和滤床消毒后，再进行第二个样品的检验；

（3）每次实验完毕，必须用干纱布把过滤漏斗和滤床等处擦干，以免腐蚀漏斗。

4. 细菌培养箱的使用

细菌培养箱与水质细菌检验箱配合使用，详细操作方法及注意事项参见《水质细菌检验箱》第三部分"微型培养箱使用操作说明"。使用时应注意以下事项：

（1）安装的新的镉镍电池出厂时为放电状态，因此使用前必须进行充电，然后才能使用；

（2）蓄电池严防金属同时接触两极而短路，尤其刚充好的电池更要严防短路，以免电池受损；

（3）如果电池长时间不用时，请将电池取出，使其处于放电状态，放入纸盒或木箱内，储存在干燥通风的地方，避高温，严防受潮短路，勿与酸性物质或腐蚀性气体接触；

（4）电池长时间不用，至少三个月要把电池放在电池盒内进行一次充电和放电，然后取出存放。

细菌培养箱在车上使用需外接交流电时，供电电源可来自显控台桌面直接交流插座或逆变交流插座。

3.4　钻井装备操作使用

钻井种类众多，在此仅以国产钻机 SPC－600ST 型水文水井钻机和进口钻机 RB50 钻机为例对钻机的使用进行分析。

SPC－600ST 型水文水井钻机为国产旋转钻进钻机，SPC－300ST 型水文水井钻机与其相似，具体不再赘述。其钻进能力为，孔深：600m；孔径：开孔 500mm，终孔 190mm。

RB50 钻机是德国钻科公司研制生产的全液压动力头驱动回转钻机，具有自动化程度高、操作方便等特点，其主要技术参数如下：其钻深一般为 1200mm 直径大约 400m，150mm 直径大约 800m，最大通径 150mm。

3.4.1　施工前准备

钻机施工前的准备主要包括修建钻机场地、安装钻塔、机械设备安装和泥浆池及循环系统的设计与开挖等工作。

1. 修建钻机场地

（1）安装钻机设备的地基必须平坦、坚实、软硬均匀，对软弱地基作加固处理。

（2）在悬崖陡坡下施工，应采取措施，防止活石滑落造成事故。并作好排水和防洪处理。

（3）在地势低洼的河谷、河滩、易受地表水淹没地区施工，应修筑特殊稳固的基台，在基台上安装钻机。

（4）基台安装必须水平、周正、稳固，保证在施工过程中钻塔中心稳定。所用基台木及钢材的规格、数量及其安装形式应符合钻机使用说明书的要求。

2. 安装钻塔

1）一般要求

（1）安装钻塔前，必须对升降系统、钻塔各部件及有关辅助工具进行认真检查，符合要求后方可进行安装。

（2）安装钻塔时，任何人不得在钻塔起落范围内通过或停留。安装多层钻塔时，不得上下两层同时作业，应自下而上逐层进行。

（3）起钻塔时，卷扬或绞车应低速运转，保持平稳。当起塔接近垂直时，操作必须缓慢、准确，防止钻塔倾倒、碰坏。

（4）塔腿接触地面处，应以垫木垫牢或置于基台木上，以保持稳定。

（5）绷绳位置必须安设匀称，绷绳地锚必须埋设牢固，并用紧绳器绷紧，绷绳与地面所成夹角一般不大于45°。

（6）钻机天轮中心（前缘切点）、转盘（或立轴）中心与井孔中心必须保持在一条铅直线上。

2）桅杆式钻塔

（1）竖立 CZ 型桅杆钻塔的要求：竖立桅杆前应先穿好卷扬机钢丝绳，拴好绷绳，并装上各部拉杆；CZ－22 型及 CZ－30 型，升起桅杆时，起升装置必须使用安全销。安全销如自行加工，所用材料必须合乎原设计要求；用卷扬机竖立第一节桅杆，当与地面接近垂直时，应有专人掌握保护绳，以保证桅杆平稳竖立，第二节桅杆升起后，其凸轮未卡好第一节桅杆前，工作人员不得上桅杆工作。

（2）竖立车装式整体桅杆钻塔的要求：

① 红星－400 型钻机：起塔前，应先将销架子的两弯环卸开，再将45°支架拉回到工作状态，穿好大小销子；当钻塔升起到10cm 左右时，应暂停起立，检验平衡阀是否正确有效；钻塔起立到竖立位置，应立即穿好钻塔底端的大销子。

② SPC－300H 型钻机：立塔前，应首先搬动多路换向阀的操纵把手，使加压拉手的夹紧机构松开，以免拉断钢丝绳；起塔时，应注意天车与卷扬机之间的钢丝绳是否够长，如不够长时应及时松开卷扬机抱闸松绳，以免游动滑车碰到天车；起立钻塔应注意偏心块在支座内的位置。回转钻进时，偏心块小端朝里，冲击钻进时，偏心块大端朝里，以保证回转、冲击钻进时，都有同一井孔中心。

3）"A"字形钻塔

SPJ－300 型钻机为"A"字形钻塔，应按下列要求进行。

（1）起塔前，将井孔口基座安设稳固，并在地面按顺序把塔腿各节连接好，塔腿底脚应依次销牢在马蹄座上。两条塔腿应放平，支撑木应垫稳，防止移动时翻倒伤人。

（2）应以慢速起立钻塔，并注意让钻塔两支撑端在滑道中滑行，待钻塔完全直立，滑行亦即终止。若钻塔与钻孔中心不一致，整体移动底座，或在马蹄座与底座间加垫片予以调整。塔竖起后，应立即用支撑杆加固，并绷紧绷绳。

（3）钻塔支撑螺丝、塔座螺丝未固紧，绷绳没有安设好前，严禁上塔工作。

（4）起立钻塔用的支架挑杆绷绳，必须系牢、绷紧。

4）三角钻塔

起立红星-300型钻机钻塔,应按下列要求进行:

整体起立:① 起立钻塔前,先用螺丝将两侧腿上、下节法兰盘连接好,要求松紧一致,并分别将侧腿的一端套入中腿天轮轴上,天轮轴螺丝必须穿保险销;② 起立时,应先将中腿慢慢升起,同时应注意中腿升起的速度与两侧腿滑行速度大体一致,两侧腿在滑行中要居中心,不能歪斜;③ 钻塔缓慢升起时,应随时拉紧卷扬钢丝绳,并应注意减速器卷筒在缠绳过程中有无打迭现象;④ 中腿下节升起后,应旋紧地脚螺丝,然后抽出中腿大穿销;⑤ 中腿上节起升后,必须使卡牙、穿销全部受力,并调整钻塔中心。

部分吊装起立:① 起立前,先用螺丝将两侧腿上、下节法兰盘连接好,要求松紧一致;② 将中腿上节升起,使卡牙、穿销全部受力,并将四根绷绳拴好;③ 吊侧腿时,必须按照塔顶上工作人员的指挥控制侧腿移动;④ 两侧腿孔眼套入天轮轴后,应及时上好螺帽,穿好保险销。

5）四脚钻塔

采用整体起立时,应按下列要求进行:① 先将钻塔在地面全部装好,并使塔底座对准基台相应塔座位置,在靠近塔底处,安设人字形挑杆,并用绷绳固定,塔底处设木桩防止钻塔滑动;② 钢丝绳通过挑杆上滑轮,并系于距塔顶四分之一塔高处,钻塔靠地一面需安装方木加强,以防钻塔起立时受力过大发生弯曲;③ 用绞车或其他动力起立钻塔,要随时观察上升动向。

采用分节安装时,应按下列要求进行:① 先将钻塔底座固定在基台上,然后将各构件按要求顺序安装第一层;② 在横拉杆处设置临时活动台板,在活动台板适当位置安设带,有滑车的挑杆,挑杆上需系有掌握方向的绷绳和运送塔材的绳子;③ 须待每层构件全部安装后,方可拧紧所有螺丝;④ 按以上方法分节安装钻塔,直到安上天车为止。

3. 机械设备安装

1）钻机安装

安装钻机,首先必须了解所用钻机底座与孔眼距离及立轴中心(垂直位置时)与机座前排孔眼距离,方可确定钻机安放位置。然后在基台木上钻好相应位置的固定螺孔,用螺杆把钻机与基台木固定为整体;有时也可用铁夹板安装法,它是由空心轴、地脚螺丝、底压板等组成,通过底压板和螺杆,使基台枕木与钻机紧紧地固结在一起,从而把钻机牢牢地固定在基台木上。

2）动力机安装

钻机常用的动力机有电动机和柴油机两大类。用电动机时,常把电动机与基台木直接用螺杆连接固定,也可用夹板法安装,先把电动机安装在槽钢上,然后再用螺杆将槽钢固定在基台木上,使电动机稳固牢靠;用柴油机作动力时,由于震动力较大,故在深孔钻进时,常将柴油机固定在枕木上(有的专做水泥基础),而枕木要采取加强措施,固定牢靠,以保证柴油机运转平稳。柴油机一般距钻机4~5m安装为宜。

3）泥浆泵安装

泥浆泵有时与钻机由同一动力机传动,但多数是单独配动力机。若经中间轴传动时,泥浆泵通常靠近钻机一边安装,但不能靠钻机太近,一般是泥浆泵距钻机2~3m为宜,以防影响钻机正常操作。

4）钻机安装注意事项

（1）钻机及附属配套设备安装,必须布置合理,安装得水平、周正,稳固牢靠,便于操作。

（2）设备安装完毕后,要检查井孔中心、转盘中心、天车三者是否在一条垂直线上。

（3）固定机械底座的螺杆必须符合规格要求,并将带有垫片的防松螺帽拧紧,以防松动。

（4）安装机械传动的皮带轮要对正连接,皮带松紧要适度,接头牢固;传动系统和运转突出部位必须设置防护罩或防护栏杆。

（5）雷雨季节和易受雷击地段,钻塔上必须按有关规定安设避雷针。

（6）电焊机、电动机及其起动装置的金属外壳和配电盘的金属框架,必须按有关规定安设接地或接零保护。

（7）安装护口管。下入的护口管（护筒）的规格、深度,主要根据岩层具体情况和钻孔直径而定。在钻进粉砂、细砂等易坍塌地层时,一定要先下护口管,护口管的内径一般比井孔的开孔钻头大 50～100mm,其下入深度应在不透水层或在潜水位以下 1m,下入长度一般为 2～10m。为防止孔内泥浆与护筒外串通,或井台塌陷,护口管与孔壁间隙应填入黏土球夯实。

（8）安装钻具。安装水笼头、接通高压胶皮管、钻杆和钻头,并将方钻杆卡于转盘中心。

4. 泥浆池及循环系统的设计与开挖

泥浆循环系统包括泥浆池、泥浆搅拌池、沉淀池（坑）及输浆沟等。在布设之前,首先落实供水水源及供水设施。泥浆系统的布设是否合理,关系到钻井质量和钻进效率,及泥浆泵的寿命。不同类型的钻机对泥浆系统有不同的要求。

1）冲击式钻机泥浆循环系统的布设

冲击钻机的泥浆输送与排出系统如图 3.41 所示。开孔井坑位于钻机正前方,主要用来安装钻具。泥坑位于钻机的右前方,主要用以积存从井孔中掏出的泥砂。泥坑的大小根据井孔直径、井深而定,井孔直径越大、井孔越深,泥坑也就越大。泥浆搅拌机,位于钻机的左后方,与钻机主动轴大槽轮外侧安装的皮带轮相对,搅拌机以平皮带传动。在搅拌机的排浆口处,挖一个沉淀坑,以沉淀泥浆中的砂石或黏土块。沿沉淀坑口挖泥浆沟通往井坑。

2）回转式钻机泥浆循环系统的布设

泥浆系统的布设如图 3.42 所示。泥浆坑的大小,应根据泥浆泵排量的大小、井孔直径、深

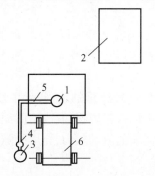

图 3.41　泥浆输送与排出系统位置图
1—井孔；2—泥坑；3—泥浆搅拌机；
4—泥浆沉淀小坑；5—输浆沟；6—钻机。

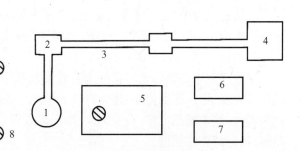

图 3.42　泥浆循环系统图
1—井孔；2—沉淀池；3—输浆沟；4—泥浆池；
5—钻机；6—泥浆泵；7—动力机；8—钻塔腿。

度而定。对于地质条件复杂、泥浆漏失量大的井孔,泥浆坑可适当的挖大一些。泥浆系统的布设,要有一定的流程,使携带着大量岩屑的泥浆能达到充分的沉淀。一般情况下,沉淀池设一个或两个,规格为 $1 \times 1 \times 1(m^3)$;泥浆池应设两个,每个规格为 $3 \times 3 \times 1.5(m^3)$;输浆沟规格为 $0.3 \times 0.4(m^2)$,长度不应小于15m,输浆沟的坡度一般为 $1/100 \sim 1/80$。

3.4.2　泥浆配制和指标的测定

泥浆在钻机钻井过程中具有进行紧固井壁、带回泥沙、润滑机械部件的作用,因此,在钻井前需要按照要求进行泥浆的配制与测定。

1. 泥浆的作用

泥浆是微小的黏土颗粒在水中的分散,并与水混合形成半胶体的悬浮溶液。它在凿井施工中所起的作用是多方面的,如固壁作用、携砂作用、冷却作用、润滑作用、堵漏作用等。

1）固壁作用

泥浆在井孔中起固壁保护井筒的作用,是因为井孔中的泥浆柱相当于一种液体支撑柱,泥浆柱的静压力除平衡地层压力和地下水位压力外,还可给井壁一种向外的作用力。在此种压力下,部分泥浆渗入岩层的孔隙裂隙中去,因泥浆有很强的黏着力,与岩层中的细颗粒黏胶在一起,再加钻进中钻头旋转使井壁上亦形成一层泥浆皮。因此在凿井施工中,保持泥浆柱的一定水头高度,利用泥浆柱的轴向压力和侧压力,起到保护井壁不坍塌的作用。

2）携砂作用

泥浆是微小黏土颗粒与水混合的胶状悬浮溶液,它的黏滞性和静切力比清水大,故排泥砂能力强。在钻进过程中可将孔底岩屑悬浮起来,使钻头时刻都在钻进新岩石,同时利用泥浆不断的循环,将新的岩屑带出孔口外,这对提高钻进效率有很大意义。

3）冷却钻头

利用泥浆循环可将钻头与井孔内岩石摩擦而产生的热量携带走,使钻头冷却,保持钻头连续冲击或回转钻进的功能。若冲洗液对钻头冷却不良,就会出现烧钻现象,如小口径钻进,只要冲洗液循环停止 $1 \sim 2min$,就能造成严重的烧钻事故。为此,冷却钻头在钻进中是非常重要的。

4）润滑作用

在钻进过程中,由于泥浆(或自然造浆)在井壁上形成一层光滑的泥浆皮,再加钻具表面也吸附了一层泥浆薄膜,可减少连续冲击或回转的钻具对井壁摩擦而起到润滑作用。

5）堵漏作用

浆进过程中经常遇到泥浆冲洗液漏失现象。对于漏失比较严重的地层,除了适当提高泥浆黏度、增加静切力外,还可以投入黏土球或在泥浆中加入充填物,制成堵漏泥浆,如锯末泥浆、锯末碱剂泥浆、石灰泥浆、水泥泥浆等,以增加泥浆的流动阻力,充填裂隙,达到堵漏,以保持正常钻进。

2. 泥浆的配制

农用机井施工用泥浆,多数是黏土以小颗粒状态分散在水中所形成的溶胶悬浮体。配制泥浆用水,应为淡水。配制泥浆用的黏土,应为含砂量少、致密细腻、可塑性强、遇水易散、吸水膨胀。

1）泥浆的配制方法

配制泥浆，应事先将所用黏土晒干捣碎，用水把黏土浸泡 1～2h，然后用人力反复搅拌，并根据情况加水，直至达到要求。用机器搅拌时，先将搅拌机内倒入适量清水，开动搅拌机，再将晒干砸碎的黏土按需要量分次倒入搅拌机内搅拌，达到要求指标后，即放入泥浆池。配制泥浆，加入黏土数量可用下式求得：

$$P = \frac{\gamma_1(\gamma - \gamma_2)}{\gamma_1 - \gamma_2} \tag{3.1}$$

式中：P 为配制 $1m^3$ 泥浆加入黏土数量，t；γ_2 为水的密度，g/cm^3；γ 为所需泥浆的密度，g/cm^3；γ_1 为黏土的密度，g/cm^3。

2）自然造浆

农用机井在第四纪松散地层施工，一般采用清水钻进，在钻进中形成自然泥浆，这种泥浆可以携带岩屑，净化孔底，并借助于泥浆柱的压力稳定孔壁，防止坍塌。在利用自然泥浆时，应及时掌握地层变化，必要时，应调整泥浆指标，以满足钻进的需要。

3. 泥浆性能指标及测定

1）相对密度（比重）

泥浆的相对密度是泥浆的重量与同体积水的重量比。它的大小取决于泥浆中的黏土的密度。泥浆的相对密度大，对孔壁压力也大，可防止不稳定地层坍塌、掉块、涌水等。在钻进过程中，泥浆柱压力应与井孔内反压力平衡，保证井孔不坍塌为原则。在这个原则前提下，选择适当的泥浆密度。在一般破碎的涌水地层中钻进，泥浆相对密度可大些，可达 1.2～1.4 甚至更高；而在孔隙、裂隙等漏水地层钻进可小些，一般在 1.1～1.2。

现场测定泥浆相对密度的工具为玻璃比重计和 500mL 或 1000mL 的玻璃杯量筒。测定的方法是将搅拌均匀的泥浆注入玻璃杯量筒中，再将玻璃比重计放入量筒内，比重计与泥浆液面相交的刻度值，即为泥浆密度值。

2）黏度

黏度是指泥浆作相对运动时的内摩擦阻力。黏度大的泥浆对携带孔底岩粉，防止孔壁坍塌、掉块、堵漏等都有很大好处。但对泥浆的静化、水泵的抽吸不利，同时容易糊钻影响钻进效率。在钻进砂卵石、粗砂、中砂地层时，泥浆黏度约为 18～22s；在钻进细砂、粉砂层时，泥浆黏度约为 16～18s。

测定黏度野外常用标准黏度计，结构如图 3.43 所示。漏斗管内径为 5mm，管长 100mm，量杯中部为隔板隔开，一端容积为 500mL，另一端为 200mL。

测量方法是用左手食指堵住漏斗管口，用量杯取 700mL 清水注入漏斗内，右手握秒表，放开左手食指的同时开动秒表，使清水流入量杯，当注满 500mL 时，立即停秒表，并用食指堵住管口。此时，秒表所指的时数应为 15s，则仪器标准，否则仪器不标准。使用不标准的仪器时，泥浆的黏度应按下式换算求得：

$$泥浆黏度(s) = \frac{500mL 泥浆流出的时间(s)}{500mL 清水流出的时间(s)} \tag{3.2}$$

测定黏度的方法与标定仪器的方法相同。但对欲测的泥浆应过筛，除去杂草及土块，

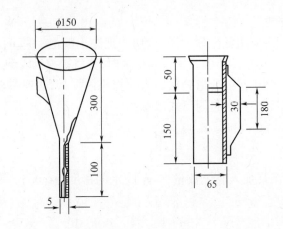

图 3.43   野外标准黏度计(mm)

以防堵塞漏斗管口。

3）含砂量

含砂量是指泥浆内所含砂及没有分散的黏土颗粒积体的百分比。泥浆含砂量越小越好。冲击钻进时,孔内泥浆含砂不大于 8% ;回转钻进时,入孔泥浆含砂量不大于 12% 。含砂量大,会加速泥浆泵的磨损,孔壁上形成的泥皮厚而松散,易于脱落,循环泥浆中断时,易发生砂粒沉淀,造成埋钻事故。

目前,现场常用的测定泥浆含砂量的仪器为含砂量杯,如图 3.44 所示。

测量方法：将 100mL 泥浆及 900mL 清水,倒入量杯内并充分摇动,将量杯垂直静放 3min 后,量杯下端沉淀物体积,即为泥浆的含砂量值,如沉淀 8mL,含砂量即为 8% 。

4）失水量

泥浆在钻孔内因受压力差的作用使泥浆水渗入地层,叫做泥浆失水,其数量多少叫失水量。其大小一般以 30min 内,在一个大气压作用下,渗过一定面积的水量来表示,单位为 mL/30min。

泥浆失水量小,井壁泥皮薄而致密,护壁性能好;失水量大,井壁的泥皮厚而疏松,易于脱落,造壁性能差。一般在较稳定地层钻进时,泥浆失水量不应大于 25mL/30min,泥皮厚度约为 3~4mm。

在松散易坍塌或遇水膨胀地层钻进,失水量应小于 10~15mL/30min,泥皮厚度约为 2mm。所以,泥浆失水量越小越好。

失水量的测定,以泥浆在 100mm 的过滤面上,于 30min 内失去水的体积来代表。测定方法,较广泛地采用 1009 型失水量测定仪(图 3.45),它是压滤式仪器的一种型式。压力差由重锤提供,并通过机油传给泥浆,压力差为 0.1MPa。测定失水量时,覆一层滤纸于滤板 5 上,并置于泥浆室 4 与下壳 7 的接合处并拧紧。通过顶杆 8 压紧密封板 6,以封死滤板 5 的滤眼。然后在泥浆室 4 中灌满泥浆。连接套筒 2,并向套筒 2 中灌满机油,然后把加压柱塞 1 插入套筒 2 中。通过放油顶丝 3 放油,使柱塞 1 下降,直至柱塞 1 上的零点刻度对准套筒 2 上端的标志线为止。然后松开顶杆 8,使密封板 6 与滤板 5 脱开,同时开始计时,30min 后,套筒标志线所指(柱塞线上)的刻度读线,即为泥浆的失水量。

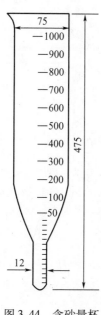

图 3.44　含砂量杯

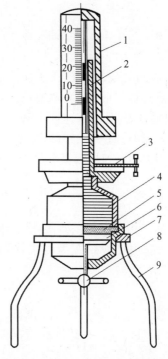

图 3.45　1009 型泥浆失水量测定仪
1—加压柱塞；2—套筒；3—放油顶丝；
4—泥浆室；5—滤板；6—带胶垫的密封板；
7—下壳；8—顶杆；9—支架。

　　野外常用滤纸法测定。测定时,用一张 12cm × 12cm 的滤纸放在水平玻璃板或金属板上,在滤纸的中央部分,先用铅笔划一直径 29 ~ 30mm 的圆圈。然后将大约 2mL 的泥浆滴入圆圈内,记下时间,经过 30min 后,用刻度尺测量湿圆圈的直径数,取其平均值,即为泥浆失水量。

　　5）胶体率

　　胶体率是表示泥浆悬浮能力的程度,是当泥浆静止 24h 后,下层泥浆体积与原泥浆体积的百分数,即为胶体率值。胶体率越大,泥浆稳定性越好,尤其是在钻进中因故停钻,不致于因泥浆沉淀而埋钻,或因泥浆柱压力降低而塌孔。利用冲击钻进时,胶体率一般不低于 70%；利用回转钻机钻进时,胶体率一般不低于 80%。

　　测定胶体率的工具为 1000mL 量筒,将泥浆倒满量筒,上盖玻璃板。静置 24h 后,泥浆沉淀后的体积,与原体积之比,即为胶体率值。如静放 24h 后,量筒上分离出 100mL 清水,下部为 900mL 泥浆,即胶体率为 90%。

　　6）静切力

　　静切力是表示泥浆网状结构的强度,即破坏 1cm^2 面积上泥浆颗粒间结构联系所需的最小的力,其单位为 Pa。静切力大的泥浆,表明泥浆结构强度大,泥浆的悬浮能力也大,能有效地携带岩粉,钻进时不易漏失；一般在稳定地层钻进,泥浆的静切力为 0.49 ~ 1.47Pa 左右,在漏失地层中钻进为 6.89 ~ 7.84Pa 左右。静切力大的泥浆不易静化,水泵运转阻力大,有时对测井工作不利。可用 U 形管静切力测量器(图 3.46)来测定泥浆静切力。

测定方法:将管 2 灌满泥浆,管 3 灌上清水,静置几分种后,打开开关 4,清水借静压力流向管 1,同时使泥浆柱受到压力。当压力超过泥浆静切力时,泥浆就要从管 2 溢出,此时立即关闭开关 4,迅速读出管 1 中的水柱高度数值,即可计算泥浆的静切力。泥浆的静切力用下列公式计算:

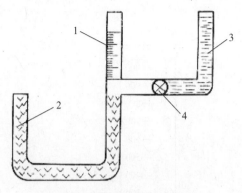

$$P = \frac{250hd}{L} \qquad (3.3)$$

图 3.46 U 形管静切力测量器
1—带刻度的 U 形管;2—盛泥浆的 U 形管;
3—盛水的 U 形管;4—开关。

式中:P 为静切力,10^{-1}Pa;h 为水柱高度,cm;d 为 U 形管内径,cm;L 为泥浆柱长度,cm;250 为经验系数。

7) 酸碱值

酸碱值(pH 值)是影响泥浆性能的重要指标。pH < 7 时,为酸性;pH = 7 时,为中性;pH > 7 时,为碱性。泥浆在碱性范围内(即 pH > 7)较稳定,一般要求泥浆的 pH 值在 8 ~ 10 以上。

pH 值的测定:一般采用试纸法。撕一小条 pH 值试纸,浸入泥浆或其滤液中,观察试纸颜色的变化,并与标准比色板对比,即可求得泥浆的 pH 值。对于各种地层所用泥浆性能可参考表 3.4。

表 3.4 岩心钻探泥浆性能参考指标

地层情况	比重	黏度/s	失水量/(mL/30min)	泥饼厚度/mm	静切力(0.1Pa)		含砂量/%	胶体率/%	稳定性/%	pH
					1min	10min				
一般地层	1.10 ~ 1.15	18 ~ 20	25 以下	4 以下	0 ~ 10	15 ~ 25	小于 4	大于 97	小于 0.04	8 ~ 12
吸水膨胀	1.10 ~ 1.20	18 ~ 20	10 以下	2 以下	0 ~ 10	15 ~ 25	小于 4	大于 97	小于 0.04	8 ~ 12
坍塌、掉块	1.20 以上	25 ~ 30	15 以下	3 以下	15 ~ 25	30 ~ 50	小于 4	大于 97	小于 0.04	8 ~ 12
渗透地层	1.10 以下	25 ~ 30	15 以下	3 以下	30 ~ 50	50 ~ 80 或更高	小于 4	大于 97	小于 0.04	8 ~ 12

4. 泥浆化学处理

处理泥浆有机械、物理和化学三种方法,前两种方法只能在一定程度上调节泥浆的某种性能,并不能有效地控制泥浆变化,以适应各种地层钻进对泥浆性能的要求。而化学药剂处理可以改变泥浆内在性质,广泛地调节泥浆各种性能,适应地层对泥浆性能的要求,达到高速优质钻进的目的。在调节处理泥浆性能的实际工作中,为达到预期的效果,必须遵守以下原则:根据钻进地层岩性和所用泥浆的具体条件,选择处理剂。所选的处理剂必须符合效果好、用量少、成本低、配制方便和易于掌握；处理剂的配方和用量，必须根据地层和所用泥浆的具体条件通过试验来确定，不可照搬外地经验和书本条文；调整泥浆某一性能指标时，必须注意其他性能指标的变化。现将泥浆几个主要性能的调整简介如下：

1）黏度和静切力的调整

在钻进中因地层岩性条件不同，对泥浆黏度和静切力要求不同。如在正常地层中钻进，黏度和静切力应保持在最低限度值；而在漏失地层中钻进，则应提高黏度和静切力。

降低泥浆黏度和静切力的方法有：

（1）加入清水稀释泥浆，可使泥浆中的黏土颗粒浓度降低，以达到降低黏度和静切力的目的。但应指出，加入清水后会增加泥浆的失水量。

（2）加入稀泥浆来降低稠泥浆中的黏土颗粒浓度，以达到降低黏度和静切力的目的。

（3）用化学沉淀方法，清除高价的阳离子来降低泥浆黏度和静切力。如加 Na_2CO_3 等电解质，可将泥浆中的钙离子、镁离子等高价离子凝结沉淀，达到降低的目的。但应控制 Na_2CO_3 的用量，否则，会得到相反效果。

（4）在泥浆中加入有机降黏剂，如煤碱剂、单宁碱剂、铁铬盐等。

提高泥浆黏度和静切力的方法有：

（1）增加泥浆中黏土的含量。

（2）新配制的泥浆中可加入适量的 Na_2CO_3 或 NaOH 来提高黏土颗粒的分散度。

（3）泥浆黏度和静切力偏低是因为稳定剂浓度过高而引起的，调整办法是加入未经处理的新泥浆，来降低稳定剂浓度而达到提高的目的。

（4）加入 CMC 或野生植物胶等来提高泥浆黏度。

（5）在泥浆失水量不大的情况下，可加入适量的石灰乳、水泥浆、食盐等来提高黏度和静切力。

2）失水量的调整

根据对泥浆失水量分析，影响失水量的因素有泥浆中胶质颗粒浓度、黏土颗粒水化程度及泥皮的性质等因素。因此，要降低泥浆失水量就必须提高泥浆中胶质颗粒浓度和黏土颗粒水化程度，以提高泥皮的致密性。解决的途径是提高和改善黏土颗粒表面的亲水性。

加入适量的 Na_2CO_3 或 NaOH 处理多钙的黏土，以改变黏土颗粒表面的性质，提高黏土水化分散程度，降低泥浆失水量，这是钻探中最常用的方法。加入有机质及高分子降失水剂，降低泥浆失水量。常用的处理剂有煤碱剂、硝基腐植酸、铬制剂、Na – CMC 野生植物胶等。

3）泥浆比重的调整

在高压含水层或易坍塌地层中钻进时，必须选用比重大的泥浆，以平衡地层的压力，保证钻进安全。

提高泥浆比重，可加入加重剂进行处理，一般采用重晶石粉（$BaSO_4$）。该粉比重为4.5，硬度较小，对水泵磨损性较小，是一种比较理想的加重剂。所需加重剂的用量，可按下式计算。

$$P = \frac{\gamma(\gamma_1 - \gamma_2)}{\gamma - \gamma_1} \qquad (3.4)$$

式中：P 为配制 $1m^3$ 泥浆所需加重剂数量，t；γ 为加重剂的比重（重晶石 $\gamma = 4.5$）；γ_1 为加重后的泥浆比重；γ_2 为加重前的泥浆比重。

5. 钻井液化学处理材料

1）重晶石粉（GB 5005—85）

重晶石粉（$BaSO_4$）用来增加钻井液的比重，平衡地层压力。选用的重晶石粉应符合表 3.5 性能要求。

表 3.5　重晶石粉技术规格表

项目		指标
密度/（g/cm³）＞		4.20
细度/%	200 目筛筛余量＜	3.0
	325 目筛筛余量＞	5.0
水溶性碱土金属（以钙计）mg/L＜		25.0
黏度效应/（mPa·s）	加硫酸钙前＜	12.5
	加硫酸钙后＜	12.5

2）生石灰（GB 1594—79）

生石灰主要用于抑制黏土的水化性能，防止地层中的黏土吸水膨胀。选用生石灰应符合表 3.6、表 3.7 和表 3.8 的规定。

表 3.6　钙质、镁质石灰分类界限

品种　类别	钙质石灰	镁质石灰、氧化镁含量/%
生石灰	≤5	＞5
消石灰粉	≤4	＞4

表 3.7　生石灰分等指标

项目	钙质生石灰			镁质生石灰		
	一等	二等	三等	一等	二等	三等
有效钙＋氧化镁含量不小于%	85	80	70	80	75	65
未消化残渣含量（5mm 圆孔筛筛余）不大于%	7	11	17	10	14	20

表 3.8　消石灰分等指标

项目		钙质生石灰			镁质生石灰		
		一等	二等	三等	一等	二等	三等
有效钙＋氧化镁含量不小于%		65	60	55	60	55	50
含水率不大于%		4	4	4	4	4	4
细度	0.17mm 方孔筛筛余量不大于%	0	1	1	0	1	1
	0.125mm 方孔筛筛余量不大于%	13	20	—	13	20	—

3）石膏（GB 5483—85）

石膏是以二水硫酸钙（$CaSO_4 \cdot 2H_2O$）为主要成分的天然矿石。硬石膏是以无水硫酸钙($CaSO_4$)为主要成分的天然矿石。用于提高钻井液黏度或黏土水化抑制剂。

以二水硫酸钙和无水硫酸钙的百分含量表示其品位。硬石膏中无水硫酸钙与二水硫酸钙之重量比也大于或等于 1。按其品位分为三级如表 3.9 所示。

表 3.9　石膏品位分级表

等级	石膏($CaSO_4 \cdot 2H_2O + CaSO_4$)%	硬石膏($CaSO_4 + CaSO_4 \cdot 2H_2O$)%
一级	>80	>80
二级	>70	>70
三级	>60	>60

4）混合栲胶（GB 2622—81）

混合栲胶指用含凝缩类单宁的红根与含水解类单宁的橡椀混合浸制的棕褐色粉状栲胶。主要用于提高钻井液黏度,降低失水量。其技术指标见表 3.10。

表 3.10　混合栲胶技术指标

序号	指标		级别		
			特级	一级	二级
1	单宁(%)不少于		70	68	65
2	非单宁(%)不大于		27	28	30
3	不溶物(%)不大于		3	4	5
4	水分(%)不大于		12	12	12
5	沉淀(%)不大于		5	6	8
6	pH(分析浓度)		4.5~5.5	4.5~5.5	4.5~5.5
	总颜色号不大于(Lovibond0.5%溶液)		35	40	50
	其中	红	12	14	18
		黄	23	26	32
		蓝	0	0	0

5）硅酸钠

硅酸钠也叫水玻璃、泡化碱。分子式:$NaO \cdot nSiO_2$ 是无色、略带色的透明或半透明黏稠状液体。在钻井液中应用,主要是提高钻井液黏度,其技术要求如表 3.11 所示。

表 3.11　硅酸钠技术规格表

类别 指标 项目 \ 级别	一		二		三		四		五	
	1	2	1	2	1	2	1	2	1	2
比重(20C),Be	35.0~37.0		39.0~41.0		44.0~46.0		39.0~41.0		50.0~52.0	
氧化钠(NagO),%≥	7.0		8.2		10.2		9.5		12.8	
二氧化硅(SiO₂),%≥	24.6		26.0		25.7		22.1		29.2	
模数(M)	3.4~3.7		3.1~3.4		2.6~2.9		2.2~2.5		2.2~2.5	
铁(Fe),%≤	0.02	0.05	0.02	0.05	0.02	0.05	0.02	0.05	0.02	0.05
水不溶物,%≤	0.2	0.4	0.2	0.4	0.2	0.4	0.2	0.4	0.2	0.8

3.4.3　钻进作业

钻机作业过程中的钻进方案有冲击钻进、回转钻进和气动潜孔锤空气钻进,本节对各种钻进方式的作业过程进行分析。

3.4.3.1　冲击钻进

冲击钻进,是借助于冲击力破碎岩石的一种方法,适用于土层、砂层、砾石层、卵石漂石等松散地层。

1. 施工要点

1) 钻具的连接与焊补的几项要求

(1) 钻具连接必须牢固,总重量不得超过钻机说明书规定的重量。

(2) 钢丝绳不得超负荷使用,在每米钢丝绳长度内,钢丝折断根数不得超过 5~8 根,否则应更换钢丝绳。

(3) 活环钢丝绳连接时,必须用钢丝绳导槽。钢丝绳卡子的数量不得少于 3 个,相邻的卡子应对卡。

(4) 用活环或开口活心钢丝绳接头连接时,可以灌注或不灌注合金。但必须保证连接牢固,活心灵活,钢丝绳与活套的轴线应接近一致。

(5) 用法兰连接钻具,钻头及钻杆(加重杆)上的凸凹平面应吻合。法兰之间应有一定间隙,连接螺栓应用双螺帽,其轴线应与钻具轴线接近平行。

(6) 加焊带肋骨抽筒式钻头时,必须保证肋骨等距,底靴平整,活门灵活,关闭严密。加焊带副刃的钻头时,必须保证刃角点在一个圆周上。

2) 技术要求

(1) 下钻时应扶正钻头下入,进入井孔口后,不得全松刹车高速下放。提钻时,开始应缓慢,提离孔底数米未遇阻力后,再按正常速度提升。如发现有阻力,不得强行提拉,应将钻具下放,使钻头转动方向后再提拉,防止一次拉死。

(2) 钻具进入井孔后,应立即盖好井台板,并在井台板上钉好控制钢丝绳位置的木板。钻进数米后,应测出钻进钢丝绳在井孔口的位置,并在地面设置固定桩位或标志,以便钻进中用交线法测量钢丝绳位移,并对四根绷绳进行调整、固紧,绷绳在钻进中不得轻易变动。

(3) 每次提钻,应注意观察或测量钻进钢丝绳的位移,如超过规定要求时,应查明原因,及时纠正。

(4) 钻头的外径和出刃以及抽筒的肋骨片如有磨损必须及时修补。

(5) 停钻时,必须将钻具提出孔外。

(6) 发现缩孔、塌孔、斜孔时,应及时进行处理。

(7) 终孔后,应及时换浆,直至接近清水为止。在松散易塌地层中换浆,要保持孔内泥浆有一定的密度。

2. 钻进技术参数

1) 钻头钻进

冲击钻头钻进与地层硬度、钻具重量、冲击频率、冲程、回次时间、给绳长度等因素有关,一般可在下列范围值内选用:

(1) 钻具质量:500~1200kg。

（2）击次数：40～50 次/min。

（3）回次时间：一般为 30min，最多也不超过 1h。

（4）给绳长度：指每次冲击松绳的长度，一般应根据进尺快慢而定。进尺快时，多松绳；进尺慢时，少松绳，以使钻头达到孔底并能进行有效冲击为宜。在实际工作中，每次给绳长度一般控制在 10～30mm。

2）抽筒钻进

技术要求大体与钻头钻进相同，钻具应用厚壁钢管制成，质量以 1000～1200kg 为宜，抽筒上部一般不再加重力杆。

3. 钻进作业

1）开孔钻进

待孔内注满泥浆后，将钻头放入井孔内开始钻进。由于钻头和护筒之间间隙较大，钻头摆动大，易孔斜、偏眼，一般冲击次数控制在 38 次/min 以内。待孔深超过 10m 后，可进行正常钻进。在正常钻进前，必须停钻紧固螺栓、调节各绷绳，以防斜孔。

2）掏泥方法

冲击式钻机采用掏泥筒或抽筒掏取孔内岩屑，抽筒提离孔底高度应控制在 0.5～1m，冲击 1～4 次即可提升（黏土，粉、细、中砂层，冲击 1～2 次；粗砂、砾石、卵石、漂石地层，冲击 3～4 次），然后将抽筒提拉至井口，倒出筒内的泥浆和岩屑。

3）各种地层的钻进方法

（1）黏土地层钻进。黏土、亚黏土地层。遇水浸泡后，又黏又软，可塑性大。钻进中具有自造泥浆的能力，故宜用清水钻进；要求钻头的冲击力不能过大；选用银焊周圈的抽筒钻头为宜。发现有嗝钻现象时，在冲击前可向孔内倒入适量的粗砂或炉渣，破坏黏土结构，以利钻进。

（2）易坍塌地层钻进。在亚砂土、粉细砂、砂砾石层中钻进，因其结构松散，易于塌孔，应选用泥浆钻进。钻头选用有肋筋的抽筒钻头，冲程宜控制在 0.5～0.7m 左右，冲次应小于 40 次/min，且回次时间要短。砂层岩屑抽取困难时，可向孔内倒入适量的黏土，以利岩屑的捞取。

（3）卵石、漂石地层钻进。这类地层较坚硬，宜采用实心的一字形钻头，并配合抽筒掏取岩屑。在钻进时，一般采用大冲程（控制在 1m 之内）、低频率（控制在 38 次/min）冲击。如遇直径很大的漂石，难以通过，可用爆破方法将其炸碎后，再继续冲击。

卵石地层结构松散，易塌孔，必须采用稠泥浆钻进（一般泥浆相对密度可控制在 1.2 以上）。又因该地层地下水丰富，对泥浆有稀释作用，故应随时测定孔内泥浆指标，调整泥浆指标，确保泥浆质量。若遇严重塌孔时，可向孔内填入适量黏土，用钻头造浆，提高泥浆相对密度，制止继续塌孔。

（4）涌水地层钻进。当揭穿涌水地层时，可向井孔内注入浓泥浆，增加泥浆黏度和相对密度。也可采用接高护筒抬高孔位高程，并向护筒内加注泥浆，增加泥浆柱的压力，制止涌水。

3.4.3.2　回转钻进

回转钻进是在动力机带动下，通过钻机的转盘或动力头驱动钻杆和钻头在孔底回转，对地层进行切削和研磨成孔。适用于各种土、砂、砂砾及岩石层，在松散的土层、砂层中钻进，效率很高。

1. 正循环钻进

1）施工要点

（1）开钻前，应按单井设计的井孔直径、岩性及深度选择钻机钻具。

（2）钻具全长一般不应小于6m，若钻塔有效高度允许时，还可适当加长钻具。钻进中应尽量采用钻铤加压。

（3）钻进发生卡钻时，必须马上推开总离合器，停止转盘转动，查明情况进行处理。

（4）每次下入钻具前，应检查钻具，如发现脱焊裂口、严重磨损等情况时，应及时焊补或更换。

（5）水龙头与高压胶管连接处，必须卡牢，并系保险绳。开钻时，高压胶管必须用保险系牢，下面不得站人。

（6）每次开钻前，应先将钻具提离孔底，开动泥浆泵，待冲洗液畅通后，再用慢速回转至孔底，然后开始正常钻进。

（7）用钻机拧卸钻杆时，离合器要慢慢结合，旋转速度不宜太快；用扳手拧卸时，应注意防止扳手回冲伤人。

（8）提升和下入钻具时，钻台工作人员不得将脚踏在转盘上面，工具及附件不得放在转盘上。

（9）钻孔变径时，岩芯管上必须加导向装置，以使变径后的钻孔与原钻孔同心。

（10）钻进过程中，如发现钻具回转阻力增加、负荷增大、泥浆泵压力不足等反常现象时，应立即停止钻进，检查原因。

2）全面破碎无岩芯钻进

（1）松散层钻进。

① 开钻时，必须先用小泵量冲孔，当钻具转动开始进尺时，再用大泵量冲孔，以防因超径造成孔斜。

② 使用鱼尾钻头、加焊鱼尾钻头（两翼刮刀）、三翼刮刀钻头时，钻头切削刃部必须焊接圆正匀称，各刃角点应在同一圆周上，且其圆心与钻头的中心在一条轴心线上。

③ 在黏土层中钻进，如发现缩径、粘钻、憋泵等现象时，应经常提冲钻头，并加大泵量。

④ 钻进中，操作者应经常注意钻头所受阻力、钻进效率、孔内传出的响声、孔口返出泥浆的颜色及所带出泥砂的颗粒大小和岩性，并配合取样判断地层。

⑤ 每钻完一根钻杆，应提起钻具自上而下进行划孔，检查井孔圆、正、直后，再接长钻杆继续钻进。

（2）基岩钻进。

① 钻进基岩风化壳或软岩层，可采用全面钻进钻具，技术要求大致与松散层全面钻进相同。

② 钻进前，应核实机械的负荷强度及动力功率，在满足其安全负载的前提下，可采用中钻压、高转速、大泵量钻进。根据地质和进尺情况，随时调整钻进参数及泥浆指标。

3）环面破碎取心钻进

（1）硬质合金钻进。硬质合金钻进，就是把一定形状的硬质合金，按着一定的形式镶焊在钻头上，在轴向压力作用下，通过钻头的回转对岩层进行环状破碎而成孔的一种钻进方法。适用于七级以下岩层。

硬质合金钻头。硬质合金钻头镶焊的合金,可采用钨钴(YG)类硬质合金。镶焊数量、出刃规格及镶焊角度,可参照表 3.12、表 3.13 及表 3.14。

硬质合金钻进技术参数。应根据岩石性质、钻头结构、设备能力、孔壁稳定情况等因素,合理选择。

表 3.12　钻头直径与镶焊合金粒数表

钻头直径/mm	400	350	300	250	200	150
合金粒数/粒	20	17	14	12	10	8

表 3.13　合金出刃与岩石可钻性关系表

出刃/mm ＼ 岩石可钻性	1~4 级	4~5 级	中硬破碎岩石
内刃	2.0~2.5	1.0~2.0	1.0~1.5
外刃	2.5~3.0	1.5~2.0	1.5
底刃	3.0~5.0	2.0~3.0	1.5~2.0

表 3.14　硬质合金的镶焊角和刃尖角

镶焊角度 ＼ 岩石性质	1~3 级均质软岩石	4~5 级均质中硬岩石	6 级均质中硬岩石	非均质、有裂隙的硬岩石
镶焊角(切削角)	70°~75°	75°~80°	80°~85°	90°~ -10°
刃尖角	45°~50°	50°~60°	60°~70°	80°~90°

① 钻压。钻压可用下列公式计算:

$$C = C_0 m \tag{3.5}$$

式中:C 为钻头总压力,N;C_0 为每粒合金所需压力,N;m 为合金镶焊数量,粒。每粒合金所需压力数值可参照表 3.15 选用。

表 3.15　常用的合金压力数值

岩石性质		1~4 级软岩石	5~6 级中硬岩石	砾石、卵石、裂隙岩石
每粒合金上的压力/N	K 型	500~700	800~1200	700~800
	C 型	1000~1400	1400~2400	1400~1600

② 转速。应根据岩石性质和钻压选择,钻进软岩层应轻压、快转。转速以回转线速度表示,一般为 1.0~2.5m/s。

③ 送水量。应按岩石性质、钻头直径及钻进速度确定,一般可按下列公式计算选择:

$$Q = k \cdot D \tag{3.6}$$

式中:Q 为冲洗液量,L/min;D 为钻头直径,cm;k 为系数[常用 15~20L/(min·cm)];也可参照表 3.16 选用。

表 3.16　合金钻进送水量表

岩石性质	钻头直径/mm						
	426	377	325	273	219	168	146
	透水量/(L/min)						
一般岩石	600~720	600~720	600~720	480~600	420~480	360~480	240~300
裂隙岩石	600~720	600	600	480~600	360~420	240~300	240~300

钻进技术要求：

① 取芯后，钻具应徐徐放入孔内，同时大泵量冲水。钻进时，先将钻具提离孔底，用低转速、小钻压，以后逐渐加大转速和压力，否则容易造成合金崩刃。

② 正常钻进时，应保持孔底压力均匀，加减压时，应连续缓慢进行，不得间断性加减压或无故提动钻具。

③ 钻进硬岩时，在钻压不足的情况下，不得采取单纯加快转速的方法进行。

④ 硬质合金脱落影响钻进时，应冲捞或磨灭；钻粒钻头换合金钻头时，应先将孔底钻粒磨灭或冲捞干净。

⑤ 井孔内残留岩芯超过0.5m或脱落岩芯过多时，不得下入新钻头。应采取轻钻压、慢转速、小泵量等措施，待岩心套入岩心管后，再正常钻进并调整到正常压力、转速和水量。

（2）钻粒钻进。钻粒钻进，是将钻粒投入钻头底部，在一定压力下，钻头转动带动钻粒在孔底进行环状破碎岩层的一种方法。多用于六级以上岩石。

① 钻粒。钻粒分为铁砂和钢粒两种。

铁砂：铁砂粒无空隙、粒径近一致，用0.7kg手锤在铁砧上锤击，如破成2~3瓣有棱角的小块，即为合格。如被锤击成粉末或扁平形，则不合格。

钢粒：一、颜色鉴别法：质量好的为黄褐色，不碎不扁；质量差的呈白色，硬度高而性脆；强度不足的呈蓝色，硬度低，受压后易扁；二、锤击法：将钢粒放在钢板或铁砧上，用0.7kg手锤击打，在钢板或铁砧上留有凹痕，钢粒本身不碎不扁为质量好（碎的过硬、扁的过软）。其中不合格的钢粒数不能超过10%。

② 钻进技术参数。

钻压：主要应根据岩石可钻性、钻粒和钻具强度及设备能力等进行选择，以钻头唇面单位面积压力为选择标准，钻进单位面积压力范围如下：

铁砂：2~3MPa；

钢粒：常规3~4MPa，强力5~6MPa。

转速：应根据岩石致密程度、完整性及设备能力等因素确定。一般钻头的线速度为1~2m/s。

送水量：一般可选用公式（3.7）计算选择：

$$Q = k \cdot D \tag{3.7}$$

式中：Q为冲洗液量，L/min；D为钻头直径，cm；K为系数（L/min·cm）。钻粒为钢粒时，回次初K=3~4；回次中K=2~3。钻粒为铁砂时，K值较钢粒采用的K值小1/2~1/3。也可按表3.17选用。

表3.17 钻粒钻进送水量

钻粒种类	时间	钻头直径/mm						
		426	377	325	273	219	168	146
		透水量/（L/min）						
铁砂	回次初	80~120	70~110	60~90	50~70	40~60	35~45	30~35
	回次中	40~60	40~50	30~40	25~30	20~25	18~20	15~18
钢粒	回次初	120~160	110~140	90~120	70~100	60~80	50~70	45~50
	回次中	80~120	70~110	60~90	50~70	40~60	35~50	30~40

投砂方法及投砂量：目前广泛采用的是一次投砂法和多次投砂法。一次投砂法，即将一个回次所需要的钻粒，在回次开始前，一次投入孔内。多次投砂法，即将一个回次所需钻粒，分几次投入孔内。投砂量应根据钻头直径、钻粒质量及岩石的可钻性等因素确定。一次投砂法的投砂量，可参照表 3.18。

表 3.18 一次投砂法投砂量

岩石性质	钻头直径/mm						
	426	377	325	273	219	168	146
	透水量/（L/min）						
5~7 级	12~14	10~12	8~10	6~8	6~7	5~7	4~5
8~9 级	14~16	12~14	10~12	8~10	7~8	6~7	5~6

③ 钻进技术要点。钻进中应根据孔底情况，适当提动钻具或改变泵量，以保持钻头唇部有一定数量的钻粒。每回次提钻后，必须检查钻头唇部的磨损情况、取粉管内岩粉积存情况、岩粉粒度、形状、粗细，以确定下一回次钻进参数和投砂量。井内条件无变化，换班或换人操作时，其投砂方法、投砂量及钻进参数应保持一致。

2. 反循环钻进

反循环钻进特别适用于第四纪松散层，也可用于基岩层。

1）施工要点

（1）反循环钻进，必须具备反循环钻进的装置设备，并且配套齐全。

（2）反循环钻进适宜深度：泵吸反循环经济合理的钻进深度为 100~120m，最大钻深可达 200m；气举反循环在 50~700m；喷射反循环 50m 以内。

（3）反循环钻进的钻杆内径多采用直径 150~200mm。

（4）钻头应根据地层情况选用（其形式与正循环钻头基本相同），但钻头中心必须有与钻杆内径近似的通孔。

（5）应挖设专门水池供水，其容积与井孔体积保持 3.4:1，以保证施工供水充足。

（6）钻进中可采取水压或泥浆护壁，井孔内水位应高出孔外地下水位 3m 左右，从供水池流进井孔内的水流流速应低于 0.3m/s。在孔壁不稳定地层中钻进，泥浆应加处理剂。如仍无效，必要时可下护壁管。

2）泵吸反循环

（1）泵吸反循环钻进，适用于地下水位高、漏失量小的地层中施工。

（2）泵吸反循环是利用砂石泵的抽吸力，形成钻杆内外冲洗液柱的压力差，使冲洗液在钻杆内上升，携带岩屑排出孔外，如图 3.47 所示。

为了适应泵吸岩屑的水流条件，水泵叶轮一般只设有两个叶片，泵体的自由通道要与钻杆内径相一致。

（3）泵的进水管与钻杆的水龙头相接。开动水泵后，孔内冲洗液携带岩屑上升至孔口，经水龙头、砂石泵、排渣管排到沉淀池。

（4）泵吸反循环钻进，泵的起动可用如下两种方式：① 用真空泵将水泵进水管段抽吸成真空，然后起动；② 配备注水副泵，起动时，先开副泵给主泵送水，待水泵进水管注满水后，再开动主泵。

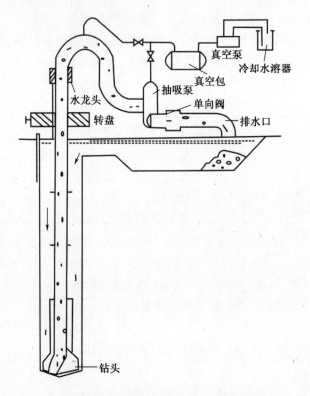

图 3.47 泵吸反循环管路示意图

（5）泵吸反循环钻进中，水泵的流量应根据钻杆内径、井孔深度及岩屑多少等因素确定，一般在 $240 \sim 500 \text{m}^3/\text{h}$ 范围内选用。

3）气举反循环

气举反循环或称压气反循环，是将压缩空气通过管路（单独风管或双壁钻杆）送至气水混合室，使其与钻杆内的水混合，从而形成相对密度小于 1 的气水混合液，在钻杆外侧水柱压力的作用下，钻杆内的气水混合液携带岩屑不断上升，将岩屑排出孔外，如图 3.48 所示。

（1）气举反循环钻进的适用范围。由于钻杆内气水混合液的上升速度取决于钻杆内外液柱压力差的大小。因此当井孔深度增大后，只要相应增加供气压力和供气量，即能保持较高的钻进效率。钻进深度大的反循环钻机，一般均采用这种循环方式。这种反循环方式还能适应孔内水位的大幅度降落，当井壁漏失水量增大，孔内水位下降较多时，仍能正常工作，与泵吸反循环相比，

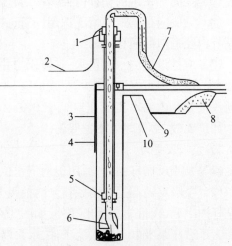

图 3.48 气举反循环管路示意图
1—动力头；2—风管；3—护管口；
4—送气钻杆；5—气水混合室；
6—钻头；7—排渣管；8—岩屑；
9—泥浆室；10—泥浆沟。

更宜于在漏失地层中钻进。这种反循环方式不能在10m以内钻进。

（2）气举反循环开孔在10m深度以内时，必须和泵吸反循环或射流反循环配合使用。

（3）供气方式有两种：一种是管式供气，通过置在钻杆内或钻杆外侧的送气管将压缩空气送至混合室；另一种是通过双壁钻杆之间的环状空隙将压缩空气送入混合室。

（4）气举反循环钻进时，使用的风压大小、混合室（为了使气水充分掺混，一般需要布置多个混合室）的间距和浸没深度，可按表3.19选用。

表3.19　气压、混合室和浸没深度

气压/MPa	0.6	0.8	1.0	1.2	2.0
混合室间距/m	24	36	45	59	96
混合室最大允许浸没深度/m	51	72	90	108	792

（5）钻杆内径与风量的关系，可按表3.20选用。

表3.20　钻杆内径与风量

钻杆内径/mm	120	150	200	300
风量/(m³/min)	4.5	6.0	6~10	15~20

（6）使用不同内径钻杆可钻到的深度：直径150mm钻杆钻深300m；直径200mm钻杆钻深500m；声300mm钻杆钻深750m。

4）喷射反循环。喷射反循环采用水泵及空压机为动力，水泵的水（或空压机的压缩空气）通过喷嘴形成上升水流，如图3.49和图3.50所示。

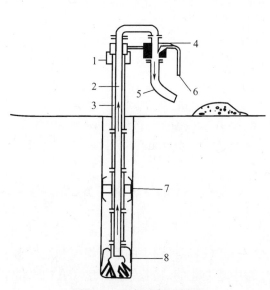

图3.49　空气喷射反循环
1—动力头；2—吸入管；3—送气双壁管；
4—喷嘴；5—排渣管；6—压缩空气；
7—导正器；8—钻头。

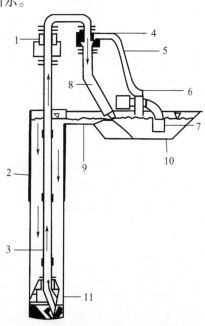

图3.50　水泵喷射反循环
1—动力头；2—护孔口管；3—回转钻杆；
4—排气管喷嘴；5—压力水管；6—离心泵；
7—进水阀；8—排渣管；9—泥浆沟；
10—泥浆池；11—钻头。

171

喷射反循环钻进时,对泵压及泵量的要求:

(1)应选择适当的喷嘴,使循环管路负压值达到0.7个大气压。

(2)泵压为0.7MPa。

(3)泵量为100～300m³/h。

(4)必须随时掌握冲洗液中的岩屑含量变化情况。当上升冲洗液中岩屑含量增大时,循环流速相应降低。冲洗液最优排渣流速,一般为管路最大清水流速的60%,在钻进中应随时测定其流速。

3.4.3.3 气动潜孔锤空气钻进

气动潜孔锤空气循环钻进,是利用压缩空气为动力,可正、反循环钻进,驱动钻头破碎岩石和排除岩屑,国外早已普遍用于生产。国内已开始应用,尤其在缺水山区凿井,比回转钻机钻进提高工效几倍。

1. 气动潜孔锤钻进基本原理

如图3.51所示,由低压空压机排出的空气,经增压机二次压缩提高压力后,再经高压供气管4进入双通道龙头5,沿双壁钻杆环状通道送入钻杆底端,经正反循环转换接头9,将压气送入冲击器10,推动冲击器活塞上下运动,并将冲击能量传递给钻头,在钻机回转中,实现冲击回转破碎岩石。压气从钻头排出并携带岩屑,沿冲击器与孔壁之间的环状间隙上返到井口排出,称为正循环钻进;若压气从钻头排出并携带岩屑,经封隔器、转换接头进入钻杆,再经双通道龙头,并从排渣管12中定向排出井口外,称为反循环钻进。

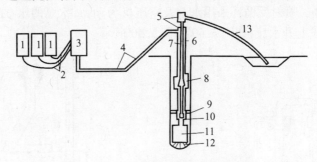

图3.51 气动潜孔锤空气钻进示意图

1—低压空压机;2—低压供气管;3—增压机;4—高压供气管;5—双通道龙头;6—外管;7—内管;8—取粉管;9—封隔器;10—正反循环接头;11—冲击器;12—钻头;13—排渣胶管。

2. 钻进技术参数

钻井作业过程中,钻进技术参数主要包括风压、风量、钻压和转速等,各参数的内涵与控制范围如下所述。

1)风压

风压大小主要取决于潜孔锤的工作压降,它与压气循环过程中的沿程损失和地下水位以下的水柱压力有关。这两个因素在钻进过程中是变化的,随着钻井深度和孔内水量的增加,风压需要不断上升,空气压缩机的供风压力应满足上述要求。

山东平阴县打井队利用现有钻机设备和增压机,使用潜孔锤累积进尺达30000m,打井150多眼,一般风压控制在1.3～2.0MPa。

2)风量

风量主要依据所用冲击器的额定风量和保证排渣上返风速不小于 15m/s。由于反循环钻进,排渣从钻杆内管通道排出,而内管断面较小,上返速度大大超过 15m/s。因而在反循环钻进中,只要供气量达到冲击器额定风量即可。W – 200 型冲击器额定风量为 $20m^3/min$,而配用的增压机供风量为 $25m^3/min$,可以满足要求。

3)钻压

潜孔锤钻进所需钻压主要是钻具对岩石的轴向压力,其值应大于冲击器的反冲力,以保证冲击功有效的传递给钻头,进行破碎岩石,使用 W – 200 型冲击器,正常钻进钻压掌握在 15000N 左右。

4)转速

为了延长锤头使用寿命和实现最优钻进效率,采用适合的转速非常重要。潜孔锤钻具的回转速度与冲击器的冲击频率、规格大小以及岩石的物理机械性质有关。

根据实践经验,转速过高,会造成锤头严重磨损和钻进效率降低。在一般情况下,回转速度控制在 15 ~ 30r/min,在钻进较硬岩石地层选用高值,在钻进软岩石地层选用低转速。

3. 气动钻进

气动钻进过程的主要步骤包括开孔、开钻前的检查和正常钻进,除此以外,还应掌握钻进过程中的意外情况与事故的处理方法。

(1)开孔:

① 开孔是完整基岩时,应用人工开挖 1.3m 深的坑,埋设孔口管,以保证冲击器放入后,主动钻杆正好在钻机转盘上。

② 如覆盖层浅,可用人工挖至基岩;若覆盖层较厚时,可采用回转切削钻进,至取出完整岩心。

③ 孔口管的安装应符合下列要求:孔口管内径必须满足井下异常地层扩孔的需要,一般内径 300mm 以上为宜;孔口管必须座落在完整基岩上,管口高出地面 30cm;必须保证孔口管的垂直度,并与转盘中心一致;人工开挖安装孔口管要用水泥稳固好,严防错位和歪斜。

(2)开钻前的检查:

① 检查送气系统是否有漏气的现象。

② 检查冲击器的卡钎套、弹簧和圆键是否牢固,防止钻头脱落。

③ 下钻前应对冲击器在地面进行启动试验,检查冲击器是否冲击,防止冲击器下到孔底后不冲击。

④ 检查正反循环接头是否有裂纹。

⑤ 检查钻头的完整性,有明显缺陷的钻头,严禁下入孔内。

⑥ 下钻接钻杆时,要检查钻杆内有无泥砂杂物,并清除干净。

(3)正常钻进:

① 钻机及增压机操作人员,应坚守岗位,密切观察钻机回转、排渣及气压情况,发现异常,及时采取措施处理。升降钻具时,速度不要太猛,防止橡胶封隔圈与井壁摩擦,强力扯裂而损坏。

② 应根据钻井深度随时调整钻压。井深 50m 以内,可依靠钻杆及钻具自重形成钻

压。井深超过 50m,钻杆和钻具的重量超过需要的钻压时,应用卷扬机适当提拉钻具进行减压,避免压力太大,损坏钻头。

③ 加钻杆:将钻具提起,至主动钻杆全部提出孔口后再停止供气;当停止供气并拧开主动钻杆之后,不要马上把钻杆卸开,大约停 1min 后再卸,防止粉尘泥水从钻杆内喷出;加钻杆时,注意不要忘记加内接管,并检查内接管上的 O 形胶圈;加好钻杆下钻时,应先送气,后下钻。

④ 在软地层并有少量渗水的情况下钻进,为避免由于进尺快,岩屑岩粉量大,造成钻杆中心通道堵塞,应采取强吹孔的方法,把钻具稍提起一点,冲击器处于空打的位置,使压气具有的能量全部用来冲洗钻孔,形成瞬时较高风速较大压力的上返气流,把孔底和钻杆中心通道清洗干净。

⑤ 孔深超过 80m 后,封隔器上可不再加橡胶封隔圈,只用钢封圈即可满足反循环需要。在钻进深度超过 250m 后,为减少气压,可在冲击器以上 50m 处,内接管上钻 4mm 的反喷气孔 2 个,可使排渣更为顺利。

⑥ 钻进过程中,排渣管口应顺风安放,并远离钻井设备,以防止钻井现场的污染。排渣管应尽量顺直,以减少排渣管的磨损。

⑦ 冲击器润滑。每钻进 10~15m,在加钻杆时,应向钻杆环状夹层中加 1L 机油,以润滑冲击器活塞和内缸。使用螺杆式空压机,压气内含有未能回收的机油,保证了润滑需要,也可不另加机油。

⑧ 冲击器上部要加导正管。导正管长 50cm,并与钻杆同心,其外径比钻头直径小 10~15mm。导正管起扶正作用和盛纳掉块。

⑨ 当地下涌水较大时,由于钻孔内水柱压力大,造成潜孔锤钻进效率大大降低或冲击器不工作。此时应改用牙轮钻具,进行反循环牙轮钻进。由于牙轮钻具对供气量没有要求,只要满足排渣洗井目的即可。

⑩ 卸钻杆时,内接管卡在钻杆上,人工卸很费时,可用声 8mm 的钢丝绳做成绳套,套住内接管,用卷扬机拔出。然后拧上钻杆护丝帽防止损坏钻杆丝扣和杂物泥砂进入钻杆。终孔后,应将钻具提离孔底,进行吹孔,至水清为止。

(4) 钻进中异常情况及事故处理:

① 在进尺较快的潮湿地层,有时有少量岩粉穿过封隔器积存于封隔器上方,造成提钻困难。这时可加入泡沫剂处理或将排渣胶管反折起来,使排渣通道暂时堵死,利用压气的压力,把封隔器上方的岩粉鼓开。

② 钻进遇阻卡钻时,不要停止供气,应采取 E 下活动钻具,慢转速,加大供气量等方法排除,待回转正常后,再继续钻进。

③ 在提下钻遇阻时,不能强行提拉或下钻,应安好主动钻杆供气,上下活动钻具,并使钻具旋转,待畅通后,方可停止供气提下钻具。

④ 如果气压升高,冲击器不冲击,可能是气路堵塞,应提钻检查。

⑤ 如果通气正常,气压升高,冲击器不冲击,可能是活塞被卡或配气装置发生毛病,应提钻检查冲击器。

⑥ 在基岩层钻进中,发现地层破碎严重或有大量泥夹层时,为防止塌孔或掉块挤钻,应扩孔下护壁管。

3.4.4　岩层采样

采取岩(土)样是为了了解含水层的岩性、结构以及颗粒组成,为全面评价含水层的特征及对管井过滤器的设计进行校核与安装提供主要依据。

1. 对采取岩(土)样及岩心的要求

(1) 应尽量使岩(土)样能准确反映原有地层的岩性、结构及颗粒组成。

(2) 采取鉴别地层的岩(土)样(简称"鉴别样"),在非含水层中 3～5m 采一个,含水层中 2～3m 采一个,变层时应加取一个。

(3) 采取试验用土样(简称"试验样"),在厚度大于 4m 的含水层中,每 4～6m 取一个,当含水层厚度小于 4m 时,应取一个。

(4) 试验样的取样质量,应尽量大于下列数值:砂 1kg;圆砾(角砾)3kg;卵石(碎石)5kg。

(5) 基岩岩心采取率,其数值要求如下:① 完整岩层 70% 以上;② 构造破碎带、风化岩、岩溶带 30% 以上。

2. 松散地层取样方法要求

(1) 试验样。应用专门取样器采取。当井孔钻至取样深度,在下入取样器之前,应将井孔底部沉淀物冲出或掏净。冲击钻进,常用的取样器见图 3.52。

(2) 鉴别样。冲击钻进可用抽筒或钻头带取。回转钻进无岩心钻进时,一般可根据冲洗液携带上来的岩粉、岩屑、冲洗液颜色变化以及钻进的反映判定岩层,并结合电测井进行分层(图 3.53),也可采用打入式取样器,取样来制定岩层。

3. 基岩地层取心方法要求

(1) 在基岩地层中取心钻进时,根据岩心进行地层编录。在基岩地层中进行无岩心钻进时,如需取样,可按取心钻进取样方法进行。

(2) 基岩地层取心钻进,应适当增加岩心管的长度,以增加回次进尺深度,使岩心易于折断、卡取,在特殊情况下,可利用岩心挤断器(图 3.54),将岩心挤断后再卡取。

(3) 卡取岩心用的卡料,可用钢丝或硬度高于岩

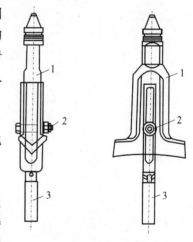

图 3.52　安于钻头上的取样器
1—钻头;2—螺栓;3—取样器。

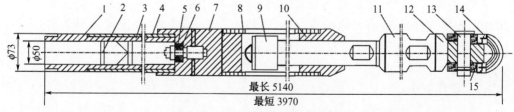

图 3.53　回转式钻进取样器(mm)

1—靴头;2—弹簧节门;3—砂样管;4—管子;5—钢球;6—节门体;7—冲击加重杆;8—管体;
9—冲击杆;10—加强箍;11—加重杆;12—冲击杆接头;13—销轴;14—提环;15—卡圈。

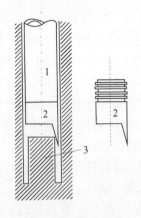

图 3.54　岩心挤断器挤断岩心
1—岩心管；2—岩心挤断器；3—岩心柱。

心的角砾形石料。钢丝卡料一般是利用废旧钢丝绳制成，钢丝的长度一般应大于岩心内径，采用单根钢丝或多根钢丝拧成麻花状投入卡取；采用角砾形石料做卡料时，其粒径一般应小于岩心直径与岩心管内径的差值。

3.4.5　井孔处理

在钻井过程中，由于地质结构、施工程序及其他偶然因素的原因可能导致井孔与所要达到的要求存在一定的差距，根据存在的问题的不同，采用合适的方法对井孔进行修正处理。

3.4.5.1　井孔测斜

为了及时掌握与控制钻孔孔深的变化，以便预防和纠正钻孔的偏斜，应按要求及时对钻孔顶角进行测量。钻孔顶角最大允许弯曲度，每100m深度内不得超过2°。随着孔深的增加，不允许递增计算。

1. 氢氟酸法

氢氟酸测斜是利用氢氟酸溶液对玻璃的腐蚀作用，来测量孔斜的一种方法。

1）测斜工具

测斜工具主要是一副特制的钻杆接头，连接于回转式钻杆上，其构造如图 3.55 所示。该接头由公母两部分组成，中间带空腔可装测斜用玻璃管，公母接头用细螺丝扣连接，连接处应有可靠的密封性，以防泥浆渗入空腔，母接头螺丝扣可以连接在回转钻杆或其他钻具上。

2）操作方法

将配好适当浓度的氢氟酸溶液倒入玻璃管内，倒入的数量为玻璃管容积的1/3～1/2，并用橡胶塞将试管盖好密封装入测斜接头内，用钻杆或钢丝绳下入孔内测定

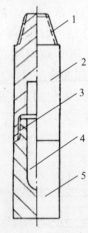

图 3.55　测斜工具
1—钻杆接头螺丝扣；2—母接头；
3—细螺丝扣；4—放玻璃管用空腔；
5—公接头。

孔斜的位置,并停留一定时间后,提出测斜工具,取出玻璃试管,倒出氢氟酸,测量玻璃管内的椭圆腐蚀印痕,即可算出井孔的倾斜度。

腐蚀印痕的清晰程度决定于氢氟酸溶液的浓度和测斜钻具在孔内停留的时间,停留时间和浓度又取决于测斜处孔深,测斜处的孔深越大,氢氟酸浓度越小,而钻具在孔内停留的时间应越长。一般测斜工具在孔内停留的时间应大于升降该钻具所需时间(表3.21),可供试用时参考。

表 3.21　孔深与氢氟酸浓度与测斜工具在空内的停留时间

孔深/m	氢氟酸/%	水/%	测斜工具在孔内停留时间/min
0 ~ 200	70	30	30 ~ 40
200 ~ 400	60	40	40 ~ 50
400 ~ 600	50	50	50 ~ 60

氢氟酸测斜时应注意的问题如下:

(1)在配制氢氟酸溶液时,应将需要的氢氟酸倒入玻璃管内,再倒入需要的清水,不能先倒水后倒氢氟酸,以免烧伤皮肤。

(2)测量工具上部应连接带导正器的钻具,以减少钻具与孔壁的间隙,借以保证测量准确性。

(3)为反映钻孔测斜的真实情况,不宜在砂层、溶洞等超径的孔段测斜。

(4)玻璃管放入测斜工具空腔时,可在管外包几层纸,以免其晃动。

(5)提放测斜钻具要稳而迅速,减少震动,钻具在孔内停留时,应处于悬空静止状态。

3)倾斜角的测定和校正

根据氢氟酸在玻璃管上腐蚀的印痕,确定井孔倾斜顶角的方法,如图3.56所示。

AC 为被腐蚀的椭圆形印痕,AB 为与玻璃管中心线相垂直的另一平面,两平面间的夹角即为钻孔计算出的顶角,可用下式表示:

$$\tan\theta_1 = \frac{h}{d} = \frac{h_{max} - h_{min}}{d} \tag{3.8}$$

式中:θ_1 为计算出的顶角值;$h = h_{max} - h_{min}$ 可从玻璃管上直接量出,mm;d 为玻璃管内径,mm。

如图3.57所示,由于玻璃管内液面的毛细作用而呈凹面状,在玻璃管倾斜放置时,液面与管壁成钝角的一面升起较低,与管成锐角的一面升起较高。从图中可以看出,利用三角函数的关系,所测定的顶角 θ_1,较实际顶角差一个 n 值,故井孔的真实顶角为

$$\theta = \theta_1 + n \tag{3.9}$$

式中:θ 为井孔的真顶角;θ_1 为计算出顶角角度值;n 为因毛细作用所增加的角度。n 角叫毛细校正角,其大小与玻璃管内径和倾斜角有关。玻璃管直径越小,倾斜顶角越大时,校正角越大,反之越小。

校正角 n 可用地面实验的方法测得。氢氟酸测斜用玻璃管内径常用 21 ~ 23mm 或 27 ~ 29mm 两种,长度为 200 ~ 260mm。其测斜时的毛细作用校正值如表3.22所示。

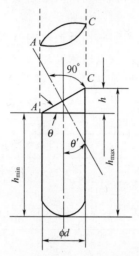

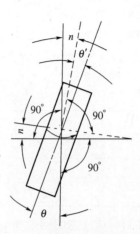

图 3.56　井孔倾斜顶角的计算　　　　图 3.57　测斜时井孔顶角的毛细误差

表 3.22　玻璃管测斜时的毛细校正值

在玻璃管上测算出的角度	玻璃管内径				在玻璃管上测算出的角度	玻璃管内径			
	27～29(mm)		21～23(mm)			27～29(mm)		21～23(mm)	
	校正角	校正后的角度	校正角	校正后的角度		校正角	校正后的角度	校正角	校正后的角度
0″30′	0″03′	0″33′	0″04′	0″34′	11″00′	1″13′	12″13′	1″32′	12″32′
1″00′	0″06′	1″06′	0″08′	1″08′	12″00′	1″20′	13″20′	1″40′	13″40′
1″30′	0″09′	1″39′	0″12′	1″42′	13″00′	1″26′	14″26′	1″48′	14″48′
2″00′	0″13′	2″13′	0″16′	2″16′	14″00′	1″33′	15″33′	1″56′	15″56′
2″30′	0″16′	2″46′	0″20′	2″50′	15″00′	1″40′	16″40′	2″04′	17″04′
3″00′	0″20′	3″20′	0″24′	3″24′	16″00′	1″46′	17″46′	2″12′	18″12′
3″30′	0″23′	3″53′	0″28′	3″58′	17″00′	1″53′	18″53′	2″20′	19″20′
4″00′	0″26′	4″26′	0″32′	4″32′	18″00′	2″00′	20″00′	2″28′	20″28′
4″30′	0″29′	4″59′	0″36′	5″06′	19″00′	2″06′	21″06′	2″36′	21″36′
5″00′	0″33′	5″33′	0″40′	5″40′	20″00′	2″13′	22″13′	2″44′	22″44′
6″00′	0″40′	6″40′	0″49′	6″49′	21″00′	2″20′	23″20′	2″52′	23″52′
7″00′	0″46′	7″46′	0″57′	7″57′	22″00′	2″26′	24″26′	3″00′	25″00′
8″00′	0″53′	8″53′	1″06′	9″06′	23″00′	2″33′	25″33′	3″08′	26″08′
9″00′	1″00′	10″00′	1″15′	10″15′	24″00′	2″40′	26″40′	3″16′	37″16′
10″00′	1″06′	11″06′	1″23′	11″23′	25″00′	2″46′	27″46′	3″24′	28″24′

2. JXY-2 型罗盘重锤式测斜仪

JXY-2 型测斜仪如图 3.58 所示,是利用重锤的悬重垂直作用来测量井孔的顶角,利用罗盘定向来测量井孔的方位角。该仪器不能在有磁性的井孔或者有套管的孔段内测量井孔的方位角。

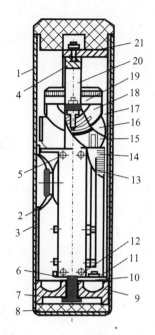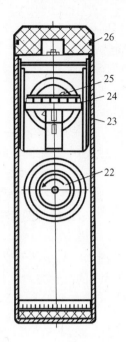

图 3.58　JXY - 2 型测斜仪

1—保护筒；2—支架；3—轴承架；4—上撑挡；5—中撑挡；6—下撑挡；7—轴承座盖；8—弹簧胶垫；9—螺钉；
10—下轴及轴承；11—重铊固定螺钉；12—锁母；13—重铊；14—铤针套；15—铤针；16—定位座；
17—定位齿条；18—顶角半圆重锤；19—罗盘；20—撑柱；21—上轴；22—钟表开关；23—罗盘刻度盘；
24—支撑螺钉；25—磁针；26—胶木盖。

1）JXY - 2 型测斜仪的技术性能

（1）测定结果精度要求：① 顶角误差：在 0°～30°内，最大误差小于 1°；在 0°～60°内，最大误差小于 2°；② 方位角误差：±5°。

（2）仪器转动灵敏，当计时针指到预定时间时，仪器各活动部件必须顶住卡牢。

（3）仪器活动部件卡牢后，虽经过小振动，顶角及方位角指示度数不应有变化。

（4）仪器倾角半圆重锤中心，钟表背部中心及罗盘刻度盘的 0°～180°线应在同一垂直平面内。

（5）仪器外壳直径为 63.4mm。

2）仪器操作程序

（1）使用前应校正顶角误差，最好用 JJG - 1 型校正台进行；也可用地质罗盘对比来校正，方法是将仪器钟表装置拨到 10～15min 位置，然后装入外壳中并连接好，按一定倾斜度静放 15～20min，用罗盘测出静放仪器所示的倾角和方位角，再与罗盘所测的倾角和方位角比较，两者的差值即为修正值。

（2）仪器修正后，并对仪器各活动部件检查，认为灵活可靠后才能入孔测量。

（3）将仪器钟表开关旋到所需时间（包括安装仪器、下放仪器、仪器停留时间的总和），并立即用现场钟表开始记时，将仪器主体装入保护筒，盖好密封盖，以特制螺母压紧保护筒，用钢丝绳将仪器送到孔内预定测量位置，静放观察。

（4）待现场计时钟表所示时间，超过仪器钟表预定时间的 5～10min，即可提出仪器读数和记录。

（5）消除仪器误差修正值后，即可得出所测的钻孔顶角和方位角。

2. 简易测斜法

1）尖顶重锤测斜法

尖顶重锤测斜是一种简易测斜方法，虽然精度不高，但尚可满足农用机井的要求，其结构如图 3.59 所示。

用一根直径 9mm 的钢丝绳，一端绕过桅杆（或三脚架）上天车拉住，天车必须与孔口中心对正，另一端悬吊一个带圆盘的测管放入井内预测的仪置，测管长 5～8m，圆盘上涂抹树脂或软沥青。再在孔口上悬吊一尖顶重锤，使其对准孔口中心，缓慢放至接近测管上端圆盘时，停止下放，待尖顶重锤呈静止状态时，重锤尖即在圆盘上的树脂或沥青上刻有痕迹。提出测管、测量刻痕与圆盘中心距离，即得该深度钻孔的偏离值。

2）钢丝绳测斜法

用钢丝绳绕过天车悬吊测管或抽筒钻头，放入孔内如图 3.60 所示。再用另一根测线悬掉测锤，绕过天车的滑轮并对准孔口中心放入孔内，待线锤静止后，在地面上测出钢丝绳与垂直线锤之间的水平距离 A 及其他有关尺寸 $H \cdot n$，然后用下列诸式计算其偏离值。

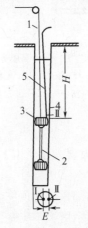

图 3.59　尖顶重锤测斜示意图

1—钢丝绳；2—侧管；3—上端圆盘；

4—尖顶锤；5—垂线；

Ⅰ—圆盘中心；Ⅱ—尖顶锤刻痕；

E—偏离长度；H—侧管放置深度。

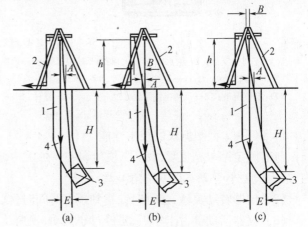

(a)　　　　(b)　　　　(c)

图 3.60　钢丝绳测斜

1—钻孔；2—三脚架桅木；

3—侧管；4—线锤。

（1）计算偏离值：

① 当钻孔偏离不大时：其偏离值按下式计算：

$$E = A \cdot \frac{H + h}{h} \qquad (3.10)$$

式中：E 为在 H 深度上的偏离值 m；A 为在孔口量得钢丝绳与垂线之间的水平距离，m；H 为测量偏离值处的孔深，m；h 为自孔口处到天车的垂直高度，m；

② 当钻孔倾斜较大时：钢丝绳易与孔壁接触，使所测数据不准确，此时可将天车向外移动，偏离值可按下式计算：

$$E = B \frac{H}{h} - A \frac{H + h}{h} \qquad (3.11)$$

式中：B 为天车由钻孔中心线外移的水平距离，m。

③ 当 A 点与 B 点处于垂线两侧时：偏离值按下式计算：

$$E = B\frac{H}{h} + A\frac{H+h}{h} \qquad (3.12)$$

（2）计算钻孔倾斜顶角。根据求出的偏离值，可换算成钻孔顶角倾斜度，可分为两种情况：

① 当钻孔偏离不大或偏离较大而 B 值处于垂线两侧时，用

$$\tan\alpha = \frac{E-A}{H} \qquad (3.13)$$

② 当钻孔偏离较大，而 B 值处于垂线一侧时，用

$$\tan\alpha = \frac{E+A}{H} \qquad (3.14)$$

式中：α 为钻孔倾斜顶角（即钻孔中心线与垂线的夹角）。

3.4.5.2　疏孔、换浆和试孔

1. 疏孔

疏孔破壁的目的是将钻井过程中在孔壁上形成的泥皮除掉，并进一步调直井孔，以保证成井质量。

（1）疏孔方法。一般用疏孔器进行。回转钻进，可在一根钻杆上焊 3 个导正圈组成疏孔器，疏孔器直径根据井孔直径确定，长度一般不少于 9m。冲击钻进，可用肋骨抽筒或金属管材做成疏孔器。下置疏孔器时，若中途遇阻，应提出疏孔器，进行修孔，直至疏孔器能顺利下至孔底。

（2）破壁。在松散层中采用回转钻进，钻至预计深度后，应再用比原钻头直径大 10～20mm 的钻头扫孔，以刮洗井壁泥皮。操作时要轻压慢转、采用大泵量，至含水层时，应上下提动，多扫几次，以刮掉泥皮。

2. 换浆

换浆的目的是清除孔内稠泥浆和孔底沉淀物，以保证下管深度、填砾质量、便于洗井，提高成井质量。

（1）换浆方法。正确的换浆方法，是不断地向靠近井孔的泥浆循环沟中均匀的注入少量清水，使流出孔口的泥浆逐步稀释，便于岩屑沉淀；严禁向泥浆池内大量注入清水。换浆应按下述三个阶段进行：

① 初期阶段：仍用原浆循环，把较大颗粒的岩屑全部冲出，孔口捞取不见大颗粒为止。

② 中期阶段：向靠近井孔的泥浆沟中连续少量注入清水，使泥浆逐渐稀释，用分层排浆法将底部泥浆排走，直至沟底有明显的粉砂沉淀为止。

③ 后期阶段：继续采用分层排浆法排浆，并经常向泥浆池内注入少量清水，直至孔口捞取无粉砂沉淀为止。

（2）换浆应达到的质量要求：

① 泥浆相对密度一般在 1.1 以下。

② 孔口捞取无粉砂沉淀。

③ 出孔泥浆与入孔泥浆性能接近一致。

④ 孔底沉淀物高度在允许范围内。

3. 试孔

试孔(亦称探孔)的目的,是在下管前最后一次检查井孔是否圆、正、直和上下畅通,校正孔深,以便顺利安全下管。

试孔器是由钻杆和导正圈组成,也有用直径 350～400mm、长 5～8m 的钢管,下接带喇叭头的试孔器。试孔器的直径应比井孔直径小 20mm。

试孔时,将试孔器连接在钻杆上、下入孔内,如试孔器顺利下至孔底,说明井孔圆直,孔壁光滑。如中途遇阻,就要进行修孔,直至试孔器上下无阻为止。试孔后应立即下管。

3.4.6 井管安装

在利用钻机完成水井的钻探任务后,下一步就是安装井管成井,根据井管材质与布置形式的不同有多种井管的安装方法,下面对相应的安装方法进行研究。

3.4.6.1 井管质量检查与排列

1. 常用井管的质量检查

(1)混凝土管:

① 井管应做到圆、平、正、直。内外径偏差,不大于 5mm。壁厚偏差:不大于 4mm。井管弯曲度:每 1m 不大于 3mm。两端面应平整,并与中心轴线垂直,同一节管不同位置的高度差不大于 3mm。内外表面均不得有裂纹残缺和蜂窝麻面。无砂混凝土滤水管两端不透水部分的长度为 5～7cm。

② 应有足够的抗压强度,极限抗压强度不应低于 15MPa。

③ 无砂混凝土滤水管的渗透系数≥400m/d;孔隙率≥15%。

④ 钢筋混凝土管的开孔率为 15%～18%。

(2)钢管、铸铁管:

① 检查井管有无残缺、断裂和弯曲。采用管箍连接,要检查井管及管箍丝扣的松紧程度及完好情况,螺纹必须完整、吻合。

② 井管弯曲度、井管外径偏差、管壁厚度偏差,必须符合规范要求。

(3)滤水管。滤水管孔隙率偏差,不得超过设计的 10%,缠丝间距偏差不得超过设计丝距的 20%。

2. 井管排列

全部井管应按照井孔岩层柱状图及井管安装设计图次序排列、丈量及编号。

(1)用钢尺准确地丈量每节井壁管和滤水管的单根长度,并计算井管的总长度。

(2)必须使滤水管与含水层位置相对应。

(3)按照下管顺序,以井孔最底部一节井管为 1 号,对井管进行排列编号,并详细记录。最后检查井管总长与井管安装设计图是否相符。

(4)找中器(也称扶正器)的数量和位置,在井管排列时,应按井管安装设计图把找中器放在相应位置的井管上,同时排列好,以便下管时安装。

3. 选用适宜的下管方法

（1）井管的下入方法，应根据井深、管材类型、管材强度与重量以及起吊设备条件等来进行选择。各类井管允许一次安装长度见表3.23。

表3.23　井管一次性允许安装长度表

井壁管和过滤器种类	钢制井壁管或过滤器	钢筋骨架过滤器	铸铁井壁管或过滤器	钢筋混凝土井壁管或过滤器	无砂混凝土井壁
允许一次吊装长度/m	250~500	200	200~250	100~150	—
托盘下管允许一次安装长度/m	—	—	—	150~200	50~100

（2）井管在井孔中的重量（指重力），小于管材允许抗拉强度和钻机安全负荷时，可用提吊法下管；当井管重量大于钻机安全负荷时，可采用提吊浮板法或多次下管法。

（3）井管在井孔中的重量，超过管材允许抗拉强度时，可采用钢丝绳托盘法下管。当小于钻机安全负荷时，可用钻杆托盘法。

3.4.6.2　悬吊下管法

悬吊下管法适于金属管材，金属管材的抗拉力要大于管材总重量，同时，管材总重量还要小于钻机起重能力或卷扬机的起重能力，以及钻塔的负荷，上述条件都是下管深度的主要控制条件。选用悬吊下管法，还

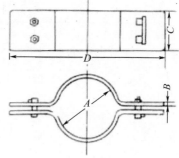

图3.61　井管铁夹板

有一些专用工具供选用，如铁滑车、钢丝绳套、井管铁夹板等，其规格要求见图3.61和表3.24、表3.25、表3.26。

表3.24　铁滑车的规格及载荷

滑轮直径/mm	每只滑车滑轮数			每只滑轮的额定起重力/t	适用钢丝绳直径/mm
	卸扣式	吊钩式	开口吊钩式		
100	1~3	1~3	1	0.5	5.5
150	1~3	1~3	1	1.0	7.5
200	1~4	1~3	1	2.0	11.0
250	1~3	1~3	1	3.0	14.0
300	1~3	1~3	1	4.0	15.5
350	1~3	1~3	1	5.0	17.0
400	1~3	1~3	1	8.0	21.5
450	1~3	1~3	1	10.0	24.0
500	1~3	1~3	1	15.0	28.0

表 3.25 钢丝绳套的规格及安全载荷

6×19 麻芯钢丝绳的安全载荷/kg					
钢丝绳直径/mm	钢丝绳卡子弯螺丝直径/mm	钢丝绳每端钢丝绳卡子数目	吊重形式		
			60°	90°	120°
6.5	3/8	2	770	630	450
8.0	3/8	2	980	800	570
9.5	7/16	2	1500	1250	860
11.0	1/2	2	2000	1680	1180
13.0	1/2	3	2600	2150	1520
16.0	9/16	3	3800	3200	2250
19.0	5/8	3	5400	4500	3200
22.0	3/4	4	7300	6000	4200
26.0	3/4	4	9400	7700	5450
28.0	3/4	5	12000	9800	6900
31.0	3/4	5	15000	12000	8500

表 3.26 井管铁夹板规格及载荷

井管直径/英寸①	A	B	C	O	质量/kg	载荷/t
6	170	20	150	640	41.0	8
8	220	20	150	680	43.3	8
10	275	22	200	750	64.8	15
12	325	22	200	800	70.0	15
14	375	22	200	850	75.0	15
16	430	22	200	900	81.0	15
18	480	25	250	950	90.7	25
20	535	25	250	1000	131.0	25
24	640	25	250	1100	147.0	25

悬吊下管法的方法为：首先，将第一根井管，即沉淀管装上木导向、找中器和铁夹板，套上钢丝绳套，并将钢丝绳套挂在动滑车吊钩上，锁上保险销，而后起吊。此时用小锤轻敲井管，听其是否有破碎声，进行最后一次检查。随后将管扶正，对准中心，徐徐下入孔内，使铁夹板搁置在预先安设在井孔两侧的方木上，用以支撑井管重量，如图 3.62 所示。而后用同样的方法吊起下一根井管，当上下两根管对正后，可使刚吊起的井管缓慢下降，使两管口对准接合，拧紧丝扣或对焊使其连接牢固。然后将井管微微吊起，卸掉钢丝绳套和铁夹板，再将井管徐徐下入井孔内，并使铁夹板落在方木上，卡住井管。如此往复，直到下完为止。

悬吊下管法的起动贯性力较大，特别是在接近下管终了时负荷最大。故操纵卷扬机要始终平稳，不可猛起猛落，以减少冲击负荷，以防井管折断、损坏设备或造成脱落管事故。

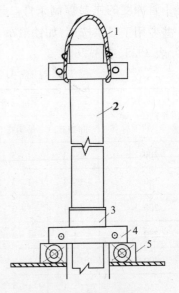

图 3.62 悬吊下管法
1—钢丝绳套；2—井管；3—管箍；
4—铁夹板；5—方木。

———

① 1 英寸(in) =2.54cm。

3.4.6.3　浮板悬吊下管法

在安装井管中,常遇到井管总重超过钻机设备起重负荷,或超过井管本身所能承受的拉力,因此必须减轻负荷。浮板下管是减轻负荷的有效措施。

1. 浮力计算

当被浮板密闭的井壁管沉没入孔内泥浆时,被密闭的井管成了一个整体,泥浆被它排开,产生的浮力即等于与密闭井管同体积的泥浆重量。浮力的计算公式:

$$F = \frac{\pi D^2 L \gamma}{4} \tag{3.15}$$

式中:F 为浮力,即减轻的井管重量,t;D 为井管外径,m;L 为密闭井管没入泥浆长度,m;γ 为泥浆相对密度。

2. 浮板承受的压力计算

浮板承受的压力是根据浮板没入泥浆的深度决定的。浮板受力计算公式:

$$P = \gamma H \times 10^4 \tag{3.16}$$

式中:P 为浮板单位面积上承受的压力,Pa;H 为浮板没入泥浆的深度,m;γ 为孔内泥浆相对密度。

3. 浮板厚度的计算

浮板厚度的计算,常用下列公式:

$$T = \sqrt{\frac{3PR^2}{4S}} \tag{3.17}$$

式中:T 为浮板厚度,cm;P 为浮板单位面积承受的压力,Pa;尺为浮板的有效半径,[可采用井管内径之半]cm;S 为浮板安全弯曲应力,Pa。求出浮板厚度后,要根据实际情况选择一个安全厚度。

4. 浮板类型

常用的有木制浮板、钢制浮板、水泥浮板(塞)等,如图 3.63 所示。

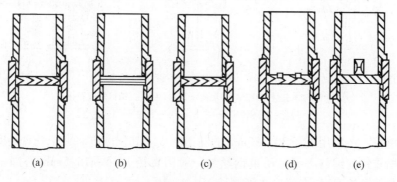

|(a)|(b)|(c)|(d)|(e)|

图 3.63　浮板的种类

(a) 木浮板;(b) 多层木浮板;(c) 薄铁板夹木板浮板;(d) 双横带木制浮板;(e) 钢板浮板。

水泥浮塞,一般用 500 号水泥,按水:水泥:砂之比为3:10:3,搅拌均匀,灌入特制短管内捣实,养护后使用。水泥塞的厚度,取决于水泥塞没入泥浆深度。一般可按实践经验确定,见表 3.27。

表 3.27　水泥塞厚度

没入深度/m	50～100	100～200	200～300	300～400
水泥塞厚度/m	200～300	300～350	400	500

5. 浮板(塞)下管注意事项

(1)浮板或浮塞应安装在预定位置。下管前,应检查浮板或浮塞安装是否牢固和严密。浮板(塞)与井管和以上井壁管的连接必须封闭严密。

(2)下管时对排出的泥浆,应做好引流工作。

(3)下管时,不得向井内观望,防止浮板或塞突然破坏,泥浆上喷伤人。

(4)下完井管应向管内注满和孔内相对密度相等的泥浆后,再取出或打破浮板或浮塞。

3.4.6.4　托盘下管法

托盘下管法主要用于混凝土井管的安装。

1. 钢丝绳托盘下管法

由钢丝绳通过销钉和托盘连接在一起,销钉上连有心绳。下管时,将井管置于托盘上,随着托盘的不断下放,井管一根接一根地下入井孔中,井管下完后,放松吊重钢丝绳,起拔心绳将销钉拔出,钢丝绳与托盘分离,抽出钢丝绳。将井管顶部固定于井孔中心。

(1)托盘。托盘是在井管底端托持井管的主要构件,托盘直径应稍大于井管外径。常用的有钢制、木制、混凝土制三种,如图 3.64 所示。

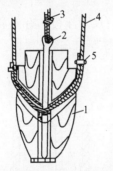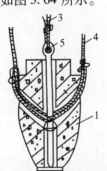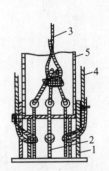

图 3.64　钢丝绳托盘下管法的托盘

(a)销钉木托盘;(b)销钉混凝土托盘;(c)三销钉钢板制托盘。

1—托盘;2—销钉;3—中心绳;4—兜底绳;5—井管。

(2)销钉。一般用直径 30～50mm 的圆钢制成。其长度应略大于托盘高度。

(3)吊重钢丝绳与心绳。吊重钢丝绳一般用直径 12.5～15.5mm;心绳一般为直径 9mm。两者单绳长度,均应超过井管总长 25～35m。

(4)井口架。如图 3.65 所示。下管时要将井口架平稳、匀称、牢固安装在井口上,用以改变吊重钢丝绳的方向,并承受全部井管的重量。

(5)简易绞车。其结构如图 3.66 所示,用以缠绕吊重钢丝绳。

2. 钢丝绳托盘下管注意事项

(1)下管应缓慢,吊重钢丝绳应松放均匀,速度一致。

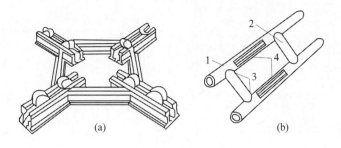

图 3.65 井口架

（a）四轮滑车井口架；（b）木梁井口架。

1—木梁；2—短圆木；3—骑马钉；4—竹板。

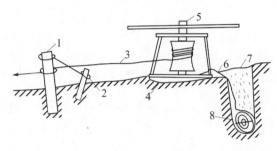

图 3.66 绞车安装图

1—安全桩；2—锚桩；3—兜底绳；4—横木；5—绞车；6—钢丝绳；7—回填土；8—地锚桩。

（2）井管接口严密、连接稳固，下入井孔内不得转动。

（3）心绳随井管下入孔内，应保持一定余量。销钉必须具有足够强度，受力后不弯曲。

（4）绞车安装必须牢固。

3. 钻杆托盘下管法

钻杆托盘下管法是用回转钻杆以反扣与托盘相连，用托盘承托全部井管下入井孔中。此法的管深度受钻杆的抗拉强度、钻塔承重能力和钻机卷扬安全负荷的限制。同时，还要有一定的安全系数。

1）下管主要设备

（1）钻杆。一般为回转式钻机所用普通钻杆，也有下管专用钻杆。

（2）特制钻杆接头。一端为普通钻杆丝扣与钻杆连接，另一端为特制方丝扣与托盘方丝反扣接箍连接。

（3）托盘。托盘的结构根据安装井管的种类及深度而定。托盘用厚钢板制成，其直径略大于井管外径，小于井孔直径 6 ~ 8cm。托盘底中心焊一个方丝反扣回转钻杆接箍，接箍与盘底钢板的连接必须牢固，一般是接箍穿过盘底钢板，然后焊接牢固。结构见图 3.67。

（4）扇形垫叉。用于将穿在钻杆上的井管托住并从地面吊起，其外径稍大于井管外径，其结构见图 3.68。

2）下管操作方法

（1）先将第一根钻杆底端的反扣接头涂上润滑油，并与托盘接好。

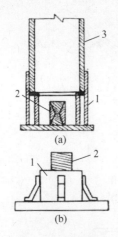

图 3.67　钻杆托盘

1—托盘；2—反扣接头或反扣孔；3—井管。

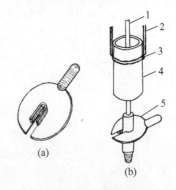

图 3.68　扇形垫叉

（a）扇形垫叉；（b）扇形垫叉的应用

1—钻杆；2—大绳套；3—小绳套；4—井管；5—扇形垫叉。

（2）按井管的排列次序，先将第一节井管穿到钻杆上，依次再穿其他节。第一根钻杆上穿井管的总长，要比钻杆短 0.5m 左右，然后挂上提引器，吊起井管，随后再用人力滑车吊绳将钻杆上的井管吊起，离开井盘，用黏合剂将井管与托盘粘接牢固。然后将托盘下入孔内，在孔口插好垫叉。此时，井管顶端不得没入泥浆中。

（3）再用第二根钻杆依次穿上井管，将扇形垫叉插在井管下端的钻杆上，托住井管。然后吊起钻杆与孔内钻杆对正连接好，用人力滑车吊绳把扇形垫叉以上井管吊起，取下扇形垫叉。粘接捆扎井管，然后微吊井管，取下垫叉，将井管下入孔内，在孔口插好垫叉。依次反复下管，直至下完全部井管。

（4）围填好井管后，将井内钻杆吊直，使钻杆与井盘的连接处拉、压力都接近于零时，反转钻杆，使其与井盘脱开，提出钻杆。

3）钻杆托盘下管注意事项

（1）钻杆反丝接头，必须松紧适度。

（2）钻杆长度应注意调整，使其接头位置位于井管连接面附近。

3.4.6.5　二次下管法

二次下管法，即把全部井管分为两次下到孔内。第一次下井管数量应比第二次下管数量长 20m，值得注意的是钻杆必须在第一次下入的井管内，至少应保持 20m 长的钻杆，以便导正居中，便于第二次下管连接。因此，第二次下管时，由于井管自重所承受的压力和钻杆、钢丝绳所承受的拉力以及所需起吊设备能力都较第一次下管法少得多。二次下管时，多采用钻杆托盘法，与第一次下管不同之处，主要是两根管的接头处理。

1. 钻杆托盘二次下管法的专用工具

（1）活托盘如图 3.69 所示。

（2）下接口如图 3.70 所示。

（3）上接口如图 3.71 所示。

（4）防砂罩如图 3.72 所示。

（5）扇形垫叉如图 3.68 所示。

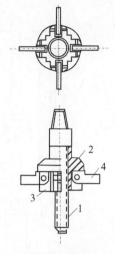

图 3.69　活托盘
1—丝杠；2—压盘；3—托盘体；4—托爪。

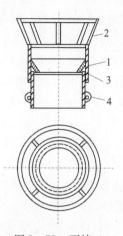

图 3-70　下接口
1—接头体；2—导向圈；3—隔板；4—拉环。

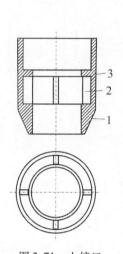

图 3.71　上接口
1—接头体；2—挡板；3—隔板。

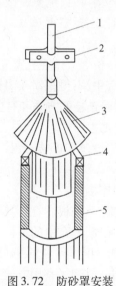

图 3.72　防砂罩安装
1—钻杆；2—小夹板；3—防砂罩；4—护口圈；5—井管。

2. 钻杆托盘二次下管的操作方法

（1）用钻杆托盘法，先下第一组（一次）井管。在一组井管最上边的一根井管上安装找中器，以防止井管靠壁难与第二组（二次）井管连接。将井管下接口安于第一组井管的顶端，再用防砂罩盖住下接口。在防砂罩上面 200mm 处安好固定夹板，不得紧靠防砂罩。

（2）逐步加长钻杆，将第一组井管送至孔底稳住，而后回填滤料，填滤料高度应低于第一组井管上口一定距离。

（3）填滤料完毕，即可慢慢反转钻杆与托盘脱离，提出钻杆，取下防砂罩。

（4）安装第二组井管之前，先将井管上接口安于第二组井管第一根井管的下管口，用钻杆连接活托盘和导正器。将活托盘的托爪托于上接口的隔板上，即可将第二组井管逐根连接下至预定深度。

189

（5）下管时,应准确计算好使用钻杆的长度,使钻杆下入孔内的数量正好能将第二组井管上接口与第一组井管下接口相吻合,如图3.73所示。

（6）上下活动钻杆,有200mm活动范围时（这是托爪在上接口隔板内上下活动的距离）,即可证明两组井管正确重合了。此后,反开活托盘,将钻杆全部提出,即可围填滤料。

目前,有些打井队应用二次下管法时,以倒钩导正器代替活托盘;以铁腰盘和护口圈代替上接口和下接口,也取得很好的效果。

3. 二次下管法应注意事项

（1）下管用的钻杆长度,必须用钢尺丈量准确。

（2）下放井管速度要慢,严禁猛刹车。特别是第二组井管快接近下接口时,更要慢慢下放。

（3）上托盘时,不要扭得过紧。反托盘时,不要用力过猛,要均匀加力反出。

（4）井管对接位置应选在孔壁完整、稳定孔段。

（5）下管过程中,不得扭动孔内钻杆和井管。

3.4.6.6　井管连接的方法和有关粘接技术

1. 井管连接方法

井管连接有管箍丝扣连接、焊接、螺栓连接、铆接、粘接等方法。

1）管箍丝扣连接法

常用于无缝钢管、钢板卷管、铸铁管、塑料管等。连接前,首先检查井管两端丝扣和管箍丝扣是否完好无损,不合格的不得使用。检查完毕,再在地面按下管顺序进行试接,看各连接丝扣是否互相吻合,吻合不好的不得使用。

塑料管用丝扣连接时,宜用方丝扣、梯形粗扣连接。

连接方法,在下管前先将井口处上下两节井管口对正调直,然后稳住下节井管,旋转上节井管,将丝扣上满拧紧即可。

2）焊接法

（1）钢拉板对口焊接法。常用于无缝钢管、钢板卷管、管口镶有接箍的钢筋混凝土井管等,如图3.74所示。

焊接时注意下列各点:

① 对口焊接的管口必须平整,井管铁夹板紧靠井管拉板,将铁夹板放在方木上,使管口保持水平。

② 将上一节井管吊起并保持垂直,使两管口对准吻合,然后在四面点焊,防止集中烧焊,导致

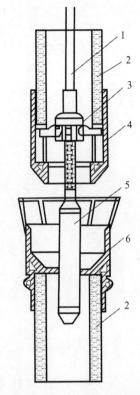

图3.73　两组井管空内结合情况
1—钻杆；2—水泥管；3—活托盘；
4—上接口；5—导向器；6—下接口。

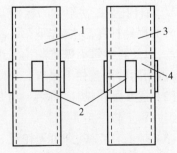

图3.74　钢拉板
1—钢质井管；2—钢拉板；
3—钢筋混凝土井管；4—钢筋箍。

井管歪斜。

③ 拉板应在下管前,先焊在井管的一端。拉板的数量和对口焊接后的抗拉强度 t 必须能承受井管的全重。

④ 焊接时,链待自然冷却后,再下入孔内。

（2）塑料管的焊接方法:

① 先将管口刨成45°坡口形,使两管口对焊时成 V 形,或两管承插并将其缝焊接牢。

② 用直径 3mm 聚氯乙烯焊条,从里到外组焊三道焊口,如图 3.75 所示。

③ 使用焊枪规格:300 ～ 350W、36V、风压 0.1 ～ 0.15MPa、电热丝直径0.8mm 镍铬丝。

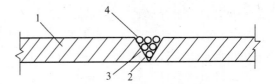

图 3.75　塑料井管焊接方法
1—塑料管；2—第一道焊口；
3—第二道焊口；4—第三道焊口。

④ 焊接时,焊条要垂直于焊缝,并用力压紧。用焊枪加热时,要使焊条与管口同时熔化,至焊条两侧见到管口熔化的浆状物出现时为合格,严防加热过高焊条发生焦化。

（3）螺栓连接法。适用于没有车丝扣的铸铁井管,可以采用井管与管箍穿螺栓的方法进行连接。

① 在加工厂将井管的两端车成坡口,并根据井管直径的大小,在管箍与井管的两端钻 6～8 个直径 19mm 螺栓孔,并在井管上套好螺栓的丝扣。

② 下管前,先将井管的一端用螺栓接好管箍。

③ 下管时,将井管吊起下入孔内,于管口上端垫以特制的硬胶皮垫。将第二节吊起,对正螺丝孔,穿以螺栓并拧紧丝扣。照此法直至下完全部井管。

（4）采用此法应注意两点:① 井管安装深度,根据螺栓和井管强度而定,一般不超过 120m;② 连接井管的螺栓长度等于管箍和井管的厚度。不准超出井管内壁。

（5）铆接法。此法常用于塑料井管。在井管连接时,将一根井管的平头插入另一根井管的凹头,然后在接头处钻 8 个直径 7.5mm 的孔,孔成两行。用 $\phi8 \times 25mm$ 的螺钉拧入固定,如图 3.76 所示。

（6）粘接法。此法常用于混凝土管、石棉水泥管等。

2. 井管常用粘接材料与粘接方法

1）常用的粘接材料

常用的粘接材料有沥青水泥砂浆、沥青砂浆、环氧树脂等。它主要用于混凝土井管粘接。

2）粘接方法

（1）沥青水泥砂浆粘接法。沥青水泥砂浆常用的配比多为 4:3:3(沥青:水泥:砂)。但由于井的深浅、管径的大小、管壁的厚薄、管口的平整程度、下管的方式等情况的不同,各地用的配比相差

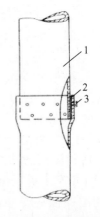

图 3.76　塑料井管铆接示意图
1—塑料井管；2—凹头；3—螺钉。

甚大,有的用4∶2∶4或3∶4∶4等。

沥青水泥砂浆,是用沥青、水泥、细砂混合制成。配制时,先将沥青熔化(加热至160~170℃,冒白烟成稀粥状),然后将水泥、细砂掺入搅匀即可。

粘接时,先把沥青水泥砂浆浇到井管上端接口处,再将上一根井管置于上面,被水泥沥青砂浆粘住。然后用一条宽20cm左右的布条,涂上热沥青水泥砂浆之后在接口处缠绕2~3圈,并用沥青水泥砂浆将其缠绕的布头粘住。

(2)沥青砂浆粘接法。沥青砂浆常用的配比多为1∶4(沥青∶砂)。其配制方法和粘接方法与沥青水泥砂浆方法基本相同。

(3)环氧树脂黏合剂。一般用于混凝土井管、石棉水泥井管的粘接。其配比为:① 环氧树脂1009;② 二丁脂109;③ 乙二胺89;④ 二乙烯三胺89;⑤ 锯末适量。

配制时按以上顺序和比例加料搅拌,前四种原料先搅拌均匀后,再加适量锯末,搅成稠的浆糊状为止。要现用现配,3h后初凝,24h全凝。

3.4.7 充填滤料和管外封闭

在井管结构中,对井管与孔壁之间的环状间隙,充填滤料和封闭材料,是管井建设的重要环节。主要的作用是:① 固定井管,保证管井安全运行;② 滤料可起到拦砂滤水作用,保证成井质量,延长管井使用寿命;③ 防止地表污水沿井管入渗,污染水质;④ 隔离不良含水层或封闭非计划开采的含水层。

1. 检查滤料质量标准

(1)回填滤料的规格,是根据井孔中含水层颗粒大小而决定的,必须符合《农用机井技术规范》的设计要求。

(2)检查滤料的形状是否圆滑,一般不应用碎石做滤料。

(3)检查滤料质地是否坚硬,与水是否起化学变化。

(4)检查筛选的滤料粒径是否符合设计要求,粒径大小是否均匀,不合格的滤料颗料不得超过15%。

(5)检查滤料数量是否与计划数量相符,一般是要比计划数量多备足20%。

2. 回填滤料方法和注意问题

1)回填滤料方法

一般采用循环水填滤料或静水填滤料,以循环水填滤料为好。

无论采用哪种方法回填滤料,均应沿井管周围连续均匀缓慢地填入,速度不宜太快。若滤料中途受阻,不许摇动或强力提动井管,可用小掏筒或活塞下入井管内慢慢上下提动,直至滤料下沉为止。

回填滤料要用已知的计量容器,便于及时地与计划数量校对。当滤料填入到一定数量时,可等滤料下沉,用测棒测量填滤料高度,边填边测,直到计划位置为止。测棒是用圆铁棍制成,长0.5~1m,两端呈圆尖形,其重量一般须超过所用测绳总重量的一倍。

2)回填滤料应注意的问题

采用循环水填滤料,中途不许停泵,填滤料也不许间歇,要一气呵成。

严禁一侧集中填滤料,不可快速猛倒冲击井管或造成堵塞。

必须按管井设计的位置回填滤料及高度不许马虎从事,以防滤料下沉而失去拦砂滤水作用,而影响成井质量。

3. 管外封闭

常用的封闭材料有黏土块、黏土球、水泥砂浆和水泥浆。

（1）黏土块。宜采用天然杂质少的优质黏土,其含砂量(粒径大于 0.05mm)不应大于 5%,含水量约 18% ~20%,黏土块最大直径不应大于 50mm。它适用于要求封闭程度不高的孔段。

（2）黏土球。采用上述的优质黏土,经人工浸泡拌和,制成直径 25 ~30ram 黏土球。黏土球必须揉实风干,风干后表面无裂纹、内部湿润,含水量约为 20%。它适用于要求封闭程度较高的孔段。

（3）水泥砂浆和水泥浆。一般采用 325 ~425 号普通硅酸盐水泥或其他水泥。它适用于封闭程度要求高的孔段,如严格封闭不良含水层段或有特殊要求处理的孔段。

封闭前,应按照管井施工柱状图所要封闭的深度,计算出需要填入的黏土球的数量。黏土球实际准备的数量,应比计划数量多 25% ~30%;黏土块实际准备的数量,应比计划数量多 10% ~15%;有特殊要求时,还可准备棕头、干海带等其他封闭材料。

管井封闭材料的填入方法与填滤料方法相同。为了保证将黏土球填至计划位置,必须弄清黏土球在泥浆中的崩解时间。投入前,先取孔内泥浆进行崩解时间试验,一般要求黏土球的崩解时间等于黏土球下沉至预定位置所需时间再加 0.5h。黏土球在泥浆中下沉时间可用下列公式计算:

$$v = k \sqrt{\frac{d(\gamma - \gamma_1)}{\gamma}} \qquad (3.18)$$

式中: v 为黏土球下沉速度,cm/s; k 为系数,常选用 35 ~40; d 为填入黏土球直径,cm; γ_1 为泥浆相对密度,一般采用井孔上、下部取样的平均值; γ 为填入黏土球的相对密度。

（1）当管井开采一个厚层含水层组,按规定将滤料填至含水层顶板以上 8m 时,其上部到井口段若没有需要严密封闭的地层。在这种情况下,采用优质黏土块封闭到井口,即可达到要求。

（2）当管井开采的含水层组在两个或两个以上,且层间相隔距离较大,两个含水层的颗粒直径又有较大差别,则两个含水层所填滤料直径也不同。在两种滤料之间,一般都充填黏土球或黏土块,以节省滤料及投资。在上层滤料层顶上,再填入黏土球或黏土块封闭到井口。

（3）当管井揭穿被污染的含水层,或苦咸涩的不良含水层以及非计划开采的含水层,对于这样不良的含水层,必须用黏土球进行严格的封闭,其封闭位置应超过不良含水层顶底各不少于 5m。对于人畜饮水井,有条件时可用水泥砂浆严密封闭。

（4）在特殊高压含水层地区建井,尤其是水压较高,常采用速凝水泥砂浆封闭。其配方是,水泥:砂为1:4,再加入相当于水泥重量的 2% 的氯化钙。先将水泥与砂掺匀,加水搅拌,倒入溶于水的氯化钙,搅拌均匀,即可用泥浆泵注入封闭或用提筒注入封闭。封闭段的高度应大于 15m。有的单位在最上部的含水层顶上放置 1 ~3 个棕头或压入干海带,然后再灌水泥砂浆,其封闭效果更好。

（5）井口封闭，在井管周围开挖深度 1.5m 的坑，填入黏土球或优质黏土块，边填边夯实，直至井口。上部最好铺用 20cm 厚的混凝土护面。

3.4.8 洗井和成井验收

洗井的目的是为了清除井内沉淀的泥砂岩屑、泥浆和井孔壁上的泥浆皮，冲洗渗入到含水层中的泥浆，抽出含水砂层中的细小颗粒，以便在滤水管的周围形成由粗到细的良好的天然滤水层，以增大滤水管周围的渗透能力和进水能力，从而使井能够得到最大的出水量。下管填滤料后，要立即洗井，防止因时间过长，孔内泥浆皮硬化，不易破坏，造成洗井困难，影响出水量。

1. 洗井方法

常用的洗井方法有：水泵洗井、活塞洗井、空压机洗井、二氧化碳洗井、化学药剂洗井等。

1）水泵洗井

离心泵洗井。离心泵洗井适用于出水量较大，水位埋藏较浅，直径较大的管井。洗井时，使离心泵时开时停，借以排出井内泥砂，至水清为止。

深井泵洗井。当水位埋藏过深的管井，而无法使用空压机洗井时，可采用适宜规格的深井泵洗井。将深井泵时开时停，借水位的突然升降、振荡破坏泥浆皮，冲洗泥砂，利用该法洗井一般需要较长时间。

2）活塞洗井

主要适用于钢管井和铸铁管井。其他管井，应视井管内壁光滑程度和连接质量，有条件的应尽量采用。

（1）洗井活塞可用钢板或木板制成，外包胶皮或内夹数层胶皮垫，其外径一般小于井管内径 8～12mm。木制活塞在入井之前，应先在水中浸泡 8h 以上再用。

（2）活塞的提拉速度，在钢管或合格的铸铁管井中为 0.6～1.2m/s 之间；在其他井管中一般为 0.3～0.5m/s。

（3）洗井应自上而下逐层进行，一般是在含水层位置多提拉几次，而在非含水层位置少提拉几次，第一个含水层洗好后，再洗第二个含水层。

（4）活塞洗井应连续进行，在井内不能停留，以防泥砂沉淀埋塞。活塞在井内洗井时间，可根据不同井深和地层情况适当掌握，在实际工作中可参照表 3.28 经验数据。

表 3.28　活塞洗井延续时间经验数据

含水层	管井种类	活塞洗井时间（包括淘砂）（台班）	注
中、细、粉砂层	浅井	2～4	井深 50m 以内为浅井，井深大于 50m 为深井
	深井	4～5	
粗砂、砾石层	浅井	4～5	
	深井	5～6	

（5）活塞洗井时，井管外滤料将大量下沉，因此，含水层以上的井孔部分需要补充滤料，否则易造成涌砂。

3）空压机洗井

空压机洗井,一般适用于深井,以便清洗较深孔段的泥浆和含水层中的细砂。利用空压机洗井,一般应按下列要求进行:

(1)根据机井的静水位和空压机风压确定风管的沉没深度,然后选择适宜的空压机,以及出水管和风管规格。可参照表 3.29 选用。

表 3.29　井管与出水管风管规格关系表

滤水管内径	适用空压机排气量/(m³/min)	出水管直径/mm	风管直径/mm
150	6	89	25
200	6	100	25 ~ 32
250 ~ 300	6 ~ 9	125 ~ 150	25 ~ 38
300 ~ 400	9 ~ 10	150 ~ 200	38 ~ 75
400 ~ 500	10 ~ 12	200 ~ 250	38 ~ 75

(2)气水混合器的规格要求:长 2m,直径与风管相同,上端连接风管,下端封闭,管身均匀布孔,孔径 3 ~ 4mm,孔面积之和为风管断面积的 2 倍。

(3)风管、水管的安装,可采用同心式或并列式。风管浸没比不得低于 50%。风管浸入水中的长度应略小于空压机额定风压相当的水柱高度。

(4)冲洗应自上而下或自下而上分段进行。洗井可用正冲洗和反冲洗两种作业方法:① 正冲洗:风、水管必须同时下入,并使水管底端超出风管底端 2m 左右。② 反冲洗:不下水管只下风管。如风、水管同时下入,则应先使风管底端超过水管底端 1 ~ 2m,以便反吹。清除泥砂时,风管必须上提,使其底端高于水管底端 2m 左右。也可采用井口封闭反冲洗法。

4）二氧化碳洗井

二氧化碳洗井(注酸时,即称注酸二氧化碳洗井)。适用于基岩中的管井、第四纪松散层管井及含水层或滤水管堵塞的旧管井。但孔壁不稳定,又未下管的井孔不得使用。

(1)二氧化碳洗井设备的安装方法。如图 3.77 所示,用高压软管(30MPa)将氧气瓶连接在总注气管汇上,管汇上安装一个 100 ~ 150 个大气压(10 ~ 15MPa)的压力表。将管汇用管线及变丝弯头接在已下入井孔内的钻杆上。为了防止钻杆接箍处漏气,将接头丝

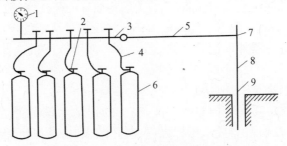

图 3.77　二氧化碳洗井设备的安装

1—压力表;2—高压阀门;3—管汇;4—高压软管;5—高压硬管线;6—二氧化碳瓶;7—三通;8—钻杆;9—井孔。

扣部分均加铅油和丝麻密封。

(2) 输送二氧化碳所用的钻杆下入井孔内的深度,在基岩地区洗井,应根据含水层埋深决定;在松地层中洗井,输送钻杆的下口一般放到过滤器以下部位。

(3) 注酸。注酸前,先将钻杆下至井底,开始注入盐酸,一般浓度为30%,另加入盐酸量1%的甲醛为金属材料的防腐剂。在现场确定酸用量的方法有两种:盐酸液体积数量为被洗管井含水层段井管内水柱体积的两倍;根据酸处理范围的半径、含水层厚度和含水层有效孔隙率来确定。其计算公式为

$$V = \pi(R^2 - r^2)m \cdot n \tag{3.19}$$

式中:V 为盐酸液用量,m^3;R 为泥浆浸入半径,或酸处理半径,均按经验数据确定,m;r 为钻头半径,m;m 为欲处理含水层的有效厚度,m;n 含水岩层的有效孔隙度。

对于单纯用泥浆钻进的井,酸处理半径一般取0.6m,最大不超过1.2m。碳酸盐岩层的含水层有效孔隙度一般取0.2~0.5为宜。压酸后,酸浸时间不宜超过2h。

(4) 输送二氧化碳时,应按下列要求进行:开启和关闭闸阀(开关)的动作要快。在一般情况下,见水涌出井口就应关闭闸阀,从关闭到下一次开启的时间不宜过长,一般在井喷结束之后,即可再一次开启,以免井孔内沉淀物堵塞输送管。当表压已超过孔内所需压力的两倍以上仍不发生井喷时,则说明输送管已堵塞,应立即关闭闸阀,并打开管汇上的安全阀泄压,查明故障原因,进行处理。在中、细、粉砂地层洗井时,应增加二氧化碳的输送次数,减少每次的输送量,以控制井孔内正、负压的大小。当喷出的水变清,含砂量较小时,即可认为二氧化碳洗井已达到要求。

(5) 二氧化碳洗井时应遵守的安全规则:工作人员,必须配用防护用品。现场应备足清水和保健药品。装酸罐应严密封闭,酸车酸罐应放在井孔下风向。操作、观察人员应站在酸液出口的上风向安全距离以外,场地严禁非工作人员接近。压酸后,应即用清水清洗泥浆泵及管路以防腐蚀。

5) 化学药品洗井

化学药品洗井能减少机械洗井的工作量,缩短洗井时间。一般多采用焦磷酸钠作为洗井药剂,其原理是将一定数量的焦磷酸钠与钻孔中的泥浆混合,破坏孔壁上的泥皮。这是因为配制泥浆多用高岭土或蒙脱石等,其中高岭土为酸性,与焦磷酸钠(碱性)混合后将生成硅酸钠,而蒙脱石将生成铝酸钠,它们溶于水,而使泥皮分散,从而起到破坏孔壁上泥皮的作用。

洗井时,先用泥浆泵将孔内稠泥浆排除,然后将配好的药液(一般为5%~10%)用泵经钻杆注入到过滤器附近。最下端的一根钻杆最好设有带活塞的橡皮垫、借钻杆上下活动冲力将药液压入过滤器外面的孔壁内,静止8h,再用空压机洗井,即可达到正常出水量。

2. 洗井的质量检查与试验抽水

洗井质量检查的主要检查内容为:检查洗井时,动水位是否达到设计降深;洗井后,井水含砂量是否在《规范》要求指标以内;洗井结束时,井底沉淀物不得超过井深的千分之五;洗井后,应达到设计出水量(即根据当地含水层出水率应释放出来的水量)。

为了确定井的实际出水量,应在洗井结束后,进行试验抽水。试验抽水时的出水量,

一般应达到或超过设计出水量。如限于抽水设备条件不能达到上述要求时,亦不能小于设计出水量的 75%。机井出水量用单米降深时的出水量来表示。

（1）抽水要连续进行,不得停歇,如因故停歇,应重新进行。

（2）试验抽水时,在松散地层,水位下降后的相对稳定水位延续时间不得小于 8h。在基岩地区、贫水区和水文地质条件不清楚的地区,稳定延续时间应适当延长。

（3）试验抽水前,应测定井内的静水位。抽水过程中的观测时间间隔、水位、水量记录应按抽水试验规范要求进行。

（4）试验抽水,一般只能做一次最大降深。但在缺乏水文地质资料的地区,不应少于两次降深。有特殊要求的供水井,必须做三次降深。

（5）对有水质分析要求的井,抽水结束前,要采取水样,进行水质分析。水质好的井无须采样。

3. 成井验收

机井施工验收工作应分两次进行。第一次在井孔钻凿完毕,井管下入之前,验收项目应包括以下内容:

（1）机井位置符合规划要求。

（2）机井开孔直径,终孔直径、孔深。

（3）地质柱状图,内容应包括岩层名称、岩性描述、层厚、埋深。

（4）电测井核对含水层位置资料。

（5）井斜测量。

（6）井管口径、外观质量。

（7）过滤器的制作质量、直径、孔隙率、长度及安装部位。

（8）找中器尺寸、安装位置。

（9）含水层岩样颗粒分析成果。

（10）滤料的规格、数量、质量。

（11）封闭材料的质量、数量。

（12）井管连接材料的规格数量、质量。

以上各项经验收合格,符合规划设计要求经验收小组同意后,才能进行下管工作。

4. 二次验收

待下管、投放滤料,进行试验抽水工作完毕后,再组织第二次验收,内容包括:

（1）下管深度、井壁管及过滤器安装位置和施工安装误差。

（2）滤料围填部位和封闭部位及其误差。

（3）井斜测量。

（4）试验抽水成果。最大涌水量、静水位、动水位资料。

（5）井水含砂量。

（6）水质分析成果报告。

（7）井底沉积物厚度。

验收完毕后,施工单位应按规范要求向机井使用单位提交下列资料:机井结构和地质柱状图;含水层岩样及滤料的颗粒分析成果,水质分析报告;抽水试验成果;机井配套和使用注意事项等材料。

3.5　测井车操作使用

测井车主要用于对以钻成水井的自然伽马、密度、三侧向电阻率、井温、流体电阻率、自然电位、井斜井径等参数进行测量，以确定水质的装备，其主要技术性能和技术参数如下。

最大适用范围：1000m 水井；滚筒容量：ϕ4.65mm 电缆、容量 1500m；绞车提升能力：20kN；电缆起下速度：100～3000m/h。

3.5.1　水文测井机主机

本节介绍车上部分的使用操作说明，汽车底盘、测井仪器、发电机、计算机、测量系统、温控仪、空调等请参阅随机附带的使用说明及相关资料。

1. 安全使用装备的基本要求

为保证装备的安全使用与测井任务的顺利完成，在装备使用过程中应严格遵守以下装备使用的基本要求。

（1）使用设备前必须认真阅读《SWJ－1000 型水文测井机使用维修说明书》的全部内容，对所使用的设备的整体及局部构造原理有较为全面的认识。

（2）汽车司机、绞车操作工、维修钳工和电工必须由能够胜任该项工作且具有资质的人员担任。

（3）要经常保持设备的清洁，设备停止运转后才能进行维修、维护、保养、加油等。

（4）机械和电器设备在运行过程中不得随便触及。

（5）所有电器设备，特别是发电机、电控箱、蓄电瓶不得有水、油进入，要经常保持通风干燥。

（6）设备到达井场起动前，必须安装好接地棒，将车体可靠接地。

（7）严禁在设备上和设备周围抽烟，而且要保证无任何可能引起火灾的火源。

（8）时刻保持灭火器材的完好，出现事故，都要先关掉电源和燃油油路，置设备于非运转状态。

（9）车上传动系统应按部件技术要求加足润滑油。

（10）要经常检查所有油管和接头，应无渗漏，所有电、液管线不得与尖硬物体摩擦。

（11）设备的连续运转时间不要超过 12h，连续工作中若出现问题请及时停机检查。

（12）根据测井实际工况，设定液压系统压力，最高不超过 4000psi①。

（13）车上电源有三种：外接交流电源、底盘电瓶直流电源、发电机交流电源。在有外接电源情况下，应优先使用外接电源。

2. 新设备的磨合

新列装的测井车在使用前应进行磨合，磨合过程的要求与需要检查的内容如下所述。

（1）汽车底盘的磨合请参照底盘使用说明书要求。

（2）绞车的走磨合期为 50h，其要求如下：

---

① 1psi(1 磅/平方英寸) =6.89476kPa。

① 电缆线速度不超过 3000m/h；

② 发动机转速控制在 900～1500r/min；

③ 操作平稳正确,除紧急情况(如电缆遇卡等)外不得突然刹车,液压系统油温应低于 65℃；

④ 传动系统各零部件应无异常振动、噪声,注意紧固底盘、变速箱、传动系统、滚筒、绞车机架等重要部件的连接螺栓。

(3) 磨合期满后,应作如下检查工作：

① 更换各传动箱润滑油及液压系统液压油。

② 检查并调整刹带与刹车毂之间间隙,使其在整个包角范围内约为 2mm,且间隙分布均匀。紧固车上各部分连接螺栓。

3. 作业前的准备

为保证测量任务的顺利完成,在装备作业前应按照以下要求完成装备测量前的准备工作。

(1) 将汽车车尾对准井口,距井口约 15m 的距离,汽车处于停车制动状态。

(2) 汽车前保险杠用钢丝绳固定在地锚上,车轮前后均用掩铁掩住。

(3) 放下绞车梯子,打开绞车舱门。

(4) 固定好井口装置。

(5) 松开测量头固定销,拆开测量头固定架。

(6) 按每日润滑要求在有关部位加润滑油,检查液压油箱内液压油,确保油面高于最低油位线(液位计下端)。

(7) 接好安全用电接地棒及接地线,接地棒插入土壤要有足够湿度。

(8) 合理选择电源的工作方式,打开交流电及直流电开关。具体操作电器系统说明。

(9) 打开操作舱内照明灯,如在夜间作业,请打开井口照明灯。

(10) 如使用发电机,必须将发电机舱门打开。

(11) 连接好仪器之间的信号插头。

4. 启动及空运转

装备的启动与空运转可按照以下方法步骤进行。

(1) 打开作业用气路开关,检查气压表读数,应在 0.6MPa 以上。

(2) 将油门控制器置于较小开度,待发动机运转稳定、各仪表显示正常后,使发动机在 1200r/min 下运转 10min。

(3) 检查绞车刹车,应使其处于松开刹车位置。

(4) 将滚筒控制手柄置于"上提"或"下放"位置,观察滚筒运转状况,并对整车进行循环例行检查,确认设备运转正常方可进行作业。

(5) 操作排绳控制手轮,保证排绳机构运动良好。

5. 开始作业

测量作业是测井车的核心工作,测量作业的步骤与需要注意的内容主要包括以下几个方面。

(1) 将电缆经测量头、地滑轮及井口装置连接到井下仪器放入井内。

(2) 分别将测量面板上的速度、深度、张力指示归零(具体操作见测量系统使用说明书)。

（3）转动排绳手轮使测量头与缠绕电缆同步。

（4）绞车操作员、仪器操作员、井口操作员三方协调配合开始测井作业。

（5）为了满足测井线速度要求，操作滚筒控制手柄，使滚筒转速达到测井要求。

作业过程注意事项包括：

作业中用油门操纵器使发动机转速固定在经济转速范围之内（1200～1500r/min），一般只通过滚筒控制手柄调节滚筒速度。

当井下遇卡时（张力数值突然增大），应立即以最低速度提升，一旦张力超过预置最大值，报警器鸣叫，同时液压系统压力表读值增大。此时应立即按下紧急通断阀，使系统卸荷，并置滚筒控制手柄于中位，用其他办法解除卡阻，禁止强行提升，否则会引起液压系统元件损坏或其他事故。

为保证仪器在井下运行安全平稳，禁止对滚筒猛刹猛提。

为保证刹车的可靠性，刹带与刹车毂之间的间隙调整为1～2mm，刹带与刹车毂上无油渍。正式作业前进行测试滚筒刹车性能，保证其功能稳定可靠。

操作各手柄、按钮时不得冲击，不可反复快速搬动手柄。

6. 测井过程操作

下列操作步骤是常规测井作业所必须完成的。牢记安全第一，绞车系统是很强大有力的，违规操作可能对人员和设备造成伤害。

1）绞车操作

接通测井仪器的电源。

检查电缆测量系统操作是否正常，测井精度设置是否正确。

启动绞车，测井仪器串进入井口。从滚筒开始转动时起就要保持记录，这可能是能得到的唯一记录。

当仪器下到指定位置后，停下绞车，即可准备上提电缆进行测井。

开始连续测井作业，绞车控制手柄回到"上提"位置，以适当的速度上提。调整电缆张力，进行过载保护。

测井过程中要继续监视电缆负载，观察测井仪器的张力增加显示。一旦出现井底遇卡，负载会出现突然增大。井底遇卡时，不要硬性地拉拽，应该通过一起一下的动作来试着下放仪器。在遇卡的井里，利用适当的辅助设施总是能使井下仪器保持下放。

电缆回收时，要使用排绳器使电缆平整地排放在滚筒上，缆绳排放时不要出现间隙或重叠。为保护电缆不被损坏，在井下仪器全部起出之前，出现较大的间隙或重叠都要及时纠正。电缆回收到最后几层时，应对电缆进行润滑。打开喷油器开关，每缠完一层，就喷一次油。

测井工作完成，测井仪器起出井口后，将仪器放倒，拆开。

拆卸电缆和张力测量系统，将电缆从测量头中取出，固定排绳支架。

2）液压系统压力设定

为了防止井下遇卡等意外情况发生时，绞车和下井工具不被损坏，设置了系统压力调节控制系统。此系统通过限制泵排量，维持操作者所调定的系统最高压力。系统压力控制的设定是在下井测井前，根据缆绳上的附重大小而预先设置的。

液压系统压力由装在操作台上的调压阀（也称张力调节阀）来调节，从而控制缆绳张力大小，左旋拉力减小，右旋拉力增大。根据作业过程中提升负荷的大小，适当调节系统压力,能够使缆绳处于上提即可,系统压力不得超过4000psi。

测量面板设置的张力不得超过该规格缆绳的安全允许拉力,同时调定系统张力应缓慢进行,以免冲击损坏系统元件。

3）气控系统

气源来自汽车底盘的气包,分别向各气阀供气。车到井场停好后,将气路总开关打开(总开关设在底盘储气筒上),作业用气系统才能工作。测井作业完毕请将该开关关闭,以免对汽车底盘造成影响。操作各气阀分别控制滚筒刹车、仪器压紧、电缆喷油等,系统压力由气压表显示。各气阀和气压表集中安装在操作台上,便于操作。

4）电缆喷油装置

电缆喷油装置的压力用气来自底盘,控制开关设在操作台上。

喷油罐内加装50%煤油和50%机械油,加油量为整罐容量的4/5。打开储油罐上的球阀,来自操作台气源分配器的压缩空气进入储油罐,打开安装在操作台上的控制开关,打开喷油电磁阀。由储气罐出来的油气混合物经电磁阀及喷管总成均匀地喷射到电缆表面。

电缆喷油主要用在测井作业完成,上起电缆到最后几层时,对电缆进行喷射。每排完一层,喷射一次。关闭开关,电磁阀关闭,喷油停止。

喷油罐为压力容器,向喷油罐内加油时必须将球阀关闭,切断压缩空气,打开放气阀待罐内余气放尽后再打开加油盖,否则高压油气混合物将高速喷射而出。

5）交流电操作

将车体可靠接地,选择土壤潮湿致密的地方,将车上所带的接地棒打入地下,用粗导线将车体与接地棒相连,接地电阻小于30Ω,此时方可进行系统正常运行。

交流电源分为外接电源、柴油发电机电源。根据使用情况合理选择电控箱上的电源转换开关位置,然后接通使用电源。此时系统可使用一种电源供电或同时使用两种电源分别供电。此时电压表、频率表和电流表即显示电路的电压、频率、电流。本系统使用电源电压为220V(±10%),使用频率为50Hz(±2%)。可通过外接电源输入插座使用外接电源。

打开液压油散热加热断路器电源开关,智能温度控制器开始控制液压油散热和加热。智能温度控制器根据预置的散热、加热控制温度点,自动控制接通或断开散热加热接触器,控制散热器或加热器的工作,也可进行强制手动操作。使用强制手动操作时散热器或加热器不受温控器控制而一直处于工作状态。

停止交流电系统工作,应首先逐个关闭各终端用电器开关,再关闭电控箱上各电源转换开关,停止电控箱的运行。如使用发电机电源,还应关闭发电机上的电源输出断路器开关,按发电机操作规程关闭发电机。

操作该系统时,整车必须可靠接地,接地电阻小于30Ω。定期用500V兆欧表检查各线路对地(车体)的绝缘,要求绝缘电阻大于2.0MΩ。车上禁止使用1.5kW以上的电阻性负载和500W以上的电感性负载,系统连续工作时,总电流不得大于40A。交流电源电压220V(±10%)、频率为50Hz(±2%),不可引入其他特性电源。检修该系统时,必须断开所有交流电源。检修时由专业人员进行,并穿戴电工劳保用品。使用发电机时严禁负载超过发电机的额定容量。使用发电机电源时,发电机舱门要打开,拉出发电机。

7. 作业结束

测量作业结束后,需要按照要求对装备进行撤收整理,装备作业后的撤收作业可以按照以下几个步骤进行。

（1）将滚筒控制手柄回中位,刹住滚筒(按下滚筒制动按钮),将操作台上所有手柄、按钮等控制元件恢复到初始位置。

（2）在驾驶室内离合器踩下,将取力器控制开关回位,观察仪表盘上指示灯,确认取力器已脱开。

（3）断开交直流电源,关闭所有用电开关,将电控箱上各控制开关复位。

（4）将测井仪器、探管按照原方式安装固定牢固。

（5）收起安全用电接地棒,各种电、气管线,擦净设备上油泥。

（6）关闭作业气路总开关。收起梯子,各舱门关闭锁好。

3.5.2 CM-3A 测量系统

对于 CM-3A 测量系统的使用,主要是熟练掌握控制面板上各控件按钮的作用,具体如下。

1. 操作台面板阀件功能列表

操作台面板各阀件的功能列表如表 3.30 所示。

表 3.30 操作台面板各阀件的功能列表

序号	名称	操作说明
1	滚筒气刹	手柄从下向上推动时,滚筒的刹车力矩逐渐增大,直至刹死
2	滚筒控制器	控制器右边手柄离中位越远,泵排量越大,滚筒转速越高;手柄前后方向移动时,泵可实现正反方向排油,从而带动滚筒正反方向转动
3	系统调压阀	调定液压系统的张力大小,顺时针旋转手轮,系统张力逐渐增大;逆时针旋转手轮,系统张力逐渐减小
4	油门控制器	控制器旋钮顺时针旋转,发电机油门逐渐增大;反之发电机油门逐渐减小
5	紧急通断阀	控制液压系统,按下按钮液压系统泄荷;再次按下按钮时按钮复位液压系统接通
6	按下滚筒制动	当行车时按下此阀,滚筒不动;作业时必须拉起其按钮
7	启动开关	可直接启动底盘发动机
8	电喇叭开关	当绞车开始工作时按动按钮,电喇叭发出信号
9	按下喷油	喷油控制开关,按下按钮向电缆喷油
10	直流电源开关	控制直流电的断开
11	暖风机开关	控制暖风机的断开
12	绞车灯开关	控制绞车照明的断开
13	仪表保险	操作台仪表的保险
14	阀保险	操作台电磁阀的保险
15	灯保险	操作台绞车灯的保险
16	智能数控绞车面板	显示电缆的起下速度、深度、张力;具有报警、预设功能
17	补油压力表	显示补油泵的压力(280~400psi)
18	系统压力表	显示系统压力
19	负压表	显示液压系统负压,表明吸油滤油的清洁度,指针达到红色警告区应更换滤芯
20	气压表	显示气路系统的压力
21	发动机组合仪表	包括机油压力表、水温表、发动机转速表

2. CM – 3A 测量系统的面板操作

打开电源开关,系统首先进行 6s 自检,面板上指示灯亮,蜂鸣器报警,显示深度系数、报警速度、差分张力,张力窗口在前 3s 显示张力系数,后 3s 显示超重张力。自检后,进入工作状态,面板显示恢复最后一次关闭电源前的测井状态。

1）设置深度系数

按下"系数""深度"键,数码管第一至第七位显示当前深度系数,第八、九位显示"C. =",从高位到低位依次键入新的深度系数,键入完毕后按"系数"或"深度"键确认。

2）设置张力系数

按下"系数""张力"键,数码管第一至第六位显示当前的张力系数,第八、九位显示"F. =",然后,可从高位到低位依次键入新的张力系数,键入完毕后按"系数"或"张力"键确认。

注意：设置张力夹角时,必须输入整数,不能使用小数点,否则系统默认为直接输入张力系数。

3）设置速度

按"速度"键,数码管第一至第六位显示系统当前的报警速度,第八、九位显示"U =",从高位到低位依次键入重新设置的报警速度值,键入完毕,按下"速度"键确认。

设置报警速度时,系统以是否输入小数点来区分选择速度的显示单位是 m/min 还是 m/h,输入小数点则表示选择速单位为 m/min,不输入小数点则表示选择速度显示单位是 m/h。

4）设置张力

按"张力"键,数码管第一至第六位显示系统当前的张力超重报警值,第八、九位显示"F =",从高位到低位依次键入新的张力超重报警张力值,键入完毕,再按下"张力"键确认。

在测井过程中,当张力大于张力报警值,系统声光报警。

张力清零功能只适应井下仪在井口附近、也即当深度显示小于 200.0m 时可以操作,当深度显示大于 200.00m 时张力清零操作无效。张力清零操作按"张力""0""张力"键即可。

5）设置深度

按"深度"键,数码管第一至第七位显示当前测量的深度值,第八、九位显示"L =",从高位到低位依次键入需要重新设置的深度,键入数字完毕后,按下"深度"键确认。例如键入深度为 – 7654.62m 时,需依次按下" – ""7""6""5""4""·""6""2""深度"即可。深度对零：按下"深度""0""深度"键即可。

6）同时设置深度和深度系数(同步校深)

测量面板为用户提供自动计算深度系数的功能,并自动存入该系数,操作如下：按下"深度""系数"键,数码管第一至第七位显示当前所测量的深度,第八、九位显示"L =",从高位到低位依次键入当前的标准深度值,键入完毕后按"深度"或"系数"键确认,然后深度显示即为校正后深度,同时,深度系数也自动校正。

7）机械计数器

计数器计数过程中,禁止作复"零"、预置操作,否则损坏机件。

手动复位时,不宜用力过猛,以免损坏。

预置深度:将复位键按下,再分别按动其余五个键。预置后,可以从新的预置起始深度计深。

注意:机械计数器显示和预置的深度单位是 0.1m,安装计数器时,软轴弯曲半径不能太小,否则影响正常工作,以致损坏;按复位键时,应先把侧面红色键销压进去,再往下压整个键。

3. CM – 3A 测量系统的使用

CM – 3A 测量系统的使用的使用主要包括以下几个步骤。

(1)拔出将排绳器锁死的销子,使排绳器处于自由位置。

(2)拔出将测量头锁死的销子,使测量头处于可转动状态。

(3)按下机械计数器上的清零键,调整计数器的记录状态。

(4)按下测量面板上的开机键,打开测量控制系统。

(5)按操作简述设置系数和初值。

(6)启动绞车开始测量。

3.5.3 测井仪器操作

测井仪器的使用是测井的核心工作,主要包括测井机安装软件及打印、室内检测、现场测井及资料处理等内容。

3.5.3.1 测井机安装软件及打印

1. 电脑里安装测井工作软件

随机配备的光盘里有测井工作软件,打开 CQJGS – SN. txt 文本文件,其中有 10 个序列号,选择其中任何一个都可以作为安装序列号,安装的路径用户可自由选择,安装完毕后,自动在桌面上生成快捷图标。

2. 安装打印机、设置纸张

本系统适合配置 EPSONLQ – 1600K 系列针式宽行打印机,用连续的宽行打印纸,使用该系列打印机时,仅安装 LQ – 1600K 打印机驱动程序即可,将其设为"默认打印机",然后进行如下的设置:

(1)我的电脑—控制面板—打印机和传真—文件—服务器属性—创建新格式—在表格名处输入纸张名称如"user2",格式描述中选"英制",宽度输入 16. 34,高度输入 8. 00,其他都输入 0,然后点击"保存格式"—"确定"。

(2)将鼠标移到"LQ – 1600K"图标处—右键—打印首选项—纸张质量—高级—纸张规格选 user2—确定。

(3)将鼠标移到"LQ – 1600K"图标处—右键—属性—设备设置—手动送纸里选 user2—确定。

3. 修改记录点对齐文件 TGJLD. SCL

打开测井软件\config\SCL\TGJLD. SCL 文件,参照标准数据对其进行修改。

4. 输入各探管的标定系数

仪器测出的数据(原始数据)需进行数值计算才得到真实的参数值,数值计算时就要用到标定系数。标定系数的输入方法如下:

打开测井工作软件—标定系数—探管标定系数—在出现的对话框里选择探管型号—鼠标移到参数栏需要修改的某一行,双击鼠标使该行变为兰色,鼠标移到数据输入框,点一下左键使其变为绿色,这时就可以输入数据了再确认修改。

W422 井温流体电阻率探管标定系数的第一行为井温,第二行为流体电阻率。

电位电阻率标定系数的第一行为电阻率,第二行为电流不用输。

组合密度标定系数的第一行为自然伽玛,第二行为密度(P1),第三行为长源距密度(P2),第四行为三侧向,第五行为井径。

每根井温流体电阻率探管和每根组合密度探管,其系数大多不一样,使用的是哪根编号的探管便输入该探管的标定系数。

3.5.3.2　室内检测

熟悉仪器操作、检查仪器工作是否正常可在室内进行(野外施工之前最好先进行室内检测),用随机配备的上面焊有 $150\Omega/5W$ 电阻的检测线代替绞车。

检测、连接方法如下:测井主机接上 220V 交流电源;串口线(通信线)的三芯快速插头接主机串口,九芯插头接电脑;检测线七芯快速插头接主机电缆,自制蓝色七芯插头接探管。

光电信号 1 和光电信号 2 不用连接(测量时使用主机自己产生的深度信号)。室内(地面)检测仪器,测井方向只能向下,因为主机只能提供向下的深度信号。

1. 测斜探管检测

(1)检测线连接测斜探管,打开主机 220V 交流电源。

(2)打开测井工作软件—文件—新建工作目录(用户可自建文件夹,一般以孔号或地名建立文件夹,便于查找)—确定。

点击开始测井图标(鼠标移到图标上会有文字提示)—选择通信端口(一般九芯串口为 COM1,如用的是 USB 端口则可能是 COM3、COM4 或 COM5),确定—按对话框的提示输入井孔参数、测井单位等,输入完毕点击确定—选择探管型号或测量参数名称(井斜仪),选择测井方向(向下),输入起始深度 10.1、终止深度 100.1 和采样间隔 0.1(注:起始深度和终止深度必须有小数位,末位不能为 0),修改文件名(小数点前面的文件名可以修改,可以是中文),测井速度、滑轮高度、记录零长不参与任何计算和处理,可以不管,输入完毕点击确定—输入深度修正系数(输入后会自动保存,下次就不用再输了)。深度修正系数输入后不能马上点击确定,这时要先按一下主机复位键,待主机全部显示为000000000 后再去点击深度修正系数对话框的确定。这时电脑便把有关参数传送给主机,传送完毕主机显示起始深度——打开主机的下井电源(测量自然电位时不要打开下井电源,测量电位电阻率或梯度电阻率时需选择供电电流挡位 1~8),这时可看到主机表头指针向右偏转 1~2 格的位置,约 10s 后将主机自校/测量开关拨到自校一侧,这时主机速度显示 8~9,深度连续增加,B 灯闪烁,电脑软件里有了读数。

(3)给定探管一定斜度并保持稳定,查看计算机里的读数与给定的斜度是否一致。如此多试几次,如果一致说明探管工作正常,否则探管工作不正常。

检测完毕将自校/测量开关拨到测量一侧,关掉下井电源。

其他探管检查测量与上述操作步骤完全一样,只是检测方式不同。在讲述其他探管检测时上述步骤不再详细叙述,仅以"将计算机软件里选择的参数传送到主机"代替。

2. 井温流体电阻率探管检测

(1) 检测线连接井温流体电阻率探管,计算机软件里选择井温流体电阻率探管,输入起始深度、终止深度和采样间隔等参数,将计算机软件里选择的参数传送到主机。

(2) 打开下井电源,表头指针向右偏转约 1 格的位置,将自校/测量开关拨到自校一侧,计算机软件里便有了读数,第一栏里的读数为井温(常温时为 1000 个字左右),第二栏里的读数为流体电阻率(空气中读数为 0～4094)。

(3) 用打火机烧温度传感器(铂电阻)3～5s 时间(外管内侧有连线,时间不能长),可看到井温读数马上增大,而后读数逐渐减小,这种情况说明井温测量工作正常,反之则不正常。

(4) 井温检测完毕将自校/测量开关拨到测量一侧,稍后进行流体电阻率检测。

(5) 找一个高 40～50cm、直径 30～40cm 的干净水桶,装满清水(自来水即可),将井温流体电阻率探管放进水桶里(温度传感器以下部分要完全淹没在水里),将自校/测量开关拨到自校一侧,这时可看到流体电阻率读数与空气中相比发生明显变化(自来水里的读数一般为 1300 个字左右,各地有所不同),从探管竖槽处向管内加入食盐,可看到流体电阻率读数有所降低,加入食盐越多读数越低,这种情况说明流体电阻率测量工作正常,反之则不正常。

(6) 检测完毕将自校/测量开关拨到测量一侧,关掉下井电源。

(7) 盐溶液有腐蚀性,检测完毕用清水冲洗探管。

3. 组合探管检测

(1) 检测线连接组合探管,计算机软件里选择组合密度,输入起始深度、终止深度和采样间隔等参数,将计算机软件里选择的参数传送到主机。

(2) 打开下井电源,表头指针向右偏转 1～2 格的位置,这时可看到井径臂在逐渐张开,当井径臂张开完毕,表头指针回到近于 0 的位置,再等待约 60s,表头指针又偏转到 2 格的位置,将自校/测量开关拨到自校一侧,计算机软件里便有了读数(有的仪器开始七个点电脑收不到数),第一栏里蓝色为自然伽玛读数、黄色为长源距读数;第二栏里绿色为三侧向读数、紫色为短源距读数;第三栏为井径读数。

(3) 井径最大时读数为 3800 左右,往小的方向压井径臂读数应随之变小,松开应随之变大。

(4) 三侧向读数在空气中为 4094(最大值);用导线将主电极与外管短接(注意不要与屏蔽电极短接),读数为 50 个字左右。

(5) 一般情况下自然伽玛读数为 20～60,长、短源距读数为 0～20,靠近放射源读数会明显增大。

(6) 当组合探管检测到达终止深度以后,主机深度、速度不再变化,这时关掉下井电源,按一下清零键,待 D 灯亮后再次打开下井电源,可看到表头指针向右偏转 1～2 格的位置、井径臂在逐渐收拢,指针回 0 表示收拢完毕。

注意:组合探管只有在到达终止深度后才能收腿,未到终止深度收不了腿。

(7) 检测完毕将自校/测量开关拨到测量一侧,关掉下井电源。

4. 电极系探管检测

1) 自然电位检测

(1) 组合探管和电极系探管都可以测量自然电位,自然电位测量有 MN 两个测量电极,用组合探管测量时主电极是 M 极,用电极系探管测量时探管最上面一个电极是 M 极,主机接线柱为 N 极。自然电位测量主要与主机有关,检测时可不接探管,直接用检测线即可,测量时不要打开下井电源。

（2）计算机软件里选择自然电位,输入起始深度、终止深度和采样间隔等参数,将计算机软件里选择的参数传送到主机。

（3）将自校/测量开关拨到自校一侧,计算机软件里的读数应为 0 左右。

（4）找一节 1.5V 的干电池,+端接检测线的 1 脚,-端接主机接线柱,此时计算机软件里的读数应为 2047（最大值）;交换电池的极性,此时电脑里的读数应为 -2047（负最大值）。

（5）检测结果如与上述情况吻合说明自然电位测量工作正常,否则不正常。

2）电位电阻率检测

电阻率测量效果与测井主机、探管、测量方式以及钻孔的情况有关,室内检测是针对测井主机进行的。探管上的三个电极从上至下分别与主机电缆 1 脚、3 脚和 4.5 脚相通,因此可以不接探管,用检测线即可。电位电阻率测量时,主机电缆 1 脚和 3 脚为供电电极,4.5 脚和接线柱为测量电极。使用者可自制一个电位电阻率检测装置,如图 3.78 所示。

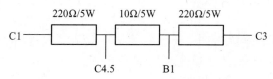

图 3.78　电位电阻率检测装置

C1 接检测线的 1 脚,C3 接检测线的 3 脚,C4.5 接检测线的 4 脚或 5 脚,B1 接主机接线柱。计算机软件里选择电位电阻率,输入起始深度、终止深度和采样间隔等参数,将计算机软件里选择的参数传送到主机。

打开下井电源（表头指针不会偏转）,将自校/测量开关拨到自校一侧,观察计算机里的读数,默认状态下电流为 1 挡,改变电流挡位,电阻率和电流读数应有相应变化;每挡电流测量 5m 以上,以便观察读数是否稳定。电阻率、电流读数与各挡位电流的关系如表 3.31 所示。

表 3.31　电阻电流与各挡位的关系

电流挡位	电阻率读数	电流读数
1	7 ~ 9	3 ~ 4
2	20 ~ 21	9
3	39 ~ 41	18 ~ 19
4	77 ~ 81	36 ~ 37
5	168 ~ 172	79
6	276 ~ 280	131 ~ 132
7	409 ~ 412	194 ~ 195
8	724 ~ 726	195

电阻率 1 个字 = 2.44mV，电流 1 个字 = 0.5mA。检测结果如与上述情况吻合，说明主机电位电阻率测量工作正常，否则不正常。

3）梯度电阻率检测

梯度电阻率测量时，主机电缆 3 脚和 4.5 脚为供电电极，1 脚和接线柱为测量电极。同样可用上述检测装置：C1 接检测线的 4 脚或 5 脚，C3 接检测线的 3 脚，C4.5 接检测线的 1 脚，B1 接主机接线柱。检测方法与电位电阻率相同，电阻率、电流读数与各挡位电流的关系也相同，改变电流挡位，电阻率和电流读数应有相应变化，否则主机梯度电阻率测量工作不正常。

3.5.3.3 现场测井及资料处理

1. 现场测井

（1）连接好有关连接线，插上 220V 交流电。

各连接线的连接方法如下：

光电信号 1（五芯快速插头）——绞车上的编码器。

光电信号 2（五芯快速插头）——绞车控制器光电信号。

电缆（七芯快速插头）——绞车上的集流环。

接线柱——井口电极。

串口（三芯快速插头）——计算机（九芯串口）。

交流 220V 交流（四芯航空插头）——交流 220V 市电或交流 220V 发电机。

220V 交流电源和绞车机体必须接地，以避免干扰。

（2）从马龙头的端点开始用胶带做一个或几个 2m、5m、10m 或 15m 的标记，以便计算起始深度。

（3）拧开绞车马龙头上的保护帽，在马龙头的 O 型橡皮圈上均匀地涂上硅脂（起防水和润滑作用），连接探管，拧紧马龙头，将探管放入井里。

（4）计算起始深度或开动绞车将某一深度标记对准地面 0 点位置。

（5）打开测井工作软件—文件—新建工作目录（用户可自建文件夹，一般以孔号或地名建立文件夹，便于查找）—确定。

点击开始测井图标（鼠标移到图标上会有文字提示）—选择通信端口（一般九芯串口为 COM1，如用的是 USB 端口则可能是 COM3、COM4 或 COM5），确定—按对话框的提示输入井孔参数、测井单位等，输入完毕点击确定—选择探管型号或测量参数名称，选择测量方向，输入起始深度、终止深度和采样间隔（注：起始深度和终止深度必须有小数位，末位不能为 0），修改文件名（小数点前面的文件名可以修改，可以是中文），测井速度、滑轮高度、记录零长不参与任何计算和处理，可以不管，输入完毕点击确定—输入深度修正系数（输入后会自动保存，下次就不用再输了）。深度修正系数输入后不能马上点击确定，这时要打开测井主机的 220V 交流电源，约 3s（等主机全部显示为 000000000）以后按一下"复位"键，当主机再次全部显示为 000000000 时再去点击深度修正系数对话框的确定。这时计算机便把有关参数传送给主机，传送完毕主机显示起始深度—打开测井主机的下井电源（测量自然电位时不要打开下井电源，测量电位电阻率或梯度电阻率时需选择供电电流挡位 1~8）—开动绞车进行测量。

注：电极系探管（测量电阻率时）和井温流体电阻率探管在打开下井电源后马上可以

进行测量,高精测斜探管在打开下井电源 10s 以后再进行测量(传赶器延时),组合密度探管需等井径臂完全打开后再进行测量。

(6) 停止测井。当测量到达设置的终止深度时软件会自动弹出停止测井对话框,最好是在到达终止深度前 1m 左右人为停止测井(点击停止测井图标),因为软件自动弹出停止测井时偶尔会出现错误,使测量的数据无法保存。某一探管测量完毕,停止绞车,点击停止测井图标,关闭主机的下井电源,再换另外一根探管进行测量。

组合探管往下时可测自然电位,其他参数只能提升测量,当计算机将参数向主机传送完毕,打开下井电源后,表头指针会向右偏转 1~2 格的位置,表示井径臂正在打开,当指针回到近于 0 的位置时,表示井径臂已经打开完毕,再等待约 60s,表头指针又偏转到 2 格的位置,这时就可以提升绞车进行测量了。测量完毕到达终止深度以后,主机的深度不再变化,此时先关闭下井电源,按一下清零/测量键,待 D 灯亮以后再打开下井电源,此时可看到表头指针向右偏转 1~2 格,表示井径臂正在收拢,指针回到 0 时表示井径臂已完全收拢。

2. 资料处理

测井完毕,按下列步骤处理资料:

(1) 深度倒序——将提升测量改为下降方式。如为下降测量则不用此功能。

(2) 记录点对齐——探管各参数记录点的位置不同,使用此功能将各参数的记录点对齐到相应的位置(对齐过的文件不能再次进行记录点对齐)。

(3) 突变点修改——在"记事本"或"Excel"里打开文件,结合上下点的数据,对突变点进行修改。

在"Excel"里打开文件时,在出现的"分格符号"对话框里添加"空格分格",其他默认即可。

(4) 曲线平滑——毛刺较多的曲线经过"平滑"后变得光滑,但不会影响曲线的形态,是否需要使用这一功能由客户自定。

(5) 数值计算——除测斜探管外,其他探管测出的数据均为原始值,经过"数值计算"便得到真实值。

(6) 绘制综合曲线图——将所需要的成果曲线,叠加到一个文件里。

(7) 解释——根据综合曲线图解释并输入地质柱状图。

(8) 绘制成果图——打印成果图。

3.5.3.4　测井注意事项

1. 测井前的准备工作

测井前需准备好下列物品:

(1) 设备——根据工作性质或《测井通知书》带好所需的主机、计算机、绞车、探管、发电机、放射源及装源工具等。

(2) 备件、用品及工具:

① 万用表——检查 220V 交流电源及维修仪器时使用。

② 拖线板——须有两个以上三芯插座,各插座的地线应是连通的,以便接地方便。

③ 接地线——10m 以上,用于连接井口电极、绞车地及电源地。

④ 硅脂——连接马龙头及组合探管时使用,起防水和润滑作用。

⑤ 手套——防护品,五双以上。

⑥ 抹布——擦洗探管,擦干探管接头及马龙头处的水滴。

⑦ 万用表、螺丝刀(十字、一字大小各一把)、内六角扳手(4mm、6mm)、尖嘴钳、平口钳、斜口钳、镊子、剪刀、电烙铁、焊锡丝、细电线、常用配件——仪器检修时使用。

⑧ 钢卷尺(50m)——用于测量计算"起始深度",深度标定时也需使用。

2. 现场测井注意事项

(1)仪器运输过程中要轻拿轻放,避免强烈震动和撞击,以防仪器内部器件松动或脱落(很多器件是直接插在线路板上的),特别是放射性探管内的光电倍增管是玻璃制品,晶体也是易碎品,更要特别注意。

(2)每根连接线都只有唯一的连接方式,特别注意光电编码器的连线和集流环的连线不要接错,否则会烧坏光电编码器,各连线的插头虽有保护措施,但抗拉强度有限,易从焊接处断裂,因此要避免连线受力,同时注意插头不能进水。时间长了以后,导线绝缘皮老化收缩,易在焊接处造成短路,所以要定期检查连线,如有隐患需重焊插头。

(3)仪器在接上220V交流电源之前,首先要检查电源是否在允许范围内,电源的最佳范围是交流218~229V,频率大于48Hz。频率太低容易烧坏主机内的变压器(很多钻机上发电机的频率都不够,且电压也不稳定,要特别注意。最好用万用表全程监测,及时调整;自备发电机和市电则比较安全。打开主机下井电源时,如出现烧保险的情况,多为频率太低所致,请立即关机,更换220V交流电源)。

(4)测井车摆放在离井口8~10m为宜,如果距离太近,绞车排线困难,遇到紧急情况处理起来也比较紧张,如果距离太远,由于电缆悬空的重量大,探管不容易下井。

测井过程中必须随时注意绞车和井口的情况,一旦出现问题,便马上停车。

(5)JGS系统所有探管的马龙头均为七芯插头(针),除电极系测量外,各探管的引脚用法是一样的:4.5脚连在一起为"70V"电源"+"。3脚为"70V"电源"-"。1脚为"信号"。2脚为"信号地"。6.7脚与电缆外皮通。

数字探管(井温、井斜、组合)内,3脚和2脚相通再与外管通。电极系的测量方式有所不同,各引脚的用法不一样。

特别提醒:在测电极系探管(电阻率)时,如果测井软件里选择的是"电位电阻率"或"梯度电阻率"必须确认马龙头所接的就是电极系探管,而不是其他探管。测完后,应及时关闭下井电源,如果在电源开启的状态下将马龙头插上其他探管,则会烧坏其他探管的有关器件(如4049、89c51等)。

(6)起始深度和终止深度必须有小数位,且末位不能为0,始深度不能为0.01m(只要大于0.01m,如0.02m即可),否则工作不正常。

(7)采样间隔的确定——根据《规范》或工作性质确定采样间隔,一般煤田测井为0.05m,工程测井为0.1m,水文测井为0.2m,金属矿测井为0.2m或0.5m。

(8)测井速度——测井速度与采样间隔有关,采样间隔大,速度可快;采样间隔小,速度则慢。各探管推荐的测井速度如表3.32所示。

由于热敏电阻的感温时间较长,大约10s,遇有温度异常或即将达到目的位置时应放慢井温探管的测井速度(3m/min)。

测井速度不能太快,否则会丢失数据或相邻两个点的深度和参数数据完全一样。

表 3.32　测井速度表

采样间隔		0.05m	0.1m	0.2m	0.5m
探管或参数名称 及速度/(m/min)	电位电阻率、梯度电阻率	6.5	7.5	9	12
	组合密度	6	7.5	10	12
	井温探管、测斜	8	10	12	18
	自然电位	10	12	15	18

（9）保持仪器清洁：

① 连接探管时，查看探管马龙头内侧及绞车马龙头连接部分是否有异物，是否有泥浆、水滴，如有应排除异物，用干抹布擦拭干净，而后在马龙头 O 形圈上均匀地涂上硅脂，再连接探管，拧紧螺帽。

② 探管测量完毕，先将探管擦洗干净，擦干连接处的水滴，而后再取下马龙头，最后一次提升电缆时，用抹布尽可能将电缆擦干净。

（多数泥浆里加有黏合剂，有腐蚀作用，干后黏性很强。如不处理，会腐蚀电缆，腐蚀井温传感器和测流体电阻率所用的微电极系，使微电极产生激化电位，影响流体电阻率的测量效果，还可能使井径臂打不开。）

③ 现场检修仪器，选在干燥、清洁的地方进行，装回仪器时，必须确认仪器内没有异物。

（10）防水、防潮、防冻，防高温：

① 地面仪受潮将不能正常工作。

② 探管进水，也不能正常工作（突出的表现是主机表头指针比正常工作时偏得多，电流大，收不到数据或数据紊乱）。

出厂的所有探管均通过了 1500m 或 2000m 的压力试验，耐压和防水是没有问题的，测井时，检查探管及绞车上的马龙头是否有松动（如有，用专用工具拧紧），马龙头 O 形圈是否有破损（如有，则更换），O 形圈上是否有硅脂（没有，就涂上硅脂）。

探管检修完毕装外管时，注意在防水 O 形圈上涂上硅脂。

如果探管已经进水，可先用工业酒精和毛刷清洗（如果探管里进入泥浆，则先用自来水把泥浆冲洗掉），有的直插式器件需拔出后才能清洗干净，而后自然凉干或用电吹风的热风吹干，吹干后有的探管能正常工作。

③ 下井后马龙头里留有水，受冻结冰后可能会导致马龙头胀裂。

④ 夏季测井时，仪器不能在阳光下直晒，保持通风良好。

（11）刻度、标定。仪器出厂时均进行过刻度或标定（不需标定的除外），并给出相应的标定系数，JGS 系统每套仪器的标定系数都不一样，用户要将《标定系数》保存好，重装软件时，原有的标定系数不复存在，需重新输入标定系数修改 TGJLD.SCL（记录点对齐）文件的有关参数。

第4章 给水装备维修

给水装备维修是给水装备持续发挥作业效能或再生作业能力的保证。没有维修就没有作业能力已成为国内外相关专家的共识。因此,给水装备的维修应受到足够的重视,及时有效的装备维修对于充分发挥给水装备的作业性能具有重要作用。随着新技术的发展及在给水装备中的应用,既给维修保障工作提出了高要求,同时又为维修提供了新的手段。

4.1 给水装备损耗机理

装备是由多个零部件装配而成的,零部件的故障直接影响整个装备的性能发挥。研究给水装备的耗损机理,可以知道给水装备维修方案的制定及备件的储备,对保持给水装备的完好性具有重要的意义。

4.1.1 给水装备故障发生规律分析

给水装备不同零部件根据其结构与使用中所受载荷的不同,其故障发生模式也存在较大的不同,但是任何零部件或装备的发生都遵循一定的规律。本节对给水装备故障发生基本规律和故障模式进行分析。

1. 基本规律

最常见的给水装备故障率随时间变化的规律,如图 4.1 所示的浴盆曲线所示。给水装备在工作的初期由于设计、制造的不完善,工艺缺陷和装配调整缺陷而故障率较高,且故障率随时间的增加而迅速下降呈渐减型。给水装备经过早期故障阶段后,由于给水装备使用环境的偶然变化、操作时的人为差错、管理不善造成的"潜在缺陷"、维护不良、零

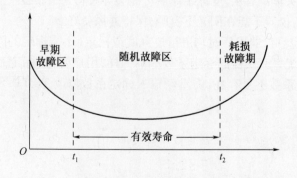

图 4.1　机械故障变化规律曲线

部件缺陷等均可造成随机分布的偶发故障,因此,随机故障期内的故障率低而稳定,近似为常数。这一阶段是给水装备最佳工作时期,给水装备的使用寿命基本上由此阶段决定。在给水装备使用后期,由于给水装备中的主要零部件的各种磨损、疲劳、老化、蚀损等的累积达到一定程度,给水装备的故障率便随运转时间的增加不断增大,且上升越来越快,呈渐增型,给水装备进入耗损故障阶段。

当然并不是所有给水装备都具有以上三个故障期,不少给水装备只有其中一个或两个故障期,如有些没有早期故障期,有些则达不到耗损故障期。

对于由数量众多的零部件组成的给水装备,因各零部件结构特点和工作性质不同,其参数随时间变化的速率和极限指标也各不相同。如果用一组曲线表示各零部件的参数变化规律,即可根据各零部件达到极限指标的时刻而得到给水装备的故障分布规律,如图 4.2 所示。在图中,用坐标 $u(t)$ 表示零部件的状态参数,u_c 是极限值,用直线近似地表示各个零部件的状态参数随时间变化的情况。当然实际的参数变化规律大多不是线性的。

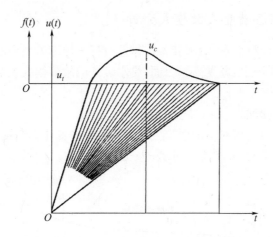

图 4.2 零部件状态参数的变化与故障分布规律

2. 故障模式

故障必定表现为一定的物质状况及特征,它们反映出物理的、化学的异常现象,这些物质状况及特征称为故障模式。常见的故障模式按以下几方面进行归纳:

(1)属于给水装备零部件材料性能方面的故障包括疲劳、断裂、裂纹、蠕变、变形、材质劣化等;

(2)属于化学、物理状况异常方面的故障包括腐蚀、油质劣化、绝缘绝热劣化,导电导热劣化、溶融、蒸发等;

(3)属于给水装备运动状态方面的故障包括振动、渗漏、堵塞、异常噪声等;

(4)多种原因的综合表现,如磨损等。

此外,还有配合件的间隙增大或过盈丧失,固定和紧固装置松动与失效等。常见故障模式见表4.1。

表 4.1　常见故障模式

序号	名称		模式
1	轴承		弯曲、咬合、堵塞、开裂、压痕、卡住、润滑作用下降、凹痕、刻痕、擦伤、粘附、振动、磨损等
2	齿轮		咬合、破碎、移位、卡住、噪声、折断、磨损等
3	密封装置		破碎、开裂、老化、变形、损坏、漏泄、破裂、磨损等
4	液压系统	液压缸	爬行、外泄漏、内泄漏、声响与噪声、冲击、推力不足、运动不稳、速度下降等
		油泵	无压力、压力流量均提不高、噪声大、发热严重、旋转不灵活、振动、冲击等
		电磁换向阀	滑阀不能移动、电磁铁线圈烧坏、电磁铁线圈漏电、不换向等
5	给水装备系统		(1) 系统不能起动或在运行中停止运动 (2) 系统失速或空转 (3) 系统失去负载能力或负载乏力 (4) 系统控制失灵 (5) 系统泄漏严重 (6) 系统振动剧烈、噪声异常

4.1.2　给水装备典型失效模式分析

根据给水装备的作业特点,给水装备在作业过程中伴随着强烈的振动冲击、持续作业时间厂、作业场地干旱缺少、温度高。因而,给水装备的故障模式主要为磨损、变形、疲劳、断裂和老化等。

4.1.2.1　零件的磨损

相互接触的表面由于相对运动而产生的表面物资的变化即磨损。一般给水装备的磨损规律大致分为三个阶段,如图 4.3 所示,Oa 是安装间隙。

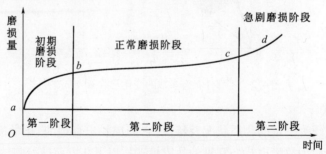

图 4.3　装备磨损曲线

第一阶段:初期磨损阶段 ab。在这一阶段中,零件之间表面粗糙不平,氧化层、脱碳层很快就会磨平。这阶段的主要特点是给水装备磨损快,时间短。

第二个阶段:正常磨损阶段 bc。在这个阶段中,磨损速度比较平稳,磨损量增加缓慢。这时给水装备处于最佳的技术状态,给水装备的生产率、产品质量最有保证。

第三阶段:急剧磨损阶段 cd。当零件磨损超过一定限度,正常磨损关系被破坏,磨损率急剧上升,以致给水装备的工作性能急剧降低,这时如果不停止使用,装备就可能损坏。一般情况下,应在合理磨损极限点之前(正常磨损阶段后期),就应对给水装备进行维修或更换。

给水装备的磨损有一定的规律性,不同的给水装备各个磨损阶段的时间不同,即使是同一型号、同一规格的给水装备,由于使用和维护的不同,其损坏的时间也不尽相同。因此,掌握了给水装备的磨损规律,在磨损的不同阶段给予不同的维修,就能使企业的给水装备经常保持良好的技术状态。

根据接触面间磨损原因的不同,零件的磨损主要可以分为摩擦磨损、磨料磨损、黏着磨损、腐蚀磨损与微动磨损以及疲劳磨损等。

1. 摩擦磨损

摩擦磨损是零部件损坏的基本形式,根据摩擦形式的不同可以将摩擦分成干摩擦、液体摩擦、边界摩擦和混合摩擦。

1）干摩擦

两物体间无任何润滑介质时产生的摩擦叫干摩擦。两个物体接触表面微观不平,仅仅在凸出点上接触,实际接触面积通常只有总面积的几百分之一到几万分之一。所以,接触点的接触应力很大,往往会超过材料的屈服极限而产生塑性变形。在滑动摩擦中,摩擦副较硬一方的凸点会嵌入较软一方的表面内,相互运动时拉成沟槽而造成磨损。滑动摩擦阻力较大(摩擦系数高达 $0.11 \sim 0.7$),磨损也比较严重。

一个物体在另一个物体表面上滚动,且它们的接触面间无任何润滑介质的摩擦叫干滚动摩擦。滚动摩擦系数较小,磨损也较小。轮胎与地面间的摩擦是典型的干滚动摩擦。

2）液体摩擦

两个运动零件表面被润滑油完全隔开,摩擦只发生在润滑油液体分子之间。这种摩擦叫液体摩擦或液体润滑。液体摩擦的摩擦系数很小,通常仅为 $0.001 \sim 0.01$,几乎对摩擦副不产生磨损。为了保证液体润滑,除供给润滑油外,还必须注意使摩擦面的大小、形状、间隙等能适应负载、速度、润滑油性能的要求。

一般来说,液体润滑比较可靠。但是当轴承的工作温度过高,使润滑油黏度下降,在转速和载荷波动很大的情况下,油膜的承载能力就下降。特别是起动时,不可避免地要使油膜破坏,甚至发生干摩擦现象。液体润滑的形成不仅限于上述楔形油膜的场合,当黏性液体由狭缝中被挤出时(如齿轮啮合齿面、滚轮与滚道间),同样会形成液体润滑。

3）边界摩擦

如前所述,两摩擦表面被润滑油完全隔开,摩擦力很小。几乎没有磨损的润滑状态是理想的状态。实际上在负荷大、转速低、温度高的情况下,因润滑油黏度下降,油膜逐渐变薄,两摩擦表面的凸起部分仅由一层极薄的油膜隔开。这种摩擦叫边界摩擦。

润滑油分子有很强的吸附力,牢牢地附着在金属表面上。这种吸附在零件表面上的油膜叫边界油膜。边界油膜有其特有的性能,它不是能流动的液体,也不是结晶的固体。

边界摩擦的摩擦系数在干摩擦和液体摩擦之间($0.05 \sim 0.2$),视金属和所用润滑油的组合不同而异。它的特点是与速度和黏度无关,并且数值大小变化不大。但是在高温下,润滑油的黏度下降,油膜变薄,边界层的结合强度变弱,所以容易产生金属直接接触的干摩擦。

4）混合摩擦

把摩擦分为干摩擦、液体摩擦和边界摩擦只是为了论述方便。在很多情况下,各种摩擦是混合存在的。我们把两种或两种以上摩擦状态并存的现象叫混合摩擦。介于边界摩擦和干摩擦间的混合摩擦叫半干摩擦;介于边界摩擦和液体摩擦间的混合摩擦叫半液体摩擦。

2. 磨料磨损

硬质颗粒进入摩擦表面所引起的磨损叫磨料磨损。磨料磨损是机件失效的主要原因之一。因此,了解磨料磨损的规律及提高机件抗磨性能,对延长机件的寿命有重大意义。

磨料对零件表面的磨损可分为碰撞、冲击、研磨或擦伤几种形式。此外磨粒还会划破零件表面油膜,促使边界摩擦转变为干摩擦,从而加剧磨损。磨料磨损的特点是:

(1)摩擦条件不变时,磨损率与摩擦速度、摩擦距离和单位面积上的压力成正比。

(2)磨料磨损取决于磨料与零件材料的硬度差。硬度差越大,磨损越小。零件材料的表面淬火、采用软材料(如轴瓦)制造零件等都是为了增大零件材料与磨料的硬度差。

(3)一般磨损率随磨料尺寸的增大而增加,但达到一定临界尺寸后,磨损率保持不变。

给水装备发动机磨料主要来自空气中的尘埃、燃料里的夹杂物及零件在摩擦过程中剥落下的磨屑等。作业现场飘浮的尘埃大小不一,直径约为 $1 \sim 50\mu m$。对气缸、曲轴轴颈来说,直径为 $20 \sim 30\mu m$ 颗粒所引起的磨损最严重,$1\mu m$ 以下的颗粒几乎不起作用。但对气门挺杆、凸轮轴来说,由于摩擦表面油膜较薄,即使是细小的颗粒,同样是有害的。因此,减轻磨料磨损,首先要减少磨料的进入,即设置滤清器,其次应增大零件材料与磨粒的硬度差。

3. 黏着磨损

黏着磨损是装备损坏的一个重要原因,深入研究黏着磨损的磨损机理与影响因素对装备的保养与维修具有重要的意义。

1)黏着磨损的机理

两个物体在载荷作用下作相对运动时,实际接触面积很小,应力很大,接触点产生塑性变形,使接触点处的温度升高。当温度升高到材料的熔化温度时,便发生了黏着现象。黏着点温度降低而凝固时,在随后的相对运动中便被撕脱下来。这种损伤现象叫黏着磨损。

2)影响黏着磨损的因素

材料性质的影响:脆性材料比塑性材料的抗黏着性能好。塑性材料的黏着磨损常发生在距离表面一定的深度,磨损下来的颗粒较大,属内黏着磨损。脆性材料发生黏着磨损,深度较浅,金属屑也细微,属于外黏着磨损。采用互溶性小的材料组成的摩擦副,其金属品格不相近,黏着倾向小。所以在一组摩擦副中,选择一种表面层较软的金属——减磨合金,即使发生黏着磨损也是轻微的。对金属表面进行处理,可使摩擦副表面形成互溶性小的金属层,避免同种金属相互摩擦而产生黏着磨损。

零件表面粗糙度的影响:一般情况下,磨损随零件表面粗糙度的减小而减小。但是粗糙度过小不容易形成油膜时,磨损就会增大。任何材料在一定的工作条件下均可以找到一个最小磨损量的粗糙度。

润滑油的影响:如果供给摩擦表面足够的润滑油,保证润滑油合适的黏度和正常的工作温度,使配合零件在理想的液体润滑条件下工作,就可破坏黏着磨损形成的条件。

运动速度和单位面积上压力的影响:如果运动零件的表面有充足的润滑油,那么零件的运动速度提高容易形成油膜,可以减少黏着磨损。但是,如果零件处于干摩擦或半干摩擦状态,则零件运动速度愈快,产生的摩擦热愈多,发生黏着磨损的可能性愈大。零件超负荷时,单位面积上的压力大,易发生黏着磨损。配合副的配合间隙过小,运动零件表面加工纹理还没有走合好就过早地增大负荷,使给水装备工作温度过高,往往会造成零件的黏着磨损。

4. 腐蚀磨损与微动磨损

给水装备经常在野外恶劣条件下作业,由于保养条件的限制,给水装备的腐蚀在所难免,因此腐蚀磨损是给水装备损坏的重要原因。同时,微动磨损也是影响给水装备使用的重要原因。

1)腐蚀磨损

在给水装备的各摩擦副中,不论在何种摩擦过程中及何种摩擦速度下,也不管接触压力大小和是否存在润滑情况下都会发生腐蚀磨损。腐蚀磨损的典型形式是氧化腐蚀磨损。当摩擦副一方的凸起部分与另一方作相对运动时,在产生塑性变形的同时,有氧气扩散到变形层内形成氧化膜。而这种氧化膜在遇到第二个凸起部分时有可能剥落,使新露出的金属表面重新又被氧化。这种不断被氧化、剥落的损伤现象叫氧化腐蚀磨损。

氧化磨损的速率取决于所形成氧化膜的性质和氧化膜与基体金属的结合能力及金属表层的塑性变形抗力。氧化膜的性质主要是指它们的脆性程度。致密而非脆性的氧化膜能显著提高磨损抗力。生产中已广泛采用的发蓝、磷化、蒸汽处理、渗硫以及有色金属的氧化处理等工艺,就是为了使零件表面形成一层致密的强力保护膜,提高零件的磨损抗力。氧化膜与基体金属的结合能力主要取决于它们之间的硬度差。硬度差愈小,结合力愈强。提高基体表面硬度,可以增加表面塑性变形抗力,从而减轻氧化磨损。

2)微动磨损

在零件的嵌合部位、静配合处虽然没有宏观的相对位移,但在外部交变负荷和振动的影响下,会产生微小的滑动,此时表面上产生大量的微小氧化物磨损粉末,由此造成的磨损谓之微动磨损。由于微动磨损集中在局部区域,又因两摩擦表面永不脱离接触,磨损产物不易向外排除,故兼有氧化磨损、磨料磨损和黏着磨损的混合作用。在微动磨损的产生处往往形成磨痕,其结果不仅使零件配合精度下降,更严重的是会引起应力集中,导致零件变形甚至断裂。

微动磨损的影响因素有:微动磨损随零件的振动总次数和振幅的增大而增大;在一定条件下载荷增加,微动磨损量增加,但增大的速度则逐渐减小;介质中,氧气含量增大微动磨损增大;温度升高,微动磨损增大;只有相对湿度在5%左右时微动磨损为最小;在摩擦表面加入润滑油,可以减缓微动磨损速度。

5. 疲劳磨损

齿轮、凸轮、滚动轴承的滚动体及滚道等工作表面经过一定的工作时间后会出现麻点或凹坑。在这种滚动或滚动加滑动的摩擦中,由于高接触应力的反复作用使工作表面产生磨损和疲劳剥落的现象叫疲劳磨损。

疲劳磨损与一般的疲劳破坏不一样,零件接触表面在交变应力及摩擦与磨损的作用下产生塑性变形,并逐渐形成微裂纹。微裂纹在交变应力作用下沿与工作表面成一定角度的方向扩展到一定深度后,润滑油油楔的作用加强,进入裂纹的油楔使裂纹越出零件表面而形成疲劳剥落。影响疲劳磨损的主要因素有以下几个方面：

（1）负荷：给水装备的负荷越大，零件表面的接触应力越大，疲劳磨损越严重。

（2）转速：给水装备的转速越快，零件承受的交变应力的频率越高，加剧疲劳磨损。

（3）材料：韧性材料抗疲劳磨损性能好，脆性材料则容易造成疲劳磨损。

（4）润滑油：润滑油的黏度越小，温度越高，越容易发生疲劳磨损。

4.1.2.2　零件的变形

由于质点位置的变化使零件的尺寸或形状改变的现象叫做零件的变形。给水装备零件的变形特别是基础件的变形，破坏了各零件的装配关系，会缩短其使用寿命。

1. 零件变形的原因

一般情况下，零部件的变形是内部应力与外部负载共同作用的结果，除此以外，外部环境如温度也是零部件变形的重要影响因素。

1）内应力

有些零件在出厂时能保证精度要求，然而使用或停放一段时间后会产生较大变形。产生这种现象的主要原因是零件有残余内应力。根据内应力产生的原因，可分为热应力和相变应力。

热应力：由于零件的壁厚不同、冷却速度不同，收缩时间有先有后而引起的应力叫热应力，通常厚壁受拉，薄壁受压，这就是热应力的普遍规律。零件的线收缩率越大，断面越不均匀，热应力越大。

相变应力：由于材料组织转化而发生体积改变所引起的应力称为相变应力。灰铸铁在奥氏体转化为铁素体和析出石墨时体积膨胀。薄壁部分冷却较快，先达到相变温度而先发生膨胀，而且最后产生残余拉应力，厚壁部分则要产生压应力。可见，相变应力与热应力方向相反。零件在残余内应力长期作用下，会使弹性极限降低，并且产生减小内应力的塑性变形，这种现象称为内应力松弛。出厂零件的残余应力消除不干净就会发生内应力松弛现象而引起变形。

2）外载荷

现代给水装备零件大都在很高的转速及很大的载荷情况下工作。当外载荷及转动惯性力引起的应力超过零件材料的屈服极限时，零件便产生变形。

3）温度

金属材料的弹性极限随温度的升高而下降。同时在高温作用下内应力松弛较彻底，所以在温度较高条件下工作的零件更易变形。

2. 减轻变形危害的措施

零部件的变形严重影响装备的质量和使用，因此，应尽可能地减小零部件的变形，减小零部件变形的措施主要有以下几种。

（1）严格按照热处理规范对零件进行时效处理，以消除零件的残余内应力。

（2）尽量避免给水装备超负荷、超转速运转。

（3）采取适当的强化措施，提高零件的强度和刚度。

（4）合理布置给水装备的整体结构，避免零件承受过多的附加载荷。

4.1.2.3　零件的疲劳与断裂

零件在交变应力作用下工作时间较长而出现裂纹及折断的现象叫零件的疲劳损坏。

疲劳断裂与静载荷下的断裂不同,其特点是破坏时的应力远低于材料的强度极限,甚至低于屈服极限。塑性材料和脆性材料零件在交变应力作用下的疲劳断裂,都不产生明显塑性变形,断裂是突然发生的,因此具有很大的危险性。

1. 疲劳断裂断口的特点

疲劳断口从宏观来看有两个区域:疲劳裂纹产生和扩展区及最后断裂区。

1)疲劳裂纹产生和扩展区

由于材料夹杂物、缺陷、加工条纹等原因,在零件的局部区域造成应力集中。这些区域便是疲劳裂纹产生的策源地,即疲劳源。疲劳裂纹产生后,在交变应力作用下继续扩展,并在疲劳裂纹扩展区留下一条条同心弧线,叫前沿线或疲劳线。疲劳扩展区因表面反复挤压、摩擦而呈光亮区域。

2)最后断裂区

由于疲劳裂纹不断扩展,使零件的有效承载断面逐渐减小,应力不断增大。当应力超过材料的强度极限时,则发生断裂,形成了最后断裂区。这部分断口与静载荷下带有尖锐缺口试样的断口相似,塑性材料最后断裂区的断口为纤维状,脆性材料则呈结晶状。

2. 疲劳裂纹的产生

疲劳裂纹取决于三个因素:交变应力的大小;交变载荷的循环次数;材料的疲劳强度。试验研究指出,在交变载荷下金属零件表面产生的不均匀滑移、金属内的非金属夹杂物和应力集中等均是产生疲劳裂纹的策源地。

1)交变载荷下产生的不均匀滑移

零件经一定应力循环之后,在部分晶粒的界面上出现细小的滑移。随着应力循环次数增多,滑移带将变宽、加深。这些滑移带的不均匀性表现在它只产生在零件表面、金属的晶界及非金属夹杂物等处,它本身就构成了微小的应力集中点,继续扩展就形成疲劳裂纹的核心。此裂纹核心在交变应力作用下逐渐扩展,相互连接,最后发展成宏观的疲劳裂纹。

2)应力集中处产生裂纹

疲劳裂纹核心常产生在零件的台阶、尖角、键槽、油孔、螺纹以及连接件的接头等应力集中部位。另外,在表面强化层下面,由于强度相对较低,也易出现疲劳裂纹。

3. 影响疲劳的因素

装备的长期疲劳工作容易导致装备出现疲劳磨损或疲劳断裂等,研究疲劳的影响因素对提高装备的使用与管理具有重要意义。

(1)应力交变频率。当应力交变频率高于 10^4 次/min 时,频率增加,疲劳极限提高;频率在 300～10000 次/min 时,频率对疲劳极限影响不大;频率低于 60 次/min 时,疲劳极限有所下降。

(2)工作温度。金属材料的温度升高,变形抗力下降,容易形成疲劳裂纹,温度降低疲劳极限升高。工作温度反复变化而引起的热应力也随之变化,容易形成裂纹。这种现象叫热疲劳。

(3)环境介质。环境介质可分为腐蚀介质(酸、碱、盐的水溶液,潮湿空气)和活性介质(对表面有吸附作用但没有腐蚀作用,如含有少量脂酸的油脂、机油等)两类。机件在腐蚀环境中工作,腐蚀产物如同楔子一样嵌入零件材料,造成应力集中,使疲劳极限下降。

（4）零件表面质量。从疲劳过程的分析可知,交变载荷下金属不均匀滑移主要集中在表面,使疲劳裂纹常产生在表面上,所以零件的表面状态对疲劳极限的影响很大。表面损伤、给水装备加工纹道都会影响疲劳强度。同一材料,粗糙度越小,疲劳极限越高。所以在交变载荷下工作的用高强度材料制造的零件,其表面必须仔细加工,不允许碰伤或有大的缺陷。

（5）表面强化处理效应。由于零件表面是疲劳裂纹易于产生的地方,而且大部分零件都承受弯曲或扭转作用,表面处应力最大,因此采用表面强化处理就成为提高疲劳极限的有效途径。常用的表面处理方法有表面强化处理(喷丸、滚压、抛光等)、表面热处理(渗碳、渗氮、高频或火焰淬火)以及表面镀层或涂层等。这是因为强化层的存在,改变了表面内应力的分布,使表层产生残余压应力,降低了零件表面的拉应力,使疲劳裂纹不易产生和扩展。

（6）合金组织材料的疲劳极限随含碳量的提高而降低。细化晶粒可以有效地提高疲劳极限。因为晶粒细化之后,材料的不均匀滑移程度减小,从而推迟疲劳裂纹核心的产生。

4.1.2.4 零件的腐蚀与老化

由前面的分析可知,零部件的腐蚀与老化是影响装备使用的重要因素,深入研究零部件腐蚀与老化的机理与原因,为给水装备的使用与管理提供依据。

1. 零件的腐蚀

零件受周围介质作用而引起的损坏现象叫腐蚀。腐蚀可分为化学腐蚀和电化学腐蚀。

1）化学腐蚀

化学腐蚀是指金属与介质发生化学反应而引起表面的破坏现象。经常与空气、雨水接触的钢铁零件表面往往会生成质地松软的铁锈层。铁锈层完整无损,腐蚀速度将减慢。铁锈层一旦破损,腐蚀将向纵深发展。经常与酸、碱接触的零件很快就会被腐蚀;与高温燃气接触的零件不可避免地被烧蚀。腐蚀已经成为给水装备零件失效的重要形式之一。

2）电化学腐蚀

电化学腐蚀是指金属与介质发生电化学反应而引起的破坏。给水装备零件材料不同,电极电位就不同,这为原电池的形成提供了有利条件。即使是同一种材料,由于化学成分不同,金相组织差异、温度不同及内应力差别等,都可造成电位的不同,构成原电池而引起腐蚀。

碳钢中的渗碳体及铸铁中的石墨,两者的电位都高于基体 a 铁,当接触盐酸或稀硫酸溶液时,形成原电池,使 a 铁遭受腐蚀。碳钢或铸铁的含碳量越高,腐蚀越严重。

除了微观的腐蚀电池外,还有宏观的电化学腐蚀。如电器设备中的铜制接头或螺栓及机身机架的紧固处与水接触就构成原电池,使机架本身遭受腐蚀。

减轻化学和电化学腐蚀的方法主要是覆盖保护层。覆盖层有金属性的,如镀铬、镀锡。铬和锡耐腐蚀性好,可以保护内部金属。最常用的非金属覆盖层是油漆。有些零件还用化学或电化学方式在表面生成一层致密的保护膜,如发蓝、磷化处理等。

2. 零件的穴蚀

零件与液体接触处的局部压力比其蒸汽压力低时将产生气泡,同时溶解在液体中的气体亦可能析出。当局部压力超过气泡压力时使其溃灭,瞬间产生极大的冲击力和很高的温度。由于气泡的形成和溃灭反复作用,使金属表面疲劳而脱落,呈现麻点状,逐步扩展呈泡沫海绵状。这种蚀损现象叫穴蚀。穴蚀是一种比较复杂的损坏形式,它不单纯是给水装备力所造成的破坏,也是物理、化学及电化学综合作用的结果。液体中含有磨料等也可加剧这一破坏过程。柴油机湿式缸套与冷却水接触的表面,往往产生局部聚集的孔穴群。这是由于缸套受活塞在上下止点对缸套横向摆动敲击,使缸套产生高频振动。缸套外表面的冷却水在变化的水温与压力情况下导致气泡的形成和溃灭,产生强大的压力波猛烈冲击缸套外壁,使缸套表面金属材料产生疲劳而逐渐脱落,形成穴蚀。随着给水装备比功率重量的减小,给水装备零件抗磨性能的提高,缸套的壁厚越来越薄,穴蚀已经成为湿式缸套的重要失效形式。

穴蚀不仅发生在湿式缸套上,只要与流体接触的零件都有可能发生。减小振动,提高零件的强度和刚度,在冷却液中加防腐剂等,都是减小穴蚀破坏的有效途径。

3. 零件材料的老化

用塑料、尼龙、橡胶等合成材料做成的零件经过一段时间的使用后,其表面质量、强度、硬度等性能都发生了很大的变化。这种现象叫零件材料的老化。塑料、尼龙、橡胶等材料在给水装备上用得越来越多,因此,材料的老化已经成为一个不可忽视的问题。

4.2　给水装备维修策略

给水装备的机械化程度越来越高,给水装备的正常运行对企业的影响也越来越大,要使给水装备充分发挥作用,提高经济效益,就必须使之长期保持良好的性能和精度。给水装备使用寿命的长短、生产效率的高低,固然取决于给水装备本身的结构、质量和性能的好坏,但在很大程度上也取决于给水装备的使用与保养情况。

4.2.1　给水装备维修分类

维修是给水装备在储存和使用过程中,为保持、恢复或改善给水装备的规定技术状态所进行的全部技术与管理活动。技术活动如检测、隔离故障、拆卸、安装、更换或修复零部件、校正、调试等;管理活动如使用或储存条件的监测、使用或运转时间及频率的控制等。维修方式是对给水装备及其部件维修时机的控制形式。按维修目的与时机,维修可以分为预防性维修、修复性维修和改进性维修,同时预防性维修又可分为定时维修、状态维修和预先维修。

1. 修复性维修

修复性维修也称修理或排除故障维修,它是给水装备(或其部分)发生故障或遭到损坏后,使其恢复到规定技术状态所进行的维修活动,属于事后维修。

战场抢修又称战场损伤评估与修复,是指当给水装备在战斗中遭受损伤或发生故障后,采用快速诊断与应急修复技术恢复、部分恢复必要功能或自救能力所进行的战场修理。它虽然也是修复性的,但环境条件、时机、要求和所采取的技术措施与一般修复性维修不同。

2. 预防性维修

预防性维修是在发生故障之前,使给水装备保持在规定技术状态所进行的各种维修活动。预防性维修的目的是发现并消除潜在故障,防患于未然,或避免故障的严重后果。预防性维修适用于故障后果危及安全和任务完成或导致较大经济损失的情况。

(1) 定时(期)维修是依据规定的间隔期或固定的累计工作时间(里程),按事先安排的计划进行的维修。其优点是便于安排维修工作,组织维修人力和准备物资。定期维修适用于已知寿命分布规律且确有耗损期的给水装备。这种给水装备的故障与使用时间有明确的关系,大部分项目能工作到预期的时间以保证定时维修的有效性。根据规定的维修间隔期长短以及维修的深度和广度,给水装备的定期维修一般可分为大修、中修和小修。定期维修的缺点是"维修过剩"和"维修不足"。

(2) 状态维修是通过对给水装备的技术状态参数及其变化进行连续或定期的监测,对其状态进行实时评估,以确定其状态,并预测给水装备的剩余寿命或功能故障将何时发生,根据给水装备的实时状态及其发展趋势,在功能故障发生的预测期内视情安排维修的一种维修方式。其同义词有:状态基维修、基于状态的维修、预测维修、预知维修、视情维修。状态维修的基本原理是:给水装备在功能故障之前,会出现某种可辨认的征兆,比如振动幅度增大、温度增高、出现异常噪声、出现裂纹、操纵力异常等,这种指示功能故障即将发生的异常状态称为潜在故障,如果通过连续或定期的监测及时发现潜在故障,就可避免功能故障的发生。状态维修不对给水装备或部件规定固定的拆卸、分解范围和固定的维修间隔期,而是在对给水装备技术状态进行监测、预测的基础上,视情确定维修的范围和最佳的维修时机,所以能充分利用给水装备或部件的可用寿命,减少维修工作量,但要求有合适的状态监测系统。另外,给水装备或部件必须存在一个可以定义的潜在故障状态,有能反映潜在故障状态的可检测参数和能反映故障征兆的参数判据。

(3) 预先维修是通过对可能引起给水装备产生故障的"故障根源"进行监测、分析与识别,在系统的性能和材料退化之前采取措施进行维修的一种维修方式。预先维修可以从根本上避免功能故障的发生,可以有效地减少系统的整体维修需求,延长系统的使用寿命。预先维修是为消除"故障根源"而进行的维修。"故障根源"是指可能引起最底层分析项目发生故障的一切因素,如对于流体给水装备系统,可能的"故障根源"有液体污染、液体泄漏、液体化学特性不稳定、液体物理特性不稳定、液体气蚀、液体温度不稳定、液压件严重磨损、给水装备载荷不稳定等。例如:液压阀由于生锈卡死而发生功能故障,当液压阀卡死后再维修属于修复性维修;监测液压阀生锈到一定程度后而在卡死之前进行维修属于视情维修;如果液压阀生锈是由于液压油变质引起的,监测液压油变质到一定程度而液压阀生锈之前就进行维修则属于预先维修。预先维修适用于可靠性要求特别高的关键部件和设备,以及新给水装备或新维修后的给水装备。

使用分队对给水装备所进行的例行擦拭、清洗、润滑、加油、注气等,是为了保持给水装备在工作状态正常运转,也是一种预防性维修,通常叫做维护或保养。

在给水装备中冗余系统越来越普遍,这类产品发生故障后,使用人员很难直接感受或观察到,这类故障称为隐蔽功能故障。在隐蔽功能不启用时,其故障没有什么后果,可一旦使用时,其不能使用的后果往往是严重的。因此,对隐蔽功能的后果应加以预防。一般的做法是定期地通过使用来检查备用功能是否良好(即是否存在故障),这种检查方式称为探测性维修,又称为故障检查。对隐蔽功能而言,这种维修方式显然属于修复性维修;但对给水装备总体而言,由于能够及时检查出已出现的故障,避免了多重故障的后果,这种维修方式又属于预防性维修的范畴。可见,探测性维修是一种特殊的维修方式,归于修复性维修还是预防性维修,要根据分析的产品层次而定。

3. 改进性维修

改进性维修,是利用完成给水装备维修任务的时机,对给水装备进行经过批准的改进和改装,以提高给水装备的战术技术性能、可靠性或维修性,或使之适合某一特殊的用途。它是维修工作的扩展,实质是修改给水装备的设计。结合维修进行改进,一般属于基地级维修(制造厂或修理厂)的职责范围。

维修还有其他的分类方法,例如按维修对象是否撤离现场,可分为现场维修与后送维修。又例如按是否预先有计划安排,可分为计划维修和非计划维修。

此外,随着计算机在给水装备上的广泛应用,计算机软件维修(或称维护)也日益成为不可忽视的问题。软件维修通常包含适应性维修和改正性维修。前者是为使软件产品在改变了的环境下仍能使用进行的维修;后者是克服现有故障进行的维修。此外,对软件也有改进性维修。

4.2.2　给水装备保养

给水装备保养是保证给水装备作业效能的保障,在本节中,主要介绍给水装备保养的主要工作、装备保养的要求和给水装备保养的相关制度,为给水装备保养工作的开展实施提供指导依据。

1. 保养的主要工作

给水装备保养的主要内容是清扫环境、擦拭、检查给水装备和注油,使给水装备和环境保持清洁、整齐和润滑良好;注意给水装备运转情况,发生故障及时排除,及时调整安全保护装置和紧固松动的机件,更换补充缺损零件、附件和工具;检查零件有无损伤、锈蚀、泄漏等情况,维护和保持给水装备状态良好、运转正常。给水装备的保养工作主要从检查、维护和保养方面入手。

1)检查工作

检查是做好保养工作的第一关,也是极为重要的一关。通过检查,可以及时发现给水装备存在的隐患并及时处理,将给水装备故障排除在初发时期,防止给水装备损坏的态势进一步恶化,从而有效防止给水装备事故的发生。给水装备种类繁多,需要检查和随时关注的部位和参数也很多,可以将其分为电气给水装备和给水装备两类,主要检查内容如下所述。

2)维护和保养工作

依据进行保养的时间划分,保养工作一般分为日常维护和定期维护。

日常维护主要是指给水装备在日常运转过程中每个班对给水装备进行的维护,由操作人员完成。要求在当班期间做到:班前对给水装备的各部位进行检查,按规定进行加油润滑;班中要严格按照操作规程使用给水装备,时刻注意给水装备的运行情况,发现异常要及时处理。日常维护主要针对有人值守、长期运行的给水装备。

定期维护是由给水装备主管部门以计划的形式下达任务,主要由专业维修人员承担,维护周期需要根据给水装备的使用情况和给水装备的新旧程度而定,一般为1~2个月或实际运行达到一定的时数。给水装备多,许多给水装备可能较长时间不运行,也无人值守,因此一般采用定期维护的方法。定期维护的内容包括保养部位和关键部分的拆卸检查,对油路和润滑系统的清洗和疏通,调整各转动部位的间隙,紧固各紧固件和电气设备的接线等。

2. 保养要求

给水装备保养工作是给水装备管理中的一个重要环节,是操作人员的主要工作内容之一。一台精心维护的给水装备往往可以长时间保持良好的性能,但如果忽视保养,就可能在短期内损坏或者报废,甚至发生事故,尤其像钻机等需要长时间高负荷运转的给水装备,保养情况直接影响到企业的经济效益和施工安全。因此,要使给水装备长期保持良好的性能和功效,延长给水装备使用寿命,减少修理次数和费用,保证生产需要,就必须切实做好给水装备的保养工作。给水装备保养的具体要求可以用"整齐""清洁""润滑""安全"8个字来概括。

1) 整齐

要求工具、工件、材料、配件摆放整齐;给水装备零部件及安全防护装置齐全;各种标牌完整、清晰;管道、线路安装整齐、规范,安全可靠。

2) 清洁

给水装备内外清洁,无黄袍、油垢、锈蚀、无铁屑杂物;无滑动面,齿轮无损伤;各部位不漏油、不漏水、不漏气、不漏电;给水装备周围地面经常保持清洁。特别对于转盘、钻杆及钻头灯设备,由于环境潮湿、振动剧烈、负荷强度大,更要注意保持清洁,否则将导致给水装备故障率增高。

3) 润滑

按时、按质、按量加油,一次加油量不能过多;保持油标醒目;油箱、油池和冷却箱应保持清洁,无铁屑杂物;油枪、油嘴齐全,油毡、油线清洁;液压泵工作压力正常,油路畅通,各部位轴承润滑良好。

4) 安全

尽可能实行定人定机的给水装备包机制度和手上交接班制度,掌握"三好""四会"的基本功,遵守规程和纪律,合理使用,精心维护,注意异常,不出人身和给水装备事故,确保安全使用给水装备。

3. 给水装备保养制度

1) 保养制度的特点

提高给水装备保养的水平,关键是严格遵守保养制度,做到规律化、工艺化和制度化。

规律化就是对各类给水装备的保养内容做到规律化,要符合客观需要,目标明确,有针对性地进行。一般应巡回检查:容易松动的连接部位是否紧固;发热的部位温度是否正常;润滑部位油量是否适当,并补充注油;各仪表指示是否正常;运动部位有无振动及异常声响;安全保护装置是否灵敏;其他部位状态是否正常等。

工艺化就是要使保养程序工艺化,为了使各检查部位都能得到检查维护,不致遗漏,应把各检点编出序号,根据给水装备或系统的特点,研究从哪个部位开始,走什么路线,制定一条固定检查程序。编出的程序应包括所有检点,并使检查路线最短,占用时间最少,检点的编号顺序应顺应这条路线的方向。系统比较复杂时应编制巡检路线图表。对维护工人负责的多台给水装备、多个系统的巡检,也应根据上述原则,选择巡检路线,编制巡检图表。

制度化就是要使保养周期制度化,有针对性地制定各种给水装备保养周期使其制度化并贯彻执行。如空气压缩机,编制的保养内容、程序和周期的重点应该放在润滑、冷却、清扫、调整等方面;而车载钻机,编制的保养内容、程序和周期的重点则着重在润滑、制动、传动、钢丝绳等,以达到安全运行。

2)各类人员保养任务

给水装备保养制度是给水装备管理中的一项重要工程,因企业和给水装备不同而异。保养制度中必须明确维护的内容、维护周期,指定维护人员或责任人,提出维护要求,并规定没有完成维护工作应承担的相应处罚。保养工作中各类人员的任务和基本要求见表4.2。

表4.2 保养工作中各类人员的任务和基本要求

人员	任务	基本要求
操作人员	1. 巡回检查、填写给水装备运行记录 2. 及时添加、更换润滑油脂 3. 负责给水装备、管路密封的调整工作 4. 负责给水装备、环境的清洁卫生 5. 协助维修人员对给水装备的检修	1. 严格执行操作规程和有关制度 2. 严格执行交接班制度 3. 发现给水装备运转异常,及时检查并汇报 4. 保持给水装备、环境整洁
维修人员	1. 定期上岗检查给水装备的运转情况 2. 负责完成给水装备的一般维修 3. 消除给水装备缺陷 4. 负责备用给水装备的防尘、防潮、防腐及定期试车	1. 主动向操作人员了解情况 2. 保证检修质量符合检修质量标准 3. 不能处理的问题要作好记录并及时汇报 4. 定期检查备用给水装备,保持给水装备完好
管理人员	1. 组织给水装备的定期检修 2. 组织给水装备缺陷的消除和提供改进给水装备的技术方案 3. 监督给水装备维修,组织给水装备修理后的检查验收	1. 统计分析给水装备事故率、完好率 2. 能及时提出和解决给水装备隐患的方案 3. 考查给水装备管理制度执行情况,并能用数据进行分析评价

4.2.3 给水装备修理制度

给水装备的修理是使给水装备恢复作业性能的重要内容,本节中主要对给水装备修理的分类以及给水装备修理的组织实施等相关内容进行分析。可用于指导给水装备修理的故障修理的实施。

1. 给水装备修理类别

计划预防检修的给水装备修理类别,按给水装备修理工作量的大小、修理内容和恢复性能标准的不同,主要分为小修、中修、项修、大修等。

1)小修(日常检修)

按给水装备定期维修的内容或针对日常检查(点检)发现的问题,部分拆卸零部件进行检查、修理、更换或修复少量磨损件,基本上不拆卸给水装备的主体部分。通过检查、调整、紧固机件等手段,恢复给水装备实用性能。

2)中修

中修的工作员难以区别大修,我国很多企业在中修执行中普遍反映"中修除不喷漆外,与大修难以区分"。因此,许多企业已经取消了中修类别,而选用更贴切实际的项修类别。

3）项修

项目修理（简称项修）是对给水装备精度、性能的劣化缺陷进行针对性的局部修理。项修时，一般要进行局部拆卸、检查，更换或恢复失效的零件，必要时对基准件进行局部修理和修正坐标，从而恢复所修部分的性能和精度。项修的工作量视实际情况而定。

在实际计划预修制中，有两种弊病：一是给水装备的某些部件技术尚好，却到期安排了中修或大修，造成过剩修理；二是给水装备的技术状态劣化已不能满足生产工艺要求，因没到期而没有安排计划修理，造成失修。采用项修可以避免上述弊病，并可缩短停修时间和降低检修费用。

4）大修

给水装备大修是工作量最大的一种计划修理。因给水装备零部件磨损严重，主要精度、性能大部分丧失，必须经过全面修理，才能恢复原有的功能。给水装备大修对给水装备进行全面解体，采用新工艺、新材料、新技术等修理基准件，更换或修复磨损件，恢复给水装备的精度和性能。

给水装备的修理一般采用集中和分散相结合的方式，小修一般由使用人员在现场进行修理；项修由专业检修点承担；大修由生产工厂承担；并逐步推行专业化修理，确保给水装备修理质量和安全经济运行。实行企业内部租赁的给水装备采取集中管理、集中检修。

2. 给水装备修理定额标准

修理定额标准是编制修理计划的基础，它包括修理周期定额和修理工作定额。

（1）给水装备修理周期定额。给水装备修理周期定额包括修理周期、修理周期结构和修理间隔期。在相邻两次给水装备大修之间的给水装备工作时间称为修理周期。在一个修理周期内的中（项修）、小修次数和排列顺序，称为修理周期结构。在相邻两次给水装备大修之间，还要进行一定的预防修理，即安排几次项修和小修。在修理周期内相邻两次修理之间的间隔时间称为修理间隔期。

（2）影响给水装备修理周期及其结构的因素分析。给水装备修理周期及其结构是编制定期预防修理计划的依据，预修计划内的修理工作是企业给水装备维修工作量的主要组成部分。合理的修理周期及其结构，对提高给水装备有效利用率，减少计划外修理工作量和故障停机损失，降低给水装备维修费用等起着重要作用。影响给水装备修理周期及其结构的因素有以下五个方面。

① 零部件寿命和维修工作量。定期预防维修的策略是根据给水装备零部件的使用寿命和需要停机拆卸进行零部件检查、清洗、清扫、调整、修理、紧固等维修工作的间隔时间，在给水装备使用期间，安排一定的、周期性的计划停机修理时间，对磨损零部件进行更换与修理，使给水装备在相邻两次修理的间隔内，保持正常工作，不会出现计划外的修理工作。确定维修工作量需要大量的统计资料才能比较准确地确定各种维修类别的工作量。

② 给水装备修理间隔期。给水装备修理周期的长短应以给水装备的单位台时的修理工作量最小时为佳。给水装备修理工作量包括计划预防修理的工作量和间隔期内故障修理的计划外工作量两部分，间隔时间过长，故障修理多，计划外修理工作量将增加；间隔时间过短，频繁进行修理，则增加了计划修理工作量。修理间隔时间过长或过短都会使单

位台时总修理工作量增加。因此,应通过统计资料分析来确定单位台时总修理工作量为最小时的修理间隔期。修理间隔期一般为 3 ~ 6 个月,有的给水装备零部件易磨损,修理间隔期可为 1 ~ 2 个月。

③ 给水装备的技术状态。实行定期预防维修的生产给水装备,一般都规定了其修理周期内的大、中、小修的具体的零部件修理、换件和维修工作项目,但是由于给水装备的工作环境特殊,会使给水装备产生意外的磨损和破坏。因此,应根据日常和定期点检、给水装备运行性能监视的实际状态,适时调整各次的修理内容和工作量。

④ 季节性要求和备用给水装备修理。给水装备检修的季节性主要指给水装备及其系统,这些给水装备应在每年雨季前全部检修完毕。对有备用的给水装备应按计划周期轮换开动,停下来的给水装备应及时修复以留备用。

⑤ 给水装备的检修周期。给水装备都应保持一定的备用数量,实行按计划轮换检修,由于野外施工条件的限制,给水装备大、中、项修等需要在室内进行。

(2) 给水装备修理工作定额。给水装备修理工作主要受到修理复杂系数、修理工时定额、修理停歇时间定额、修理材料消耗定额和修理费用定额等的影响。

① 给水装备修理复杂系数。给水装备修理复杂系数是表示给水装备修理复杂程度的一个基本量。一般来说,给水装备结构越复杂、主要零部件尺寸越大、加工精度越高、电控功能越大、生产能力越大,其修理复杂系数也就越大。给水装备修理复杂系数是制定给水装备管理和检修定额(检修工时、停歇台时、检修费用、技术准备和材料消耗等)的依据。

给水装备修理复杂系数可分为机械复杂系数、电气复杂系数、仪表复杂系数人、动力(热工)复杂系数等。对各类复杂系数的确定时,首先要选出一种标准的参照机型,给定其复杂系数,其他给水装备可用其大修钳工工时与标准,参照机型的大修钳工工时的比值,乘以标准参照机型的复杂系数,即为其他给水装备的修理复杂系数。

② 给水装备修理工时定额。给水装备修理工时定额也称修理劳动量定额,它是指为完成给水装备的各种修理工作所需花费的劳动量标准,通常以一个修理复杂系数所需的劳动时间表示;也可按本企业的历年统计资料,用统计分析方法编制;按经验估算法制定等。给水装备修理工时定额是核定用工、计发奖金、控制维修费用和考核劳动成果的依据,也是对外劳务收费的依据。因此,修理工时定额应达到合理先进水平,以促进维修、降低费用。由于给水装备修理工作的差异性较大,给水装备修理工时定额一般是以大修为准进行制定的,部分修理或中小修,可按大修的定额打折制定。给水装备大修的工时定额一般是按给水装备修理复杂系数来确定的。

③ 修理停歇时间定额。修理停歇时间定额是指给水装备从停止工作到修理工作结束,经验收合格并重新投入施工为止的时间标准。

④ 给水装备修理材料消耗定额。给水装备修理用的材料消耗是指修换零件的备件、材料件、标准件等;修理用的钢材、有色金属材料、非金属材料、油料及辅助材料等。单台给水装备的修理材料消耗定额是指按给水装备修理类别编制的,它是根据各修理类别的修理内容,制定每次修理标准的零件更换种类、数量及修理用料数量,并可根据给水装备修理复杂系数制定单位复杂系数大修材料消耗标准。给水装备品种繁多、结构复杂,一般情况下,可通过诊断故障程度,有针对性地制定修理过程中的材料消耗定额。

⑤ 给水装备修理费用定额。给水装备修理费用主要包括直接材料费用、直接工资费用、制造费用、企业管理费用和财务费用等。修理费用定额是指为完成各种修理工作所需的费用标准,一般是以修理复杂系数为单位制定的。给水装备修理费用与修理工时和备件材料消耗有直接关系,而这两种消耗又取决于修理内容,一般应对各种修理工作内容的工时和材料消耗进行统计分析,制定各种修理工作费用定额。

给水装备大修费用的计算:有的修理企业是将车间和企业管理费用计人工时单价,用其乘以大修标准工时,再加备件和材料费作为税前的大修费;有的是把企业管理费用从工时单价中分离出来,另按百分比提取。因此在审核给水装备大修决算时,必须了解各项费用的内容,避免重复计算费用。例如:费用中已含车间经费(制造费用),就不能再计算机械费(折旧、动力等);更换修理厂制造的零部件和外购件,应查明是否含增值税价,以免重复计算增值税。

给水装备修理费用定额是企业给水装备管理的一项重要的基础工作,应当多做资料积累和统计分析工作,使其逐步完善和规范化。

3. 给水装备大修的确定

给水装备大修是全面恢复给水装备原有功能的手段,由于检查和检修工作量大,更换主要零部件多,给水装备大修费用一般要达到原值的 30% 以上,老旧给水装备要达到 50% ~60%,高的可达 70% ~80%,在企业给水装备维修费中占有相当大的比例,在确定大修时,要十分注意维修费用的平衡。

确定大修给水装备,除了考虑给水装备的检修周期、给水装备技术状态外,还要考虑以下因素:

(1) 大修的对象必须是固定资产。

(2) 大修周期一般在一年以上。

(3) 一次大修费用需大于该给水装备的年折旧额,但不得超过其重置价值的 50%。

对大修费用上限的规定:首先,随着大修次数的增加,耐磨件及更换数量也增加,给水装备大修费用一次比一次多;但是经过数次大修后,给水装备的性能下降。根据某工具厂测算,金属切削机床经过第一次大修后,装备性能和效率下降 5%,第二次大修后,又下降了 5%,第三、四次大修后,各下降了 15%,4 次合计下降 40%,其他装备也是如此。其次,大修次数增多,导致修理周期缩短,使修理费用增加。因此,给水装备在大修两次以上应当考虑给水装备技术改造及给水装备更新问题,从技术经济上分析给水装备的经济寿命,以确定给水装备是否再安排大修。

4. 给水装备修理的实施

给水装备的大修、项修和停止检修的工作量大、质量要求高,而是有一定的给水装备停歇时间限制,为了保质、保量和按时完成修理工作任务,应当做好给水装备修理前的准备工作、检修作业实施、竣工验收和修理文件的档案归档管理等。

1) 预检工作

给水装备大修、项修和停产检修应提前 2 ~4 个月做好预修给水装备的预检工作,全面了解给水装备技术状态,确定修理及更换零部件的内容和应准备的工具,并为编制检修工艺规程搜集原始资料。预检即对给水装备不拆卸检查,了解给水装备精度,作好预检记录。

2）编制修理技术任务书

修理技术任务书中给水装备技术状态主要指给水装备性能和精度下降情况,主要件的磨损情况,液压、润滑、冷却和安全防护系统等的缺陷情况。修理内容包括清洗、修复和更换零部件,防止泄漏,安全防护装置的检修,预防件安全试验内容,使用的检修工艺规程等。修理质量要求应逐项说明检修质量的检查和验收所依据的质量标准名称及代号。

3）编制更换件明细表

明细表中应列出更换零件的名称、规格、型号、材质和数量等,对外出加工或修复的零件,提早给出图纸,包括:需要铸、锻和焊接毛坯的更换件;制造周期长、加工精度高的更换件;需要外购或外委托的大型、高精度零部件;制造周期不长,但需要量大的零部件;采用修复技术的零部件;需要以半成品形式及成对供应的零部件等等。

4）编制材料明细表

在明细表中列出直接用于修理的各种型钢、有色金属型材、电气材料、橡胶、炉料及保温材料、润滑油和脂、辅助材料等的名称、规格、型号和数量。

5）提出检修工艺规程

给水装备检修工艺规程是保证给水装备修理的整体质量,给水装备大修工艺规程内容,一般包括:整机及部件的拆卸程序,拆卸过程中应检测的数据和注意事项;主要零件的检查、修理工艺,应达到的精度和技术要求;部件装配程序和装配工艺,应达到的精度和技术文件;关键部位的调整工艺和技术要求;需要检测的量具、仪表、专用工具等明细表;试车程序及特别技术要求;安全技术措施等等。

6）检修质量标准

检修质量标准包括:零部件装配标准、整机性能和精度标准。它是给水装备检修工作应遵守的规程,是检修质量验收的依据。检修质量标准已经有了定型的规范,如《给水装备检修质量标准》等。给水装备大修后,如遇下列情况,可经企业主管装备领导批推,制定大修质量降级标准。

经过两次以上大修的老给水装备、严重损坏的给水装备或属于给水装备本身有严重缺陷者,可以根据工艺要求,适当放宽允差;长期用于单一工序加工的通用给水装备,与加工工序有关的项目要达到工艺要求,其余项目可结合企业实际情况降低要求。

7）维修准备

维修前的准备工作有:如期备齐修理用的材料、辅助材料、修理更换用的零部件;准备好检修用的工具、起吊工具、专用工具、量具和测量仪表等,整理检修作业场所;编制给水装备大修作业计划,主要包括:作业内容和程序,劳动组织分工和安排、各阶段作业时间,各部分作业之间的衔接或平行作业的关系,作业场地布置图,作业进度的横道图和网络计划图,安全技术措施等。给水装备大修作业程序如下:解体前检查;拆卸零部件;部件解体检查;部件修理装配;总装配;空运转试车;负荷试车和精度校查;竣工验收。

给水装备大修修管理工作的重点是质量、进度和安全,一般应抓好以下环节:给水装备解体检查。给水装备解体后,要尽快检查,对预检没有发现需要更换的零部件的故障隐患,应尽快提出补充更换件明细表和补充修理措施。临时配件和修复件的修理进度。对需要进行大修的零部件和解体检查后提出的临时配件应抓紧完成,避免停工待件。生产调度。要加强调度工作,及时了解检修进度和检修质量,统一协调各作业之间的衔接,对检修中出现的问题,要及时向领导汇报,采取措施,及时解决。工序质量检查。每道修理工序完成后,须经质量检查员检验合格后方可转入下道工序,对隐蔽的修理项目应有中间检验记录,外修给水装备的修理项目必要时要有交修方参加的中间检验。

4.2.4 给水装备修后验收

给水装备检修后的验收是检验给水装备通过检修达到一定技术状态的必要手段,也是确保给水装备质量,特别是运行质量的必要手段。运行质量包括给水装备安全、人身安全、经济效益和系统配合等方面的内容。因此,搞好给水装备检修后的竣工验收是考核检修质量、确保检修后正常生产、安全经济运行所必不可少的重要步骤。

在给水装备检修结束后所进行的竣工验收必须具备两个条件:一是验收标推,即验收依据术条件或检修前提出并纳入检修任务书中的修理标准和达到的要求;二是检测工具、量具和手段要必须具有一定的精密等级。

1. 验收内容

在严格执行检修任务书所规定的有关验收标准的前提下,应着重注意以下几点:

(1)零件的极限允许磨损量。

(2)配合间隙的改变范围。

(3)水平度、平行度的允许误差。

(4)安全保护装置灵活可靠。

(5)电气给水装备的绝缘状态。

(6)给水装备工作性能的主要参数。

(7)检修记录和图纸整理情况。

2. 竣工验收程序

给水装备大修竣工,先由承修部门进行自检、试车,然后组织使用部门共同验收。给水装备验收竣工验收程序如图4.4所示。

(1)验收人员组成。给水装备大修质量验收,以质量管理部门的专职质检员为主,会同给水装备管理部门、使用单位、给水装备操作工人和承修部门人员等共同参加。

(2)验收依据。按给水装备检修质量标准和修理技术任务书进行验收;隐蔽项目应有中间验收记录;主要更换件应有质量检验记录,对实际修理内容与委托修理内容进行核对和检查。

(3)空运转试车和负荷试车。大修给水装备的试车,按给水装备试车规程进行验收。要认真检测规定的试车检查项目,并作好记录;试车程序要符合规程,试车时间要按规定执行,给水装备空运转和负荷试运转的时间。

(4)编写竣工文件和大修档案归档。大修竣工验收后,应填写大修竣工报告,编写或审核大修决算书。大修归档的资料主要包括:给水装备检修内容及验收记录、空载试车及性能测定记录、隐蔽项目中间验收记录、大修开工与竣工报告单、修换件和材料明细表、修理费用预算表、遗留问题记录等。

(5)售后服务。承修单位应实行保修制,保修期一般不少于3个月,在保修期内,由

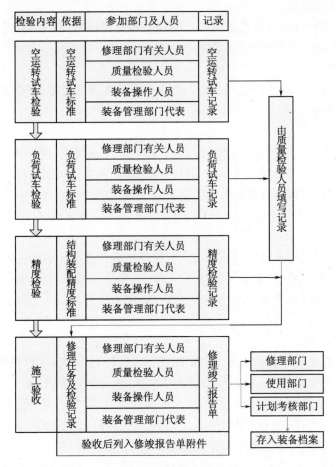

检验内容	依据	参加部门及人员	记录
空运转试车检验	空运转试车标准	修理部门有关人员 质量检验人员 装备操作人员 装备管理部门代表	空运转试车记录
负荷试车检验	负荷试车标准	修理部门有关人员 质量检验人员 装备操作人员 装备管理部门代表	负荷试车记录
精度检验	结构装配精度标准	修理部门有关人员 质量检验人员 装备操作人员 装备管理部门代表	精度检验记录
施工验收	修理任务及检验记录	修理部门有关人员 质量检验人员 装备操作人员 装备管理部门代表	修理竣工报告单

由质量检验人员填写与记录

修理部门
使用部门
计划考核部门
存入装备档案

验收后列入修竣报告单附件

图 4.4　大修竣工验收程序图

于修理质量发生的问题,应由承修单位免费修理。

2. 钻井停止检修和重大检修的验收

钻井检修给水装备多属于主要给水装备,其验收更应严格些,因此要着重强调搞好以下六个方面的工作。

1) 竣工验收的依据

对给水装备的隐蔽部件如变速箱内部、传动轴与滚筒配合结构、转盘运转的振动等,必须在检修过程中,每进行完一道工序或安装完一个部件立即出专职检查员检查验收并记录在案,以作为竣工验收和效果评价的参考和依据。

2) 工序验收程序

较大的给水装备检修工程一般按纵横分工,分为几个工程或工序,分别由几个作业组承担。为了保证工序之间的衔接,防止积累误差的超限,保证每道工序顺序进行,实行下道工序与上道工序之间的交接验收。对上道工序的竣工验收,对整个检修项目班说,它只是中间验收的一部分,与上述中间验收一样,工序验收也不便进行复查。因此必须由双方各自检查一次,结果一致才能记录在案,或由检查负责人和检查员共同检查验收。

3）竣工总结的验收

搞好竣工总结验收是给水装备检修工程结束和交付使用的必要手续,必须严格按标准办事,包括按检修标准考核、按规定程序验收。

4）验收方法

检查隐蔽部件的检测修理记录;按标准对外露部件进行检测;安全装置进行动作试验;单机进行空、轻载和重、满载试验;系统进行整体试生产。

5）验收记录

验收记录的内容主要包括:检修计划内容和实际完成情况;更换和处理零部件的名称、数量;工艺流程和工艺时间,总检修工时;配合、磨损的原来数据和检修后数据;隐蔽部件的中间验收情况;检修项目负责人和工序负责人;遗留问题;验收评语和结果;参加验收人员名单等。

6）检修总结

除包括有关计划、技术文件、验收敛据、验收组织等情况的内容报告外,还要对检修的组织过程、技术经济效果、主要经验教训,以及生产、生活、后勤等情况进行全面总结,着重从技术角度总结,同时也要从管理等角度来总结,作为今后组织大型检修工程验收的参考,最后连同所有资料一并归档。

3. 建立检修档案

检修结束后应及时将各种记录、资料、图纸、总结、计划等有关文件整理归档。搞好检修的档案管理的主要目的:一是将检修的基本内容;项目进行总结,便于供分析事故时参考;二是分析找出检修的主要经验教训,便于下次检修时参考;三是逐步积累资料以修订各种定额(加工时、换件、材料、费用等定额),便于今后制订计划;四是逐步完善技术资料,便于安排加工和进行技术改造提供依据等。

给水装备检修档案的主要内容包括检修的原始记录、检修资料与图纸、检修效果的评价三个方面。

1）检修的原始记录

检修原始记录包括检修前的原始记录、检修过程中的原始记录和竣工验收的原始记录。检修前的原始记录包括:给水装备技术状态(尤其是缺陷)的现场检查原始记录给水装备使用情况的运行记录运转记录中有关给水装备异常状态的摘录确定检查、检修计划的会议记录。检修过程中的原始记录包括:检修检测试验整定记录;现场日志,包括工时、换件和计划变动的记录;检修班交接班记录;隐蔽部件的中间验收记录;检修参加人员和分工记录。竣工验收的原始记录包括:验收人员组成给水装备试运转、试生产情况记录和检修总评对存在问题的处理建议。

2）检修资料与图纸

资料包括:检修计划及汇总表;检修施工措施;检修安全措施及各级审批记录;检修质量标准;检修领导小组、检修作业组和分工;检修项目的计划资料;检修前的测定资料及检修后的测定、鉴定、试验资料;属于上报审批项目的报批文件和口头指示;检修总结;检修的有关统计资料。

图纸包括:检修计划网络图或条状图及实际进度图;检修现场作业布置图;检修用零件加工图;检修用自制机具加工图;检修中技术改造、革新项目实图;检修后检修部件的公差及配合实测图。

3）检修效果的评价

对于检修效果的评价主要从计划执行评价、检修工时评价、检修质量评价、检修安全评价和检修经济效果评价等几个方面进行。

计划执行评价的目的是计算完成计划量占原计划的比重，以衡量计划的精确性，从中分析未完成的原因及出现计划外检修内容的原因，以作为今后编制计划、改进工作的依据。一般其可以用检修计划完成率来表示，检修计划完成率为实际完成计划检修项目数占计划检修项目数的百分比。

检修工时评价主要考核以下两种情况：一是各检修项目中有多少项是按计划工时和时间完成或提前完成的。这里所谓完成或提前完成的标准是在原计划检修内容的基础上讲的，如内容有减或增应相应减或增。二是与先进工时定额比较。

检修质量评价主要依据达到检修质量标准或计划质量要求的检修项目占全部检修项目总数的比例来进行。

检修安全评价主要包括检修过程中对人身安全和给水装备安全的评价。给水装备安全首先指被修给水装备有无损坏情况，同时也包括检修用给水装备、机具的安全使用及人身安全等，人身安全主要统计伤亡情况，以及重大未遂事故。

检修经济效果主要从两个角度检查：一是与计划比较，包括材料、备件、工资、运输费用等与原计划的比较；二是与相同检修内容、相近检修条件的先进定额比较。在评价的基础上分析原因，可作为检查原计划精确程度和以后编制计划的参考。

4.3 给水装备保养技术

给水装备维护是贯穿于给水装备维修保障全过程的基础性工作。给水装备维护技术是指使给水装备保持规定状态所采取的技术措施的统称，又称保养技术或者保养技术，是使给水装备保持规定状态所采取的措施。进行给水装备维护的目的是：

（1）保持给水装备正常使用状态，充分发挥其战术性能，延长使用寿命，降低器材和油料损耗，保障作战、训练等任务的顺利完成。

（2）防腐蚀、防霉烂、防老化，减少给水装备的过早损坏，延长使用或存储寿命。

给水装备维护的主要工作内容包括清洗、润滑、检查、调试、紧箍、保险、整理、包扎、标线、搭铁、减振防雨雪、防潮湿、防暴晒、防沙尘、防污染、防腐蚀、防老化、防断裂、防损伤、防漏电等具体的日常维护内容与维护给水装备对象、维护时机有关。随着计算机技术在给水装备中的大量运用，软件维护已经成为重要的给水装备维护内容。通过软件维护，纠正给水装备使用过程中发现的错误、病毒或者进行性能改进。

给水装备维护的主要工作方式是定期检修和周期性工作。定期检修和周期性工作是指在规定的使用时限内，按照维护规程规定的周期（间隔）对给水装备进行的预防性检查和性能维护。其作用是通过对规定项目的检查、调整，判断给水装备及其系统的技术状态，及早发现受损部件的磨耗和损伤，及时对系统、设备的特性参数进行调整，排除故障和故障隐患，并进行清洗、润滑、调整等保养工作，目的是保持和恢复给水装备的可靠性，使其技术状态符合标准，保证在下一个周期内正常可靠使用。

给水装备维护技术包含了为达到给水装备维护目的、满足给水装备维护工作内容要求而展开定期检查和周期性工作等相关维护活动所依托的方法、工艺和手段。对于大型、复杂给水装备的维护,常常需要一些专门技能和各种机械或机电一体化的设备、设施以及辅助工具。这里主要介绍擦拭、清洗、润滑、除锈、充放电、除漆补漆、防腐、封装以及软件维护等技术。

4.3.1 擦拭和清洗

擦拭和清洗是给水装备保养的最基本内容,同时也是进行其他保养项目的前提,首先对给水装备的擦拭和清洗进行分析。

1. 擦拭

擦拭技术是指除尘、除垢、除杂质的擦拭工艺和手段。给水装备擦拭通常按照不同给水装备的擦拭工艺来执行,需要擦拭材料、擦拭油液和擦拭机械等 3 种物质手段。

擦拭工艺因给水装备而异,一般先除去擦拭给水装备的尘土,对涂油层要除去油垢换新油,对脱漆部位要除去旧漆除脂后补新漆,对生锈部位要除去锈迹后再涂油保护,然后对精密的外露金属表面要换上新油后贴封油纸。对电器部件要使用干布擦拭,必要时可用棉球蘸酒精擦拭。

(1)擦拭材料,如擦拭布、纸、棉、呢绒、化纤等,适用于不同的给水装备及其零部件表面。除传统擦拭材料外,还有擦拭巾和一次性擦拭布。擦拭巾由特殊纤维精制而成,其纤维组织特别细腻,吸水能力强,吸水量是毛巾的 6~10 倍,是仿鹿皮擦车巾的 2~3 倍,特别适合擦拭电子仪器、光学仪器和高档车辆,绝不划伤被擦物;擦拭布多数都由纸和特殊的化学纤维共同制造而成,又称擦拭纸巾。

(2)擦拭油液是给水装备擦拭的主要介质,包括给水装备清洗液、清洁剂和防雾毛巾等。给水装备清洗液富含多活性物质,泡沫丰富,去污力强,对清洗给水装备表面的泥、沙、灰尘、油污效果良好,是一种理想的给水装备专用清洗液;清洁剂可用于给水装备快捷祛除顽固污渍油垢,而无需对物品进行干燥处理及表面退色处理,能提供快捷和彻底的深层清洁;防雾毛巾可对给水装备内高档真皮和装饰件进行保护性清洁,恢复其原有光泽和色彩。

(3)擦拭机械是给水装备擦拭所使用的设备,可减轻擦拭的劳动强度、提高擦拭效率。随着给水装备复杂程度的不断提高,给水装备日常维护的擦拭工作量越来越多,于是出现了多种用于给水装备擦拭的自动化擦拭设备,通过集成擦拭机械、擦拭工艺,并通过实施工艺参数控制,提高了擦拭效率,大大降低了一线给水装备维护人员的劳动强度,深受部队的欢迎。免擦拭洗车机用于对给水装备车辆进行清洗,不伤给水装备漆面,彻底清洗车缝、胎铃,节省能源,且效率高。

在给水装备维护中,擦拭工作是一种可随时进行的工作,有时也规定了一些必须定时擦拭的工作。如在日常维护中,要求对驾驶舱的仪表控制面板进行及时擦拭,以清洁操作面板;要求对数据处理计算机、勘察仪器的连接线缆等进行定时擦拭。

2. 清洗

清洗是指采用机械、物理、化学或电化学方法,去除给水装备及其零部件表面附着的油脂和其他污物的技术,又称净化。常用的清洗技术有蒸气法、电解法、超声波法、高压喷射清洗法等。

（1）蒸气法主要利用溶剂的热蒸气除去零件表面的油污；

（2）电解法主要利用碱清洗液的皂化、乳化、润湿、分散等一系列物理化学作用和电化学反应产生的气泡对油污的机械撕裂和搅拌作用去除油污；

（3）超声波法利用超声波产生的超声空化效应剥离表面粘附的各类污物；

（4）高压喷射清洗法利用高速喷射的清洗液在零件表面产生的冲击、冲蚀、疲劳和气蚀等多种机械作用、化学作用，清除零件表面的污物。

工业用清洗剂主要包括有机溶剂、乳化液、碱洗液和水基清洗剂四大类。有机溶剂通过浸透和溶解作用洗涤油污；乳化液体系中，有机溶剂发挥溶解油脂作用，乳化剂则促使溶有油脂的溶剂乳化、分散，形成乳浊液将油脂带离金属表面；碱洗液可用于化学清洗和电解清洗，在化学清洗中，主要利用碱溶液中的氢氧化钠组分通过皂化作用去除动植物油，借助硅酸钠或表面活性剂的乳化作用去除矿物油；水基清洗剂主要通过润湿、渗透、乳化、分散、增溶等作用，去除表面附着的油污。

在给水装备维护中，清洗已经广泛应用于给水装备零部件的维护中，包括金属零件、电子电气给水装备等；还可为给水装备零部件后续的表面工程技术处理提供洁净的表面。如在水源侦察车日常维护中，为了确保机载设备的正常运行，要求定时对一些影响机载设备外部连接插头、插座等进行清洗。

4.3.2　润滑和防锈

润滑和防锈是给水装备保养的重要内容，润滑是为了减小摩擦带来的影响，防锈可以保证装备的寿命，本节分别对给水装备的润滑和防锈进行研究。

1. 润滑

润滑技术是指在机械设备摩擦副相对运动的表面加入润滑剂以降低摩擦阻力和能源消耗，减少表面磨损的技术。润滑的作用机理是在摩擦副相对运动的表面间加入润滑剂，形成润滑剂膜，将摩擦表面隔开，使金属表面间的摩擦转化为具有较低抗剪切强度的油膜分子之间的内摩擦，降低摩擦阻力和能源消耗，使摩擦副运转平稳；在摩擦表面形成润滑剂膜，降低摩擦并支撑载荷，减少表面磨损及划伤，保持零件的配合精度；采用液体润剂循环润滑系统，将摩擦时产生的热量带走，降低机械发热；用摩擦表面形成的润滑剂膜隔绝空气、水蒸气及腐蚀性气体等环境介质对摩擦表面的侵蚀，防止或减缓生锈。润滑通常可分为：

（1）流体润滑。包括流体动压润滑、流体静压润滑和弹性流体动压润滑。摩擦表面完全被连续的润滑剂膜隔开，低摩擦的润滑剂膜承受载荷，磨损轻微。

（2）混合润滑。状态摩擦表面的一部分被润滑剂膜隔开，承受部分载荷，部分表面微凸体间发生接触，由边界润滑剂膜承受部分载荷。

（3）边界润滑。状态摩擦表面微凸体接触较多，润滑剂的流体润滑作用减少，载荷几乎全部通过微凸体以及润滑剂和表面之间的相互作用所产生的边界润滑剂膜承受。

（4）无润滑或干摩擦。摩擦表面之间、润滑剂之间润滑剂的流体润滑作用完全不存在，载荷全部由表面存在的氧化膜、固体润滑膜或金属机体承受。润滑剂的正确使用对于保护机械设备的正常持久运转至关重要，按润滑剂的物理状态，可分为液体润滑剂、半固体润滑剂、固体润滑剂和气体润滑剂。

2. 防锈

除锈是指采用化学、电化学、机械等方法去除给水装备及其零部件表面氧化物的技术。常用的除锈方法有化学除锈、电化学除锈、喷砂除锈、手工除锈和滚光除锈等。

（1）化学除锈。又称侵蚀、酸洗，利用酸性溶液（或碱性溶液）与金属表面锈层发生化学反应使锈层溶解、剥离而被除去。

（2）电化学除锈。分为阳极除锈法和阴极除锈法。阳极除锈法是利用阳极的电化学溶解和化学溶解以及氧气泡析出时对锈层的机械剥离作用进行除锈，由于氧气泡大而稀少，剥离作用不强，零件还容易产生过腐蚀现象；阴极除锈法利用氢气的还原反应和氧气泡析出时对锈层的机械剥离作用进行除锈，氧气泡密而小，剥离作用强烈，且不腐蚀零件金属，但易造成氢脆和杂质在零件表面的沉积。

（3）喷砂除锈又称喷丸除锈。以高压流体为动力，将磨料直接喷射到零件表面，利用磨料的机械冲击冲刷作用来清除零件表面的腐蚀产物和污物。

（4）手工除锈。用手持工具和机动手持工具通过机械切削作用将零部件表面锈层除掉。

（5）滚光除锈。将零件、磨料、除锈液一起放入滚筒中，旋转滚筒去除零件表面锈层。

除锈广泛用于给水装备的维护修理和表面预处理。如：钻机表面重新涂装前，常采用手工除锈或喷砂除锈方法；应用电弧喷涂等技术对给水装备零部件表面进行防腐、耐磨或防滑等处理前，通常采用喷砂除锈方法进行预处理；对给水装备零部件进行电镀、电刷镀处理前，通常采用电化学除锈方法。在给水装备维护中，需要及时对一些外露组件实施防锈维修工艺。当准备在潮湿地区作业时，一方面必须及时进行除湿和驱潮，尽量减少由于潮湿气候导致的给水装备生锈，另一方面必须及时进行防锈工艺，消除因为生锈导致的给水装备故障。

4.3.3　电池充放电

充放电技术是指二次电池（又称蓄电池）补充和释放电能采用的技术。充电一般分为恒流充电和恒压充电两种；根据使用和维护的不同需要，又可分为初充电、正常充电、均衡充电、快速充电等。恒流充电是在充电过程中充电电流始终保持恒定的充电方法。恒压充电过程中，加在电池两端的电源电压始终保持恒定，恒压充电末期电流很小，可避免过充电，操作简单。初充电是对新的普通二次电池进行的活化充电。初充电一般采用小电流充电至充满或二段充电法，即先以一定电流充电至指定时间，如当单体电池的充电电压升到某一规定值时，再将充电电流减小一半，继续充电至充足为止。正常充电与初充电基本相同，但充电电流比初充电大一些，充入的电量约为上次放出电量的 1.2 倍。均衡充电是将使用过的电池按正常充电方法进行充电后，停止 1h，再用比正常充电电流小的电流进行充电。如此反复进行，直到每个单体电池的电容量、电压都达到均衡一致且充足电的状态。快速充电是指在短时间内（1～2h）用大于 1 倍容量的脉冲电流将电池充好，一般应在专门的快速充电机（或快速充电器）上进行。电池的人工负荷放电主要分为恒流放电和恒阻放电两种。恒流放电是指放电过程中保持电流为定值，放电至终止电压同时记录电压随时间的变化。恒阻放电是指放电过程中保持负荷电阻为一定值，放电至终止电压并记录电压随时间的变化。

随着给水装备电气化水平的不断提高,充放电技术已经成为许多给水装备作战训练不必可少的重要维护活动,充放电技术直接影响着给水装备作战效能发挥,急需解决一些关键给水装备的快速充放电问题。

4.3.4　除漆补漆

除漆补漆技术是指对涂漆表面局部或全部除去漆层,重新补涂漆层的技术。除漆补漆时要根据涂漆表面的技术要求,合理地选择除漆补漆工艺,根据涂漆表面的材质和工作环境,正确地选用底漆和面漆。除漆方法有物理除漆法和化学除漆法。

1. 物理除漆法

物理除漆法是靠外力作用使漆层脱落,主要用于金属表面的除漆。一般包括喷砂除漆、机械除漆和手工除漆。

(1) 喷砂除漆。利用压缩气体的流动来带动石英砂颗粒或金属颗粒,通过撞击使漆层脱落。主要用于大面积金属表面的除漆。

(2) 机械除漆。利用电动钢丝轮将漆层除去。适合于局部表面。

(3) 手工除漆。主要利用砂布或砂纸将漆层除去。

2. 化学除漆法

化学除漆法是利用化学溶剂破坏漆层与涂漆表面的结合力使漆层脱落,主要用于非金属表面的除漆,也可用金属表面的除漆。

(1) 除漆剂除漆。除漆剂是一种用于溶解油漆的特种溶剂。除漆时将除漆剂涂擦或浸泡漆层,使漆层起皱、溶解脱落。

(2) 有机溶剂除漆。常用的有汽油、香蕉水和稀料(汽油不适于硝基漆除漆)。除漆时将汽油、香蕉水或稀料涂擦或浸泡漆层,使漆层起皱、溶解脱落。

(3) 无机酸除漆。将涂漆零件浸泡在高浓度的酸液中,使漆层起皱、脱落。适合于较小的金属零件,容易产生酸蚀的零件不能用此方法除漆。

(4) 碱水除漆。将涂漆零件浸泡在加温后的高浓度碱液中,使漆层起皱、脱落。加温容易产生变形的零件不能用此方法除漆。

2. 补漆法

补漆技术与表面涂漆技术相同,常用的工艺方法有:

(1) 喷漆。利用压缩空气的流动通过喷枪带动油漆产生雾化,使油漆均匀地喷涂在涂漆表面,工作效率高,漆层均匀美观。

(2) 涂漆。人工利用毛刷将油漆涂刷在涂漆表面,工作效率低,漆层均匀性较差。

(3) 蘸漆。将形状复杂、尺寸较小的零件直接浸入油漆中。底漆一般只涂一遍,而面漆至少要涂两遍以上。

在给水装备维护中,除漆补漆已经采用一些专用设备或者装置来进行,以提高除漆补漆工作效率和减轻给水装备日常维护的工作量。这些装置集成了先进的除漆补漆技术和针对维护对象的除漆补漆工艺要求,一般由控制计算机、机械手等组成。如飞机机身的除漆补漆一般在飞机大修厂进行。由于这项工作的技术要求高、工艺复杂和劳动强度大,目前一般由专门的自动装置或者半自动装置来完成除漆补漆,实际上是一台专用的除漆补漆机器人系统。

4.3.5 防腐和防老化

防腐和防老化是为了防止金属零部件发生腐蚀和橡胶元件发生老化的保养方法,可以延长装备的使用寿命,提高装备的作业性能。本节分别对给水装备的防腐和防老化等保养技术进行研究。

1. 防腐

腐蚀是指金属材料受腐蚀介质作用而破坏的现象。防腐技术是指防止、减缓给水装备及其零部件腐蚀的技术。通过对给水装备及其零部件发生腐蚀的原因和机理进行分析,采取合适、必要的防腐技术,尽量将腐蚀控制在最低程度,是延长给水装备及其零部件使用寿命的重要技术措施。防腐技术主要有涂层保护、电化学保护和缓蚀技术。

(1)涂层保护。在给水装备及其零部件表面上制备各种耐腐蚀的涂镀层或转化层,是防止或减轻基体腐蚀的常用方法。经表面处理形成的覆盖层,可以使基体表面与外界介质隔开,同时还能获得装饰性外观。在给水装备上应用最普遍的覆盖层主要有4类:金属覆盖层、非金属覆盖层、化学或电化学方法形成的化学转化膜覆盖层和暂时性覆盖层。金属覆盖层有金属或合金镀层、气相沉积层、电弧喷涂层等;非金属覆盖层有涂料涂层、塑料涂层、橡胶涂层、柏油或沥青涂层、搪瓷玻璃涂层和陶瓷涂层等;化学转化膜覆盖层包括氧化膜、磷化膜、钝化膜覆盖层等;暂时性覆盖层主要有防锈油脂、可剥性塑料覆盖层等。

(2)电化学保护。根据腐蚀防护理论采用阴极保护或阳极保护等方法,降低被保护金属在电解质中的腐蚀速度。

(3)缓蚀技术。通过改变起腐蚀作用介质的性质,减弱或消除介质环境的腐蚀性,其中主要是除去或减少介质中的有害成分和采用各种缓蚀剂,但只能在腐蚀介质的体积量有限的条件下才能应用。

2. 防老化

老化是指非金属材料受环境因素作用而性能下降变坏的现象。防老化技术是指防止、减缓非金属材料给水装备及其部件老化的技术。老化可导致给水装备材料的性能下降,不能满足工作要求,继而导致给水装备的故障。对于由高分子材料等非金属材料制造出来的给水装备及其零部件,老化是由其内部结构、组成成分和环境因素所共同作用的结果。可以采取合适、必要的防老化技术,尽量将老化控制在最低程度,是延长高分子材料给水装备及其零部件使用寿命的重要技术措施。防老化技术主要有老化保护和缓老措施。

(1)老化保护。在采用了非金属材料的给水装备及其零部件表面上制备各种防老化的防老剂涂层,采用涂漆、镀金属、浸涂防老剂溶液等物理防护措施,提高给水装备及其零件的防老化能力。这是防止或减轻老化的常用物理方法。

(2)缓老措施。通过改变起老化作用的外部环境,减弱或消除介质环境的老化性,其中主要是避免日光暴晒、控制好温湿度和防止高分子材料发霉,除去或减少介质中的有害成分以及采用各种防老剂。

防老化技术已经在给水装备维修中得到了广泛应用。各种汽车轮胎、车载设备的线路板、车载设备的空调管路、发动机的电子调节器等部件大部分或者全部采用了高分子材料等非金属材料,为了保证这些部件的正常工作,制造方选择了具有较高防老化性能的非金属材料来制造这些部件,同时必须满足十分苛刻运行环境要求,所以日常维护的重点应该是维持这些部件的运行环境,同时采取合理的老化保护和缓老措施。

4.3.6　软件维护技术

软件维护技术是指软件交付使用之后,为纠正错误、改善性能和其他属性,或使其适应改变了的环境进行修改所采取的方法与手段。软件维护是确保软件能够持续可用所必需的软件工程管理与软件升级工作,也是软件寿命周期过程的重要阶段。软件维护是给水装备维修保障中必须特别加以重视的内容,应该在系统论证设计时考虑软件的维护保障问题,使用阶段应将软件维护纳入正常的给水装备维修过程中,开展规范的软件维护并提倡第三方维护等。软件维护的实质就是对软件进行修改,其主要类型有:

(1) 适合维护。指的是根据不同任务的需要和环境条件按照任务加载单进行程序参数的输入和变换。如根据不同的任务要求,某型战机要求由机务人员向机载计算机输入航路点数据、目标数据及武控配置数据等。

(2) 改进维护。在研制阶段,不可能穷尽软件所有可能的运行模式,某些故障只有在实际使用中符合一定的条件才能发生,在使用过程中,往往会暴露软件开发中不够完善的地方,改进维护就是针对此类错误,为了改进可靠性、维修性或为将来提高性能提供更好基础的软件修改。

(3) 扩充维护。指的是增加新功能和提高性能的软件修改。当前,厂家提供的软件存在提供资料不具全、软件程序可读性差等问题。厂家留的改动余地很少,开放性比较小,一般由厂家来扩充或者在厂家的许可下方可扩充。如当外挂航空武器给水装备的类型不符合原始状态要求时,必须扩充武器控制软件,而相应软件的完善和补充必须依靠软件开发单位来完成,这也符合软件工程的管理要求。

(4) 校验维护。指的是为了使系统工作准确无误,对软件功能和重要数据的校核,一般由自检完成。

软件维护不同于硬件维护,它可视为一个再开发过程。软件维护过程中,需要采用许多与软件开发相似的技术。如软件配置管理、需求分析、编程调试、测试验收、安装培训等技术。软件维护开发机构要确保软件产品的维护性,这是提高软件维护效率、完成维护任务的基本保证。软件维护过程包括软件故障(缺陷)诊断、缺陷代码的调试与定位、软件更改影响分析、软件缺陷的规避、系统重启与数据恢复、计算机病毒的抵御与清除、更改后软件的验证、软件的供应、安装与培训等。其中,软件缺陷规避、系统重启与数据恢复通常是由软件开发或维护人员在时间紧迫的情况下,为快速恢复系统功能且避免再次出现同样故障而采取的临时性措施。软件故障诊断是软件维护的核心技术,除采用人工分析手段外,逐步引入程序插桩、网络分析、专家分析法等技术手段进行软件故障诊断。

随着计算机和软件技术在给水装备中的大量使用,软件维护技术已经成为计算机技术中一项十分活跃的领域。它不只是一项个人的技术行为,与硬件的维护修理组织管理过程一样,需要根据软件的特点制定软件维护方案与计划、选择承担维护任务的机构、规范维护过程、规划维护所需的资源、建立维护的度量机制、管理维护后软件产品的登记与移交等。软件维护技术正朝着自动化、综合化的方向发展,其重点在于软件状态监控、软件故障诊断与分析、软件维护的管理与度量等方面。

4.4 给水装备修理工艺

给水装备维修实施要以给水装备维修工艺为指导。给水装备维修工艺是运用给水装备维修技术,使给水装备保持、恢复或改善规定技术状态的过程。不同给水装备的维修工艺有所区别,但主要过程类似。图 4.5 所示为某型钻机中修工艺过程。

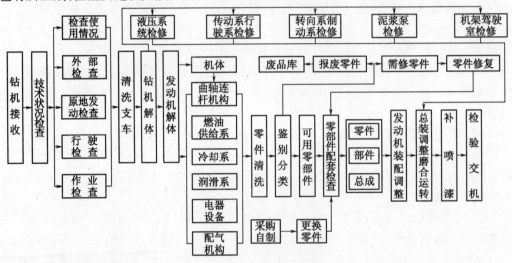

图 4.5　钻机中修工艺流程图

以工艺文件形式确定下来的工艺过程称为工艺规程。维修工艺规程一般应包括所采用的工艺方法及其顺序、工艺规范要求、所用设备、工具、夹具、量具及其他辅助用具等。选择维修工艺的原则是技术先进、经济合理、生产可行。

在前面已经指出,维修是给水装备在储存和使用过程中,为保持、恢复或改善给水装备的规定技术状态所进行的全部技术与管理活动。这个定义表明,维修是一种"活动"。维修工艺是维修活动的"程序"或"过程",维修技术是维修活动中所采用的"方法"与"手段",而维修规划是事先对维修活动的运筹与谋划。

4.4.1 给水装备拆卸

装备拆卸是给水装备修理的重要内容,包括拆卸换件或拆卸修理。本节主要对给水装备重要典型部件的拆卸原则与方法等进行介绍。

1. 拆卸原则

为了防止零件的损坏、提高工效和为下一段工作创造良好的条件,拆卸时应遵守下列原则:

(1)拆卸前必须搞清给水装备各部分的构造和工作原理。给水装备的种类和型号繁多,新型结构不断出现,在未搞清其构造、原理和各部分的性能之前,不要盲目拆卸。否则,可能造成零部件的损坏或其他事故。对于还未搞清的结构,可以查阅有关说明书和技术资料。

(2)从实际出发,按需拆卸。如果某一总成或组合件确认状况良好,不需拆开的,应尽量不拆。因为配合件经过一次拆卸和重新装配,往往会降低配合质量和加速磨损,如过盈配合件经过一次拆卸会降低配合紧度;动配合件有时可能在拆卸过程中造成擦伤以及在重新装配后因装配误差而有一个磨损过程,从而增加了磨损。此外还由于拆卸带来了清洗、检验、装配等一系列工序,不但浪费了人力,同时也会增加保养成本。因此,能不拆者尽量不拆,对于不拆卸部分必须经过整体检验,确保其使用质量,否则会使隐蔽缺陷在使用中发生故障或事故,这是绝对不允许的。另一方面,对需要拆卸的零件,则一定要拆,切不可图省事而马虎了事,以致给水装备的保养质量得不到保证。

(3)给水装备拆卸过程中应遵守正确的拆卸方法。首先要采取由表及里的顺序拆卸,即先拆除外部附件、管路、拉杆等。要按照先总成、后零件的顺序,先将给水装备拆成总成,再由总成依次拆成组合件和零件。在未拆机件前,应将发动机上所有的各种油、水管路等首先拆卸下来,免得在拆卸机件时将其碰坏和搞脏。拆下来后立刻用布条扎好,注明原来的位置,便于今后的安装。使用合适的工具、设备。拆卸时所用的工具一定要与被拆卸的零件相适应。如拆卸螺纹连接杆要选用合适的扳手;拆卸过盈配合件要用压力机或专用的拆卸工具。切忌乱锤、乱铲造成零件损坏,更不得用量具、钳子、扳手等代替手锤,将量具、工具损坏。给水装备中笨重件较多,拆卸难度较大,要不断改革工具,改进拆卸方法。拆卸时应为装配创造条件。拆卸时,对非互换性的零件应作记号或成对放置,以便装配时装回原位,以保证装配精度和减少磨损。如在发动机的活塞与缸套、轴承与轴颈、气门与座以及柴油机的精密偶件等,在拆卸时都应遵守这一原则。拆开后的零件均应分类存放,以便查找,防止损坏、丢失或弄错。在保养中,由于机种型号繁多,一般均应按总成、部件存放。

给水装备的拆卸工作主要是连接件的拆卸,在拆卸中除了遵守上述拆卸原则外,还应该掌握连接件的拆卸方法。

2. 过盈配合连接件的拆卸

过盈配合连接件的拆卸方法与配合的过盈量有关。当过盈量较小时,可用螺旋拆卸器(拉力器)进行拆卸,也可用硬木锤或铜锤轻轻敲击将其卸下;当过盈量较大时,应采用压力机(以液压式为好)进行拆卸;当过盈量很大时,有必要将包容件进行加热,当加热到一定温度时,迅速用压力机压出。过盈配合件的拆卸应注意被拆零件受力应均匀,作用力的合力应位于它的轴心线上;受力部位应正确,如用螺旋拆卸器拆卸滚动轴承时,应使拆卸的拉爪钩住轴承的内座圈,不要使它只钩在外圈上,否则会将轴承损坏。一般不得用锤击,更不得用钢锤敲击工件。必要时,可垫以木头或用铜棒作冲头,沿整个工件周围敲击,切不可在单方向猛敲。当敲不动时应即停止,并采用其他方法。

3. 螺纹连接件拆卸的一般原则

拆卸螺纹连接件的工具主要是各种类型的扳手。就扳手的选用来讲:第一,尺寸大小一定要合适;第二,几种扳手相比较,在使用条件许可时,开口扳手比活动扳手好,梅花扳手或套筒扳手比开口扳手好,梅花扳手及套筒扳手中六方口的比十二方口的好。正确地选用工具,有利于保护螺帽的棱角。拆卸螺纹连接件不宜随意使用加力杆,只有拆装受力很大的特殊螺栓、螺母而专门锻造的扳手时才允许使用加力杆。因为任意使用加力杆容易造成扳手的损坏,也容易将螺杆拧断,增加拆卸的困难。对于因生锈等原因而不易拆卸时,应分析原因和采取相应措施。螺纹连接件的拆卸(包括装配)工作量很大,为了提高工效和降低劳动强度,应尽量使用机动扳手。目前在生产中使用的机动扳手有风动和电动两种。

(1)双头螺栓的拆卸。用双螺母法拆除。它是用同螺栓本身所用的螺母一样的螺母,同时拧在螺栓中部,并相对拧紧。此时两螺母与螺栓之间通过螺纹部分的接触锁紧力使之相对固定,即可用扳手卡住下方螺母按拆卸一般螺钉的方法拧出。这种方法简单,但效率较低。双头螺钉不宜用管钳拆卸,否则容易破坏螺杆表面。

(2)断头螺钉因没有可供扳手拆卸的头部,必须采用其他措施,其方法有:在断头螺钉上钻一个适当大小的孔,然后打入一个多棱的钢锥或攻成反向螺纹,并拧入反螺纹螺钉,最后按一般拆除螺纹的方向拧出。在断头上焊一螺母,然后拧出。如果断头露出工作平面,可用锯子在露出部分锯一槽口,然后用起子拧出。可选用一个与螺纹内径相当(稍小)的钻头,将螺杆部分全部钻掉。对直径较大的螺钉,也可用偏铲沿其外缘反向剔出。

(3)锈死螺纹连接件的拆卸。螺纹连接件被锈死,一般可浸以煤油,静置 20～30min后,辅以适当敲击振动,使锈层松散,并在拧出前先向拧紧方向再进少许。必要时可按过盈配合件的方法,将螺母进行加热。

(4)螺钉或螺帽组的拆卸。由多个螺钉或螺帽连接的零件,拆卸时应注意以下事项:

① 为了防止零件受力不均匀造成零件变形、破坏和由于个别螺钉受力过大而拆不下来和被拉长,应先将每个螺钉(或螺帽)先拧松 1/2～1 转,并应对称拆卸。

② 应先拆下难拆的螺钉或螺帽。否则,会由于产生微量变形和零件位置的移动而造成更难拆卸。

③ 对于拆卸后因重力而下落的零件,应使其最后拆下来的螺纹连接具有拆卸方便而又能保持工作平衡的能力。

4. 不可拆连接件的拆除

对于不可拆连接件的拆除,如焊接件的拆除和铆接件的拆除应按照以下方法进行拆除。

(1)焊接件的拆除。当焊件有较大的变形、损坏或焊缝严重开裂需维修和重焊时,一般用氧－乙炔火焰熔断。焊缝较短时,也可用錾子铲除。

(2)铆接件的拆除。当被铆连接件损坏或铆钉松动需要拆除重铆时,也可用氧－乙炔火焰熔断铆钉头部或用錾子将头部铲去,还可以用钻头将铆钉钻掉。

5. 液压元件的拆卸

液压系统是给水装备的重要组成部分,在维修液压系统时,液压元件的拆除应按照以下的方法和步骤进行。

(1)拆卸前应将液压油排放到干净的油桶内,并盖好桶盖。经过观察或化验,质量没有变化的液压油允许继续使用。取下液压油箱的箱盖时,必须用塑料板盖好。

(2)在拆卸液压系统以前,必须弄清楚液压回路内是否有残余的压力;拆卸装有蓄能器的液压系统之前,必须把蓄能器所蓄能量全部释放。如果不了解系统回路中有无残余压力而盲目拆卸,可能发生重大给水装备或人身事故。

（3）液压系统的拆卸最好是按元件进行,从待修的给水装备上拆下一个部件（如油泵、油缸、变矩器）,经过性能试验,低于额定指标90%的部件才作进一步的分解拆卸、检查维修。

（4）拆卸液压系统时,应十分仔细以减少元件损伤。拆卸时不得乱敲乱打,零件不得碰撞,以防损坏螺纹和密封表面。在拆卸油缸时,不应将活塞和活塞杆硬性地从缸筒中打出,以免损伤缸筒表面。正确的方法是在拆卸前,即在未放液压油以前,依靠液压力使活塞移动到缸筒的任意一个末端,然后进行拆卸。拆下的零件螺纹部分和密封面都要用胶布或胶纸缠好,以防碰伤。拆下的小零件要分别装入塑料袋中保存。

（5）在拆卸液压给水装备时,必须注意液压油缸不能承受横向力;不能将立柱支承在油缸或活塞杆上。

（6）在拆卸油管时,要及时在拆下的油管上挂标签,以防装错位置。

（7）拆卸下来的油管要用冲洗设备将管内冲洗干净,再用压缩空气吹干,然后在两端堵上塑料塞。拆卸下来的油泵、液压马达和阀的孔口也要用塑料塞塞好,或者用胶布、胶纸粘盖好。禁止用碎纸、棉纱或破布代替塑料塞。

（8）非十分必要时,不要将多联阀拆成单体。

4.4.2　零件清洗

拆卸下来的零件,大多粘有不同程度的油污、积炭、水垢和铁锈等。为了便于零件的损伤检验、维修及装配,保持车间洁净,必须清除这些脏物。零件的清洗方法是决定清洗质量的重要因素,清洗材料和设备是决定清洗方法的重要内容。对清洗材料、设备的选择,既要符合多快好省的精神,又要适应修理单位的实际情况。

1. 清除油污

清除油污是装备零部件维修的基本和重要内容,进行零部件油污清除的方法主要有碱水除油和有机溶剂除油法。

1）碱水除油

给水装备用润滑油主要是矿物油,它在碱溶液中不易溶解,形成乳浊液。乳浊液是由几种互不溶解的液体混合而成的,其中的一种液体是以微小的气泡状悬浮于另一种液体中。由于碱离子活性很强,能时而形成泡沫液,时而破裂,对零件表面的油污起着给水装备冲刷的作用,降低了油层的表面张力,但是,油在金属表面的附着性较好,为达到能迅速除油的目的,往往还采用一些其他的相应措施：如加入乳化剂;提高碱溶液的温度和加强溶液的流动等。碱溶液的温度较高时,油膜的黏度下降,形成许多小油滴,高温还可以加速溶液的流动,从而加速除油过程。

2）有机溶剂除油

有机溶剂能很好地溶解零件表面上的各种油污,从而达到清洗的目的。常用的有机溶剂有汽油、煤油和柴油等。用有机溶剂除油工艺简便,不需加热,对金属无损伤。但清洗成本高、易燃,只适用于中小型维修单位及临时修理。大中型维修单位可采用合成金属清洗剂。有些单位采用三氯乙稀除油污,实践证明效果较好。

2. 清除铁锈

铁锈是金属表面与空气中的氧、水分等腐蚀性物质接触的产物。钢铁零件的锈层主要是 FeO、Fe_2O_3 等。它们的存在能使腐蚀进一步发展,因此,在修理时必须除去。

1) 给水装备法除锈

给水装备法除锈一般用钢丝刷、刮刀、砂布、电动砂轮或钢丝轮等工具进行。在条件较好修理厂可进行喷砂处理。给水装备法除锈容易在工件表面留下刮痕,所以只用于不重要的表面。

2) 化学除锈

金属氧化物呈碱性,与酸起中和反应便可达到除锈目的,所以生产中常用酸溶液除锈。

盐酸除锈:把生锈的零件放入稀盐酸中,锈层很快消失或松散,同时很少有氧气冒出,说明盐酸与锈层的作用大于对金属的腐蚀作用,所以除锈后的零件表面较为光洁。除锈用盐酸的浓度一般为 10% ~15% ,温度在 30 ~40℃的范围内较好,也可在室温下进行。

硫酸除锈:硫酸除锈成本较低,但低温时溶解铁锈的能力很低,相反却对金属有较大的腐蚀作用。因此,硫酸除锈要在 80℃左右进行,不得低于 60℃。稀硫酸对铁的腐蚀作用较盐酸大得多,而且随浓度的增加腐蚀金属的能力也迅速增加,因此使用硫酸的浓度应为 5% 左右,最高不得超过 10% 。为了减轻硫酸对金属零件的腐蚀作用,可以在溶液中加入一定量的缓蚀剂。实践证明,在除锈的硫酸溶液中加入硫酸重量的 0.2% ~0.4% 的"54"牌缓蚀剂,可以使腐蚀作用大大减轻。食盐也可作缓蚀剂,其用量为硫酸的 1/4 左右。

磷酸除锈:磷酸不仅能除锈,而且能在金属表面形成一层良好的保护层,因而对金属没有腐蚀作用。但磷酸除锈成本高,只用于贵重零件的除锈。除锈用磷酸的浓度为2% ~17% ,温度为80℃。为了获得较好的保护层,待锈层除去后再在浓度为 0.5% ~2% ,温度不高于40℃的磷酸中浸泡 1h,然后取出不经清洗直接放入加热炉中烘干,即可得到抗腐蚀能力较强的正磷酸铁保护层。

3) 有色金属的除锈

上述除锈方法主要是对钢铁零件而言的。对于有色金属,由于化学性质的不同,在具体规范上以及方法上也应有所不同。

3. 清除积炭

未完全燃烧的燃料及润滑油在高温氧化作用下生成焦油,焦油在高温氧化作用下变成一种黏稠的胶状液体——羟基酸,羟基酸进一步氧化就变成一种半流体树脂状的胶质物而牢固地黏附在发动机零件上。随后在高温作用下,胶质又聚合成更复杂的聚合物,形成硬质胶结炭,俗称积炭。积炭对发动机的工作影响极大,维修时必须除去。

(1)手工法清除积炭:根据零件的形状和部位,利用电动钢丝轮或刮刀等工具刮除积炭。这种方法简单,但清除不够彻底,还容易在零件表面上留下刮痕,破坏零件表面的粗糙度。

(2)化学法清除积炭:利用化学溶剂与积炭层发生化学和物理作用,使积炭层结构逐渐松弛变软。软化后的积炭容易用擦洗或刷洗的办法清除。

配方一和配方二对钢、铸铁、铝等材料无任何不良影响，但对铜有腐蚀作用。采用一、二配方除积炭时须将零件在室温下浸泡 2～3h 后再清洗。配方三对有色金属有腐蚀性，适用于去除钢铁零件上的积炭。使用时加热至 90～100℃，经 2～3h 浸泡即可。

4. 清除水垢

发动机冷却系中如果长期加注硬水，将使发动机水套和散热器壁上积有水垢，造成散热不良，影响发动机的正常工作。水垢的主要成分是碳酸钙（$CaCO_3$）、硫酸钙（$CaSO_4$）、二氧化硅（SiO_2）等。

化学除水垢的实质是通过酸或碱的作用，使水垢由不溶于水的物质转化为溶于水的盐类。清洗硫酸盐水垢时，先用碳酸钠溶液处理，使其先转变成碳酸盐沉淀，然后再用盐酸溶液处理。清洗硅酸盐水垢时，必须在盐酸溶液中加入适当的氟化钠或氟化铵，使硅酸盐在盐酸及氟化铵的作用下生成能溶解于盐酸的硅酸。但硅酸易附着在水垢表面，必须采用循环清洗法才能除去水垢。盐酸对金属的腐蚀很强，所以必须加缓和剂，以减轻酸对金属的腐蚀作用，同时又不减弱酸对水垢的清洗作用。清除水垢所用盐酸浓度以 8%～10% 为宜，盐酸缓蚀剂优洛托平加入量为 6～8g/kg，溶液加热到 50～60℃，清洗持续时间为 50～70min。用盐酸溶液处理之后，应该用加有重铬酸钾的清水冲洗。

4.4.3 零件检验

零件的检验是为了准确地掌握零件的技术状况，根据技术标准分出可用零件、需修零件和报废零件，以便制定切实可行的修理工艺措施。检验质量直接影响着修理质量、修理停机时间、修理成本和给水装备的使用寿命，因此检验是修理工作中一个极其重要的环节。

1. 保证检验质量的措施

1）严格掌握技术标准和零部件可用、需修、报废的界限

给水装备零件及其配合件都有技术标准，这是检验工作的主要依据。在处理修理质量和修理成本的关系时，不能用降低标准来节约成本，也不能盲目追求高质量而将可用零件报废。对于虽已不符合使用要求，但能修复的零件应从修理质量、技术条件、设备条件和经济效益几个方面综合考虑。有修理价值的，力求修复。零件达到了磨损极限或出现了难以消除的缺陷，不能保证修理质量或修理成本过高，且可从市场购买就不宜修复，予以报废。

2）尽量采用先进的检验仪器设备

检验仪器设备的精度直接影响着检验质量，因此，检验时要根据被检验零件所要求的精度等级选用相应的量具或仪器。对检验仪器设备要精心维护和管理，经常校核，使其保持可靠的精度。随着科学技术水平的不断提高，较先进的检验设备不断出现，在给水装备修理中，应尽量采用相应的先进检验仪器设备，以利于提高给水装备的修理质量。

3）建立健全检验制度

建立健全合理的检验制度是搞好检验工作的组织保证。要建立岗位责任制，明确职责，层层把关；要建立验收交接制度以及必要的报表制度；要有计量校准制度。技术

人员要掌握所用检验仪器设备的操作方法和明确检验对象的检验标准,技术上要精益求精。

2. 零件的检验方法

对于修理完成的零部件,在进行装配前应首先进行检验,对于不同的零部件所采用的检验方法也不尽相同,常见的检验方法主要有感觉检验法、仪器检验法和无损探伤法。

1) 感觉检验法

不用量具、仪器而仅凭检验人员的直观感觉和经验来鉴别给水装备及零件的技术状况,统称感觉检验法。这种方法检验精度不高,只适用于检验明显缺陷或精度要求低的零部件,并且要求检验人员要有丰富的经验。其具体方法有下列几种:

目测法:用肉眼或一般的放大镜对零件进行观察,以确定其损伤的程度。如对零件的折断、疲劳剥落、明显的变形及表面裂纹、磨损、摩擦片的烧蚀、橡胶老化等作出可靠的判断。

耳听法:根据零件工作时或人为敲击时所发出的声响来判断其技术状况。例如:敲击零件时,如果声音清脆,说明零件无缺陷;声音沙哑、沉闷,则可能有裂纹或砂眼等缺陷。根据同样原理,也可以判断零件的覆盖层与基体金属的结合质量。

利用耳听法还可以根据给水装备工作时发出的声响来判断给水装备的技术状况。

触觉法:用手触摸零件可以判断其工作时温度的高低、表面是否磨损起槽、配合间隙是否合适等。

2) 仪器检验法

用各种测量工具和仪器来检验零件的技术状况,叫零件的仪器检验法。仪器检验法可以达到一般零件检验所需要的精度,所以修理工作中应用最广。

(1) 用量具检验零件的尺寸和几何形状。零件的尺寸通常用各种通用或专用量具(卡钳、直尺、游标卡尺、游标深度尺、外径千分尺、百分表及齿轮量规等)进行测量。测量零件的几何形状误差(圆度、圆柱度、平面度、直线度等)除使用上述通用量具外,还应配有专用量具。一般情况下检验误差不得大于 0.01mm。

(2) 弹力、扭矩的检验。弹力的检验通常用弹簧检验仪。对弹簧的质量检验一般要控制两个指标:自由长度和变形到某一长度时的弹力。给水装备的重要螺纹连接件都有规定的拧紧扭矩。对这类螺纹连接件用扭力扳手检验。

(3) 平衡检验。内燃机的曲轴、风扇,给水装备的传动轴等高速转动的零件,经过修理后必须在动平衡机上做动平衡试验。否则由于不平衡产生振动而导致给水装备的快速磨损或疲劳破坏。

3) 零件的无损探伤法

零件的隐伤可用磁力探伤、荧光探伤、超声波探伤等无损探伤法检验。

3. 零件的尺寸、形状及位置误差的检验

零部件检验的主要内容有尺寸、形状及位置误差的检验,下面分别介绍各种检验的工具与方法。

1) 零件外径的检验

零件外径可用外径千分尺、游标卡尺或卡规检验其外径尺寸、圆度和圆柱度误差等。

圆度误差是指在垂直于轴线的同一截面上相互垂直的两直径的最大差值之半;圆柱度误差是指在任意测量位置、任意测量方向的两个直径的最大差值之半。

2）内径零件的检验

零件内径(孔类零件)主要是检查内径尺寸、圆度和圆柱度误差。检验零件内径的圆度和圆柱度误差时直接用内径量表即可。检验内径尺寸时,先将内径量表插入要测量的孔内,来回摆动,记住大小指针的极限位置读数,然后用外径千分尺卡住上述内径量表的测量杆,调整千分尺,使内径量表的读数与插在孔内时相同。此时,外径千分尺上的读数就是要测孔的直径。

3）齿轮零件的检验

齿轮的轮齿、花键轴和花键孔的键齿都可视为齿轮零件。齿轮的主要损伤有:渗碳层的剥落,齿面磨损、擦伤、点蚀,个别轮齿折断等。齿轮损伤一般可以用观察法检验。齿面的点蚀和剥落面积不应超过 25% ,有明显阶梯形磨损或断齿现象时,应报废。齿面磨损后,测量齿轮的公法线长度并与新齿轮的公法线长度进行比较,便可确定齿轮的磨损程度。

4）滚动轴承的检验

对于滚动轴承,首先要进行外表的检验。内外座圈滚道和滚子表面均应光洁平滑,无烧蚀、疲劳点蚀和裂纹,不应有退火变色现象。保持架应完好无损。滚动轴承的轴向间隙和径向间隙应符合技术要求。用手转动轴承时应无卡滞现象,无撞击声。

5）零件直线度误差的检验

轴线的直线度是指轴线中心要素中的形状误差。从理论上讲,直线度误差只与轴线本身的形状有关,而与测量时的支承位置无关。但在实际检验中,轴线的直线度误差常用简单的径向圆跳动来代替,如图4.6所示。这样获得的检测结果已能满足一般生产中的技术要求。

轴颈表面的径向圆跳动是指在轴的同一横截面上被测表面到基准轴线的半径变化量。它是相对关联要素而言,其径向圆跳动量的大小与基准的选取有关,随轴的支承方式和位置的不同而变化。

6）零件平面度误差的检验

用直尺和厚薄规检查零件的平面度误差:将直尺的边缘(长度大于被测件平面的长度)沿测量直线 AA、A1A1、BB、B1B1、CC、C1C1。与被测平面靠合,用厚薄规测量直尺与零件平面之间的间隙,如图4.7所示。按照技术规范的规定,在平面的每50mm 或 100mm长度或全长内不允许超过一定的数值。

用检验平板和厚薄规检查零件的平面度误差:壳体零件的分离平面(如变速器的

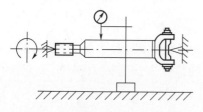

图4.6 直线度误差间接检验法

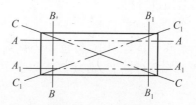

图4.7 平面度误差检验

上平面、气缸体的下、上平面)是不规则的环形窄平面,检查此类零件的平面度时必须将零件的分离平面与检验平板相接触,然后用厚薄规测量其接触间隙。利用上述方法检测平面度误差的数值是一个近似值。但由于设备简单,测量方便,在生产中比较实用。

用平面度检验仪检验零件的平面度误差:图4.8所示的"工"字平尺的上、下平面为测量基准平面,百分表通过表座平放在工字尺上平面并与工字尺的侧面密切配合,检测时,表座基准面在平尺平面上滑动,百分表的测头在被测面上移动,其最大跳动量为被测方向的平面度误差。变换不同的方向测得的平面度误差,取其最大值,作为整个平面的平面度误差。

7)零件位置误差的检验

同轴度的检验:同轴度是指被测轴线相对基准轴线之间的位置关系。图4.9所示的气缸体曲轴轴承座孔同轴度检验仪。定心轴支承在定心轴套2和7内,并可以沿轴向滑动。在定心轴上装有同轴度检验仪本体6、等臂杠杆4及百分表5。测量时等臂杠杆的球形触头3触及被测孔的表面。转动定心轴时,如果孔不同轴,等臂杠杆的球形触头将产生径向移动,其移动量经等臂杠杆等量地传给百分表,便能测出孔的同轴度误差。

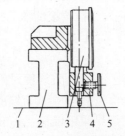

图4.8　平面度检验仪
1—检验平面;2—工字平尺;3—百分表触头;
4—表座;5—紧固螺栓。

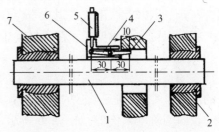

图4.9　气缸体轴承座孔同轴度检验仪
1—定心轴;2、7—杠杆定心轴套;3—杠杆球形;
4—等臂杠杆;5—臂百分表;6—臂本体。

平行度的检验:平行度误差是相对于基准要素而言的。平行度的检测是在基准要素和实际被测要素之间进行的。平行度误差可分面与面、线与面和线与线的平行度误差。不同的平行度要求,不同的检测基准,检测方法也不相同。气缸体变形后会使曲轴轴线与凸轮轴轴线的平行度误差超限;变速器壳变形后会使上下轴承座孔轴线的平行度误差超限。轴线平行度检验有直接检验法和间接检验法两种。

垂直度的检验:垂直度误差也是相对基准要素而言的。检测是在基准要素和实际被测要素之间进行的。

4. 零件隐伤的检验

在给水装备修理中,对重要零件需要检验它的隐伤(微裂纹、材料缺陷等)。否则有可能引起零件断裂,造成严重事故。零件隐伤的检验方法有磁力探伤、荧光探伤等几种。

1)磁力探伤

磁力探伤具有测量准确、迅速、设备简单等优点,目前在一些修理单位中被广泛采用。

当磁力线通过被检验的零件时,零件被磁化,如图 4.10 所示,如果零件表面有裂纹,则因裂纹处磁导率变化而使磁力线偏散弯曲,形成磁极。此时在零件表面撒以磁性铁粉或铁粉液,铁粉便被磁化并吸附在裂纹处,从而显现出裂纹的部位和大小。当裂纹方向与磁力线平行时,裂纹处形成的磁极磁性很弱,不能吸附铁粉,所以,利用磁力探伤时必须使裂纹垂直于磁场方向。因此,在检验时要根据裂纹可能产生的位置和方向,采用不同的磁化方法。

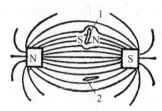

图 4.10 在裂纹边缘磁极的形成

1—垂直磁力线的裂纹;2—平行磁力线的裂纹。

零件经磁化检验后会有剩磁,因此检验后必须进行退磁处理。否则零件在使用时会吸附铁屑,造成磨料磨损。最简单的退磁方法是将零件从交流磁场中慢慢退出,或直接向零件通以交流电并逐渐减小电流强度到零为止。对于用直流电磁化的零件最好用直流电退磁。直流电退磁时,应不断改变磁场的极性,同时将电流逐渐减小到零。

2）荧光探伤

荧光探伤是在零件表面上涂一层渗透性良好的荧光乳化液,经过一段时间后,荧光液便渗透到细微裂纹中。将零件表面多余的荧光液洗去,并用压缩空气吹干,然后用紫外线照射时,渗入零件裂纹内的荧光液发光,显现裂纹的位置和形状。磁力探伤只能发现磁化材料的隐伤,而荧光探伤不受材料的限制。

此外,对于大型、表面平整、断面变化不大的零件,可用超声波探伤法检验。

5. 不解体检验

对于以下无法解体或解体复杂的零部件,可以通过间接的方法实现不解体检验,部分不解体检验的部件与检验方法如下。

1）气缸压力检验

发动机的气缸压力过低,燃烧条件恶化,发动机的动力不足,经济性变差,甚至起动困难,使用可靠性不佳。因此,气缸压力是反映发动机总体性能的一个重要指标。气缸压力检验的方法主要有压力表检验和气缸漏气量检验。

用气缸压力表检验:将发动机预热到正常工作温度(80～90℃),用压缩空气清洁发动机。汽油机拆除全部火花塞,将节气门和阻风门全开;柴油机拆除全部喷油器。把气缸压力表的锥形橡皮头压紧在火花塞或喷油器安装孔上。用起动机带动发动机曲轴旋转3～5s 后记录压力表指示的读数。汽油机曲轴转速应为 150～180r/min,柴油机曲轴转速应为 550r/min。

为使测量数据准确,应重复测量。若发现某缸两次测量结果不一致,则应再次测量。为确保发动机具有一定的动力性和经济性,要求汽油机气缸压力不低于原厂规定值的90%;柴油机不得低于原厂规定值的 80%。为保证发动机工作平稳,各缸压力差,汽油机不得超过10%,柴油机不得超过8%。测得的气缸压力低时,须进一步诊断气缸压力不足的原因。诊断时可由火花塞孔注入20～25mL新机油,再测气缸压力。若气缸压力与加注机油前相同,说明气门漏气;若测量的气缸压力比加注机油前有所增加,则说明气缸、活塞、活塞环等磨损严重。

用气缸漏气量检验仪检验:将发动机预热到正常工作温度(80～90℃),用压缩空气清洁发动机。给仪器接上气源,调节减压阀,使测量表的指针指0.4MPa。把刻度盘装在分电器轴上(柴油机装在主轴皮带轮上),以便按照点火顺序和刻度盘的刻度确定各缸压缩行程的上止点位置。测量气缸漏气量的步骤为摇转曲轴,根据刻度指示找到第一缸活塞压缩上止点位置;变速器要挂上低速挡,以防止发动机转动;给一缸充气嘴接上快换接头并向气缸充气。精密压力表与测量表上的读数之差反映一缸的密封情况;根据漏气声响,判断漏气部位。若化油器口有漏气声,表明进气门不密封;若排气管口有漏气声,表明排气门不密封;若机油加注口有漏气声,表明气缸、活塞组技术状况不佳。测量后变速器退到空挡,摇转曲轴,按各缸点火顺序逐一进行检验。

2)曲轴箱窜气检验

气缸、活塞、活塞环及环槽磨损,间隙增大,窜入曲轴箱气体数量增多。因此曲轴箱窜气量可以衡量气缸活塞组磨损程度。曲轴箱窜气量与发动机负荷、转速及其密封性有关。测量时必须选择适当的发动机负荷与转速,并密封曲轴箱。

图4.11为测量曲轴箱窜气量的玻璃流量计。测量时应密封曲轴箱,将橡胶管插进机油加注口,使气体导出并输入玻璃流量计。当气体沿图中箭头方向流动时,流量孔板两侧存在压差,使压力计水柱移动,直至压力与水柱落差平衡为止。根据压力计的水柱高度差即可确定窜入曲轴箱内的气体数量。

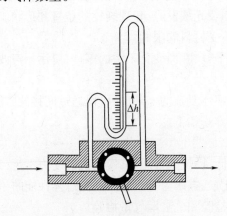

图4.11 玻璃流量计

孔板可以有各种不同小孔,以便根据窜气量大小来选择。新发动机曲轴箱窜气量约为15～20L/min,磨损了的发动机可达80～130L/min。

3)废气分析

发动机的技术状况不佳,燃烧不完全,排气中的CO、HC、NO_x、SO_2等有害成分增加。因此,分析发动机排气中有害成分的含量不仅是控制环境污染的需要,而且可以搞清发动机的技术状况。柴油发动机排放有害气体限值见表4.3。

表 4.3　柴油机排放限值

项目	类别	限值
烟度	新车、进口车	≤Rb5.0
	在用车	≤Rb6.0

上述标准适用于四冲程发动机,不包括海拔 1000m 以上地区使用的汽车。新车应按新生产车限值要求,其他按在用车限值要求。

根据 GB 3846—83《柴油机自由加速烟度测量方法》的规定,用波许(BOSCH)烟度仪检型柴油机急加速时定容量废气透过滤纸时的染黑度。

4) 利用微电脑检测仪器检验给水装备

给水装备采用现代高新技术越来越多,如发动机上的电子点火系统、电子燃油喷射系统等。这些装置无法用常规的检测仪器设备检验,必须用微电脑检测设备进行检验。

现代电子燃油喷射汽油发动机用微电脑解码仪检验发动机的技术状况。检码仪所用磁卡应符合车型要求。给水装备的种类不同所用的微电脑检测仪不同。即使同类给水装备,厂家不同所用的微电脑测试仪也不同。具体检验时根据厂家提供的仪器及说明书进行。

4.4.4　零件修理

零件修理是给水装备修理的重要内容,零件修理的质量直接影响着给水装备的整机质量,本节中主要对给水装备修理中常用的修理技术,如零部件的加工修复、焊接修理法、环氧树脂胶粘接工艺等技术进行分析。

1. 给水装备零件的加工修复方法

给水装备加工是零件修复过程中最主要、最基本的方法。给水装备修理时,绝大多数磨损后需修的零件,无不都要经过给水装备加工来消除缺陷,最终达到要求的配合精度和粗糙度。给水装备加工法在零件修复中,可以作为一种独立的手段直接修复零件,而且也是其他修复方法如焊、镀、喷涂等工艺的准备和最后加工不可缺少的工序。

1) 修理尺寸法

给水装备上的配合副中,各轴颈表面和内孔表面在使用中大多是不均匀磨损,产生失圆度。对这类配合副中的主要件,不考虑原来的名义尺寸,采用切削加工法切去不均匀磨损部分,恢复原来的形状公差和表面粗糙度,而获得新的尺寸(这个新尺寸对外圆表面来说比原来名义尺寸小,对孔来说就是大了)。然后选新配具有相应尺寸的另一配合件与之配合,保证原有配合关系不变。配合件的这一新尺寸,称之为修理尺寸。

给水装备零件的给水装备加工修复中大量采用修理尺寸法。所谓修理尺寸法就是将零件已磨损的轴颈车(磨)小或将零件已磨损的孔径搪大,以恢复它们的正确几何形状。

轴颈和孔的加工都要按规定好的修复尺寸进行,以便与配件厂按修理尺寸生产的配件相配合。比如气缸磨损后出现了失圆度和不柱度,修复时把它搪大 0.5mm,就要装用直径加大 0.5mm 的活塞和活塞环;曲轴轴颈磨损后,修复时把它磨小 0.5mm,就要装用内径缩小 0.5mm 的轴承。

每一种厂牌的给水装备主要零件,都规定有各级修理尺寸。我国生产的给水装备主要零件修理尺寸分级多半是每级相差 0.25mm。为了保证总成的修理质量,提高生产率,修复旧件时应当严格按修理尺寸加工,再装用相应的配件。

采用修理尺寸法修复损伤零件,不仅保证了给水装备总成的修理质量,而且还延长了各主要零件的使用寿命。但是由于零件尺寸和材料强度的限制,在几次按修理尺寸加工后到了一定的程度,就只好用镶套、堆焊、喷涂、电镀等方法将其恢复到名义尺寸。

2) 镶套修复法

有些零件只有工作部位磨损,当其构造和强度容许时可将磨损部分车小(或搪大),再在这个部位上镶一个特制的套,以补偿磨损,最后将其加工到名义尺寸。

这种方法在修理过程中,应用较广泛。有些在结构设计与制造时就已考虑到这一点。对一些形状复杂或贵重的零件,在容易磨损的部位预先镶装上一个附加部分,以便磨损后只需更换这一部分就能方便地达到修复的目的。

图 4.12 所示为轴件一端磨损后用镶套法修复的一个示例。为了防止套筒工作时松动,可在端头用止动销或点焊固定。为保证零件原有硬度要求,可根据材质预先将套筒进行热处理,再把套筒压入轴头。

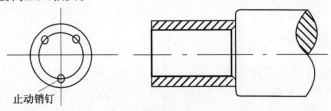

止动销钉

图 4.12 轴颈的镶套修理

一些壳体件的轴承孔表面磨损超过极限后将孔搪大,再用镶套法修复。例如变速器壳体轴承座孔磨损后,将孔搪大再镶上一个铸铁套。最后将它们搪至名义尺寸。

有些零件上的螺纹孔磨损后可将旧螺纹孔搪去,切上螺纹,然后加工一个内外都有螺纹的螺套,拧入螺孔中。为了防止螺纹套松动,可用止动销加以固定。

发动机气缸体是复杂而又贵重的铸造件,所以在一些部位上都事先压装着套、瓦类的附加件。例如气门座、气门导管、凸轮轴套、主轴承及缸套等。当这些零件工作表面磨损超过极限时,只要把它去掉重新压装上新制件即可,而不致使整个气缸体因这些部位磨损超过极限而报废。

镶套时应该注意的问题:

材料。镶套的材料,可根据零件所处的工作条件选择。如在高温下工作的部位,镶套材料选用与基本材料一致,这样它们的线膨胀系数相同,保证了工作中的稳固性。如要求抗磨,则选用耐磨材料,也可选用比基体金属给水装备性能好的材料。

尺寸。镶套的套筒,受到零件结构和强度的限制,壁厚一般只有 2~3mm。镶装后为保证一定紧固性,就得采用过盈配合。这样包容件就受到拉应力,被包容件就要受到压应力。因此,要正确选择过盈量。过大的过盈量会胀坏套筒或胀裂承孔,甚至会使基体件变形;过小又会松动。

镶套法对磨损较大的轴颈或内孔,可以一次修复到名义尺寸。这就不必更换与之配合的零件,而且给以后修理提供了方便。这种修理方法容易保证质量,修理成本也不高。但它削弱了零件的强度,所以是受到零件结构和强度的限制。

3）更换或换位修理法

给水装备零件在使用过程中,各个表面的磨损程度往往是不一致的,有时只有一个工作表面磨损严重,其余表面尚好或有轻度磨损。若零件结构允许,可将磨损严重部分切除,重新焊上新的部分,最后再把它加工到名义尺寸。例如一些车辆上的半轴,磨损最严重的是花键一端,而其他部位磨损不大,这时可将花键部分切去,再用相同材料制造一段焊上,经校直后,再加工花键部分。

一些轴类零件的键槽磨损超过极限后,如果轴结构允许,可在轴上相对 90℃ 或 180℃ 的面上,重新开制新槽（图 4.13）。有些轮盘上的连接螺栓孔,磨损超过极限后,也可转过一个角度,在旧孔之间重新钻新孔（图 4.14）。

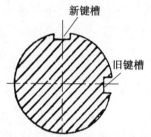

图 4.13　轴上键槽磨损后的换位修理　　　　图 4.14　轮盘螺孔磨损后的换位修理

2. 焊接修理法

焊修是利用焊补、堆焊和钎焊等方法,修复磨损或损坏零件的修理工艺。在修理中,有相当一部分零件是用焊修修复的。

1）焊接修理的特点

焊修不但能对各种钢材、铸铁和有色金属的裂纹、砂眼、断裂和凹坑等缺陷进行焊补,还可以用堆焊方法,在零件磨损表面牢固地堆敷一层金属,以恢复零件尺寸和几何形状。如在零件表面堆敷一层耐磨、耐蚀合金,还能提高零件的耐磨和抗蚀性能。

焊修工艺在修理中的主要优点为：能修复零件的各种缺陷;设备简单,在任何场合下都能工作;能节约大量金属材料,成本较低;堆焊层金属与基体金属结合良好,而且硬度和强度可以控制;堆焊层厚度也较大。

焊修的主要缺点为：要求有较高的焊接技术水平;焊修时零件局部受热温度较高,使基体金属的组织结构和热处理层性质改变;零件局部受热而产生很大的内应力,往往会引起零件弯曲或扭曲等变形。当焊接应力超过材料屈服极限时,就会产生裂纹;冷却速度太快时,熔合区的气体来不及析出,就会在焊缝中产生气孔等缺陷。

2）焊修的选择

焊修工艺与一般焊接工艺有所不同。给水装备制造时,焊接对象是原材料和半成品,而修理时主要是成品。因此,焊修工艺的选择必须考虑以下几个方面：

修焊时,由于零件局部受热,使零件本身由于受热不均而产生热应力。冷却时,由于各部位冷却速度不等,产生很大的内应力,尤其在焊补形状复杂的零件时,更容易产生这种现象,从而造成零件的变形。对于强度低不能承受塑性变形的零件,在焊接应力作用下就易产生裂纹甚至损坏。因此,焊修前必须采取必要措施,设法减少零件的内应力,防止缺陷的产生。

在焊修前,对零件的材料、工作条件、给水装备性能和热处理等方面有所了解,以便在焊修时采取必要的技术措施。如为了使焊修后的零件表面具有一定的硬度,除选择适当的焊条和焊剂外,还可以进行焊后热处理。为了保证零件的强度,除了选择强度高的焊条外,还可正确选择焊缝坡口的大小,做好焊区的清洁工作和附加加强筋等方法,以提高零件的强度。

一般给水装备零件焊修后,还要进行给水装备加工以达到尺寸、几何形状和表面粗糙度的要求。如果零件焊修后不进行给水装备加工,而耐磨性要求很高时,可以用硬质合金焊丝或粉末进行堆焊或焊补。对于表面硬度、尺寸和表面粗糙度要求较高的零件,焊修时可选用低碳钢或中碳钢的焊条,然后进行渗碳处理,再按规定的技术要求进行加工。对于铸铁件的焊修,如冷却速度太快,熔合区易产生硬度很高的白口组织,很难进行给水装备加工。因此,焊修时必须严格控制冷却速度,正确选择焊条,保证焊后零件的组织结构不发生变化。

3. 环氧树脂胶粘接工艺

环氧树脂粘接剂可粘接各种类型的材料,对金属与金属、金属与非金属、非金属与非金属均有较强的粘接力。如金属中的硬质合金、有色金属、合金钢、不锈钢、碳钢、铸铁等,非金属如玻璃、陶瓷、塑料、橡胶、木材等,均可粘接;具有较高的抗拉强度和抗剪强度。耐化学腐蚀性能好,不受汽油、水、稀酸、碱的影响;耐高温性能差,一般仅适用于 $100 \sim 200℃$ 的长期工作温度;粘接表面比较脆,不耐冲击;等等。

1) 环氧树脂粘接剂的组成

环氧树脂粘接剂是由环氧树脂、硬化剂、增塑剂、填料等成分组成。其中环氧树脂和硬化剂是两种不可缺少的成分,其他成分是为了改变粘接剂性能而加入的。

环氧树脂。它是环氧树脂粘接剂的主要成分,为可熔的黏性液体,只有加入硬化剂后发生化学反应,才变为不熔的固体。环氧树脂在良好的密封条件下可保存 $2 \sim 3$ 年,常用的环氧树脂有 6101、634、618 和 638 是属于低分子量环氧树脂,其分子量为 $340 \sim 400$,常温下是淡黄色黏稠状液体。

硬化剂。它的作用是在一定的硬化条件下,使环氧树脂变成坚固的固体物质。

增塑剂。其作用是降低粘接剂硬化后的脆性,增加韧性。常用的增塑剂为邻苯二甲酸二丁酯、磷酸三苯、酯磷酸三甲苯酯。用量一般为环氧树脂的 $15\% \sim 20\%$。其用量少,脆性大;用量多,则会降低给水装备强度和电绝缘性能。

填料。其作用是减少环氧树脂的用量,降低成本。同时还能提高耐温、强度、耐磨、硬度、耐冲击等性能。填充剂要求颗粒细小、无油污、不含水分,呈中性或微碱性,不与环氧树脂及硬化剂起化学作用。填充剂的用量从下述三方面考虑:一是要控制粘接剂具有一定的黏稠度,如果用量过多,会使黏稠度增大不便使用;二是要保证填充剂能完全湿润到胶液;三是要保证各种性能合乎要求。一般来说比重越小,用量越少。

稀释剂。为了降低粘接剂的黏稠度,增加其流动性和渗透性,便于粘接,灌注和喷涂,可以加入稀释剂。加入稀释剂后,还可延长粘接剂的使用时间。

常用稀释剂有丙酮、无水乙酸、甲苯、二甲苯、信那水等。稀释剂加入过多,会使粘接剂固化速度减慢、收缩率大,且易产生气泡。除喷涂外,一般用量为环氧树脂重量的5% ~10%,夏天不加或少加,冬天稍多加些。修理中只有在采用冷硬化剂(如乙二胺)硬化的粘接剂中才加入少量的稀释剂,以利灌注。当未用酸酐类硬化剂时,除喷涂外一般可不必加入稀释剂。

2)环氧树脂粘接剂的配制

配方目前常用的环氧树脂粘接剂配方。由于聚酰胺树脂与环氧树脂的配比范围大,不需精确称量,且它是黏稠液体,与环氧树脂一样可用装牙膏的铅管包装,随身携带,又是室温硬化,使用方便,故适于野战条件下使用。

环氧树脂粘接剂配制时应注意:硬化剂用量要准确,特别配制量少时更应注意;胺类硬化剂在配制化学反应过程中,在都要放出很多热量,起到加速硬化的作用,故不宜配制过多,配制后要迅速用完;硬化剂对皮肤、眼睛有一定的刺激,应尽量避免硬化剂(特别是胺类硬化剂)触及皮肤和溅伤眼睛,操作后要将手彻底洗净;配胶时应避免产生气泡,特别是加入填料时更应注意,有条件时应把填料烘干,排出气体和水分,若有气泡会影响性能。

3)粘接工艺

零件表面处理。零件的表面状况对粘接的强度影响很大,所以要进行表面处理。其方法是先进行给水装备处理,如用砂纸、钢丝刷和喷砂的办法除去锈污,然后再用溶剂(乙醇、丙酮、苯、甲苯等有机溶剂)擦拭。除去油污和水分,为增加胶合强度,有的零件还须进行化学处理。经化学处理后的零件,须立即用水冲洗,再用溶剂擦拭后涂胶。

配胶。按配方比例称好原料,将树脂加热至60℃左右后加入增塑剂、填料等,充分搅拌,使混合均匀,冷至室温后加入硬化剂,搅拌均匀即可使用。用650#聚酰胺树脂作硬化剂时,保温调配即可。

粘接。粘接最好预热至50 ~60℃,然后用竹片、玻璃棒或刷子涂上一层胶,使之均匀布满。胶层厚一般以0.1 ~0.3mm为宜,过厚影响剪切强度。待胶层气泡完全逸出后,就可以迭合粘接。

硬化。硬化分两种,一种是室温硬化,另一种是加热硬化,这需根据硬化剂的类型而定。有条件时最好采用加热硬化,不但大大缩短硬化时间,还可提高粘接强度。在硬化过程中,施加均匀的压力(如0.05MPa)可以提高粘接强度。

4)环氧树脂粘接剂在给水装备维修中的应用

修补裂缝、气眼、砂眼和分电器盖、分火头及点火线圈胶木盖、方向盘、制动蹄片、蓄电池壳、铸铁及铝质的气缸体、气缸盖、离合器壳、水泵壳、后桥壳、化油器、机油泵等的裂缝、气眼和砂眼。

修复磨损的零件。如轴类零件(钢板销、制动凸轮轴等)磨损后,用玻璃布浸沾环氧树脂胶,卷贴在轴的外表面,可以恢复原来的尺寸。

密封。解决水箱漏水,油箱、油桶、变速器堵头、螺孔等漏油,发动机堵头漏水,各种盖的漏油、漏水、漏气等。

防腐蚀。在1#配方中加入150g的丙酮作稀释剂,喷涂在汽车油箱的内表面。经两年试验无锈蚀,效果良好,是一种良好的油箱防蚀材料。采用这种方法,要先把油箱剖为两半、清洗、喷涂后再焊合。其他如水泵叶轮、水道边盖及分水管,涂胶后可防腐蚀、延长使用寿命。

4.4.5　给水装备装配

根据一定的装配技术要求,按一定的装配顺序将给水装备零件、部件、组件及总成安装在基础件上的过程叫给水装备的装配工艺。给水装备装配必须满足配合间隙、紧固扭矩、相互位置、平衡要求、密封性等技术要求,否则给水装备组装后性能不佳、使用寿命短、故障率高。

1. 给水装备装配的技术要求

1) 配合精度

给水装备修理的主要目的之一是恢复各部正常的配合要求。给水装备装配时,除了各零件、部件须符合技术要求外,还须采用下列方法以满足配合精度要求。

(1) 选配法:在给水装备修理中发现,即使每个零件都在允许的误差范围内,但任意组合装配时不一定符合配合精度要求。因此,装配时必须进行选配。选配法除了能满足配合间隙的要求外,还可以满足平衡等技术要求。

(2) 修配法:零件加工时留有适当的修配余量,装配前进行简单的给水装备加工,使被加工零件与相配合的零件达到高精度配合,这种方法叫修配法。修配法在给水装备修理中应用较多,如根据活塞销铰削铜套;根据接触印痕修刮轴瓦;对研气门及气门座;修理活塞环开口间隙等。

(3) 调整法:采取增减垫片、改变调整螺钉的位置等措施达到配合精度要求的方法叫调整法。给水装备的锥轴承的间隙、锥形齿轮的啮合印痕、啮合间隙、气门间隙等必须在装配时加以调整才能达到配合技术要求。

2) 装配尺寸链精度

在给水装备装配中,有时虽然各配合件的配合精度满足了要求,但积累误差所造成的尺寸链误差却可能超出了所要求的范围。为此,必须在装配后进行检查,不符合要求时应重新进行选配或更换某些零件,以保证尺寸链中所有零部件的积累误差符合尺寸链精度要求。

3) 给水装备装配密封性要求

在给水装备使用中,由于密封失效常常出现"三漏"(漏油、漏水、漏气)现象。这种现象轻则造成能量损失,污染环境,使给水装备丧失工作能力,重则可能造成事故。因此,防止"三漏"极为重要。出现"三漏"的主要原因是由于密封装置的装配工艺不符合要求或密封件磨损、变形、老化、腐蚀所致。密封元件的早期损坏与装配因素(包括密封件材料的选择、预紧度、装配位置等)有关。为此,装配时必须引起足够重视。

(1) 密封材料的选用要恰当。密封材料一般要根据压力、温度、介质选用。纸质垫片只用于低压、低温条件;橡胶耐压、耐高温能力也不强,且要考虑橡胶的耐油、耐酸、耐碱性能等;塑料的耐压能力较高,但不耐高温;石棉强度较低,却能耐高温;金属则兼有耐高温、高压的能力。

(2) 装配紧度应符合要求。密封件的装配紧度必须符合要求,并且压紧力要均匀。当压紧力不足时会引起泄漏,或者在工作一段时间后由于振动及紧固螺钉被拉长而降低紧度,导致泄漏;压紧力过大,静密封垫片会失去弹力,引起垫片早期失效;动密封件会引起发热,加速磨损,增大摩擦功率等不良后果。

(3)采用密封胶。根据给水装备的工作条件选择合适的密封胶。密封胶的使用温度范围一般在 $-60 \sim 250$℃之间,耐压能力不大于 6×10^6Pa。

2. 给水装备装配工艺

1)装配前的准备

对经过修理或换新的所有零件,在装配前都要进行认真的质量检查,有的要经过试验检查。不符合质量要求时要重新修理或更换。装配前的零件要用干净的汽油或柴油清洗,然后用压缩空气吹干,不要让油污、尘粒、金属屑等带进给水装备装配表面去,更不得让污物等堵塞润滑油道。为了保证给水装备装配的清洁,装配车间应采取防尘措施。为了使装配工作方便迅速地进行,把组合件事先装配好。如活塞连杆组、离合器从动盘总成、气缸盖总成等应预先装好,并须经检验合格,以便安装。

2)螺纹连接件的装配

拧紧扭矩要准确:装配螺纹连接件时必须按规定的扭矩扭紧。螺栓的拧紧扭矩应符合制造厂的要求。扭紧顺序要正确:为了避免零件变形,螺栓必须按一定顺序扭紧。其原则是从里向外、从中间向四周、对称交替分 $2 \sim 3$ 次扭紧。在振动条件下工作的螺纹连接件必须采取防松保险措施:

(1)用弹簧垫圈防松:这种方法应用较为普遍,但只宜用于给水装备外部的螺纹连接。装配时应检查弹簧垫圈是否具有弹力,其标志是在自由状态下开口处的相对端面轴向位移量不小于垫圈厚度的 $1/2$;弹簧垫圈拧紧后在其整个圆周内应与螺母端面及零件支承面紧密贴合。

(2)采用镀铜螺母防松:在螺母(螺纹部分)的表面镀一层较薄的铜层,由于铜的塑性变形能力很好,在锁紧力的作用下产生塑性变形,将螺纹的空隙挤紧形成很大的挤压力。同时经压紧变形后,螺纹接触面接触紧密,形成分子吸引力,这些力不随给水装备振动而减弱,因此能在任何情况下保持一定的摩擦力而不致松脱。

(3)用双螺母锁紧:螺母按规定扭矩拧紧后再在外面拧上一个薄型螺母。具体操作时,用两只扳手将薄型螺母与原螺母相对拧紧到不小于该螺纹的拧紧力矩。

(4)用开口销锁定:在重要的螺纹连接中,配用槽型螺母,并用开口销锁定。

(5)用保险垫片锁止:采用保险垫片,待螺母拧紧后将垫片外爪分别上下弯曲,使其向下弯曲的爪贴紧被连接的工件,向上弯曲的爪贴紧螺母侧平面,从而使螺母不能与被锁定的工件作相对转动。

(6)用止退垫圈锁定:对圆形螺母可用止退垫圈来防止螺纹松动。使用止退垫圈时将其内爪嵌入螺杆的槽中,把螺母拧紧后将外爪弯曲压入圆形螺母的槽中,从而使螺杆与螺母之间不能有相对转动。

(7)用铁丝联锁:对成对或成组的固定螺钉,可以在螺钉头上的每一个面上钻出通孔。当螺钉拧紧后,用铁丝穿过螺钉头中的孔,使其互相联锁。

3)装配后的检查调整与试验

无论部件、总成或给水装备,装配后都应进行试验。试验的主要目的:一是检查。装配是否符合要求,只有通过试验才能得到证实。因此对装配后的给水装备或部件、总成进行整体试验乃至运转试验是检验其质量的最重要的内容。通过试验检查,可以发现是否有卡涩、异响、过热、渗漏等现象以及工作能力和性能等指标是否合乎要求。二是调整。在给水装备装配中,某些项目需要通过运转试验才能完成最后调整。如怠速必须在发动机运转时进行调整;制动器须通过路试才能调到所要求的制动性能。

4.5 给水装备保养与常见故障排查

科学合理的装备保养可以有效提高装备的完好率,避免不必要故障的发生,因此,应根据不同给水装备的结构与使用特点,编制合理的给水装备保养规程并严格执行;同时,总结给水装备的常见故障与排除方法,供给水装备维修使用人员参考。

4.5.1 水源普查车

水源普查车是进行地表水质检验的重要给水装备。本节主要对水源普查车的保养和常见故障排除等内容进行介绍,可作为给水装备使用与修理分队开展工作的参考资料。

4.5.1.1 水源普查车保养

水源普查车的保养时保证水源普查车正常工作的基础,这里主要对水源普查车中的顶车千斤顶、显控台、储运架、拉紧器、双模单向一体机的保养进行分析。

1. 顶车千斤顶

顶车千斤顶应注意保护丝杠,防止磕碰,并涂油保护。顶车千斤顶丝母安装有油杯,应定期加注润滑油。

2. 显控台

(1)定期清理显控台台面及侧面脏物,不得将酸、碱等带有腐蚀性的液体或物品接触显控台表面。

(2)显控台在使用过程中应注意对台面的保护,较重设备及带尖棱角的物品放置时应注意轻拿轻放,以免损坏显控台台面的喷涂层。

(3)定期检查显控台的固定情况,与车体底部及侧面的固定螺栓应可靠固定。

(4)行车时显控台的各附件抽屉均应处于锁闭状态,加固激光打印机插箱及综合电源插箱的面板与显控台的固定螺钉应可靠固定。

(5)行车时显控台台面不得放置未固定物品,以防行车中对人员造成伤害。

3. 储运架

(1)不得将酸、碱等带有腐蚀性的液体或物品接触储运架表面。

(2)设备在取放过程中应轻拿轻放,避免直接撞击储物架表面损坏表面漆膜。

(3)储运架门板内设备取放时,不得压靠门板,以防损坏门板铰链。

(4)行车时储运架的各抽屉及门板内设备均应处于可靠固定状态,各抽屉及门板的锁应处于锁闭状态。注意,抽屉及门板锁开启时,必须按压锁中间锁柱,锁柱弹出后旋转约30°再向外拔出抽屉或翻转门板。

(5)定期检查储运架的各固定连接处是否松动。

4. 拉紧器

(1)拉紧器在使用前应检查拉紧带是否固定可靠及有无松脱现象,如有应及时更换新的拉紧带,更换时拆掉原拉紧带固定压紧片上的固定螺钉,新的拉紧带按照压紧片上的孔位锥孔后安装。

(2) 压紧器应经常检查压紧状态是否正常。

5. 双模单向一体机

(1) 非专业维修人员不得私自打开机壳。

(2) 应定期对一体机各电缆检查,保证其良好状态;电缆接头处无外力拉扯。

(3) 不要用尖锐的物件擦拭或击打一体机表面,以免划伤表面。

(4) 设备存放时应注意存放环境,尽量避免存放在潮湿及有腐蚀性物体的环境中。

(5) 工作完毕,应及时关闭电源。

(6) 应定期进行检查和保养,对于检查中发现的故障要记录在履历书中。

(7) 设备出现故障时应由专业人员进行维修。

4.5.1.2　水源普查车常见故障排除

对于水源普查车的机械结构故障,其故障模式比较简单且修理方法简单。因此,这里主要对水源普查车的双模单向一体机、电源分系统等电气系统的常见故障与排除方法进行梳理总结。

1. 双模单向一体机

双模单向一体机出现故障时,请按照表 4.4 进行排除,无法排除的,应请专业人员进行维修。

表 4.4　双模单向一体机常见故障及排除方法

序号	故障现象	原因分析	排除方法
1	无法开机	(1) 电源未接好 (2) 电源电压太低 (3) 主机有故障	(1) 检查电源连线,重新连接 (2) 调整供电电压 (3) 将主机送到维修单位
2	长时间收不到定位信息	(1) 卫星信号被遮挡 (2) 主机有故障	(1) 改换到相对开阔的地带 (2) 将主机送到维修单位
3	与定位信息终端无法联系	(1) 串口线有故障 (2) 主机有故障 (3) 电源未接好	(1) 检修串口线,或更换 (2) 将主机送到维修单位 (3) 检查电源连线,重新连接

2. 电源分系统

电源壁盒故障及排除方法见表 4.5。

表 4.5　电源壁盒常见故障及排除方法

序号	故障现象	原因分析	排除方法
1	车辆接地时壁盒接地告警	地钉与大地接触不好	将两地钉短路检查壁盒是否继续告警。如不再告警,则将地钉重新敲入地面并适当灌入盐水。如继续告警,则内部电路出现问题,需联系厂家
2	电源壁盒上电后,电源指示灯不亮	线缆连接不牢固	重新连接线缆
3	电源壁盒对外输出插座跳闸	负载短路	检查负载

4.5.2 水源工程侦察车

水源工程侦察车主要用于对地下水源进行侦查,以确定钻井位置与深度。本节主要对水源工程侦察车的保养和常见故障排除等内容进行介绍。可作为给水装备使用与修理分队开展工作的参考资料。

4.5.2.1 水源工程侦查车保养

为保证水源工程侦查车的使用及延长使用寿命,这里主要对水源工程侦查车的底盘车箱体、双模单向一体机、综合电源备用电池、EH – 4 连续电导率剖面仪、V8 多功能电法仪、DZD – 6A 多功能直流电法仪等的保养进行研究。

1. 车厢

⑴ 注意对车厢门、窗等处密封橡胶条的爱护,切忌将各种油污、酸碱腐蚀剂涂抹在胶条上,以防老化龟裂和失效,影响车厢密封;保养时擦去胶条上灰尘或脏物后涂上滑石粉,胶条使用时间过久老化失效必须更换,以确保密封性。

(2) 定期检查调整各类铰链、锁止机构,适量注入润滑脂,保持铰链转动灵活,弹簧插销无卡滞现象。

(3) 定期检查车厢与副车架、副车架与底盘纵梁连接螺栓的紧固情况,如有松动应予拧紧。

2. 双模单向一体机

(1) 非专业维修人员不得私自打开机壳。

(2) 应定期对一体机各电缆检查,保证其良好状态,电缆接头处无外力拉扯。

(3) 不要用尖锐件擦拭或击打一体机表面,以免划伤表面。

(4) 设备存放时应注意存放环境,尽量避免存放在潮湿及有腐蚀性物体的环境中。

(5) 工作完毕,应及时关闭电源。

(6) 应定期进行检查和保养,对于检查中发现的故障要记录在履历书中。

3. 综合电源备用电池

(1) 备用电池每次充电需充满;

(2) 如果车辆贮存时间超过 20 天,备用电池需充满电并断开电池和综合电源的连接;

(3) 车辆长期贮存时,贮存环境温度不在 5 ~ 50℃之间,电池需拆下并单独贮存至温度在 5 ~ 50℃的干燥环境中。

4. EH – 4 连续电导率剖面仪

设备应放置于干燥通风的环境,温度在 10 ~ 30℃;长时间放置时,每隔 6 个月给设备加电运行一段时间;频繁使用时,每隔二个月检查各线缆、连接器件等部件的磨损情况,每次使用完应清洁设备。出现问题及时联系厂家。

5. V8 多功能电法仪

(1) 为了保证电缆不会混乱、请在使用完毕后将电缆缠绕在绕线器上。经常检查电缆的绝缘层是否破裂。

(2) 绝对不能直接拉扯磁探头连线来拖动磁探头。

(3) 必须将不极化电极罐浸泡在盐水(50g/L)中以降低其接触电阻。

（4）不极化电极罐含有大量的有毒氯化铅，它们会从陶瓷底面渗露出来。应尽量避免接触不极化电极的瓷底，并且在处理电极之后洗手。在浸泡电极的盐水不用之后，需依照废水处理规定处理这些盐水。

（5）保证在使用前电池是充满电的。在保养和运输过程中，需拆开所有的电缆连接，以避免对连接头的损伤。

（6）在电缆没有连接时，盖好保护盖；当电缆进行连接时，保护盖之间也应连接好。

（7）测量电极之间的 DC 电位差，电极内部的离子逐渐渗透出去之后，需多次灌注离子溶液。持续的高 DC 电位差很有可能是电极出现问题，把它们放入一个注有盐水的容器内，并测量成对电极之间的电阻，其电阻必须小于 100Ω，还必须测量 DC 电位差（极差），极差必须小于 $10mV$（对于新电极必须小于 $2mV$）。

（8）在使用之前，要测量电池，如果电压读数小于 $10V$，此电池必须被更换。每次充电完成，拆下充电器连接后的两分钟后必须测量电池，如果读数小于 $12.75V$，此电池最好也被更换。

6. DZD-6A 多功能直流电法仪

（1）每次工作后，应将电池取出，防止漏液。还应用脱脂棉蘸少许水将仪器显示窗、面板、直流高压线、外壳擦拭干净，严禁用有机溶剂（如酒精等）擦拭。

（2）仪器不应长期存放在潮湿或有腐蚀性气体的环境中。

（3）严禁将仪器工作或存放在 $-20℃$ 以下的温度环境中。

（4）72V 可充电电池箱的维修保养：应选用标准 12V 直流充电器充电；禁止过电流充电，充电电流小于 2A；禁止外部输出短路和过度放电，在无外部连接负载的情况下将电瓶箱开关置于"充电"位置，测量 72V 输出端若小于 62V 时应及时充电，严禁在小于 60V 的情况下向外供电；严禁过充电，最高充电电压 13.8V；电瓶箱不能长期闲置不用或处于浮充状态（13.5~14V），电瓶箱应定期进行保养。

4.5.2.2　水源工程侦查车常见故障排除

水源工程侦查车主要完成对地下水源的侦查工作，因而水源工程侦查车上的电气元件是使用最为频繁、最易产生故障的部分。这里主要对双模单向一体机、电源壁盒、综合电源等的常见故障及其排除方法进行梳理总结。

1. 双模单向一体机

双模单向一体机出现故障时应由专业人员进行维修。请按照表 4.6 进行排除。无法排除的，应请专业人员进行维修。

表 4.6　双模单向一体机常见故障排除

序号	故障现象	原因分析	排除方法
1	无法开机	（1）电源未接好 （2）电源电压太低 （3）主机有故障	检查电源连线，重新连接 调整供电电压 将主机送到维修单位
2	长时间收不到定位信息	（1）卫星信号被遮挡 （2）主机有故障	改换到相对开阔的地带 将主机送到维修单位
3	与定位信息终端无法联系	（1）串口线有故障 （2）主机有故障 （3）电源未接好	检修串口线，或更换 将主机送到维修单位 检查电源连线，重新连接

2. 电源壁盒

电源壁盒常见故障及处理方法见表4.7。

表4.7　电源壁盒常见故障及处理方法

序号	故障现象	原因分析	排除方法
1	车辆接地时壁盒接地告警	地钉与大地接触不好	将两地钉短路检查壁盒是否继续告警。如不再告警,则将地钉重新敲入地面并适当灌入盐水。如继续告警,则内部电路出现问题,需联系厂家
2	电源壁盒上电后,电源指示灯不亮	线缆连接不牢固	重新连接线缆
3	电源壁盒对外输出开关跳闸	负载短路	检查负载

3. 综合电源

综合电源故障及处理方法见表4.8。

表4.8　综合电源常见故障及处理方法

序号	故障现象	原因分析	排除方法	备注
1	带负载工作时电压低	过载	检查负载	此状态持续时间不宜过长
2	电源外壳温升大	长时间过载	检查负载	此状态持续时间不宜过长
3	带负载工作时无输出电压	短路	检查负载	此状态持续时间不宜过长
4	空载时无输出电压	输入断	检查输入电缆和连接器	
		电源故障	通知厂家维修	

4. 备用电池

备用电池故障及处理方法见表4.9。

表4.9　备用电池常见故障及处理方法

序号	检查项目	检查方法	标准值	异常情况处理
1	整组电池的浮充电压	用万用表检测电池电压	单体电池浮充电压×电池总数	把电压调整到标准值或更换
2	循环使用时开路电压	同上	单体电池开路电压2.1V	开路电压偏高标准值,及时均充
3	外观	检查电池是否损坏,壳、盖间有无泄露,表面是否有灰尘等杂物		如果有泄露查找原因;壳、盖有裂纹应更换;有灰尘用湿布擦净
4		检查电池家、连接线、端子是否有锈蚀		清理电池,然后做防锈处理
5	连接线	检查连接线是否松动	15N·m	对松动的连接线及时拧紧到标准值

5. EH-4连续电导率剖面仪

EH-4连续电导率剖面仪主要由接收机和发射机组成,下面分别介绍各自的常见故障及相应的排除方法。

1）接收机常见故障排除

接收机常见故障及排除方法见表4.10。

表4.10　接收机常见故障及排除方法

故障现象	故障的一般原因	排除方法
在打开 Stratagem 系统时不能很快打开或关闭系统	电瓶的电压不足	用万用表检查一下电瓶,如果电压低于11伏特,则换电瓶或把电瓶拿去充电
系统不能打开电瓶	电缆线没接好	检查电极是否接对,清洁、拧紧电瓶的接电极
	接电瓶的缆线断了	把缆线松解出来,用万用表检查其是否断了或是否绝缘
	保险丝烧断了	用万用表检查一下保险丝。如果断了,用相同型号的保险丝把它替换掉。保险丝装在打印设备打印端的左边。注意:保险丝烧断通常还伴随其他电性问题的产生。如果问题仍然存在,得查看一下其他地方同时联系维修
系统响应时间太长而不能显示结果	系统硬盘满了,DOS在查找一些剩余的小空间	在选中 ACQUISITION 项后,最先显示的就是控制硬盘的存储空间。如果满了,则保存硬盘上所有的数据文件,删除数据序列文件
所有信道上的时间序列都不变	传输缆线没有接好	松开传输缆线,然后重接。注意:传输缆线是分型号的,一定要和它相对应的接口相接
其中一个信道上的时间序列不变	与缆线相对应的接口没有接好	检查接口处。确保接触的地方清洁干燥及接口的锁环锁好。目测查找损坏的缆线或接头,坏了就换
屏幕一片漆黑	屏幕亮度调节不对	调节控制板上的亮度控制来改变屏幕的亮度
	仪器长时间暴晒导致屏幕过热	给控制板屏幕遮荫,等冷却后看是否还有问题
没有打印结果	没纸了或纸放的不对	打开控制板盒子,放上纸或重放一下原来放的纸。换纸部分在盒盖的下面

2）发射机常见故障及排除

发射机机常见故障及排除方法见表4.11。

表4.11　发射机常见故障及排除方法

故障现象	故障的一般原因	排除方法
发射信号灯不亮	电瓶电压不够	用万用表检查电瓶,若电压低于12V,则换电瓶或重新对它充电
	安装有误	检查发射器的安装。电瓶的极性是否接错,天线是否没有接到发射器上,或是控制缆线没接上
	其他有损	联系厂家
有一个指示灯不亮	安装有误	天线没有接到发射器上。关闭电源,检查天线的连接
	发射器离接收器太远了	把发射器移到离接收器近一点的位置。当用标准功率发射器时,两者的距离若小于200m,你将会看到时间序列数据中的发射器的信号
	接收器的噪声太大	若接收端的噪声干扰太大,它可能会覆盖发射信号。消除噪声源或者换个点
	其他有损	联系厂家

6. V8 多功能电法仪

常见故障及解决方法见表 4.12。

表 4.12　发射机常见故障及解决方法

指示灯	故障可能的原因	解决方法	操作过程
INTERLOCK1	初始化保护	这是 T-3 开机的正常现象	将 POWER 开关打到 OFF 挡
INTERLOCK1	在您发射的时候调整了 VOLTRANGE 电压挡	无论如何,发射中不能调整电压挡	将 POWER 开关打到 OFF 挡
LIMHIGH	电流过大(可能短路)或发射电压挡过高	纠正短路,将电压挡设置更小	将 POWER 开关打到 OFF 挡
LIMLOW	电流过低(可能开路)或发射电压挡太低	纠正开路,将电压挡设置高一挡	将 POWER 开关打到 OFF 挡
指示灯和电压表不工作	电源开路	检查发电机的输出线和 T-3 的连接	
不输出(10A 保险丝熔断)	输出荷载短路、输入电压过高	增加输出荷载,调整发电机输出电压	拆开所有连接,打开 T-3 发射机,更换 10A 熔丝
不输出(30A 保险丝熔断)	输出荷载短路、内部组件载入失败	如确认没有任何的短路问题,联系厂家技服	

7. DZD-6A 多功能直流电法仪基本型

（1）首先检查主机电池电压,按辅助键,选择 1 电池测量,显示 BAT≥9.6V 为正常,如果出现忽大忽小或有时不显示,很可能是电池接触不良,也可能是电池盒引线松动。

（2）测量电池电压正常,但测量其他参数不准确或差异很大,故障出现在 A/D 转换之前可检查各运算放大器、滤波器及 D/A 转换情况。是否提供各级静态工作点,各控制信号。

（3）如果发送机部分不工作,检查控制信号是否正常,快速熔断器是否断,VMOS 管是否坏。

（4）供电电流大于 5A,△显示电流大于 5A,继续测量是、否。发生过流保护时,显示过流中断保护,请关机检查。重新测量时,需要关机一次,并将高压断掉,经检查排除故障后,再开机。

（5）测量电池电压正常,但测量其他参数不准确,或差异很大,检查 M、N 电极是否接地良好及不极化电极中的硫酸铜溶液是否饱和。

（6）如果供电部分不正常,检查 A、B 是否短路(因本机有过流保护功能,一旦发生过流,只有关机后,再开机方能重新供电),保险管是否已断或接触不良,IGBT 管是否已坏。可测 IGBT 管 C、E 两极是否被击穿、短路,或按测量键,用万用表检测 G、E 两极应大于 +10V 正方波输出。如有 10V 输出,说明供电脉冲正常,可能是 IGBT 管有问题。

（7）串行口 RS-232 不能通信,检查通信电缆是否断线,通信口连接与设定是否一致。

（8）检查 CPU 板各控制信号是否正常送出。观察是否有震松的器件或插头。

（9）仪器全部采用 CMOS 器件，故使用电烙铁时必须良好接地或用余热焊接。如整机开机不工作，检查电源线是否脱落。

总之，在发生故障时，首先检查各连接环节（比如电极与大地，电极与仪器，直流高压电源与仪器等）是否良好，然后按上面的步骤检查仪器。

4.5.3 SPC-600ST 型水文水井钻机

由于 SPC-300ST 型水文水井钻机与 SPC-600ST 型水文水井钻机在结构与作业方式上较为相似，本节仅对 SPC-600ST 型水文水井钻机的常见故障与排除方法进行分析，SPC-300ST 型水文水井钻机的常见故障可参考 SPC-600ST 型水文水井钻机。

4.5.3.1 SPC-600ST 型水文水井钻机保养

为保证 SPC-600ST 型水文水井钻机的正常工作和使用寿命，其保养一般分成每班开动前的保养、钻进中的保养、定期保养等，各阶段的保养内容如下所述。

1. 每班开动前的检查与养护

（1）检查机器安装得是否周整平稳，防护装置是否完好，各部连接螺栓是否紧固，进行必要的检查与修整。

（2）检查各部齿轮、齿筒、传动系统等是否清洁、良好，必要时应清除泥砂、脏物并进行修整。

（3）要对变速箱和齿轮齿筒等各个运动摩擦部位及所有的油嘴、油盅加注适量的润滑油或润滑脂。

（4）检查制动装置的作用是否可靠；制动带和制圈是否清洁，必要时要清除油泥杂物，并进行调整。

（5）检查离合器的作用是否有效，调节螺钉松紧是否适度和一致，进行必要的调整。

（6）检查传动轴、方向节是否清洁，连接螺丝是否紧固。

2. 钻进中操作与维护

（1）动力机运转正常后，可开动钻机试钻，同时，要变换转数，确认钻机运转一切正常后才允许进行工作。

（2）开动钻机前，应先打开动力离合器，检查各部分传动装置系统有无异常。

（3）接合离合器或使工作轮运转时，必须力求平稳，防止离合器急剧地离或合以及工作轮骤然转动。

（4）随时注意机器各部有无冲击声，变速箱、轴承、轴套有无烫手（60℃）等不正常现象。机器未停止转动前，严禁检查转动部分的机件。

（5）注意传动带的松紧度是否适当，必要时进行调节。

（6）严禁机器超负荷工作或利用升降机、回转器强力起拔钻具。

3. 定期保养作业

SPC-600ST 型水文水井钻机的定期保养主要分为每班保养、每周保养、每月保养等，根据保养时间的不同，保养的内容也不一样。

（1）每班保养：

① 将机器外表洗擦干净，紧固外表所有起固定作用的螺栓、螺帽和保险销。

② 按照钻机的润滑规定和要求,向所有需要润滑的部位和油嘴、油盅加注适量的润滑油或润滑脂。

③ 检查有无漏油、漏气等现象,如有异状应即消除,保持机器各部位封闭严密。

④ 消除机器在本班内所发生的一切故障。

(2)每周保养:

① 彻底进行每班所规定的各项保养作业。

② 检查变速箱、转盘内的油料是否适量,进行必要的加添。

③ 检查传动轴、万向节的润滑和磨损情况进行必要的润滑和修整。

④ 检查各传动带的松紧度是否适当,必要时进行调节。

⑤ 消除离合器摩擦片和制动带上的泥、油等杂物,检查离合器摩擦片和制动带是否良好,进行必要的修整。

(3)每月保养:

① 彻底进行每周所规定的各项保养作业。

② 向变速箱、转盘加添或更换新鲜润滑油。

③ 检查变速箱、转盘、离合器、制动装置和卷扬机的技术状况,如有损伤,立即修理或更换。

(4)严格按规定使用油料:

① 齿轮油。齿轮箱内应用齿轮油(黑油)或用15号车用机油来代替。

② 润滑脂。运动摩擦温度在摄氏55℃以上的机件,应用3号或4号钙基润滑脂;55℃以下的机件,应用2号钙基润滑脂。

③ 油料必须清洁无泥砂杂物,严防脏物进入润滑系统而加剧机件的磨损。

④ 按钻机使用说明书的要求,及时加油润滑。

4.5.3.2 SPC-600ST 型水文水井钻机常见故障排除

SPC-600ST 型水文水井钻机作业环境恶劣、连续作业时间长,导致 SPC-600ST 型水文水井钻机的故障率高、故障模式多样,分别介绍各自的常见故障及其相应的排除方法。

1. 底盘车常见故障及维修

发动机常见的事故及维修方法见表4.13。

表4.13　发动机常见的事故及维修

序号	部位	故障现象	故障原因	维修方法
1	发动机	不能启动	1. 输油泵进油滤网或软管等油路堵塞 2. 配气或供油初始角错误 3. 气缸压缩比不足 4. 燃油系统内有空气	1. 检查清理污物,检查燃油清洁度 2. 检查并调整 3. 检查气门、缸垫、活塞环密封性 4. 排出空气,检查接头密封性
		排气管冒黑烟	1. 进气堵塞或排气背压高 2. 供油或配气定时不正确 3. 喷油嘴雾化不良 4. 中冷器损坏	1. 清理进气管路 2. 按规定调整 3. 检查,修复或更换 4. 修复或更换

（续）

序号	部位	故障现象	故障原因	维修方法
1	发动机	转速不稳定	1. 喷油嘴雾化不稳定 2. 增压器发生喘振 3. 调速器重锤、调速弹簧工作不正常	1. 检查并修复 2. 检查清理压气机流道 3. 检查并修复（需到专业维修站）
		机油压力过低	1. 主油道调压阀故障 2. 机油泵进油管路堵塞 3. 机油冷却器堵塞 4. 轴瓦间隙过大，或轴瓦损坏	1. 清理阀门 2. 检查管路，并清洗污物 3. 检查并清理 4. 检查并更换
2	发电机	不充电	1. 蓄电池内部短路 2. 调节器触头失灵	1. 修复或更换 2. 修复或更换
		充电不足	1. 调节器电压过低 2. 蓄电池电解液过少	1. 调整 2. 加注电解液，或更换电池
3	启动机	不工作	1. 熔断器熔断 2. 电刷接触不良	1. 更换熔断器 2. 清洁或更换
		启动力不足	1. 离合器打滑 2. 轴承衬套磨损	1. 调整工作力矩或更换 2. 更换
4	传动部分	离合器打滑	1. 离合器压紧力不足 2. 摩擦片磨损严重	1. 调整 2. 更换摩擦片
		变速箱异响	1. 拨叉磨损，挂挡不到位 2. 齿轮啮合间隙不正确	1. 检查更换 2. 检查调整

2. 传动系统常见故障及维修

传动系统的常见故障及维修见表4.14。

表4.14 传统系统常见故障及维修

序号	部位	故障现象	故障原因	维修方法
1	发动机	不能启动	1. 输油泵进油滤网或软管等油路堵塞 2. 配气或供油初始角错误 3. 气缸压缩比不足 4. 燃油系统内有空气	1. 检查清理污物，检查燃油清洁度 2. 检查并调整 3. 检查气门、缸垫、活塞环密封性 4. 排出空气，检查接头密封性
		排气管冒黑烟	1. 进气堵塞或排气背压高 2. 供油或配气定时不正确 3. 喷油嘴雾化不良 4. 中冷器损坏	1. 清理进气管路 2. 按规定调整 3. 检查，修复或更换 4. 修复或更换
		转速不稳定	1. 喷油嘴雾化不稳定 2. 增压器发生喘振 3. 调速器重锤、调速弹簧工作不正常	1. 检查并修复 2. 检查清理压气机流道 3. 检查并修复（需到专业维修站）
		机油压力过低	1. 主油道调压阀故障 2. 机油泵进油管路堵塞 3. 机油冷却器堵塞 4. 轴瓦间隙过大，或轴瓦损坏	1. 清理阀门 2. 检查管路，并清洗污物 3. 检查并清理 4. 检查并更换

（续）

序号	部位	故障现象	故障原因	维修方法
2	发电机	不充电	1. 蓄电池内部短路 2. 调节器触头失灵	1. 修复或更换 2. 修复或更换
		充电不足	1. 调节器电压过低 2. 蓄电池电解液过少	1. 调整 2. 加注电解液，或更换电池
3	启动机	不工作	1. 熔断器熔断 2. 电刷接触不良	1. 更换熔断器 2. 清洁或更换
		启动力不足	1. 离合器打滑 2. 轴承衬套磨损	1. 调整工作力矩或更换 2. 更换
4	传动部分	离合器打滑	1. 离合器压紧力不足 2. 摩擦片磨损严重	1. 调整 2. 更换摩擦片
		变速箱异响	1. 拨叉磨损，挂挡不到位 2. 齿轮啮合间隙不正确	1. 检查更换 2. 检查调整

3. 卷扬机常见故障及维修

钻机卷扬机为钻机的主要起重设备,其常见的故障及维修方法见表4.15。

表 4.15 卷扬机常见故障及维修

序号	部位	故障现象	故障原因	维修方法
1	主卷扬机	主卷扬机抱闸工作无力打滑	1. 抱闸带浸上油污 2. 抱闸带磨损铆钉外露 3. 卷扬抱闸操纵系统中的液压助力器失效	1. 用煤油清洗抱闸带 2. 修复铆钉或更换抱闸带 3. 修复液压助力器或调整助力器与主卷扬抱闸座之间拉杆长短
2	主卷扬机	卷扬机不能自由下放	1. 抱闸带变形 2. 导向架在导向滑道上滑动费力 3. 涨闸带变形	1. 修复调整或更换 2. 修理导向机构 3. 修理或更换新涨闸带
3	副卷扬机	副卷扬机提升无力	1. 涨闸带变形接触不良 2. 涨闸小油缸内有气体 3. 涨闸带浸上油污 4. 涨闸带磨损,涨闸带与轮毂接触无力 5. 蓄能系统压力蓄不住	1. 修理或更换新涨闸带 2. 拧松排气塞排气 3. 拧紧涨闸小油缸接头并用煤油清洗涨闸带 4. 更换新涨闸带或调整十字头在油缸顶杆上的位置 5. 检查并拧紧蓄能系统的所有接头,清洗单向阀。拧紧"B2"阀与底板的连接内六角螺钉或通过多路换向阀直接向蓄能系统供压力油

4. 液压系统常见故障及维修

液压系统的常见故障及维修见表4.16。

表 4.16 液压系统的常见故障及维修

序号	部位	故障现象	故障原因	维修方法
1	起塔油缸	加压油缸与加压拉手控制小油缸动作无正常顺序	1. 单向顺序阀的调整螺栓松动退扣 2. 控制小油缸内有气体 3. 控制小油缸的活塞运动有滞阻现象 4. 销轴与吊架锈死	1. 调节调整螺栓直至动作正常 2. 拧松排气塞放气 3. 检查活塞的O形圈是否有飞边,如有应修理或更换 4. 清洗并修理销轴及吊架
2	齿轮泵	齿轮泵不发热,液压系统压力偏低	1. 远程调压阀失效 2. 压力表接头失灵或漏油 3. 多路换向阀内高压与低压腔窜通	1. 清洗远程调压阀或更换 2. 修理压力表接头 3. 更换多路换向阀
3		齿轮泵发热,油压偏低	1. 齿轮泵内卸荷片密封圈损坏 2. 进油口法兰螺栓松动,进油口漏气 3. 进油管焊缝开裂 4. 进油法兰的O形圈损坏 5. 传动箱的轴承压死,无合适的轴向间隙	1. 更换新的卸荷片密封圈 2. 拧紧进油口法兰螺栓 3. 将开裂部位焊牢,试压不漏 4. 更换新的O形圈 5. 增加合适的轴承压盖纸垫,使轴承有合适的轴向窜动量

5. 泥浆泵的常见故障与维修

泥浆泵常见故障及维修方法见表 4.17。

表 4.17 泥浆泵常见故障及维修方法

序号	部位	故障现象	故障原因	维修方法
1	泥浆泵传动主传动皮带轮	皮带打滑	1. 皮带过松 2. 皮带轮浸入油脂	1. 调整皮带松紧 2. 去除皮带轮上的油污
2		皮带发热,有焦味	1. 皮带过紧 2. 传动轮与被动轮倾斜	1. 适量调整松紧 2. 调整位置
3	泥浆泵减速箱	泥浆泵减速箱发热	1. 右箱壳上的油封失效,减速箱内油流入泥浆泵曲轴箱内 2. 减速箱内润滑油少	1. 更换油封并在减速箱内加注适量润滑油 2. 增加适量的润滑油并拧紧放油塞
4		泥浆泵减速箱漏油	轴承压盖上的油封失效	更换油封
5	泥浆泵进水口	泥浆泵进水口漏水	法兰连接密封不好	更换法兰密封胶皮圈
6	泥浆泵进水口	泥浆泵出水口漏水	法兰连接密封不好	更换法兰密封胶皮圈
7	泵体盖	泵体盖漏水	法兰连接密封不好	更换法兰密封胶皮圈
8	泵量不稳定、泵压不足	泵量不稳定、泵压不足	1. 活塞腔密封性不好 2. 单向阀工作不顺畅	1. 更换活塞密封胶圈 2. 调整单向阀

6. 提引水龙头常见故障及维修

提引水龙头常见的故障及维修方法见表 4.18。

表4.18　提引水龙头常见故障及维修

序号	故障现象	故障原因	维修方法
1		1. 压紧盘根力不够	1. 压紧盘根
2	提引水龙头漏水	2. 芯管的摩擦部分磨损	2. 更换芯管
3		3. 接头丝扣松动	3. 拧紧接头
4		4. 密封圈磨损	4. 更换密封圈,并润滑

7. 钻具常见故障及维修

钻具常见的故障及维修方法见表4.19。

表4.19　提引水龙头常见故障及维修

故障	故障原因	处理方法
冲击器 不工作	1. 向下凿孔时孔内积水过多 2. 气压过低 3. 钻头排气孔堵塞 4. 冲击器进碴 5. 冲击器零件损坏 6. 润滑油过粘	1. 把冲击器提离孔底,将孔内水吹出一部分,再慢慢推向孔底,同时适当调高气压,若不见效,按下面几条处理 2. 调高气压 3. 清洗钻头 4. 清洗冲击器 5. 检查冲击器 6. 更换润滑油
冲击器运行 时断时续	1. 冲击器内进碴或钻头堵塞 2. 冲击器内部零件窜动 3. 钻头损坏	1. 清洗冲击器、钻头 2. 保证胶垫的压缩量 3. 更换钻头
钻孔效率低	1. 冲击器零件磨损 2. 钻头磨钝 3. 排碴不充分 4. 气压过低	1. 检修冲击器 2. 修磨或更换钻头 3. 充分排碴,加大节流塞孔径增加风量 4. 调高气压

4.5.4　RB50 车载钻机

上一节主要介绍了以 SPC－600 型水文水井钻机为例的回转型钻机的保养与常见故障排除方法,本节以 RB50 型钻机为例,对动力头进口钻机的保养与常见故障排除方法进行研究。

4.5.4.1　RB50 车载钻机保养

在保养、维修或清洁钻机之前,请仔细阅读安全说明和本章的说明。为了最大限度地减少磨损,避免停工和故障,要按照保养和维护说明定期地保养和维护钻机。

1. 保养计划

（1）保养计划所列的保养程序和时间间隔适用于正常的环境条件。如果钻机在极端的条件下,例如,灰尘很大或者气温很高,保养的时间间隔要缩短。

（2）做好所有保养记录。

（3）根据保养计划保养机器的机油油路。

（4）根据底盘汽车厂家教材的说明保养底盘汽车的相关部件。

（5）根据空压机厂家教材的说明保养空压机。

（6）根据柱塞泵厂家教材的说明保养柱塞泵。

2. 黄油润滑各润滑点

按着注油间隔中各单个部件的注油间隔来给各部件的注油嘴注油。使用温度范围在 −25～80℃的耐高温润滑脂（短时间，不经常地可以达到100℃）。润滑步骤为首先擦干净黄油嘴；然后用黄油枪把黄油嘴注满。

主轴的接头是可注油的，一个接头上的四个轴是通过一个连到万向接头的中间的 DIN71412 上的液压类型的注油嘴来注油的。一些改变的形式可适用于轴套底部的注油嘴。步骤如下：

（1）擦干净黄油嘴。

（2）通过液压类型的注油嘴把黄油压入分配管道继而供给万向接头的轴。黄油通过压力盘输送管和耳轴的边缘可以到达万向接头的旋转的部分。

（3）当打进更多的黄油时，黄油就会通过密封边缘和环形密封圈所形成的阀一样的间隙串动。多余的黄油被从密封圈的间隙挤出来。

（4）继续打黄油，直到四个轴套全部有多余的黄油挤出。

（5）如果用上述的方式不能润滑到所有的四个轴，必须把主轴拆下来。

3. 检查油量

按照油品更换计划中的时间间隔检查每个工作部件的油量。首次换油时间间隔和正常使用时的换油时间间隔可能是不同的。参照厂家的钻机的每个组成部分或部件的教材上的关于首次换油的说明。一定要遵守首次换油间隔。

4. 更换齿轮油

（1）更换液压泵分配齿轮箱的齿轮油。

（2）更换主卷扬的齿轮油。

（3）更换副卷扬齿轮油。

（4）更换动力头齿轮油。

5. 检查液压油

在对液压系统进行操作之前，检查"液压系统压力"压力表确认液压系统的压力是否已处于可以进行操作的状态。在对液压系统的保养和维修工作进行完以后，一定要把液压接头按规定重新接好。在对液压系统进行操作之前，查看"液压油温度表"确认液压油的温度是否小于40℃。更换液压油的过程包括如下的附属过程：

（1）准备更换液压油。

（2）放干机器上的液压油。

（3）加新的液压油。

（4）再次加入液压油。

6. 液压油缸，压力蓄能器，液压胶管，胶管接头

如果不进行定期的对液压油缸、压力蓄能器、液压胶管、胶管接头检查和保养，高温高压的液压油就可能通过泄漏处溅出而造成严重的伤害。按照保养计划中的时间间隔做好保养工作。为了对液压系统的安全可靠的操作，必须采取下面的措施：

（1）定期检查所有的液压缸，压力蓄能器和液压胶管是否有泄漏。

（2）及时地更换所有的失效部件。

（3）定期检查螺纹连接的胶管接头是否连接可靠,配合紧密。

（4）请专业人士检查胶管的工作的可靠性,及时更换任何被诊断出来的缺陷处。

当胶管出现贯通伤、外层管脆化、变形、泄漏、油管接头损坏或变形、胶管和接头脱开、接头被腐蚀以及使用或存放时间过长时要更换胶管。

7. 钢丝绳

为了安全可靠地对钻机进行操作,必须每天检查钢丝绳,尤其是给进装置上的钢丝绳,立即更换有缺陷的钢丝绳;用钢丝绳厂家推荐的润滑剂来润滑钢丝绳以增加它们的使用寿命和安全性;要对钢丝绳进行不间断的保养。

应用防腐润滑剂的步骤如下:

（1）必要的话,清理擦干绳子,例如通过使用特殊的刷子。确保用来清理的工具不要伤到钢丝绳。

（2）用水枪来清理钢丝绳。

（3）用高压空气来吹掉绳子上的各种残渣并且吹干绳子。

（4）施用防腐润滑剂 N113FS,可以手工,例如使用小板刷,也可以使用喷枪上防腐润滑剂。

防腐润滑剂在喷枪枪堂里的填充量或者是使用量取决于要处理的钢丝绳的长度和直径。建议使用量: $50 \sim 70 \mathrm{g/m}^2$。

8. 照明系统

维护照明系统要按要求定期擦干净各灯;更换坏的灯炮;换完灯炮后,检查照明系统工作是否正常。

9. 控制面板

经过一段时间要检查控制面板上的所有的接头和管线,尤其是做完维修保养以后。步骤如下:

（1）关上钻机。

（2）卸掉控制面板前面的四个固定螺栓。

（3）打开前面的面板,翻转起它并用杆支住。

（4）检查所有的液压管路是否正确地连接。必要的话重新连接。

（5）检查所有的气管是否有泄漏情况,必要的话进行更换。

（6）检查所有的电缆是否有可能的瑕玼,必要的话进行更换。

（7）检查所有的电缆是否正确地连接,必要的话重新进行连接。

（8）合上控制面板并用四个螺栓进行固定。

10. 清洁

1）清洁钻机

清洗钻机的时候要关闭上终端盒。在控制面板上盖上防护罩。不要用压力水清洗电路和电子元器件。清洁剂带来的伤害。烈性的清洁剂可能会伤害垫圈或其他组件。不要使用烈性的清洁剂。用无绒布来清洁钻机。清洁完钻机后,要进行一下肉眼检查和功能测试。用压力清洗机仔细地清洗钻机。

2）清洁油/气冷却装置

清洁油/气冷却器上的散热器栅格;油/气冷却装置,尤其是前面的散热栅格,在设备运转过程中会很热,碰这些区域会烫伤手;对油/气冷却器进行任何清洁工作之前一定要让其彻底地冷却下来。碰它们之前一定要确保它们已低于40℃并戴上安全的手套。必要的话,用刷子清洁散热栅格。

4.5.4.2　常见故障及排除方法

RB50钻机自动化程度高,因而,其故障模式多样、故障排除复杂。这里分别梳理总结了液压系统、给进装置、动力头、主卷扬、离心泵等总成部件的常见故障及相应的排除方法如下。

(1)液压系统常见故障及排除方法,如表4.20所示。

表4.20　液压系统常见故障及排除方法

序号	问题	原因	措施
1	发动机起动后,液压马达不运行	1. 动力输出不工作 2. 齿轮不转 3. 没有动力输出	1. 把机器切换到动力输出 2. 把机器切换到高挡 3. 检查电池箱的主保险丝
2	液压马达工作速度/动力不正常	1. 齿轮转速不对 2. 发动机转速太低 3. 进油管的蝶阀没打开(例如,刚对机器进行过修理) 4. 液压油量不足 5. 液压油泵有缺陷	1. 把发动机切换到最高挡 2. 检查发动机转速表。发动机的转速应该在1000~1800r/min之间。必要的话按"增加发动机速度"按钮 3. 打开蝶阀 4. 检查液压油箱上的油量指示。必要的话重新加液压油。检查液压胶管和接头是否有泄漏。必要的话进行修理 5. 检查"给进装置"加压力压力表和给进装置,起拔力压力表。在机器起动以后,这两个表显示的压力应在20bar左右。如果显示出了比较小的压力,检查液压泵。必要的话通知技术人员

(2)给进装置常见故障及排除方法见表4.21。

表4.21　给进装置常见故障及排除方法

序号	问题	原因	措施
1	给进装置不动	1. 旋转开关"给进油缸/起把"这个操作杆放到"给拔"在"起拔"位置 2. "给进油缸浮动开/关"操作杆在"关"的位置 3. 液压油泵失效 4. 液压控制失效 5. 没有系统压力(见"给进装置"起拔力压力表) 6. 夹持器关闭 7. 负载太高 8. 钻杆被卡住	1. 把此操作杆放到"给进"位置 2. 把此操作杆放到"开"位置 3. 通知技术人员 4. 通知技术人员 5. 通知技术人员 6. 使用"夹持装置关/开"操作杆打开夹持装置 7. 减负载 8. 使用适当的工具拉出钻杆

（续）

序号	问题	原因	措施
2	给进装置移动速度不准确	1. 负荷补偿被启动 2. 卸开钻杆接头时,长度补偿不工作 3. 上钻杆接头时,长度补偿功检查不工作。(在电磁阀 y28 或 y26 接头上的发检查测压开关,光二极管绿灯不亮)	1. 用"钻杆补偿器开/关"操作杆来关掉负荷补偿 2. 检查控制面板上的压力分配阀,必要的话更换 3. 检查保险丝必要时更换;检查测压开关,必要时更换;检查"钻进补偿器"按钮必要时更换

（3）动力头常见故障及排除方法见表4.22。

表4.22　动力头常见故障及排除方法

序号	问题	原因	措施
1	动力头是翘起的而不是落下到它的工作位置	1. 自动关掉浮动模式的测压开关失效 2. 阀门被堵住或有缺陷	1. 更换测压开关 2. 疏通阀门或更换
2	动力头漏油	垫圈失效	更换垫圈
3	在钻塔放倒的时候,动力头慢慢地向塔顶移动	给进锁装置没锁,动力头仍然处于浮动状态	通过按"动力头浮动"按钮锁住动力头

（4）主卷扬常见故障及排除方法见表4.23。

表4.23　主卷扬常见故障及排除方法

序号	问题	原因	措施
1	主卷扬不工作	1. 旋转开关"给进/起拔"在"给进油缸"位置 2. 起拔钻进控制被激活	1. 把旋转开关转到"起拔"位置 2. 用"起拔钻进控制(吊打钻进控制)开/关"操作杆来关掉起拔钻进控制
2	主卷扬不卷绳	1. 措施提升限制被激活。"提升限制开关"指示灯亮起 2. 提升限制功能失效。"提升限制开关"指示灯亮,尽管大钩没有到达最高的位置 3. 起拔钻进控制被激活 4. 卷扬机刹车没有打开	1. 按"关掉提升限制开关"按钮 2. 检查是否提升限制机构被卡住或失效,必要时修复故障 3. 用操作杆"起拔钻进控制开/关"关掉起拔钻进控制 4. 打开卷扬机刹车

（5）夹持器常见故障及排除方法见表4.24。

表4.24　夹持器常见故障及排除方法

序号	问题	原因	措施
1	夹持器夹不住钻杆	1. 夹持油缸压力不足 2. 由于系统泄漏导致压力下降	1. 检查"夹持器,夹持力"压力表上压力。必要的话,用星形旋钮"卡爪压力,夹持装置"增加压力。同时,向钻机一侧推"夹持装置关/开"操作杆 2. 消除泄漏

（6）离心泵常见故障及排除方法见表4.25。

表4.25　离心泵常见故障及排除方法

序号	问题	原因	措施
1	离心泵不工作	1. 泵头没灌满水 2. 吸水管泄漏或堵塞	1. 把泵头灌满水,排光气 2. 检查吸水管,必要的话,清理或更换

（7）空压机常见故障及排除方法见表4.26。

表4.26　空压机常见故障及排除方法

序号	问题	原因	措施
1	机油消耗过度	1. 由于油气分离器有故障导致输出的空气中含有大量的机油 2. 系统有泄漏 3. 空压机过热导致烧机油 4. 阀有故障	1. 更换油气分离器 2. 消除泄漏 3. 检查空压机温度,防止过热 4. 更换阀
2	空压机自动停车	过热	让空压机凉下来

4.5.5　测井车

测井车是钻井成井后对井中水质进行检验的重要装备,以确保水质与用水安全。本节主要对测井车的保养和常见故障排除等内容进行介绍,可作为给水装备使用与修理分队开展工作的参考资料。

4.5.5.1　测井车保养

主要讲述水文测井机的维护程序和方法,"预检查"程序是测井机每次离开基地到作业场地之前所做的检查,"作业后"是测井机每测试完成一口井后的检查和保养。"100小时""500小时""1000小时"的维护检查是对应作业时间所做的检查和保养。

1. 预检查

水文测井机在离开基地进行作业之前必须完成下列预检查:

（1）检查发动机机油油位。

（2）全面检查发动机皮带和滑轮的状况。

（3）检查防冻液液位。

（4）底盘燃油箱内加满燃油。

（5）检查轮胎气压。

（6）起动发动机,检查刹车系统气压。

（7）检查仪表读数是否正常。

（8）做好检查记录和下次检查维护的日程安排。

2. 作业后

每完成一口井测试作业后,应做下列维护程序:

（1）检查机油油位。

（2）检查燃油箱,油量不足时应加满。

（3）检查防冻液液位。

（4）检查液压油油位，不足时应加满。

（5）检查负压表的指示是否超出正常使用的范围，超出时应更换滤油器芯。

（6）给传动轴、绞车滚筒、排绳装置等部位加注润滑脂。

（7）检查绞车刹车装置各连接件，检查并调整刹带与刹车毂之间的间隙。

（8）检查取力器、传动轴及传动系统其他部件工作情况。

（9）检查各传动部件固定螺栓紧固情况，并作适当调整。

（10）全面清洗水文测井机，对所有污渍（如盐碱污渍、油污、液压油污渍）进行清洗。从绞车、车厢到测量系统以及所有测试元件。

（11）清洗车箱内部，用抹布或类似的工具将测试仪器、操作台、工作台等擦拭干净，用拖把将地板清扫干净，用窗户清洁剂清洁窗户和灯具。

3. 100 小时

每完成 100 小时的测试作业后，应进行下列程序：

（1）完成"作业后"维护程序。

（2）完成气路系统的泄漏和反应速度的检查：

① 检查所有气管线，查找有无打扭破裂、磨损等情况发生。

② 检查所有气动元件之间的连接，在每接头上涂上肥皂水，观察是否漏气。检查接头是否安全可靠的连接，检查接头的腐蚀状态。

③ 检查所有气控元件的安装可靠性。

④ 检查测井机后部绞车部分的气管线和气动元件，仪器压紧装置的气囊等。

⑤ 更换或修复被损坏的管线、接头和气动元件。

（3）完成液压系统的泄漏和状态的检查：

① 检查所有液压管线，查找有无打扭破裂、磨损等情况发生。

② 检查所有液压管线和元件间的连接，检查接头是否可靠连接是否有渗漏。

③ 更换或修复被损坏的管线、接头和液压元件。

（4）检查和润滑滚筒及滚筒支架：

① 检查滚筒和支架固定螺栓的紧固程度。

② 检查滚筒支撑轴承的磨损情况，用黄油枪给轴承上油，直到黄油加满渗出，擦净多余的油液。

③ 检查滑环是否可靠地固定在滚筒轴上。

④ 检查滚筒刹带的磨损情况，以及刹带的松紧程度。

（5）检查下置式机械排绳机构：

① 松开排绳支架的固定销。

② 操作安装在操作台上的方向轮，检查排绳支架能否灵活平稳地左右移动。

③ 检查排绳支架的左右移动范围，是否能覆盖整个滚筒筒身长度。

④ 锁紧排绳支架的固定销。

（6）检查电缆喷油装置：

① 打开安装在操作台上的电缆喷油控制阀，检查油液是否均匀地喷射在电缆表面。

② 检查喷油管线、接头和喷嘴，是否有泄漏，清洗喷嘴。

（7）检查和润滑测量头：

① 拔出锁定销，从测量头上取下电缆，检查测量轮的磨损情况。

② 用黄油枪给每个加油口加注黄油，直到油液溢出，擦去多余的油液。

③ 检查所有的导向滚轮是否运转灵活。

④ 更换磨损严重的导向轮。

⑤ 将电缆和测量轮装到测量头上，插入锁定销。

（8）检查电系统：

① 检查车上所有的电线，查找是否有断开、磨损和破裂的部分。确保可移动元件的电线走线远离具有潜在危险的地方。

② 检查所有用电器的电源是否正确牢固地插在插座上。

③ 润滑所有的绕线轮轮轴。

（9）检查测井机方舱：

① 检查舱外顶部焊缝是否有疲劳裂纹。

② 检查外蒙皮是否有损伤和磨损。

③ 检查喷漆，如需要则进行补漆。

④ 检查门、窗的密封是否严密，密封胶条变形情况，严重时应更换。

⑤ 检查所有的门、窗上的拉手是否固定可靠。

⑥ 用润滑油(脂)润滑门、窗插销和铰链。

4．500 小时

测井机每完成 500 小时的测试作业后，应完成下列程序。500 小时的保养主要是针对液压系统。

（1）检查液压油油质，发现黏度、含水明显提高时，要彻底更换液压油，更换时要清洗油箱，放掉管路中的油液。

（2）液压油的最长工作时间为 1000 小时，但一年必须更换一次。

（3）每工作 500 小时或负压表指示超过 −10Hg 时，要更换滤油器。

（4）要随时检查油温不得超过 65℃。

（5）液压系统必须保持 10μ 清洁度。

（6）油品的选择。更换液压油时，要加入正确牌号的液压油。液压油标号为中国 N32 号、N46 号、N68 和 HV 系列低凝液压油。夏季用黏度较高牌号，冬季用黏度较低牌号，温度低于 −30℃ 时，可用 HV32 号，也可冬夏均使用航空 10 号液压油。

5．1000 小时

（1）完成"作业后""100 小时""500 小时"保养。

（2）更换液压油滤芯。放一个桶在吸油滤滤油器的下方，松开滤清器的安装螺栓。取下旧滤芯，安装新滤芯。

（3）更换液压油。在油箱下方放置一个 200L 的容器，打开油箱下部的泄油口，将液压油泄到油箱下面的容器里。清洗液压油箱后，关闭泄油口，加入少量干净液压油，运转泵，转动滚筒几分钟后停止。打开泄油口，将油箱内的油液泄出。清洗液压油箱后关闭泄油口，加入正确牌号的新液压油到规定的位置。

（4）更换行星减速器齿轮油：旋转滚筒，直到行星减速器的一个加油口位于最低点，一个位于最高点;安装漏斗和软管用来收集油液;拆开底部加油口处的堵头,将减速器中的油完全放出;堵上最低位置的加油口;从位置最高的加油口加入新的规定牌号的齿轮油(油品为美孚路宝 HD85W‐140,油量 1.8L);拧紧各个加油丝堵。

4.5.5.2 底盘车常见故障与排除

常见故障是指正常运行中出现的异常现象,对此应引起高度重视,任何一点疏忽都可能造成不必要的损失。下面给出常见故障的原因分析及排除方法。

1. 液压系统的故障及排除

测井车液压系统常见故障与排除方法见表4.27。

表4.27 液压系统常见故障与排除方法

序号	故障现象	原因	排除方法
1	严重噪声	1. 吸油管漏气,系统内有空气混入 2. 滤油器堵塞 3. 油箱内油位太低 4. 管线及元件固定处松动	1. 检查漏气部位,拧紧接头 2. 清洗更换滤油器 3. 加油或换油 4. 拧紧固定部位
2	系统压力不足或无压力	1. 油泵转向不对或转速过低 2. 液压油油温过高 3. 系统调压阀调节不正确 4. 紧急通断开关没复位 5. 系统调压阀泄露	1. 检修带泵装置 2. 检查冷却系统油液或换油 3. 顺时针调节增大系统压力 4. 开关复位 5. 检修或更换
3	流量不畅或不出油	1. 油箱内油位太低 2. 吸油滤堵塞 3. 液压油黏度太高 4. 油泵磨损严重,发生内漏 5. 液压油黏度太低	1. 加油或换油 2. 清洗或更换滤油器 3. 更换黏度合适液压油 4. 更换或修理内部零件 5. 更换黏度合适液压油

2. 传动的故障及排除

测井车传动系统常见故障与排除方法见表4.28。

表4.28 传动系统常见故障与排除方法

序号	故障现象	原因	排除方法
1	取力器无动力输出	1. 气控阀或气缸卡阻 2. 齿轮卡阻或损坏 3. 取力控制阀故障	1. 检查取力器或更换气阀及气缸 2. 检修箱体或更换齿轮 3. 更换取力控制阀
2	滚筒不转动	1. 刹车未松开 2. 油马达损坏 3. 油泵控制系统损坏,软轴连接销脱落掉或软轴断开 4. 紧急通断开关没复位	1. 松开刹车 2. 检修或更换马达 3. 检修或更换软轴、连接销 4. 开关复位
3	刹车力不足	1. 刹带与刹车毂间隙过大 2. 刹带磨损严重	1. 调整刹带与刹车毂之间间隙 2. 更换新刹带

（续）

序号	故障现象	原因	排除方法
4	轻负荷下放困难	1. 刹带与刹车毂间隙小 2. 滚筒控制器手柄位置不对	1. 调整刹带与刹车毂之间间隙 2. 调整滚筒控制器手柄处于"下放"标示位置
5	滚筒只有一个方向	1. 油泵控制阀卡住 2. 油泵控制伺服缸不对中	1. 拆下控制阀清洗阀芯 2. 检修、调整伺服缸

3. 电气系统的故障及排除

测井车电气系统常见故障与排除方法见表4.29。

表4.29 电气系统常见故障与排除方法

序号	故障现象	原因	排除方法
1	电源送不上指示灯不亮	1. 电源插座没有连接好 2. 发电机无输出 3. 控制保险熔断	1. 检查电源插座 2. 检查发电机 3. 更换
2	电源监测显示电路不正常	1. 电压、频率不稳 2. 数字表故障 3. 线路故障	1. 调整电源特性 2. 维修或更换 3. 检查修理
3	加热和散热电路不工作	1. 断路器故障 2. 加热器、散热风扇或智能温控仪故障	维修或更换

4.5.5.3 测量系统常见故障与维修

仪器出现的任何故障现象总是有其原因,同一个现象可能是一个原因造成的,也可能是多个原因造成的。仪器出现问题以后,要想一次性判断出问题的根源所在非常困难,只有经过不断检查,用"排除法"逐渐缩小检查范围,最终找出问题所在并排除。遇到问题时,做到一听、二看、三检查。

听:摇晃仪器,如有异响,则可能有器件脱落。

看:拆开仪器后,看是否有器件脱落或松动?(仪器拆开后,不管直插器件是否松动,最好把它们都用力按一下。)是否有短路或断路?是否进水或受潮?(受潮后螺丝会生锈。)是否有电解电容爆裂?(如有,则先用工业酒精清洗线路板及器件,干燥后再进行其他检查。)是否有其他异常情况?

检查:检查有关连线是否有短路或断路?检查仪器各部分的工作电源是否正常?检查有关部位与地和电源(+5V)之间的电阻。

1. 故障判断方法

我们把JGS系统分为三个部分:主机、绞车和探管(电极系探管除外)。出现问题以后,首先要判断出问题是出在哪一个部分,JGS测井系统出现的所有问题多数集中在电源部分:一是主机的"下井电源",再就是探管部分的电源;任何仪器或电子元件,只有在电源正常时工作才会正常;检修仪器(主机和探管)时,首先就要检查电源是否正常,以免走弯路。

在平时的测井工作中,注意观察每一种探管测量时主机表头指针的偏转情况,这对判断仪器的故障原因非常重要！很多问题能从表头指针的偏转上反映出来。

（1）打开下井电源，表头指针不动——改用过度线（一端接主机，另一端接探管，在4、5脚上串有约150Ω电阻的那根线称为过度线，或检测线）测量。

如果此时测量正常，则可判断为绞车电缆断线（检查绞车电缆和电缆集流环连线是否有断路）；如果此时表头指针仍然不动，则可判断为主机的问题，可能主机下井电源板电阻R20(2Ω/2W)或R27(1Ω/2W)烧穿。

（2）打开下井电源，表头指针偏转很小或正常工作一段时间后指针自动回到很小的位置——主机的问题！（主机下井电源太高，或不稳定，导致探管内的稳压器保护；如果测的是组合探管，则很可能是因为探管内的LM317坏了）。

（3）打开下井电源，表头指针偏转比正常工作时大——改用过度线测量：如果此时测量正常，则可判断为绞车电缆绝缘不好（重点检查马龙头）；如果表头指针偏转仍然比正常工作时大，则为探管的问题（重点检查探管电源部分：是否进水或受潮，是否有电解电容爆裂，是否有稳压器坏）。

（4）打开下井电源，表头指针偏转很大——井径和组合探管开、收臂的时候可能出现这种现象，探管内直流电机电源断不开也会出现这种现象。除此之外，如果测其他探管也出现这种情况，则是有短路存在！关掉下井电源，重点检查绞车马龙头和电缆集流环连线是否有短路。

如果表头指针偏转正常，则用下述的方法判断问题：能同时测量两个（含）以上参数的探管，如果其中一个或几个参数正常，而另外的参数不正常，则肯定为探管的问题；对于数字探管（井温、井斜、组合等如果某一探管测量不正常，而其他的探管测量正常，则为该探管有问题；如果所有探管测量均不正常，则可判断为是绞车（含编码器）或主机的问题。此时改用过度线测量：如果测量正常，则是绞车的问题（绞车电缆有短路、断路或绝缘不好的情况存在）；如果测量仍不正常，则是主机的问题（主机主控板通道部分有问题）。

2. 深度修正

仪器出厂时，经过标定，100m深度误差<0.1m。在使用过程中，探管在井内某个位置不易下去，通常会来回拉动几次，拉动的次数越多，深度误差越大（光电编码器是磁感应传感器，只要有振动，切割磁力线，就会有计数脉冲输出）。电缆及过线轮上如果有杂物或冰，也会增大深度误差（杂物粘附在电缆上，相当于改变了电缆的线径；冰会造成电缆与过线轮打滑）。如果深度误差很大，需要首先在软件里查看深度标定系数是否有误；然后检查光电编码器传动齿轮是否松动或移位。

在排除了上面的因素后，就要检查编码器、主机和控制器与深度有关的部分是否有问题。取出过线轮下面的电缆，转动过线轮（速度保持10m/min左右）每转动一圈为1m，正转或反转20圈，应为20m。

（1）如果主机和控制器显示的深度，其误差>2%，则为编码器有问题（更换编码器）。

（2）如果控制器显示的深度正确（误差<0.1%），而主机显示的深度不准（误差>2%），则为主机的问题，更换主机主控板上与深度有关的器件（4081-U5、40106-U4、4013-U3——主控板左上侧），如果没有，可将控制器上的有关器件换到主机上来，因为测井采用的是主机的深度,控制器的深度只起参考作用。

(3) 如果主机显示的深度正确(误差 < 0.1%),而控制器显示的深度不准(误差 > 2%),则为控制器的问题。

注:主机和绞车控制器是共用同一个深度信号,二者有时会相互影响,如果是绞车控制器深度部分的问题影响到主机,则可拔掉连线光电信号2。

(4) 如果正转和反转编码器时,深度没有变化,或者只往一个方向变化(即只能递增或只能递减),则需检查连线光电信号1是否有问题;如果没有问题,则为编码器坏(更换)。

如果深度误差不是很大,只是小范围超差,则可对深度重新进行标定,深度修正方法:找一个空旷的地方,连接系统如实地测量(不接探管),将绞车电缆拉出一段(> 100m),做一个0m和100m的标志。将电缆收回到0m的位置,将主机深度修正系数a、b置为0,电脑里设置起始深度(如10.1)、终止深度(如110.1),选择自然电位进行下降(0—100m)、提升(100—0m)测量,记录有关深度并计算出深度误差。

3. 电极系探管的测量

电极系测量是一个相对独立的系统,它用主机上另一组120V下井电源(这组电源很少出现问题),测量也是专用的通道,因此把它作为单独的一项来讨论,文中其他地方所说的探管是指除电极系以外的探管。

1) 探管电阻率的测量

电极系探管电阻率的测量效果与电流选择有很大关系。在电阻率高的地区电流应选小一些,在电阻率低的地区电流应选大一些,在不出现饱和的情况下,电流应尽量选择大一些。测量电位电阻率电流选小些,测量梯度电阻率电流选大些。电流太小,有效信号太低,测出的电阻率曲线几乎全是毛刺,看不出形态;电流太大,遇到高阻层时信号超出了仪器的测量范围,出现饱和现象。

电阻率测量出现饱和时,会有如下两个现象:一是电流的读数偏大很多(超过正常值的一倍),且为一条直线;二是电阻率本应增大,却反而减小,且为一条直线。由于各地区地层电阻率差异很大,具体选择哪挡电流由实验确定。一版或二版软件电阻率测量时,第一栏显示的是 $\Delta V/I$ 的值,装置系数 K 没有计算进去,资料处理时可通过数值计算来计算出实际的电阻率,第二栏显示的是电流值。电阻率测量时,第一栏显示的是 ΔV 的值,第二栏显示的是电流值。同样是通过"数值计算"来计算出实际的电阻率。电阻率测量过程中不能改变电流。就仪器而言,有关电极系测量部分的故障率是很低的,我们发现很多时候不正常是因为电流选择不当造成的。

2) 仪器检查

可用如下的方法检查仪器是否正常:一是将电极系探管最上面一个电极和中间一个电极短路,软件里选电位电阻率测量,改变电流,软件里电流栏的读数应该有相应的变化,如果没有变化,则检查绞车和探管是否有断路,梯度电阻率的检查方法同上,需将探管最下面两个电极短路。经过上面的检查如果正常,说明供电部分没有问题。再按下面的方法检查测量部分。二是找一个水为低阻的水池,水深大于1.5m(能淹没探管),池壁为混泥土或石垒的(高阻)池壁竖直为好。井口电极插在水池旁或放在水中,离探管的距离大于15m。将探管竖直放在水中,离池壁的距离约1m,在0~1m间改变探管与池壁之间的距离,用同一挡电流(电位电阻率选 2、3 或 4)测量,测出的电阻率读数应该有变化,离池壁越近,读数越大,否则就是仪器有问题。

3)仪器故障的处理

经过上述两种办法的检查,如果正常,说明仪器工作没有问题。仪器经过维修或改动以后,也可用这种方法检查仪器工作是否正常。如果确是仪器的问题,则进行如下的处理:

检查主机主控板左下侧部分是否有电阻烧黑(电阻烧黑多伴随有器件 3140 烧坏),是否有短路或断路(如杂物造成的短路或某个电阻的一端断了);更换 4051(U20)和 3140(U21、U24、U30、U31、U26、U29)。

电位电阻率、梯度电阻率、自然电位是三个不同的测量通道,但它们共用一个井口电极(N 极),因此会相互影响,只要其中某个参数测量不正常,另外的两个可能也不正常,最彻底的办法就是把三个通道上的相关器件全部换掉。自然电位不正常时,还要检查电容 C34(25V. 100U)是否短路,如果短路,则换掉。

在电阻率特别高的地区(如西南地区),测电位电阻率时,即使电流选 1 挡(最低)可能也会出现饱和现象,这就需要增大测量范围。有以下两种办法,可以单独使用,也可以同时使用。取出主机下井电源板(最下面一块板),在左上侧找到电阻 R106,拔出它的一端,在其上面串联一个 30kΩ/2W 的电阻(首选这一办法)。

改变电位电阻率测量通道上的电阻:取出主机主控板(最上面一块板),在 U21 - 3140 右侧有四个并列的电阻,标号在电阻的下面,注意察看,找到 R26 和 R25。R26 和 R25 原为 10kΩ 改为 20kΩ,改动的目的也是降低信号幅度。

在电阻率特别低的地区(如华北地区),即使电流选 8 挡(最大),测出的曲线可能也不好(没有型态或型态很差),这时就需要提高有效信号的幅度或提高仪器的灵敏度,有以下几种办法,可以单独使用,也可以同时使用。

增大供电电流:取出主机下井电源板(最下面一块板),在左上侧找到电阻 R50 和 R69,在 R50 和 R69 上分别并联两个 1kΩ/10W 的电阻。在保护采样电阻 R48(2Ω/2W,下井电源板中部靠左的位置)上再并联一个 2Ω/2W 的电阻。在电流采样电阻 R10(4.7Ω/2W 主机从上至下第二块板中下位置)并联一个 10Ω/2W 的电阻。

提高仪器的灵敏度:将主控板电位电阻率通道上的电阻 R26 和 R25 由原来的 10kΩ 改为 5kΩ(参阅信号采集示意图)。

改变测量方式或改变电极系极距:如果选电位电阻率测量,对主机电缆插头而言,1 脚和 3 脚为供电电极,4.5 脚和接线柱为测量电极,据此可用转接线改变测量方式。

4. 测井主机的问题

(1)MAX233(主控板中部)。如果主机收不到计算机传出的参数,或者主机能够收到电脑传出的参数,但电脑收不到主机传出的数据,则很可能是 233 坏(更换)。

(2)下井电源。主机下井电源板有两组电源,一组给电极系供电,为 120V(很少出问题);另一组给其他探管供电,一般为 70 ~ 88V(根据电缆长度和探管种类而定),下面讲的就是指这组电源(在下井电源板右侧),因为 1000m 电缆时多调为 70V,所以统称为 70V 电源。对测井主机而言,70V 电源的故障率最高。以下几点是根据目前的故障率从高到低进行排列:

① R20(2Ω/2W)和 R27(1Ω/2W)烧穿。表头指针不偏转,探管无工作电源。用万用表检查时要注意:主机的四块线路板上都喷有清漆。

② G0123(3V5,光电隔离器)坏。70V 电源失去保护功能。

③ 3DD164(3V1,晶体管)坏。70V 电源变为 110V 左右。它在箱体右侧的大散热器上。如果任何两个极(外壳为集电极)的正反向电阻均为几十欧姆,就是坏了。

④ 250V/220U 电容(下井电源板右上侧两个大电容)和 200V/2A 整流桥(Q1)坏。如果这两个器件中有一个坏了,或者同时都坏了,如果故障没有排除而继续使用仪器,那么产生的后果可能很严重!一是烧保险,二是烧变压器,三是烧线路板。

前面已经提过 220V 电源频率太低会烧保险,假如频率正常,用自备发电机或市电都烧保险的话,则多半是这两个器件坏了,这时不能再使用仪器!检查大电容是否爆裂,是否短路,检查整流桥是否有问题,整流桥任何两个脚之间的电阻如果 <1kΩ,则就是坏了。

⑤ 3DG182(3V3、3V4 三极管)和 FH1D(3T1、3T2 放大器)坏。这两个器件对电源的影响不容易被发现,只有用万用表一直监测电源才看得出来,其表现是:开机时电源正常,工作一段时间后电源突变为 110V 左右(这个电压会使探管里的稳压器保护);关掉下井电源后再重新打开,电源又恢复正常。

如果在测量过程中表头指针不定时地回到偏转很小的位置(探管内稳压器保护后电流很小),则建议换掉这几个器件;换掉后如果还是出现上述现象,则是探管内电压太高,可增大探管上部的限压电阻或调低主机的下井电源。

⑥ 7805(3V6,稳压器)坏。70V 下井电源不正常(110V 左右),且不可调。下井电源部分经过修理或铠装电缆长度改变以后,要对下井电源进行调节。

下井电源调节方法(调节时不要接探管):拔出下井电源板,插上随机配备的引伸板,再把下井电源板插在引伸板上;万用表(直流电压 200 伏挡)量 R18(−)和 R17(+)的两端。(线路板上喷有清漆,注意表笔接触良好)打开主机总电源,而后打开下井电源。观察万用表上的电压是多少。调节右下侧金黄色的电位器 W1(220k)或 W2(4.7k),使其达到要求的电压。只调其中的一个电位器,电压可能达不到要求或不稳定,反复调节两个电位器,直至电压达到要求并且稳定为止(1 分钟之内电压波动 <0.5V)。

铠装电缆主要有两个问题:绝缘不好—主要出在马龙头部分;短路或断路,首先检查短路或断路发生的位置:是集流环?马龙头?还是电缆?而后处理。这两个问题出现的次数较多!铠装电缆里的线断了或在某处与外皮短路,可用下面的方法确定断点或短路点的位置。

一般情况下,即使铠装电缆里的线断了,马龙头和集流环总有一端与电缆外皮是通的,假如马龙头与电缆外皮的电阻为 $R(\Omega)$,断点或短路点离马龙头的距离为 $L(m)$,则有:

$$L = 12.82R(1000m \text{ 电缆的阻值约为 } 0.78\Omega)$$

如果断点与其他地方都不通,则无法判断它的准确位置,绞车外层电缆使用频繁,断线的可能性大于里层。只要电缆出现短路、断路或绝缘不好的情况,几乎每次都要重装马龙头,因此用户最好能够自己拆装马龙头。

5. 贴壁组合探管的问题

(1) 电源部分的问题。电源部分最容易坏的器件是 LM317,其次是 7818,电源部分的个别电解电容偶尔也会爆裂。电源部分出现问题在主机上的反映就是表头指针偏转很小或偏转很大(并径电机部分的问题也会使指针偏转很大,如果把组合的两部分分开后电流还是很大,则肯定是电源部分的问题)。

拆开探管后量 7818 输入端的电压,如果大于 45V,则肯定是 LM317 坏(把它换掉后再检查);如果 7818 输入端和输出端的电压都很低,只有几伏,就是 317 和 7818 都坏了,这时还要检查是否有电容爆裂(有的电容紧贴线路板,看不出来,可先量其是否短路;如果短路,则是坏了)。换掉 7818 和 317 后再检查(电容没有也可以不用)。

探管实际工作电源是 12V(有两个因素会使稳压器保护:输入电压太高和温度太高)。为了既不使 7818 保护,又能保证有足够的 12V 电源,我们往往把 317 的输入端调为 20 ~ 25V。

(2) 短源距,长源距,自然伽马没有数(0)或数据不对(一倍以上),则为高压太高或比较电平太接近所致。如果曲线形态明显不对,有时甚至一长段为 0,而后又自动恢复正常,则为高压不稳定所致。如果曲线形态明显不对,有时甚至一长段为 0,而后又自动恢复正常,则为高压不稳定所致。高压部分以前是用线圈和稳压管(后改为高压模块),最主要的问题是稳压管 WY302 容易坏。出现问题——与长短源距及自然伽马读书数有关的因素有以下几点:

① 高压。高压为 – 730 ~ 871V。如果然伽玛和长短源距的读数都为 0,很可能是没有高压,除非三个倍增管全都同时坏了(如重摔);只要其中有一个读数正常,就说明高压没有问题。如果读数比正常工作时高很多后首先量 302 的输出端(中间脚为地,两边的脚为输出端)是否为 – 750 ~ – 920V 如果 ≥ – 920V(如 – 1100V 左右),则肯定为 302 坏;如果 ≤ – 750V(如 – 300V 左右),则焊掉三根倍增管的高压线后再量,如果正常,则为倍增管高压部分有短路或绝缘不好的情况,如果仍然 ≤ – 750V(如 – 300V 左右),则多半是 302 坏。高压模块出现的问题主要有两个:一是没有高压,二是部分模块的工作电流大。

② 倍增管。倍增管破裂是最常见的故障现象,破裂后与其有关的参数为 0。有极个别的倍增管即使没有破裂、没有异响(晃动如有响声,则是内部电极脱落),看似正常,也没有信号输出,读数为 0。倍增管暴光易造成损坏,通电检测时倍增管部分要用外管套上,更换、重装时,在倍增管与晶体的接触面涂上光学硅油,轻压排除气泡。

③ 管座分压电阻。分压电阻烧穿,读数也为 0;管座分压电阻为均 5.1MΩ 或 7.5MΩ 只有一个为 100kΩ 用万用表 20MΩ 挡测量,如果有某个电阻 >20MΩ 则就是坏了。

④ 74HC32。如果高压、倍增管和管座电阻都正常,但读数仍为 0,则 74HC32 坏的可能性大(在探管上部线路板 82C53 的下面,空间小不易拆,可用吸焊枪吸掉每个脚上的焊锡或剪断每个脚后再拆掉)。

⑤ 3DK7E。每个通道上有两个三极管 3DK7E,如果它坏了,读数也为 0。

⑥ 比较电平。比较器 311 三脚对地电压称为比较电平,311 二脚为信号输入端;一般三脚比二脚低 0.05 ~ 0.3V。如果某个读数比正常工作时高很多且不稳定,则多为比较电

平与二脚电压太接近(<0.05V)甚至超过二脚电压造成的;这时需调低比较电平(调311边上的电位器,有的为502 -5k,有的为203 -20k)。

⑦ 晶体。晶体碎裂或潮解(变黄)后仍有读数,但读数比正常时小很多。组合内自然伽玛和长短源距的倍增管及管座可以通用,假如其中某个坏了,应急时可把另外的换上去。通道部分也完全一样,寻找问题时可交换检查。

(3) 三侧向测量效果不好——高阻地区可能平顶,低阻地区几乎没有反映或反映很小,这是三侧向的适应能力造成的,高阻地区要求测量范围大,低阻地区要求灵敏度高,而这两个相互矛盾。低阻地区如果读数偏低,没有反映或反映很小,可采用如下办法:

① 增大 R28(在 J7 -3403 的下面,R27 右侧),但不能超过 180Ω。

② 减小 R50(在 J11 -3140 的右上侧)。倍增管暴光易造成损坏,通电检测时倍增管部分要用外管套上,更换、重装时,在倍增管与晶体的接触面涂上光学硅油.轻压排除气泡。

③ 管座分压电阻。分压电阻烧穿,读数也为 0;管座分压电阻为均 4.1MΩ 或 7.5MΩ 只有一个为 100kΩ,用万用表 20MΩ 挡测量,如果有某个电阻 >20MΩ 就是它坏了。

④ 74HC32。如果高压、倍增管和管座电阻都正常,但读数仍为 0,则 74HC32 坏的可能性大(在探管上部线路板 82C53 的下面,空间小不易拆,可用吸焊枪吸掉每个脚上的焊锡或剪断每个脚后再拆掉)。

⑤ 3DK7E。每个通道上有两个三极管 3DK7E,如果它坏了,读数也为 0。

⑥ 比较电平。比较器 311 三脚对地电压称为比较电平,311 二脚为信号输入端;一般三脚比二脚低 0.05 ~0.3V。如果某个读数比正常工作时高很多且不稳定,则多为比较电平与二脚电压太接近(<0.05V)甚至超过二脚电压造成的;这时需调低比较电平(调311边上的电位器,有的为502 -5k,有的为203 -20k)。

⑦ 晶体。晶体碎裂或潮解(变黄)后仍有读数,但读数比正常时小很多。

组合内自然伽玛和长短源距的倍增管及管座可以通用,假如其中某个坏了,应急时可把另外的换上去。通道部分也完全一样,寻找问题时可交换检查。

(4) 三侧向测量效果不好。高阻地区可能平顶,低阻地区几乎没有反映或反映很小,这是三侧向的适应能力造成的,高阻地区要求测量范围大,低阻地区要求灵敏度高,而这两个相互矛盾。低阻地区如果读数偏低,没有反映或反映很小可采用如下办法:增大R28(在 J7 -3403 的下面,R27 右侧),但不能超过 180Ω;减小 R50(在 J11 -3140 的右上侧)。高阻地区如果平顶.则可减小 R28 或增大 R50。

(5) 井径臂打不开。多为电机电流太大所致,可采用如下几种办法:一是拆下井径部分的直流电机,清理碳刷处的脏物,用汽油或清机油清洗变速齿轮(清洗完毕再往变速齿轮里加一些机油),以降低电机的工作电流(拆下变速齿轮时,要记住其位置,不能装错,否则装不上)。二是将主机"信号"与绞车集流环连线的 2 脚、3 脚和 6、7 脚短接。将七芯快速插头拆开,将 2 脚、3 脚和 6、7 脚短路即可。短路的目的是降低绞车电缆的压降,以提高电机电压,测量其他探管时,要将 2 脚、3 脚和 6、7 脚的短路线折开。三是提高主机的下井电源,提高 5V 左右即可。最高不能超过 90V,否则容易烧坏 317。这一办法要慎用,因为电源改变后会对其他探管造成影响,除非测量完毕再把电源调回原值。

(6) 井径没有数或一条直线。井径电位器的问题。

井温流体电阻率探管的问题首先检查电源部分是否有问题, +12V、-12V、+15V 是否正常,如果在温度较低时测出的温度数据为 0,多为电位器 W5 和 W4 漂移所致,可重新调节 W5 和 W4(在线路板下部),调节时要把探管的两部分插上,常温(25℃)时调为 800~1000 个字(30 个字约为 1℃),调节后需重新刻度。如果流体电阻率测出的效果差,多为微电极与外管的绝缘不够造成,野外无法修理。

6. 高精测斜探管的问题

首先检查电源部分 +24V、+12V、+5V 是否正常。

地面检查。给定一个角度,看仪器测出的数据是否一致。改变角度,读数也应有相应的变化,如果倾角或方位角读数不变,或者读数紊乱,误差很大,则为传感器坏,野外无法修理。铁器靠近探管下部的传感器,磁分量读数也应有变化。

第5章　给水装备日常管理

给水装备管理是一项复杂的系统工程,涉及给水装备工作的各个方面,需要在科学的管理理论的指导下,运用有效的方法手段,建立可执行的规章制度进行。本章将给水装备的日常管理分为资产管理、场、库管理、备件管理、安全管理和改造与更新管理,并对各种管理进行分析。

5.1　给水装备管理概述

给水装备管理是随着工业企业生产的发展,科学技术、装备现代化水平的不断提高,以及管理科学、环境保护、资源节约和可持续发展而产生发展起来的一门综合学科,是将技术、经济和管理等因素综合起来,对装备进行全面研究的科学。装备管理是以企业生产经营目标为依据,通过一系列的技术、经济、组织措施,对装备的规划、设计、制造、选型、购置、使用、维护、修理、改造、报废更新的全过程进行科学的管理。它包括装备的物质形态和价值形态两个方面的管理工作,物质形态的运动要通过技术管理使装备的技术状态最佳,安全运行;价值形态的运动要通过经济管理,使装备的费用最经济。给水装备管理是给水钻井企业管理的重要组成部分。

5.1.1　给水装备管理基本概念

从企业发展上来看,要实现企业的安全生产、可持续发展,提高企业的经济效益、社会效益、环境效益,就必须有先进的、现代化的技术装备,因为它是硬件。从装备管理的发展过程来看,要最大限度地发挥准备的效能,使装备寿命周期费用最经济,就必须有科学的、有效的准备管理方法、措施、手段,因为它是软件。俗话说:三分技术,七分管理。

给水装备管理,是以保持给水装备技术性能完好,发挥给水装备最大使用效能为目的,采取行政和技术手段,并运用科学管理方法,对给水装备所进行的计划、组织、控制、指挥和协调。就是运用现代科学技术和管理方法,根据给水保障、国防工程和训练任务的需要,周密计划,合理安排各种给水装备的使用,有效地组织指挥,并按照最佳方案实施给水装备的技术保障,同时,根据给水装备在使用过程中发现的问题,采取果断措施,适时地加以调整和处置,确保给水装备充分地发挥应有的效能,达到圆满地完成各项任务。主要包括健全制度、组织使用、信息处理、保养修理、检查鉴定、专业训练、考核评比、调配交换、报废、保障供应、预防事故等。

给水装备管理不同于物资管理。表面上看,物资和给水装备都是物,但是,两者之间有着本质的区别。物资管理,只要按需要提供给使用单位,管理过程即告结束。而对给水装备的管理,不仅要为使用单位提供符合要求的给水装备,而且还要提供操作和技术保障等内容。也就是说,给水装备必须通过人的操作,才能发挥作用,完成各项任务;必须通过人的保养、修理才能保证使用。管装必先管人。给水装备管理的对象除给水装备外,还包括有关专业技术人员。只有通过对人员的管理才能实现对给水装备的管理。

5.1.2 给水装备管理职能和基础

进行给水装备管理前,需要首先确定给水装备的管理职能,即为给水装备管理的目的内容与方法,因此,本节对相关内容进行分析,并进一步确定给水装备管理的基础内容。

1. 给水装备管理的职能

给水装备管理的职能是指给水装备管理系统所具有的职责和功能,即给水装备管理工作的基本环节。给水装备管理的主要职能是计划、组织、控制、指挥和协调。

计划是给水装备管理的首要职能。计划职能就是通过周密的调查研究,预测未来,确定目标和方针,制定和选择行动方案,确定工作程序。科学的计划是给水装备使用、保养和维修的依据。实施计划职能,必须做好给水装备的计划管理,即从计划的制定,组织计划的实施,直到对计划执行情况的检查、分析和总结都要重视,实行全面的计划管理。

组织是把管理各要素按目标的要求结合成一整体。给水装备管理组织职能就是把给水装备管理中的各个要素、各个环节和各个方面科学地、合理地组织起来,形成一个有机的整体,实施统一的指挥。组织职能主要包括组织机构的设置,建立管理体制,确定各个职能机构的作用,规定各级机构的职责,合理地选择和配备人员,建立统一有效的管理系统。人是最活跃、最具主动性的资源,故现代管理学尤为注重用人。组织是给水装备管理的中间环节,是计划得以实施的重要前提和必要条件,是发挥管理功能的组织保证,是实现管理目标的有力工具和手段。

控制职能是针对给水装备管理活动中计划执行情况所进行的监督和检查。控制的目的在于及时发现问题,有效地解决问题,通过信息反馈,指挥调度,进行协调,保证计划顺利实施。要实行控制,必须具备三个基本条件:一是要有明确的标准;二是及时获取发生偏差的情况;三是有纠正偏差的有效措施。标准必须反映出目标的特征。管理目标以及各项具体的方针、政策、指标、定额,乃至条令条例、规章制度和工作程序等,都可以用来作为控制的标准。对工作开展情况进行调查、考核、监督、收集汇报及研究各种报表等,都是发现偏差的重要途径。有了标准,有了反馈回来的信息,便可以分析产生偏差的原因,重新调整部署,修改计划,实施控制。

指挥职能是在给水装备管理中运用组织职责,按计划目标的要求,把各方面的工作效率统一起来,形成一个高效的指挥系统。指挥是通过下达命令、指示等形式,使给水装备管理系统人的意志服从于一个权威的统一意志,将计划和领导的决心变成全体成员的统一行动,使全体成员履行自己的职责,全力以赴地完成给水装备管理任务。指挥是一种带有强制性的活动,强调令行禁止、雷厉风行、准确及时,是提高给水装备管理时效性和质量的保证。逐步建立以电子计算机为主的给水装备管理系统,是促进给水装备管理现代化、加强指挥职能的重要途径。

协调是配合得当的意思。在给水装备管理中,协调是带有综合性、整体性的一种职能。其目的在于保持整体平衡,使各个局部步调一致,以利于发挥整体优势,确保计划目标落实。所以,协调是管理本质的体现。要想使系统内外各种活动不产生重复或脱节的矛盾,协调工作必须经常进行,贯穿于计划实施的全过程。协调不仅包括给水装备管理系统内部的协调,而且包括对外的协调;既包括上下级之间的协调,又包括同级之间的协调。

给水装备管理的五个职能,是一个围绕保持给水装备战术技术性能完好,发挥给水装备最大使用效能目标而构成的相互联系的有机整体。它们既不能互相代替,又不能互相分离。

2. 给水装备管理的基本任务

(1) 贯彻落实有关给水装备管理工作的方针、原则和指示,开展技术、业务建设,建立健全给水装备管理的各项规章制度和定额标准,实现管理工作科学化、制度化、正规化。

(2) 组织给水装备的供应和使用,发挥编配作用,提高运用效果,确保施工保障任务的完成。

(3) 开展给水装备技术保障,计划和实施给水装备的保管、保养、维护修理和技术鉴定,控制给水装备技术状态变化过程,提高完好程度和使用(保管)寿命。使给水装备完好率达到规定的指标。

(4) 组织给水装备维修经费、器材的供应和使用,改善给水装备保管维护的物质条件。

(5) 开展给水装备管理理论研究,组织指导管理、技术人员业务技术培训,推广运用管理工作的先进经验和技术成果,不断提高管理水平。

3. 给水装备管理的基础工作

给水装备管理的基础工作是实现对给水装备管理的重要条件,给水装备管理的基础工作主要包括标准化工作、定额工作、计量工作、信息工作和规章制度等。

1) 标准化工作

标准是对技术经济活动中具有多样性、相关性特征的重复事务,以特定的程序和特定形式颁发的统一规定;或者是衡量某种事物或工作所应达到的尺度和必须遵守的统一规定。标准化是社会大生产的产物,是形成专业化、社会化生产的条件。对企业,标准化工作是提高经济效益的重要措施和手段;对国家,标准化水平是衡量一个国家生产技术水平和管理水平的尺度,是现代化的一个重要标志。组织和实施标准化,对于现代企业具有十分重要的意义。企业的标准化工作是指企业技术标准和管理标准的制定、执行和管理工作。

技术标准是企业标准的主体,是对生产对象、生产条件、生产方法等方面所作的技术规定,主要内容包括:产品标准,是对工业产品的质量、规格、检验方法、保管、包装、储运等方面所作的规定;工艺方法标准,是为制造产品所规定的加工步骤和加工方法;操作标准,是为工人使用机器装备、工具仪器等所规定的操作方法和注意事项;装备维护和修理标准,是为装备经常处于良好状态和延长装备使用寿命所作的规定;安全与环保标准,是为保证生产过程中人的身体健康、生命安全和保护生态环境等所制定的规定。

管理标准是对企业出现的重复管理业务所规定的工作程序和工作方法,包括生产组织标准、质量管理标准、管理业务标难、管理工作标准、管理方法标准等,它是组织和管理企业生产经营活动的依据和手段。

2)定额工作

定额工作是指各类技术经济定额的制定、执行和管理工作。定额是企业在一定生产技术和组织的条件下,人力、物力、财力的消耗、占用及利用程度所应达到的数量界限,如劳动定额、物资消耗定额、资金定额、费用定额、装备利用率等。定额不仅是计划编制和检查的依据,同时也是各项专业管理的基础工作。建立健全定额管理体制,制定有科学根据的、平均先进的定额,加强定额完成情况的统计、检查和分析,把定额工作同经济责任制结合起来,保证定额的贯彻执行,是科学管理的一项基本手段。

3)计量工作

计量工作是指计量检定、测试、化验分析等方面的计量技术和计量管理工作。它主要是用科学的方法和手段,对生产经营活动中量和质的数据进行测定,为企业生产、科学实验、经营管理提供准确数据。如零件磨损量计量、零件间配合间隙计量、装备出力计量、物资出入库计量、节能计量等都是主要计量工作。企业各项原始记录与统计所获数据的准确性,在很大程度上依赖于计量工作。企业要加强计量工作,做到计量器具、手段齐全完备,计量工作准确、完善,逐步实现检测手段和计量技术的现代化。

4)信息工作

信息工作是指企业进行生产经营活动和进行决策、计划、控制所必需的资料数据的收集、处理、传递、储存及使用等全过程的管理工作。信息工作可分为内部信息工作和外部信息工作两类,内部信息工作:内部信息工作包括原始凭证、原始记录和台账、统计分析、情报工作和信息管理工作;外部信息工作:外部信息工作主要指经营环境、科技动态、管理动态等。

企业信息系统是企业的神经系统,是科学管理,特别是开展企业升级工作的一项重要基础工作。为了适应科学管理的需要,需要建立企业信息中心,实现电子计算机信息化管理。

5)规章制度

规章制度是为保证生产经营活动正常进行而制定的职工必须遵守的行为规范,是正确处理人们在生产过程中相互关系的准则。给水企业的规章制度主要有:企业的基本制度:主要是企业的领导制度;各项专业管理制度:是为了保证企业生产技术经营活动的正常进行,保证生产过程各环节的协调,实现企业各项专业管理职能而制定的管理工作规定;岗位责任制度:是根据企业内部各工作岗位而规定的各类人员的工作内容、责权、程序和方法的制度。

上述制度具体规定了企业内部各级组织与各类人员的工作目标、职责、权限范围,使人们在各项生产经营活动中,分工明确、各负其责、相互协作、有章可循,具有良好的工作秩序。

5.1.3　给水装备管理制度

给水装备的操作和保养规程是合理使用给水装备的前提条件,是根据给水装备技术性能、结构特征和一定的生产技术条件,规定给水装备操作程序、负荷限度和保养的制度。

1. 给水装备运行、检修记录

给水装备运行记录可反映给水装备的运行状况,为给水装备检修提供依据。通过分析给水装备的运行记录,可以发现给水装备性能的变化趋势,便于提早发现给水装备存在的隐患,及时安排给水装备检修,防止给水装备性能恶化,从而延长给水装备的使用寿命。

给水装备运行记录的内容主要是给水装备运行中的各种参数,如振动、噪声、温度、压力等,也包括给水装备运行中出现的异常情况。运行记录一般采用表格形式,表格中应有给水装备编号、作业地点、记录时间等项和记录人员的签字。

检修记录为技术人员和管理人员对给水装备性能及状况的了解提供依据,便于及时安排给水装备的大修或更新。这里所说的检修记录主要是指临时检修、事故检修或不定期检修的记录,对于定期检修和大修应有专门的记录。无论是临时检修还是事故检修,记录中都应写明所检修给水装备的编号、损坏情况、检修部位、更换的元件、检修后的参数等主要内容,必要时可提出对给水装备的后续处理意见,同时还应写明检修日期和检修人员并签名。

2. 给水装备定期检修制度

给水装备定期检修是保证给水装备正常运行的一项重要措施,它是一种有计划、有目的的检修安排。检修间隔的长短,主要根据给水装备的运行时间、给水装备的新旧程度、给水装备的使用环境等因素确定,检修周期有日检、周检、旬检、月检、季检、年度检修等。给水装备种类繁多,有侦察给水装备、钻井给水装备、测量给水装备等,有的给水装备为长时间连续运行,有的则是短时频繁启停。因此,科学、合理安排检修周期就显得极为重要。目前,给水装备常用的检修周期有周检、月检、季检和年度检修。

编制给水装备定期检修计划,必须明确所检修给水装备的部位、要达到的检修质量、检修所需时间、检修进度、人员安排、备品配件计划等内容。对于大型给水装备的检修,应编制专门的施工安全技术措施,经相关部门和领导审签后方可施工。

3. 给水装备包机制度

给水装备包机制度是加强给水装备维护、减少给水装备故障的一种有效方法,它是将某些给水装备指定由专人负责维护和日常检修,将给水装备的完好率、故障率与承包人挂钩,有利于增强维护人员的责任心,从而降低给水装备的事故率。

4. 电气试验制度

电气试验制度是针对供配电给水装备制定的,是保证供配电系统正常运行,防止发生重大电气事故的保障措施。它通过电气试验,及时发现并排除电气给水装备存在的隐患,防止问题恶化而导致重大给水装备或电气事故。

在进行电气试验施工前,技术人员必须编制相应的技术安全措施,报经相关部门及负责人审签后,严格按措施贯彻执行。

5. 事故分析追查制度

事故分析追查制度是给水装备管理的一项重要制度。不同企业对给水装备事故的定义不同,从广义来讲,是指不论是由于给水装备自身的老化缺陷,还是由于操作不当等外因,凡是造成了给水装备损坏,或发生事故后影响生产及造成其他损失的,均为给水装备事故。

根据给水装备损坏情况和对生产造成的影响程度,将给水装备事故分为 3 类:重大给水装备事故。给水装备损坏严重,对生产影响大,或修复费用在 4000 元以上;一般给水装备事故。给水装备主要零部件损坏,对生产造成一定的影响,或修复费用在 800 元以上;一般部件损坏事故,没有或造成的损失很微小。

无论事故大小,都应对事故原因进行必要的分析和追查,特别是对人为造成的重大事故要进行认真分析,找出造成事故的原因,以便采取相应的措施,防止类似事故的再次发生。

制定给水装备事故分析追查制度,应明确事故的类别和不同类别事故的处理权限,即哪一类事故由哪一级部门负责组织事故分析追查。

对于给水装备事故的分析追查,必须写出事故追查报告,报告中应说明事故的时间、地点、事故原因、造成的损失。如果是责任事故,应明确相关人员应承担的主要责任、次要责任或一般责任,并根据责任的大小确定应承担的处罚,最后应提出防止类似事故重复发生的防范措施。

6. 干部上岗、查岗制度

无论多么完善的制度,最终还是要落实到执行上,如果不能落到实处,不能得到严格的执行,再好的制度也是一纸空文。而制度的执行需要有人监督检查,所以,作为领导干部,上岗、查岗就显得尤为重要。领导干部上岗、查岗不是要去检查给水装备的运行情况,判断给水装备是否有异常,而是检查各项规章制度执行的情况,发现并制止违章操作的现象。

在制定干部上岗、查岗制度时,应明确各级领导和技术管理人员查岗次数、检查内容。

5.2 给水装备场、库管理

给水装备场、库是使用单位集中停放、保管和维护给水装备的场地。设置给水装备场、库的目的是保证给水装备安全,为保管、维护给水装备提供条件,减少自然因素造成的损坏,使给水装备经常处于良好的技术状态。

5.2.1 给水装备场、库分类与选址要求

根据给水装备种类、型号的不同,需要对给水装备的厂库进行分类,为保证给水装备在厂库的存放不对装备产生损坏,本节中也对给水装备厂库的选址要求进行了明确。

1. 机械场分类与选址要求

为实现对给水装备的分类存放于管理,首先对给水装备存放的机械场进行分类,并根据各类装备的特点明确相应的选址要求。

1) 机械场分类

机械场按照适应范围和建筑、装备特点,分为永久性机械场和临时性机械场两种。

永久性机械场是按照营房建筑面积标准建设,具有一切必要设施和配有专职勤务人员,可供长期停放和维护给水装备的永久性建筑。其具有规划统一,设计规范,布

局合理,按功能设置和配套齐全的特点是作为平时长期停放、保养给水装备的固定场所。

临时性机械场是执行施工任务在作业现场或驻地附近设置的、供临时停放和维护给水装备的场所。临时性机械场分为两类:一类是为平时施工、训练或执行其他临时任务设置的机械场,称之为临时机械场;另一类是为战时执行工程保障任务设置的机械场,称之为野战机械场。临时性机械场具有流动性大、使用期短的特点,其设置以满足任务要求和给水装备的保养为依据,能简则简,不强调正规标准。

2)机械场场址选择要求

进行永久性机械场建设选址时,应满足的要求有:

(1)地势平坦,土质坚硬,有足够的面积。易解决水源、电源,通风良好,便于给水装备管理和维修,能满足作业需要。

(2)道路良好,便于给水装备出入和部队机动。

(3)便于排水,不易受水、火灾侵害。

(4)尽量避开市区、耕地、交通要道、地下管道、高压线路、易发生危险的工厂、仓库和其他明显的目标。

进行临时性机械场选址时,应满足的要求有:

(1)地势平坦,土质坚硬,便于排水。野战条件下便于隐蔽、伪装和防护,土质便于构工。

(2)离油库、爆炸品仓库有一定距离。野战条件下避开车站、码头、重要桥梁等显著目标。

(3)接近水源、电源和交通线,便于出入。

(4)离作业场地要近,方便作业。

2. 给水装备器材仓库分类与选址要求

给水装备器材仓库是储藏给水装备、物资器材的设施和机构的总称,是储存、供应物资的基地,担负着保障给水装备的正常工作,及时提供所需给水装备、物资器材的繁重任务。

1)装备器材仓库分类

给水装备器材仓库,属后方勤务组成部分,由于各级编配给水装备器材种类、数量和保管要求各异,按业务范围分为专项(如给水装备器材、维修器材等)仓库和给水装备器材综合仓库;按任务性质分为储备仓库、周转仓库、供应仓库、野战仓库等。

2)给水装备器材仓库选址要求

(1)地势平坦,土质坚硬,便于排水;不易受水、火灾侵害。

(2)便于隐蔽、伪装和防护。

(3)避开居民地、工厂、车站、码头、重要桥梁等目标。

(4)接近水源、电源和交通线,便于出入。

5.2.2　给水装备场、库设置

按照给水装备厂库的分类,包括永久性机械场、临时性机械场和器材仓库的不同,分别介绍各种厂库的设置方法。

1. 永久性机械场的设置

永久性机械场通常由值班室、技术检查站、给水装备库、保养间、充电保管间、工具间、器材室、清洗场、加油站和消防设备等组成。

机械场总体布局应便于给水装备出入,各建筑物之间有足够的安全距离。

机械场的库房、清洗场、保养间的使用面积、尺寸,要根据现有给水装备及编制情况,参照给水装备需要面积和有关建筑标准进行设计。机械场应设有足够数量的进出门和太平门,以保证紧急情况下人员和给水装备的进出;太平门平时一般不作通路使用。场内应按训练常用库和储备封存库划分区域。

机械场应有围墙,如没有围墙应加设铁丝网。场内应绿化美化;设置上下水管道,排水畅通;道路路面应坚硬,单位压力符合质量要求,减少交叉和转弯。

凡在北纬32°以北或全年最低气温在-5℃以下地区的永久性机械场,值班室、技术检查站、保养间应设取暖设备。

为使机械场保持良好的内务秩序,提示全体人员遵守机械场各项规定,争创先进,在标志机械场的有关位置应设置《机械出入场规则》《人员出入场规则》《机械场消防规则》等标牌和严禁烟火、停机检查和机速限制等标志。还应设置"爱装、守纪、安全、节约"的标语牌。

1) 值班室

值班室设在机械场主要进出口处,是机械场的调度和联络中心。为便于展开工作,在醒目位置张贴《值班员职责》;设置通信、警报装置,场区平面、给水装备动态、紧急疏散方案图等标志图(表),各种保管、警戒、消防守则等;设有《给水装备出入登记簿》《值班日记》《机械场机工具、设备登记簿》《保养计划及完成情况登记表》等;配有电话、闹钟、手电筒和办公桌椅等。

值班员交接班要全面交待工作,巡视全场,检查一切建筑、装备的完好状况和各项勤务的执行情况,按照给水装备动态图(表),逐一查点给水装备,将交接内容记入《值班日记》,并由交接双方签字。遇有不能当场解决的问题,向上级主管部门报告。

2) 技术检查站

技术检查站设在机械场主要出口,负责检查出入场给水装备的技术状况和有关文件。

为便于工作,技术检查站内在醒目位置张贴《技术检查站站长职责》《常用给水装备数据表》等,配备简单工具、有关技术资料、常用检修工具和办公用品等。技术检查站设站长一名,通常挑选技术水平较高的技术骨干在一定时期内长期担任。

技术检查站对当日多次出入场的给水装备,可在首次出场和末次入场时进行检查,给水装备紧急出动可免除技术检查,并将给水装备技术检查情况填入技术检查登记簿。大批给水装备同时出场,技术检查应于出场前日在场内进行,检查时可组织操作手自检和互检。

3) 给水装备库

给水装备库是停放和保管给水装备的场所。应按照编制数量和各种机械每个库房所需建筑面积标准建设,其长度和宽度应分别不小于给水装备长度和宽度加1m,库门尺寸应确保给水装备安全出入。通常每部给水装备一库,中小型给水装备也可多部一库。库后墙要设小窗户,便于通风和排烟,库内照明按一般照明要求设置。条件不具备时,选择平坦、坚实、干燥的地面开辟露天停机场。

4）保养间

保养间是维修分队保养、修理给水装备的场所。保养间应设有动力电源,配备电动或手动起重机具;不少于1/2的停车位设保养地沟,地沟的一端成梯形台阶;在室内悬挂《保养间管理规则》《维修作业安全规则》《技术数据表》《主要给水装备维修合格检查标准》和《维修任务完成情况登记簿》等。

维修人员应及时完成维修任务,将维修和使用维护上发现的问题填入《维修任务完成情况登记簿》内,并定期向值班员汇报。

5）充电保管间

充电保管间包括蓄电池维修间、充电设备间、充电和蓄电池保管间。室内设通风装置和上下水管道,电气线路应有防腐措施,地面、内墙裙和蓄电池架(台)应使用耐酸材料。

6）工具间

工具间设在保养间的一侧;应有成套的修理工具;各类机、工具要建帐集中专人负责管理,部分常用工具可个人分散保管。

7）器材室

器材室是贮存、发放给水装备配件、器材和随机工具的地方。通常与给水装备库近距离分建,其标准符合普通库房建设要求。配件库应设有放物箱、架。配件、器材应放置有序,并建立配件、器材分类帐及工具附件存放登记簿。器材室应保持通风良好,在醒目位置贴挂《器材员职责》《器材室管理规则》和《三分四定》议案图。

器材库应选派懂技术、会管理、责任心强的人员担任保管员。在工作中应严格执行各种规则和规定。

8）清洗场

清洗场是洗刷给水装备、维护给水装备外表清洁的场所,包括清洗台和高压水泵房。清洗台一般长大于15m,宽大于给水装备中最大的轮胎或履带两外侧宽,内沟以一人在内能工作为宜。清洗台通常由值班室或技术检查站、保养间管理。

9）加油站

加油站是贮存各种油料和直接对给水装备加注油料及回收废油的地方。设置在机械场场区以外或场区边缘,距离其他建筑物有一定距离的位置,做到既保证安全,又便于加油和管理。营区内或附近1km内有综合加油站时,机械场只设附属油存放间,不设加油站;附属油料间距焊工作业点不宜太近。

加油站应按规定设置贮油设备(油池、油罐、油桶)和加油设备;配备性能良好的灭火器材;工作场所的照明采用防爆式照明灯,开关应装在室外。在醒目位置设置"禁止烟火"标志、《油料加注规则》和《加油站管理规则》等。

油料员应经过专门培训,熟悉油料知识和油料管理知识。负责油料领发、废油回收及加油设备管理工作。油料收、发、消耗登记统计帐目齐全。

10）消防设备

消防设备包括消防工具(铁锹、斧子、梯子)、灭火器材和防火沙等,用于保证给水装备和设备的安全,防止火灾。机械场消防设备应配置齐全,性能良好,便于取用。无自来水的地方还应建造贮水池或设置贮水罐。

2. 临时性机械场的设置

临时性机械场各种设置的范围和职能参照永久性机械场,其建造根据任务大小、工期长短、环境条件等因地制宜。通常设置停机场、保养棚、加油站及其他必要而可能的设施,或者以工程车、加油车、材料车、油水加热器等流动设备实施有关保障;值班和技术检查只设人员,不设场所;机械清洗利用天然水源或开设临时上水设施。

野战条件下,在敌频繁空袭和炮击的范围内,设置停留一昼夜以上的机械场,须构筑给水装备、人员掩体,利用天然伪装或实施人工伪装。

3. 给水装备器材仓库的设置

给水装备器材库设有值班室、收发室、保养间、维修器材库、给水装备器材库和消防设备等设施。

给水装备器材和维修器材库房建设按普通库房标准,耐火等级不低于三级;地面应平整坚硬,库房内不得留有水管、下水道口;仓库面积不少于$300m^2$。

库内应设有通风、防潮装置。机械车辆库房温度应保持在 $0 \sim 35℃$ 之间,相对湿度为70%,最高不得超过75%;橡胶塑料制品库温度在 $5 \sim 30℃$,相对湿度不超过70%。库房设计要充分考虑到搬运、装卸、堆码作业的需求,便于运输搬运工具的使用。库区应建有围墙或铁丝网,安装避雷设施。

器材收发间,通常设在库房值班室内,不单独修建。器材保养间,也应通风良好,有供水、供电和排水设施。

5.2.3 给水装备场、库勤务规则

为实现对给水装备场库的标准化、正规化管理,在完成各类岗位划分的基础上制定各类人员应遵守的规则;同时,装备的出入场、器材的发放等也应遵守相应的准则,确保对给水装备场库的有效管理。

1. 机械场值班员守则

(1) 机械场值班员,可以从管理骨干中选择,轮流担任,并受主管部门的领导。

(2) 机械场值班员是机械场一切勤务活动的组织者。负责督促操作、保管、警卫、维修人员恪尽职守,完成本职工作;审查给水装备派遣文件,履行给水装备出入场登记手续,掌握给水装备分布动态;处理发生的其他技术业务事项。

(3) 机械场值班员值班期限由上级部门依情况决定。值班员交接班要全面交待工作,巡视全场,检查一切建筑、装备的完好状况和各项勤务规则的执行情况,按照机械动态标志图(表),逐一查点全场机械。将交接内容记入《值班日记》并由双方签字。遇有不能当场解决的问题,向主管部门报告。

2. 技术检查站站长职责

(1) 熟悉给水装备技术性能,掌握给水装备技术状况。

(2) 对出场给水装备进行技术检查,禁止带故障出场。

(3) 对入场给水装备进行技术状况和保养情况检查,发现问题及时报告。

3. 保管员职责

(1) 熟悉所属给水装备器材名称、编码、数质量和存放要求。

（2）做好给水装备器材的保管工作，做到无丢失、无损坏、无锈蚀、无霉烂变质。

（3）检查出入库凭证及时准确地收发给水装备器材，正确填写、妥善保管各种帐簿、单据，做到帐、卡、物相符。

（4）正确使用、及时检查、维护库房设备、工具和消防器材，确保仓库安全。

4．人员出入场规则

（1）本部人员集体出入应列队整齐，零星出入须持有效证件。

（2）非本部人员出入须有本部人员陪同或持主管部门签发的证件，并经值班员登记。

（3）人员在场内住宿须经主管业务部门批准。

（4）携带物品出场须持有效凭证或经值班员同意。

（5）紧急情况人员按预定方案或上级指示出入。

5．机械存放规则

（1）机械入库或露天场地存放，按照轮胎、车载各类别分库（分段）排列，按机动性高低排列先后。临时性机械场停放机械，按作业配套情况编组，按使用频繁程度排列前后。停放机械之间至少保持 80cm 距离，以保证维护需要。

（2）场内封存机械，按照《给水装备保养规程》的规定，实施严密封存，定期启封检查，随时补充和修整缺损的贴封和支撑材料。

（3）长期储存（非战备值班）时，车上器材应卸下支垫存放，并按规定支垫车辆；胶质品应涂撒滑石粉等防潮防腐涂料。

（4）停放机械的随机工具随机携带。配套机械集中存放；运用现场停放的机械根据使用情况决定保管方法。

（5）露天存放机械、器材一律加苫盖；运用现场停放的机械，较长时间停驶（停用）或雨雪天气须加苫盖。

6．器材收发制度

（1）接收和发放器材，必须及时、准确、安全、手续齐全。

（2）接收器材应在凭证有效期内组织完成。验收中要逐项核对，发现问题，要做好记录，查明原因，及时汇报，必要时向有关单位交涉或呈报上级主管部门。

（3）发放器材，要坚持"发陈储新""发零存整"，执行交旧领新规定；严格清点，保证器材品种、数量、质量符合出库凭证，附件、资料齐全，并向领料人当面交清。

（4）器材出入库，要及时、准确、清晰地填入登记帐、卡，并按时将收发凭证回执退交器材主管部门。器材出入库凭证、报表，要按类、按时装订成册妥善保管，未经上级批准，不得擅自销毁。

7．机械出入场规则

（1）机械（车辆）必须持有作业卡片（派遣通知），经检查技术合格并由值班员登记后，方可出场。

（2）出场机械（车辆）的技术检查，是在操作手（驾驶员）启动前和行驶前检查的基础上，由技术检查员对机械（车辆）操作、制动装置的灵敏程度和各支撑、悬挂部位的固定、锁紧状态等进行重点检查。

（3）技术合格、准许出场的机械（车辆），技术检查员在作业卡片上签字、放行；技术不合格、不能出场的机械(车辆),技术检查员将检查结果报告值班员,由值班员向签发派遣单据的部门或首长报告。

(4) 大批机械(车辆)同时出场,技术检查于出场前日在场内进行。机械(车辆)紧急出动,可免除技术检查。

(5) 机械(车辆)回场,操作手(驾驶员)按顺序完成下列工作:持作业卡片向值班员报告回场时间、作业情况;加足燃、滑油料,清洁、检查机械(车辆),排除所发现的故障。如有修理项目,报告分队首长,领取修理任务单,交保养站或修理分队修复。

8. 机械场警卫规则

(1) 凡经常使用的出入口均应设置警卫。警卫人员在执勤期间受机械场值班员指挥。

(2) 警卫负责盘查出入机械场的人员、机械、车辆、器材。除本部(分)队和队列之外,人员须持有机械场通行证或经值班员许可方准入场。机械、车辆、器材须验明派遣单据可出场;运用现场早出晚归的机械、车辆,在判明操作、驾驶者和机械、车辆编号后即可放行。

(3) 警卫须随时保持警惕,监视场内和周围情况,发现火灾、空袭或敌特破坏时,可鸣枪报警并报告值班员。

(4) 遭火灾、水灾等灾害时,值班员应立即向上级值班员或首长报告,并迅速组织在场人员全力抵抗或抢救。

9. 机械场消防规则

(1) 机械场须制定救火行动方案,并定期组织演练。

(2) 机械场所设置的消防器材须经常维护和补充,保持性能良好,数量充足,配置适当,禁止挪作他用。

(3) 机械场全体人员应熟知消防知识和救火方案,熟悉消防器材的使用和维护方法。

(4) 机械场内应经常保持清洁,随时清除染油纱、布、纸和干枯杂草,用剩、用过油料及时归桶。

(5) 机械场内外道路和太平出口应保持畅通,不得有任何损坏或阻塞。

(6) 机械场禁止吸烟(值班室除外)、明火烘烤给水装备和明火照明,禁止用浸油物品点火或助燃。禁止给水装备在运转状态加油。

10. 保养间管理规则

(1) 进入保养间的给水装备要清洗干净。

(2) 未经保管人员同意不得动用机具、装备。

(3) 作业后应清点、擦拭机具装备,清理工作现场,清理废油及其他废弃物。

(4) 每班工作结束后,工作人员离开时,必须切断电源,关闭门窗。

11. 给水装备维修安全操作规则

(1) 维修作业,应按规定的项目、内容进行,不得随意拆动其他部位。

(2) 给水装备的精密部件(如喷油泵、调速器、液压元件、自动控制装备等)的保养,应由专门技术人员操作,不得擅自拆卸、分解。

(3) 正确使用机工具,严禁超出工具性能范围使用。

(4) 能用拉力器拆卸的零件,一般不得用锤击、錾子冲、撬杠撬的方法拆卸。非用不可时,不能直接与零件接触,应以木块或有色金属加垫。

(5) 拆装定位、对号零件,应在拆卸时做好标记,避免组装错位。

(6) 对胶质件,不得用汽油清洗。

(7) 拆卸、紧固螺栓时,必须按规定顺序、扭力标准进行。没有要求的要对称拆卸、紧定。

(8) 整机(总成)总装时,应严格检查和清洗零件(部)件,不得将工具、器材或其他物品遗失在机体内部。

12. 清洗场管理规则

(1) 定期检查保养清洗设备、工具,经常保持齐全完好。

(2) 给水装备上下清洗台应有专人指挥,停稳后拉紧手制动,将发动机熄火。

(3) 给水装备清洗后要关闭水龙头,严禁常流水。

(4) 清洗工具使用后应洗刷干净放回原处,不得挪作它用。

13. 器材室管理规则

(1) 器材应有专人保管,登记统计准确及时,账、卡、物相符。

(2) 器材要按用途、种类、机型分类放置,摆放整齐。

(3) 凭给水装备派遣命令,领取工具、器材。

(4) 室内要经常保持整洁,通风良好,温湿度适当。

(5) 人员变动时,由主管领导监督办理交接手续,清点工具器材数质量。

14. 充电保管间管理规则

(1) 充电保管间应通风良好、干燥、清洁,室内应保持适宜温度,严禁吸烟,禁止使用明火,不得放置无关物品、器材。

(2) 电解液、蒸馏水须密封保管,腐蚀性液体加注时使用专用器皿。

(3) 蓄电池出入充电保管间必须及时登记。

(4) 充电操作须按规程进行,防止事故发生。

(5) 蓄电池交付充电保管间,须经检查;领取时,须持派遣通知单。

15. 工具间管理规则

(1) 机工具应有专人负责保管。

(2) 机工具须分类存放,摆放整齐,保持清洁。常用工具每周检查一次,所有机工具每季度保养一次,做到无损坏、无锈蚀、无丢失。

(3) 借用机工具,必须办理出入库手续,用完后擦拭干净及时归还,损坏要及时修复或上报。

(4) 人员变动时,由主管领导监督进行清点,办理交接手续。

16. 加油站管理规则

(1) 各种油料应按品种、规格存放,并有明显标志。

(2) 给水装备凭派遣通知单加油;维修用油时,要有油料领取手续。

(3) 加油站严禁烟火和堆放易燃物品,配备必要的消防器材。

(4) 油料间应注意保持清洁、通风。

(5) 加油时发动机必须熄火,油箱加注不得过满;油料使用人员应持清洁、密封的器皿领油。

17. 库区管理规则

（1）严禁非工作人员进入库区，本库人员进入库区，要出示证件，经门卫允许。

（2）领料人员，凭领料单或经上级业务部门的信件，经门卫允许进入库区；出库区时须交持物证明。

（3）未经业务主管部门批准，不得非业务动用装备，不得在库区摄影、录像、绘图。

（4）库区内严禁吸烟和燃烧物品，严禁将火种及易燃、易爆物品带入库区。不得堵塞消防通道和消防设备、器材取用通道。

（5）爱护库区绿化及建筑设施，及时清除库房、料场附近的杂草、垃圾、积水和污泥。雨季加强对库房和排水设施的检修。

5.2.4 给水装备场日

给水装备场日是物探分队和钻井分队专门的技术勤务活动时间，每周一次，每次不少于半个工作日。其活动在机械场值班员的统一安排下，由分队首长组织实施。

分散执勤或配属作业的给水装备，其给水装备场日，根据任务情况，在保证内容落实的前提下，时间可以机动。

1. 给水装备场日的任务

（1）检查、保养给水装备，以检查、擦拭、按保养计划实施给水装备保养，排除故障等为主要内容。

（2）检查各种原始记录是否按规定进行了登记、统计和上报。

（3）检查、维护场内设施。

（4）整顿场内卫生和秩序。

（5）组织专业学习、交流经验和进行安全及规章制度的教育，传达上级的有关指示等。

2. 给水装备场日工作计划

为有效利用时间，应在给水装备场日实施前做好计划和其他准备工作。给水装备场日工作计划，通常由上级主管部门组织制订。

（1）制定给水装备场日计划的依据：

① 任务情况以及保养计划的安排；

② 给水装备技术状况；

③ 环境、气候条件；

④ 机械场内务情况；

⑤ 操作、维修人员的技术状况；

⑥ 上次给水装备场日计划落实的情况；

⑦ 上级首长或主管部门的指示和要求等。

（2）制定给水装备场日计划的内容与方法：

① 给水装备场日实施日期；

② 给水装备场日实施的工作项目、时间分配、参加人员及分工；

③ 给水装备场日所需的物资器材；

④ 给水装备场日实施中的注意事项。

工作计划可用文字式或表格式拟制。

3. 给水装备场日的组织实施

依据计划规定的日期和内容组织实施,其程序是:

(1)部署任务。实施前,分队领导应将本次给水装备场日工作计划向全体机勤人员下达科目,讲清目的,布置任务,规定时间,交待方法,提出要求。

(2)严密组织。实施时,各分队负责人带开,进一步明确分工,具体组织,带头工作;在实施过程中,分队领导应深入现场指导,并认真检查,发现问题及时纠正,必要时进行示范作业,保证工作质量和安全;工作结束时,应组织整理现场,清点工具,并向分队领导报告完成任务的情况。

(3)检查讲评。给水装备场日结束时,分队领导应组织检查讲评,并将给水装备场日工作计划的执行情况填入《给水装备场日登记簿》内。

5.3　给水装备备件管理

备件是指企业为了缩短给水装备修理停歇时间,在备件库内经常储备的一定数量的零部件。备件管理是指备件的生产、订货、供应、储备的组织与管理,它是给水装备维修资源管理的主要内容。给水装备在长期使用过程中,零部件受摩擦、拉伸、压缩、弯曲、撞击等物理因素的影响,会发生磨损、变形、裂纹、断裂等现象,有的零部件还会受到化学因素影响,发生腐蚀、老化等现象。当这些现象积累到一定程度时,就会降低给水装备的性能,形成安全隐患,轻者造成给水装备不能正常工作,重者发生意外事故。

5.3.1　备件概述

为了保证给水装备的性能和正常远行,要及时对给水装备进行检修,把磨损、腐蚀过限的零部件更换下来。由于给水装备数量大、种类多,这就使零部件准备成为企业一项日常工作。如何使备件够用,在保障给水装备正常运转的同时,又不至于造成过多的库存量,占用企业的资金,就需要对这一工作进行系统地总结和研究,在实践中找出它的科学规律。

1. 备件及其分级

备件和配件这两个名词目前使用比较混乱,有的把两者等同起来。为了简化名称便于管理,规定:为检修给水装备而新制或修复的零件和部件,统称为备件;为制造整台给水装备而加工的零件,称为配件。所谓部件是由两个或两个以上的零件组装在一起的零件组合体,它们不是独立的给水装备,只是给水装备的一个组成部分,用于检修则属于备件的范畴。

(1)分级。为了准确掌握配件的质量情况,便于使用与管理,依据质量情况配件分为四级,轮胎分为五级。配件分级规定:

一级品(正品):未经使用、规格质量符合技术标准的新品;新品稍有锈蚀或次要部位稍有损伤,经加工修复后,符合技术标准的。

二级品(堪用品):经过使用但质量良好的旧件,或更换下来经修复堪用的旧件;受严重损伤或制造质量不良,经修复后可使用的新品;经过批准的贬值降级品均为二级品。

三级品(待修品):经修复后勘用,但尚未修复的配件。

四级品(废品):经过技术鉴定,确实不能使用,又无修复价值的配件为四级品。

轮胎分级规定:

一级品(新胎):其规格质量完全符合技术标准的新制轮胎。

二级品(翻新胎):轮胎磨损接近胎身浅层时,整个胎面经过翻新修理的轮胎。

三级品(修补胎):轮胎部分损伤,如爆破、撞击和刺破等,经过修补符合使用标准的轮胎。

四级品(待修胎):需翻新或修补后才能使用的轮胎。

五级品(报废胎):损伤严重,无法翻新或修复,以及无修复价值的轮胎。

(2)不属于备件范围的检修用件:

① 材料件:

工具类的消耗件:如截齿、钎头、刀具、砂轮等。

不成装备的管路、线路零件:如管路法兰盘、电缆接线盒、架空线路金具等。

毛坯件和半成品:如铸锻件毛坯、各种棒料、车辆轮毂等。

② 标准件:符合国家或行业标准,并在市场上可以买到的各种紧固件、连接件、油杯、油标、皮带卡子、密封圈、高压油管及其接头等。

③ 二、三类机电产品:如断路器、继电器、控制器、变阻器、启动器、熔断器、开关、按钮、电瓷件、碳刷、套管、蓄电池等。

④ 非标准备件:属于给水装备管理范围的,如减速器、电控设备等。

2. 备件管理工作的任务和内容

备件的储备和消耗事关重大,储备不足或不及时影响给水装备维修,进而影响施工;储备过大或积压一些产品不对号、质量不合格的备件,不仅占用仓库,还会造成资金积压。据统计,目前企业备件储备资金约占生产流动资金的 25%～35%。因此,加强计划性,千方百计降低备件储备和消耗,对整个企业的正常经营至关重要。近年来,备件管理正在得到人们的高度重视,各企业都在建立并加强专兼职备件管理队伍,备件管理的新措施也不断出现。

(1)备件管理工作的主要任务:

① 最大限度地缩短检修所占用的时间,为给水装备顺利检修提供必备的条件。

② 科学地计划、调运、储备、保管备件,降低库存,减少流动资金占有量,进而降低生产成本。

③ 最大限度地降低备件消耗。

④ 搞好备件的统计、分析,向制造厂商反馈信息,使厂商不断提高备件质量,增强备件的可靠性、安全性、经济性和易修性。

(2)备件管理工作的主要内容:

① 计划管理。为了减少盲目性、降低企业备件库存,备件的储备和进货要有较强的计划性。计划管理可分为计划编制和计划实施两部分,这就要求备件管理人员应在国家计划指导下,根据企业生产和基本建设情况,结合给水装备维修计划,考虑备件库存和资源情况,确定计划期内备件需要的数量,编制成计划表,然后用它来组织与协调计划期内的备件工作。

② 组织货源。外购备件通过供应商经过一定的采购程序供货，自制备件根据具体的技术要求组织生产。

③ 储备保管。备件不同，其储备量也不相同，科学地掌握备件的储备是备件管理的关键所在。来货验收后还要妥善保管和保养。

④ 分配发放。要控制备件的领用发放，做到有计划、按制度。在分组储备中，要做到分配合理。

⑤ 使用管理。使用管理包括对给水装备的合理使用和对替换下来的废旧件的回收、修复和利用两个方面。

⑥ 资金管理。合理使用、控制资金，加快资金周转。

⑦ 备件统计分析。记录、统计、分析备件的消耗、订货、使用及资金使用情况，研究管理方面的相互关系。找出规律，为改善管理和计划编制提供依据。

5.3.2　备件定额管理

定额是人们对某种事物所规定的数量标准。使各种备件定额控制在合理的数值范围内的一切管理活动称为备件的定额管理。为了提高企业的经济效益，在确保生产必需和给水装备安全运转的前提下，应尽量减少备件占用的资金。压缩备件的储备量和减少备件的消耗量，以科学的方法制定备件的各项定额。

备件定额分为消耗定额、储备定额和资金定额。备件定额反映了备件活动的规律，是建立备件管理指标体系的条件依据，是计划管理的资料基础，备件定额是备件管理的关键。

1. 消耗定额计算

备件消耗定额是指在一定的生产技术和生产组织条件下，为完成一定的任务，给水装备所必须消耗的备件数量标准。在给水企业备件消耗定额分为企业备件综合消耗定额、单项备件消耗定额（亦称个别消耗定额）等几种。应当注意的是，所谓备件的消耗是指备件投入使用后而发生的耗费，不包括使用前的运输损坏、保管损失及使用过程中发生重大事故等所引起的损耗。

备件消耗定额是一个预先规定的数量标准。作为一个标推，不是实际消耗多少就是多少，不能把不合理的消耗也包括进去，也不是以个别最先进的消耗水平为标准，而是大多数单位和大多数人经过努力可以实现的水准，是一个合理的消耗数量标准。

科学制定备件消耗定额对给水施工成本管理，提高经济效益是显而易见的。备件消耗定额，一般以年为单位，称备件消耗定额。它是指一年内企业所必须消耗的备品配件数。要使定额成为符合客观实际的先进定额，在经营管理上起推动作用，不是很容易的事。因为在实际生产过程中，影响备件消耗的因素是非常复杂的。现介绍几种计算方法。

1）统计累积法

统计累积法比较可靠，但首先必须对备件消耗进行完善的统计，即把每年在施工中各种备件的实际耗用数量，以及装备累积的运转时数、装备的维修状况等，进行统计分析。要分析各种备件消耗的原因是正常磨损消耗，还是非正常磨损消耗；是正常工艺条件下的消耗，还是违反工艺条件而加速了备件的消耗；是保养不周或者是安装、修理工艺上的错误造成的消耗,还是备件本身质量上的问题。最后将统计资料进行科学整理,得出每种备件的平均使用寿命和备件的平均年消耗量,作为确定年消耗定额的依据。备件的平均使用寿命可用下式计算:

$$\bar{p} = \frac{\bar{p}_1 + \bar{p}_2 + \cdots + \bar{p}_n}{n} \tag{5.1}$$

$$\bar{p}_n = \frac{t}{Q} \tag{5.2}$$

式中:$\bar{p}$ 为单件备件的平均使用寿命,年;$\bar{p}_1, \bar{p}_2, \cdots, \bar{p}_n$ 为不同批量的单件备件的平均使用寿命,年;n 为备件的总批数;Q 为每批备件的数量,件;t 为每批备件消耗完毕的总时间,年。

这种计算方法适用于备件批量和寿命相差较大的情况。如果批量和使用寿命相差不大,选用任何一批的使用寿命均可。

备件的年消耗速度可用下式表示:

$$v = \frac{AK}{\bar{p}} \tag{5.3}$$

式中:v 为备件的年消耗速度,件/年;A 为具有相同备件的装备台数;K 为每台装备上相同的备件数;$\bar{p}$ 为单件备件的平均使用寿命,用任何一批的使用寿命均可。

备件的年消耗定额量可用下式表示:

$$n_2 = vt \tag{5.4}$$

式中:n_2 为每种备件的年消耗定额量,件;t 为时间,年。

备件年消耗定额总资金用下式表示:

$$M_1 = \sum n_2 R \tag{5.5}$$

式中:M_1 为备件年消耗定额总资金,元;R 为每种备件计划单价或实际单价,元/件。

2）统计平均法

用给水企业备件收支台账三年的平均值,加上与车间核对的消耗数字,求其平均值,得出同一种备件的实际消耗定额 n_2。如果企业需要成千上万种备件,应分门别类,选择代表性品种进行统计、计算,得出比较准确的定额,然后同类装备可参照这些定额制定出每一种备件的消耗定额。每种备件的年消耗定额为

$$n_2 = \frac{F + L}{2} \tag{5.6}$$

式中:n_2 为每种备件的年消耗定额量,件;L 为与车间核对的同一种备件的实际消耗平均值,件;F 为收支台账同一种备件的三年消耗平均值,件。

3）类比估算法

类比估算法适用于将要投入使用的新装备。采取三结合的方法,由旧装备调来的或者是培训过的工人、技术人员、专业干部,根据类似工艺的生产装备,以及已有的备件图纸资料,用类比法初步估算出单件备件的使用寿命。一般可以偏向于保守一点,然后再用前面的公式来确定年消耗定额量。经过一二年的生产实践后,逐步对年消耗

定额进行修订。

2. 备件储备定额的概念与确定

备件储备定额,又叫备件库存周转定额。因为备件进库,有一个订货和加工的过程,所以为保证检修工作和生产上的不断需求,备件库就必须有合理的库存数量,即储备定额。通常以件、套、组、台来表示。

备件储备定额计算参数的选定正确与否,决定着最后计算出定额的准确性。参数来源于给水装备施工实际统计和科学总结,现将有关参数的确定,叙述如下。

（1）单件备件的平均使用寿命、年消耗速度、年消耗量。见前面公式,不再重述。

（2）备件的订货周期,是指以备件图纸资料提出到成品入库,包括财务转账完毕的全过程,称为订货周期,以 T 表示。

备件订货周期的长短,是随着经济管理体制、材料解决难易、制造工艺复杂程度、交通运输方便与否,以及专业人员业务能力和主观能动作用而变化的,是一个多因素的变量。

（3）结合各种备件订货周期的不同,订货量可以下式计算:

$$n_3 = vT = \frac{AK}{p}T \tag{5.7}$$

式中: n_3 为备件的订货量,件; T 为备件订货周期,年。

当 $T = 1$ 年时,则 $n_3 = n_2$。

（4）最低储备量可以下式计算:

$$n_1 = \frac{1}{4}n_2 \tag{5.8}$$

式中: n_1 为备件最低储备量,件。

n_1 主要是为了补偿发生不可预计的情况。备件不能按预订的周期到货时,则 n_1 是不可缺少的缓冲量,是备件库存信息的警告量,也叫保险储备量。最低储备量的大小相当于备件年消耗量的 1/4。

（5）最高储备量可按下式计算:

$$n_4 = n_3 + n_1 \tag{5.9}$$

式中: n_4 为备件最高储备量,件。

最高储备量是备件库存极限值,超过 n_4 出现超储。占用过多的流动资金,是不合理的。

（6）备件通用系数是伴随着装备标准化、系列化和通用化而产生的。采用同一种备件的装备台数越多,总消耗量就越大。但在实际生产中,相同装备维修期,是交叉进行的,备件消耗比较均衡。这样备件有可能分批订货,或者一次订货分批到货,备件储备定额便可适当降低。所以它是储备定额的修正系数,小于或等于 1。备件通用系数 a 的大小,取决于同种装备台数 A 与同种备件在每台上的在装数 K 的乘积。当 AK 为 1 时,系数 a 最大等于 1。AK 乘积增大,系数减少;但 AK 乘积过大,系数减少就有一个限度,不可能因为 AK 乘积无限增大,而系数等于零。备件通用系数见表 5.1。

表 5.1　备件通用系数

AK	1 ~ 5	6 ~ 10	11 ~ 20	21 ~ 30	31 以上
a	1	0.9	0.8	0.7	0.6

每种备件的实际库存量,应在最高储备量与最低储备量之间上下浮动。因此每种备件的储备定额用下列公式计算:

$$N = \frac{n_4 + n_1}{2} \times a = \frac{AKa(1 + 2T)}{4\bar{p}} \tag{5.10}$$

式中:N 为每种备件储备定额,件。

当 $T = 0.5$ 年时,$N_1 = 0.5 n_2 a$ $\qquad\qquad$ (5.11)

当 $T = 1$ 年时,$N_2 = 0.75 n_2 a$ $\qquad\qquad$ (5.12)

当 $T = 1.5$ 年时,$N_3 = n_2 a$ $\qquad\qquad$ (5.13)

如果要计算某项备件的单件储备定额,只要把备件的年消耗定额 n_2 乘上相应的通用系数即可算出。当计算出的定额不是整数时,用四舍五入法。

可以看出,N 是随着备件的使用寿命 $\bar{p}$ 值的上升、订货周期 T 的下降及系数 a 的减少而减少的,反之,则增大。

提高单件备件的使用寿命 $\bar{p}$ 的办法是:采用新工艺、新技术、新材料,提高备件质量。如改进热处理工艺、利用新钢种和耐腐蚀、耐磨性好的合金材料等;遵守工艺操作条件,加强保养,严格执行装备计划检修制度;认真进行旧备件的回收修复再使用工作。

缩短备件订货周期 T 的办法是:提高订货员的业务水平,发挥业务人员的主观能动作用;积极改革不适应的管理体制;积极疏通备件订购的各种渠道,采取计划订货和市场调节相结合,一次订货分批到货,或者多次订货,多次到货的办法,搞好协作关系;发挥企业内部已有的自制能力,加强对修理车间的管理,提高修理工人的技术水平。

增大 AK 乘积、减小通用系数 a 的措施是:企业制定改造规划时,要积极做好陈旧、落后装备的更新换代工作,尽可能做到标准化、系列化、通用化;积极选用国家的定型装备、通用装备。同一种装备,规格型号要少,努力实现本单位装备的标准化、系列化、通用化。

5.3.3　备件计划管理

给水装备备件的计划管理是备品配件的一项全面、综合性的管理工作,它是根据企业检修计划以及技术措施,装备改造等项目计划编制的。按计划期的长短,可分为年计划、季计划和月计划。按内容,可分为综合计划、需用计划、订货计划、大修专用备件计划以及备件资金计划等。按备件的类别和供应渠道,可分为专用配件计划、外协配件计划、自制配件计划、汽车配件计划、大型铸锻件计划和国外订货配件计划等。

完整准确的备品配件计划,不仅是企业生产、技术、财务计划的一个组成部分,也是装备检修,保证企业正常运转的一个重要条件。

1. 年度综合计划

年度综合计划是以企业年度生产、技术、财务计划为依据编制的综合性专业计划。主要包括以下内容。

1）备件需用计划

备件需用计划是最基本的计划，反映着各种装备一年之内需用的全部备件，是编制其他有关备件计划的依据。主要内容有：

（1）施工在用装备维修、预修需用备件；

（2）技措、安措、环保等措施项目需用备件；

（3）装备改造需用备件；

（4）自制更新装备需用备件。

2）备件订货计划

备件订货计划是以备件需用计划为依据编制的。

3）年度停车大修专用备件计划

年度停车大修专用备件计划是企业一年一度全厂性停车大修特别编制的一种备件计划，是专用性质的一次性耗用计划。

4）备件资金计划

资金计划是反映各类备件需用资金，以预计在一定时间内库存占用资金上升、下降指标的计划。有时也根据财务部门的要求编制临时单项或积压、超储、处理资金指标等计划。

2. 备件计划的编制

编制备件计划是将备件工作从提出需用到备件落实消耗的全部业务活动，有目的地统筹安排、把备件管理各方面的工作有机地组织起来，确保维修和生产。

1）备件需用计划的编制

目前编制备件需用计划的方法有三种。

方法一：以备件储备定额和消耗定额为依据。凡储备定额规定应有的储备而实际没有的，或者库存数不足储备定额的，加上按消耗定额计算出在订货周期内的备件消耗数编入备件需用计划；再加上没有定额或不包括在定额内的那部分，如：装备改造专用件、安措、环保等所需备件计划。

方法二：以年度给水装备大、中、小修计划为依据，适当参考备件储备定额，库存账面消耗量等，加上年内装备改造，技措等备件需用计划，由备件主管部门加以综合、平衡、核对，由此产生一个较全面的年度备件需用计划。

方法三：无完整的储备定额和消耗定额，备件工作又多头分散，以致部分备件编制计划，另一部分则不编入计划，客观上形成了"需要就是计划"的局面。

2）备件订货计划的编制

根据备件需用计划中的单项数量，减去到库部分，减去合同期货（包括在途的）数量，再减去修旧报废部分，得出备件订货总计划数；然后根据不同的渠道制订出分类订货计划，所以备件订货计划是分类计划的汇总。它虽然来源于备件需用计划，但不同于备件需用计划。

3）年度大修备件计划的编制

编制好年度大修备件专用计划，对于确保检修顺利进行，减少流动资金的占用等都是十分重要的。年度大修专用备件是专为大修准备的，属于一次性消耗备件，因此不属正常储备范围。原则上应按计划 100% 的消耗掉,如果消耗不掉,应从大修专用资金冲销或专储。

4)备件资金计划的编制

编制备件资金计划依据是:备件合同,车间计划检修项目和技措、安措、装备改造等计划。备件资金计划可促使定额内流动资金用好、管好,并为财务部门编制计划提供备件资金依据。

3. 备件计划的审核、执行和检查

备件计划的审核。凡编制出的各种备件计划,都需进行审核,这是备件计划批准生效的必备手续。其审核主要是指领导审核。

备件计划的执行备件计划一旦经过审核、批准,就必须严格执行。要使所有备件计划都得到落实。

备件计划的修订与调整由于对实际情况掌握不全或装备检修计划的变动等,都会造成备件计划的变更、修订和调整,亦属正常的工作范围。

备件计划的检查对备件计划还要经常检查其执行情况,对计划本身或在执行过程中出现的问题,要及时处理。

4. 备件的统计与分析

备件的统计是备件计划管理中的一个重要组成部分,是认识研究给水装备备件管理客观规律的有力手段。通过对统计数字的积累与综合分析,对于修订储备与消耗定额,改进备件的计划管理都能起到指导的作用。

1)怎样搞好备件统计工作

首先根据上级部门对给水装备备件的统计要求和企业的管理要求建立起一套统计制度,对给水装备备件的各种统计范围和备件仓库的统计工作,做出具体的规定。

要指定专职或兼职统计人员,人员要稳定。兼职人员要给一定的时间搞统计工作。

要注意原始资料和原始数据的积累,为统计工作提供可靠资料。

2)备件统计工作的主要任务

为全面、准确、及时地反映各种装备备件的收入、发出、结存、数量、质量、资金等方面,作好月、季、年统计。

按上级部门要求,及时、准确地填报各类备件统计报表。

为企业统计部门提供统计数据。如按件、吨、元统计备件的月进出、结存;备件计划完成情况(包括资金计划,自制计划)等。为领导和备件管理人员提供第一手资料,作为企业经济活动分析和改进备件管理工作的依据。

3)统计资料的分析

对于统计资料的积累与科学分析,不仅可以找出备件工作的一些客观规律,也可以看出它和其他工作的内在联系,从而积累经验以指导今后工作实践,提高管理水平。备件统计资料的分析,要注意以下几点。

(1)通过备件收入、发出情况的分析比较,排除非正常性消耗,看储备与消耗定额是否实际;

(2)通过对库存资金的分析,查找上升和下降的原因,分析比较,看资金使用是否合理;

（3）利用历年消耗量、储备量和占用资金的数字分析比较，找出磨损规律和计划管理的客观规律；

（4）对备件各个时期到货情况的分析，看备件工作对装备检修的配合，以协调两者的关系；

（5）通过各种数据的分析，改进配件管理工作。

5.3.4　备件订货与验收

给水装备备件可以通过市场采购、自制加工、外协等方式获得。备件管理人员不但要有管理理论，还要有丰富的实践知识，了解备件的消耗情况，了解装备的未来使用计划，认真组织货源，通过合理的定货，保障装备的正常运转和生产的正常进行，尽量减少库存。

1. 定货方式

对于经常消耗的给水装备备件，一般是按照一定的批量、一定的时间间隔进行订购，订货方式常有定期订货和定量订货两种。

（1）定期订货。定期订货的特点是订货时间固定，每次订货数量可变。图5.1反映订货周期、待货期、储备量、订货点、订货量等多种因素之间的关系。

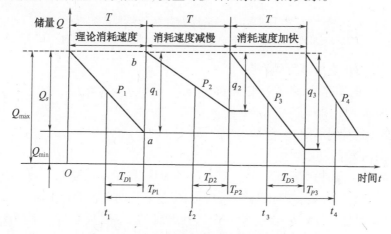

图5.1　定期订货法

Q_{max}—最高储备量；P—订货点；T—储备恢复期；Q_{min}—保险储备员；q—订货量；

T_D—到货间隔期；Q_s—周转储备量；t—订货时间；T_P—订货周期。

从图中可以看出定期订货的特点：

① 订货周期不变，即 $T_{P1} = T_{P2} = T_{P3}$；

② 订货点的库存量和订货量是随消耗速度变化的，即 $P_1 \neq P_2 \neq P_3$，$q_1 \neq q_2 \neq q_3$；

③ 待货期（到货间闲期）在一般情况下是不变的，即 $T_{D1} = T_{D2} = T_{D3}$；

④ 备件消耗速度变化不大。

设时间为0时，备件库存量为 Q_{max}，随着装备检修，备件储存量减少，当库存量降到 P_1（订货时间为 t_1）时，计算出货量 q_1 并组织订货，经过一定的待货期，库存量降到 a 时，新进的备件 q_1 到货，库存量升到 b。再经过订货周期 T_{P1}，到订货时间 t_2，经过清查，库存量为 P_2，算出订货量 q_2，再组织订货。这种订货方式的优点是，因订货时间固定使工作有计划性,对库存量控制很比较严,缺点是手续麻烦,每次订货都必须清查库存量才能算出订货量。它适用于备件需用量变化幅度不大、单价高、待货期可靠的备件。

（2）定量订货。定量订货的订货周期、待货期、订货点、订货量、储备量、储备恢复期等多种因素之间的关系如图5.2所示。

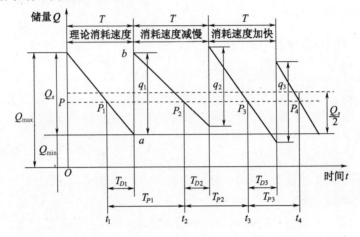

图5.2 定量订货法

Q_{max}—最高储备量；P—订货点；T—储备恢复期；Q_{min}—保险储备员；q—订货量；

T_D—到货间隔期；Q_s—周转储备量；t—订货时间；T_P—订货周期。

从图中可以看出定量订货的特点:

① 各订货点的库存量、订货量相等,即 $P_1 = P_2 = P_3$,$q_1 = q_2 = q_3$;

② 订货周期不等,即 $T_{P1} \neq T_{P2} \neq T_{P3}$;

③ 待货期(到货间隔期)一般是相等的,即 $T_{D1} = T_{D2} = T_{D3}$;

④ 备件消耗速度变化较大。

设时间为0时,备件库存量为 Q_{max},随着装备检修,备件因消耗库存量减少。当库存量降到规定的订货点 P_1 时,按订货量 q 去订货,经过待货期 T_{D1},库存量降到 a 时,新进的备件 q_1 到货,库存量上升到 b。经过第一个订货周期 T_{P1},备件库存量又降到规定的订货点 P_2 时,再按 q 去订货,这样反复进行的订货方式即为定量订货。这种订货方式的优点是手续简单,管理方便,只要确定订货点和订货量,按上述过程组织订货即可。缺点是订货时间不固定,最高库存量控制的不够严格,库存量容易偏多。这种订货方式适用于订货量较大、货源充足、单价较低、可以不定期订购的备件或批量的自制、外协加工备件。

（3）经济订购批量。经济订购批量是在满足生产需要的前提下,订货费用最小时的备件订购批量。备件的订购费用(如差旅费、管理费等)和仓储保管费用(如仓库管理资、保养费等)是随每次订购批量大小而变化的。从图5.3可以看出,每次订购的批量大,每年的订购次数少,则年订购费用小,但备件年平均仓储保管费用增加;每次订购的批量小则相反。备件的年订购货用与年平均仓储保管费用之和有一个最低点,与其对应的订购批量即为经济订购批量,即两次费用的代数和最小时的订购批量。备件的年需用量为 A,备件的每次订购费用为 C_2,单位备件的年仓储保管费用为 C_1,则经济订购批

量 Q_0 为

$$Q_0 = \sqrt{\frac{2AC_2}{C_3}} \tag{5.14}$$

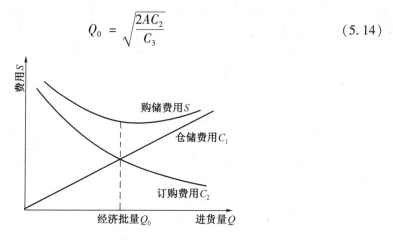

图 5.3　经济订购批量

2. 备件验收

把好入库验收关是提供合格备件的关键之一。备件入库前要进行数量和质量验收,查备件的品种规格是否正确,质量是否合格,数量是否齐全。验收的依据是定货合同和备件图纸(样)。对于标准件、通用件,根据采购计划和备件出厂检验合格证进行验收;属于专用备件,要按外协加工订购备件的要求进行验收;对于进口备件,要按合同约定的技术标准(如进口国标准、国际标准、出口国标准)进行验收。

(1)质量验收的一般内容:

① 外观检查。检查备件包装有无损坏,备件表面有无划痕、砂眼、裂缝、损伤、锈蚀和变质等。

② 尺寸和形位检验。检验备件的几何尺寸和形位偏差。

③ 物理性能检验。如硬度、机械强度、电气绝缘和耐压强度等检验。

④ 隐蔽缺陷检验。对关键备件进行无损探伤,查明材料质量和焊接质量等。

(2)抽样检验。备件的检验将全数检验和抽样检验两种方式。当检验费用较低、批量不大且对产品的合格与否比较容易鉴别时,全检不失为一种比较适用的检验方法。随着检测手段的现代化,许多产品可采用自动检测线进行检测,最近产品又有向全检发展的趋势。但是,全检存在着如下问题:

① 在人力有限的条件下全检工作量很大,要么增加人员、增添装备和地点,要么缩短每个产品的检验时间,或减少检验项目。

② 全检也存在着错检、漏检。在一次全检中,平均只能检出 70% 左右的不合格产品,检验误差与批量大小、不合格率高低、检验技术水平、责任心强弱等因素有关。

③ 不适用于破坏性检测等一些检验费十分昂贵的检验。

④ 对价值低、批量大的备件采用全检很不经济。

对于精密、大型、贵重的关键备件,对于在产品中混杂进一个不合格品将造成致命后果的备件,必须采用全检。

抽样检测是从一批备件(母本)中随机抽取一部分备件(子样、样本)进行检验,以样本的质量推断母本整体质量。从逐件判定发展到逐批判定,对检验工作来讲无疑是一个很大的变革。它适用的场合有:量多低值产品的检验,检验项目较多、希望检验费用较少的检验,刺激供货方提高产品质量等。

抽取备件的多少称样本大小,以样本质量推断母本质量可能有误判,误判率与样本大小有关。一般是事先规定误判风险,再确定样本大小。一般规定供方的风险为5%,用户的风险为10%。

判断抽样结果比较方便的方法是利用国家标准或国际标准规定的抽样方案表。我国已正式颁布的计数列抽样检验方案有:GB 2828—1987"逐批检查计数抽样程序及抽样表(适用于连续批的检查)",GB 2829—1987"周期检查计数抽样程序及抽样表",GB 8051—1987"计数序贯抽样检查程序及表",GB 8052—1987"单水平和多水平计数连续抽样检查程序及抽样表"等标准,国际标准化组织(ISO)颁布的有 ISO 2859—1974"计数抽样检查程序荐表"等标准。

5.3.5 备件仓库管理

给水装备备件仓库管理工作,是备件管理工作的一个重要组成部分。做好给水装备备件仓库保管工作,是做好给水装备备件供应工作的重要保证。必须加强备件的保管、保养,确保及时按质、按量地供应。合理储备、加速周转,提高给水装备备件仓库管理水平。

1. 仓库设置

目前,给水装备企业备件仓库的设置,有两种情况:一是大型联合企业,实行两级管理,两级设库。就是总厂设总库,总库只统管通用备件配件。分厂设库,统管分厂的全部专用配件。二是中小型企业,实行的是一级管理,一级设库。企业的备品、配件品种繁多,技术性能各异,储存的条件也各不相同,库房的内部设施也必须相适应。对仓库的基本要求如下:

(1)仓库位置要便于备件出入、运输、方便生产车间领用。要尽量避开有腐蚀性气体、粉尘、辐射热等有害物质的危害。

(2)库房要考虑防洪排水,避免库区积水。库房建在靠近海、河地带时,库房地基标高一定要高出历史最高水准以上。

(3)库房的水、电要方便。水是仓库安全消防的重要条件;电是备件运输、装卸机械化的动力和照明所必需的。

(4)库房要求防尘、防热、防冻、防潮、防震。既能封闭隔离,又能达到通风良好。

(5)室外露天库,地面应有排水坡度及小沟,应设置垫木或其他代用的垫置物。

2. 库存备件的盘点、盈亏与盈亏率

给水装备库存备件必须半年进行一次盘点,以确保备件的账、卡、物、资金统一。在盘点时如发现缺、盈余、损坏、质差、规格不符等情况,应查明原因,分别按盈亏调整、报废等填报清册,经机动部门核准,报财务部门或上级主管部门审批处理。

盈亏率是考核仓库保管工作的一项重要质量指标,盈亏率愈高,说明保管工作的质量愈低,反之,则说明保管质量是好的。

在计算盈亏时,不能盈亏相抵得出净盈或净亏的数字。不论盈或亏,都应按规定的手续分别报批处理,填写备件盈、亏、损耗报表。

库存备件收发、结存报表要准确,并及时报送机动和财务部门。通过盘点及统计,及时地向备件员、订货员、计划员发出库存信息,以便采取措施保持正常的备件库存水平。

5.3.6　备件 ABC 分类法管理

ABC 管理法又称价值分配法、重点管理法,它是基于"二八定律"。意大利经济学家帕雷特在统计社会财富分配时发现,大约占人口总数 20% 的人占有社会 80% 左右的财富。后来,从很多社会现象中都发现了这种统计规律,即所谓"二八定律",简单地说就是 20% 左右的因素占有(带来)80% 左右的成果。比如,占品种数 20% 左右的产品为企业赢得了 80% 左右的利润,占员工总数 20% 左右的员工做出了 80% 左右的贡献,当然这里所说的 20% 和 80% 并不是绝对的。总之,"二八定律"作为一个统计规律提示人们,不同的因素在同一活动中起着不同的作用,在精力有限的情况下,注意力显然应该放在起关键作用的因素上。备件管理的 ABC 分类法正是在"二八定律"的指导下,对备件进行分类,找出占用大量资金的少数备件,并加强对它们的控制与管理。对那些占少量资金的大多数物资则施以较松的控制和管理。

1. ABC 管理的分类方法

备件 ABC 分类管理法的原理是将维修所需各类备件,按单价高低、用量大小、重要程度、采购难易,分为 ABC 三类。占用储备金额较多、采购较难、重要性大的为 A 类备件,在订货批量和库存储备方面实行重点管理和控制;资金占用少,采购容易和比较次要的定为 C 类备件,采用较为简便的方法管理和控制;A、C 类之间的备件定为 B 类备件,实行一般的管理和控制。

一般,A 类备件大约占 10%,金额大约占 70% ～ 75%;B 类备件大约占 15% ～ 25%,金额大约占 20% ～ 25%;C 类备件大约占 65% ～ 75%,金额大约占 5% 左右,如图 5.4 所示。

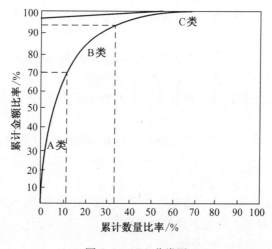

图 5.4　ABC 分类图

2. 备件的分类管理方法

对 A 类备件要严格管理,按备件储备定额进行实物量和资金额控制,确定合理的供货批量和供应时间,做到供应及时、储备降低;对 B 类备件按消耗定额和储备定额分类控制储备资金,按供应难易程度控制进货批量;对 C 类备件只按大类资金控制,其中单价低且经常消耗的备件可一次多进货,以减少采购费用,简化管理。

5.4　给水装备安全管理

预防事故,确保安全,是给水装备管理的一项重要工作。事故不仅会使国家和人民生命财产遭受不必要的损失,而且直接影响各项施工任务的完成。因此,给水企业各级管理人员必须高度重视安全管理,搞好预防事故工作。

5.4.1　事故的分类

由于人为操作不当或自然因素,给水装备在使用过程中难免发生事故,为实现对给水装备事故的有效控制,首先根据不同的分类方法对给水装备事故的发生进行分类,常用的分类方法有按事故的性质分和按损失程度分类。

1. 按事故的性质分

(1) 责任事故。责任事故是指因懈怠失职、违反安全规定造成的事故。例如工作不负责任、玩忽职守、管理不善、指挥不当或违反制度、规定、规程及技术要求等。

(2) 非责任事故。非责任事故是指因不可预见或不可抗拒的因素造成的事故。给水装备设计、制造、工厂修理上的缺陷等产品质量方面或由于自然灾害、自然磨损等不可抗拒和不可预见的客观原因造成的事故,均属于非责任事故,也称技术事故。此外,对当事者来说,由于对方责任造成的事故,也属于非责任事故。

2. 按损失程度分

给水装备事故按其造成的损失程度,分为等级事故和非等级事故。

(1) 等级事故,也称严重事故,共分三级。

① 符合下列条件之一的,为一级事故:造成给水装备、装备报废或者相当价值的经济损失;

② 符合下列条件之一的,为二级事故:造成给水装备、装备大修或者相当价值的经济损失;

③ 符合下列条件之一的,为三级事故:造成给水装备中修、重大换件或者相当价值的经济损失。

(2) 非等级事故。又称一般事故。损失程度未达到上列标准的事故为非等级事故。

5.4.2　事故的预防

事故的预防是有效降低给水装备事故发生概率的有效方法,本节首先系统梳理事故发生的一般原因,在此基础上确定事故的预防措施。

1. 给水装备事故发生的一般原因

(1) 人为因素:

① 上级指挥失灵。如赋予任务不适当,要求不合理等,致使给水装备在执行任务过程中超越性能和使用范围而发生的事故。

② 通信联络不畅通。如通信联络信号不明确,不能顺利传递等造成事故。

③ 施工或作业方法不对。

④ 未执行操作安全规则,或安全规则不明确、不安全。

⑤ 作业人员技术不熟练,工作经验不足。

⑥ 麻痹大意,或因疲劳、疾病等原因造成精力不集中,体力不支。

⑦ 保养、修理不良。

⑧ 受害者不注意。

(2) 非人为因素:

① 设计、修理及材料方面的问题。

② 自然力的损害。

2. 预防事故的措施

1) 加强经常性的安全教育

各级领导和管理干部除提高自身对安全工作重要性的认识外,还应经常对所属人员进行安全教育。注意抓住几个关键时机进行教育,做好工作。如长期无事故时,节假日、季节变换时,操作手(驾驶员)新老交替时,单装执行任务时,发生事故后,思想不愉快时,疲劳和有疾病时等,要针对不同特点,提出具体要求和相应的措施。

2) 健全安全组织

预防事故是一项经常性的工作,需要广大群众的积极主动精神和自觉行动,同时也要明确职责,有组织地开展工作。根据任务的特点、要求、场地、天候等情况,分队应设立安全检查员,执行任务的班、排根据情况也可设立安全员。给水装备场、库是给水装备和易燃、易爆物品集中存放的场所,易发生火灾、爆炸等事故,为确保给水装备安全,各单位应健全消防组织,制定消防计划,设置足够的消防器材,并组织必要的消防训练和演习。

为周密有效地组织消防工作,消防组织通常编有灭火、抢救、救护和警戒四个队(组)。给水装备场、库发生火灾后,灭火队(组)应迅速使用各种消防器材实施灭火;抢救队(组)负责抢救给水装备、装备和配件器材等,并将其运至安全地区;救护队(组)负责救护和护送负伤人员;警戒队(组)负责保护给水装备、装备和配件器材的安全,严格控制进出场人员。

消防计划的主要内容是:规定火灾警报信号;确定各队(组)的人员组成和履行职责的方法;抢救给水装备、装备和配件器材的疏散路线及地点;明确警戒和指挥位置;与上级及地方消防组织的联系及准许进场、库的规定;规定夜间发生火灾时如何解决照明等事项。

3) 做好预防事故的技术工作

预防事故的技术工作首先是人员的技术培训。操作人员应严格操作驾驶训练,熟悉操作方法和规程,掌握各种应急处理措施,在操作驾驶技术上杜绝事故的发生。修理工在保养、修理给水装备中要遵守工艺规程、操作规程,严格质量检查,不断提高技术水平。

其次是质量上的技术工作。各种给水装备都要按技术要求进行保养、修理,使其处于完好的状态。给水装备场、库设置要符合安全规定,必备的用具、材料等要配置在合适位置。

4）制定合理适用的规章制度

预防事故的措施要结合具体情况制定,应该具体、简明、易行。特别是安全作业规程,应使作业人员都能牢记。不要包罗万象,要有针对性。

预防事故措施是一种公约性的条文规定,一般由各单位根据具体情况采用自下而上,或自上而下的方法,发动群众讨论制定。一旦通过,就具有规章制度的性质,全体人员都必须遵照执行。其一般应有下述内容:① 对有关各级人员安全工作的总体要求。② 对开展安全工作方法的规定。③ 对共同注意事项的规定。④ 对群众性活动提出方案。

安全生产责任制,是对各级各种工作人员在安全工作中应负责任的具体规定。它比安全措施细致、简明,要求做每项具体工作的人熟记并执行。它由主管单位制定。

安全操作规程(规则),是对每一项具体技术工作规定的工作程序、方法、要领、注意事项等。只有严格遵守,才能在做具体工作时保证安全。

5.4.3 事故的处理

根据事故原因及事故影响的大小,常见的事故处理方法有现场处置和善后处置。各种事故处置方法的适用情况与方法如下所述。

1. 现场处置

事故发生之后,在现场及时有效地进行处置是查明原因,分清责任,减少损失,妥善处理的第一步。不同类型的事故,现场处置的方法不同。几种现场处置的基本方法和原则要求如下:

(1) 驾驶、操作人员发生事故的处置。驾驶、操作人员是装备的直接操作者,也是事故的直接参与者,因此,针对不同的事故类型,驾驶、操作人员应熟练掌握处置方法。常见的事故有交通事故、作业事故和火灾事故等。

当发生交通事故时,驾驶、操作人员应做到:① 立即停机,若机械、车辆严重颠覆或严重倾斜,应立即熄火;② 抢救受伤人员和物资,减少损失,想方设法采取一切措施减轻事故的危害程度;③ 注意保护现场,因抢救而移动现场时应设标志,若随意破坏现场,将受到加重处罚;④ 迅速报告当地公安、交通部门和自己的上级,听候处理。将发生事故的经过如实地向公安、交通部门和上级汇报。

当发生作业事故时,驾驶、操作人员的处置与交通事故处置基本相同,但不向地方公安、交通部门报告,只向有关主管部门和自己上级报告。

当发生火灾事故时,驾驶、操作人员应做到:① 立即熄火,关闭油箱开关。② 迅速切断火源,周围有电开关等应迅速切断电源。③ 迅速用二氧化碳灭火器或其他适于扑灭油类失火的灭火器材将火扑灭。若没有灭火器应使用砂土掩灭,绝对禁止用水扑救油火。④ 迅速转移一切易燃易爆物品,遮盖暴露的油器。⑤ 对于无法扑灭且对附近影响很大的给水装备应设法撤离危险区,以减少损失。火势大时,应报告消防部门,请求援助。⑥ 火扑灭后,应保护现场,并报告上级有关部门,听候处理。及时救护治疗受伤人员。

(2) 基层领导对事故的处置。基层领导处置交通和作业事故时:① 如在现场,应立即组织抢救受伤人员、给水装备和物资,并注意保护现场,同时向上级报告。② 如不在现场,应尽快赶赴现场,认真调查研究,查明事故原因及经过,协助公安、交通部门查清事故原因及责任,并做出结论。对有关交通事故的责任区分,应遵守地方交通部门的有关规定。③ 基本查清原因和分清责任后,如给水装备颠覆、损坏、不能自救时,应组织抢救、抢修,迅速恢复交通,将给水装备运回本单位或修理单位。

处置其他事故时:① 若发生火灾,应迅速组织人力进行抢救灭火,发生危险应采取有效措施,注意防止灾害扩大。② 灭火后,应在上级有关部门的统一组织下,及时清理现场,查明原因,分清责任。③ 若发生触电、化学损伤、中毒等事故,应及时按各种伤害救护规程对受伤人员进行抢救,并迅速报告卫生部门。

2. 善后处理

给水装备发生事故后,一般由主管部门负责处理。涉及人员及地方交通部门的事故,则主要由军务部门和政治部门负责处理,主管部门要大力协助,密切配合。

(1) 对肇事人员的处理。对肇事人员应本着实事求是的原则,根据事故危害程度,影响大小,本人对事故应负的责任和对事故的认识及以往的表现,给予恰当处理,对情节严重者给予纪律处分,直至追究刑事责任。若本人已在事故中身亡,则不追究其责任。

(2) 对损坏给水装备的处理。因事故损坏较严重的给水装备应由主管部门进行认真地检查鉴定,确定其技术状况,然后根据给水装备质量分类标准,确定其质量等级,未报废给水装备应进行三级保养以上的检修,重点检查有无严重变形、断裂及各种隐患,保养修理后,再投入使用。

(3) 事故的报告与登记、统计。发生事故后,分队应逐级向上级主管部门报送事故报告和《给水装备事故报告表》。事故报告的主要内容有:

① 给水装备技术状况。
② 操作手(驾驶员)情况。
③ 事故原因、经过、时间、地点。
④ 损失情况。
⑤ 事故性质和类别。
⑥ 主管部门处理情况。

事故的登记、统计是各级掌握情况,分析原因,预防事故的依据。发生事故后,应在《给水装备履历书》、分队的《事故登记簿》上登记,等级事故应在操作(驾驶)证上记载。主管部门根据报表上送时间进行事故统计,然后在《管理情况统计表》上填写,逐级上报。

(4) 事故处理后的教育和工作改进。事故发生后,各级领导应坚持教育为主,认真总结经验教训,同时利用事故实例对干部战士进行预防事故的教育。对于组织上、技术上和制度上的漏洞,要具体分析研究,提出改进办法,必要时修改预防事故措施和安全规程,防止再发生类似事故。

5.5 给水装备资产管理

给水装备资产管理是指企业对给水装备资产的形成、使用和处置等一系列活动进行的控制与规范。其目的是保持给水装备资产的安全完整,强化装备资产管理,优化资源配置,提高给水装备经费、资产的综合效益。

5.5.1 给水装备资产管理基础工作

给水装备资产管理的基础工作主要包括给水装备的分类与资产编号,给水装备的账卡、图牌板管理,给水装备档案管理,给水装备清查等工作。

1. 给水装备的分类与资产编号

为了对给水装备资产实行有效地管理,实现标准化、科学化和计算机化,满足企业生产经营管理的需要和企业财务、计划、给水装备管理部门及国家对给水装备资产的统计、汇总、核算的要求,对企业所使用给水装备必须进行科学的分类与编号,这是给水装备资产管理的一项重要的基础工作,也是掌握固定资产的构成、分析企业生产能力、开展经济活动的关键。

给水装备的分类编号主要依据是国家技术监督局批准发布的《固定资产分类与代码》国家标准 GB/T 14885—1994。该标准设置了土地、房屋及构筑物、通用给水装备等 10 个门类,基本上包括了现有的全部固定资产。同时,该标准还兼顾了各部门、各行业固定资产管理的需要,各部门、各行业还可在该标推下补充及细化本部门、本行业使用的目录,但高位类必须与国家标准相一致。

该标准适用于固定资产(包括给水装备资产)的管理、清查、登记和统计核算工作。具体的分类编号方法分述如下:

(1) 本标准设置的 10 个门类,以"一、二、三、…、十"表示,不列入编号。

(2) 将固定资产分为大类、中类、小类、细类 4 个层次,采用等长 6 位数字层次代码结构。第一、四层以两位阿拉伯数字表示,第二、三层以一位阿拉伯数字表示。其具体分类编号结构为:

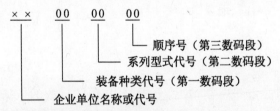

(3) 各层次留有适当的空码,以备增加或调整类目时使用。

(4) 第一、二、三层的分类不再细分时,在其代号后补"0"直至第 6 位。

(5) 本标准各层分类中均设有收容项,主要用于该项尚未列出的固定资产。

具体各类给水装备资产的编码详见《固定资产分类与代码》国家标准 GB/T 14885—1994,机械工业企业装备编号可参阅原第一机械工业部颁发的《设备统一分类及编号目录》及补充规定。

给水装备资产有了编号,在固定资产账和给水装备台账上就有了确定的位置,可以做到登录有序。给水装备的编号牌应有企业的名称或代号,使账、卡、物编号相符,便于给水装备清查与管理。

2. 给水装备的账卡管理

给水装备账卡的建立是给水装备管理工作的基础,是掌握给水装备数量和动态变化的主要手段。给水装备账卡不仅记载着每台在籍给水装备的详细规范和制造厂名,而且记录每台给水装备从购入、使用到报废为止的整个情况。主要账卡有给水装备明细台账、给水装备数量台账、主要给水装备技术特征卡、给水装备保管手册、给水装备动态卡片等。建立给水装备账卡对于正确及时掌握给水装备的数量和动态,加强给水装备的科学管理,以及用好、管好、修好给水装备等具有重大意义。

1）给水装备明细台账

给水装备明细台账是对企业全部在籍给水装备设置的。台账的排列次序应依照给水装备的分类编号,按系列型号、分规格从大到小进行排列,不同给水装备名称及型号规格均应分页建账。台账内容记载每台给水装备的主要技术特征、制造厂名、出厂时间、编号,同时还要记录给水装备自购入、使用、调动、改造直到报废整个技术动态和价值变化情况。

2）给水装备数量台账

给水装备数量台账是企业给水装备在籍数量分系列型号的统计台账,是给水装备明细台账在数量上的汇总。

3）主要给水装备技术特征卡

主要给水装备技术特征卡是专门为反映企业生产系统主要给水装备的技术特征而设置的,其内容记载着给水装备的技术特征、技术参数,以便随时查阅。

4）给水装备保管手册

给水装备保管手册是为车间、区队和其他部门使用给水装备而设置的,其内容、范围可由各单位自定。

5）给水装备动态卡

给水装备的移动频繁,对移动给水装备应建立移动给水装备动态卡,是用来记录给水装备情况的卡片。卡片记录的内容主要是给水装备的技术特征、制造厂名、给水装备的移动情况。

3. 给水装备的图牌板管理

给水装备的图牌板管理是根据不同的用途制作各种图牌,将标有给水装备名称、编号的小牌挂在图板不同的位置上,可以直观地了解给水装备的数量、分布情况、利用情况等。当给水装备有变动时,可移动或变换小牌的位置,简捷方便。企业给水装备管理部门可设置施工给水装备、修理给水装备、库存给水装备牌板、统计指标牌板等。车间、分队也应设置本部门管理范围内的给水装备牌板。

1）施工给水装备牌板

施工给水装备牌板是掌握给水装备使用情况的总牌板。板上按给水装备的使用单位不同挂有给水装备小牌,给水装备如有变动,应根据给水装备的调动和交换手续随时变换小牌的位置。给水装备牌板由给水装备管理部门的专职管理员管理。

2）给水装备修理牌板

给水装备修理牌板是反映给水装备修理情况的牌板。板上按给水装备的修理地点挂牌。

3）库存给水装备牌板

库存给水装备牌板是反映企业给水装备在库房存放、未使用的牌板。它包括备用、停用、待修、闲置等给水装备,在板上按给水装备状态分类挂牌。

4)给水装备"四率"统计牌板

给水装备"四率"统计牌板是给水装备管理部门掌握给水装备的使用率、完好率、待修率、事故率的统计牌板。牌板上记载各种给水装备的在籍、使用、带病运转、待修和事故记录。

除上述图牌板外,还可根据具体情况设置相应的管理牌板等。

4. 给水装备档案管理

给水装备档案是指给水装备从规划、设计、制造、调试、使用、维修、改造、更新直至报废的全过程中形成的图样、方案说明、凭证和记录等文件资料。它是给水装备寿命周期内全部情况的历史记录,一般应包括给水装备的原始档案和服役档案两部分。

给水装备的原始档案是指给水装备前期的有关文件资料,以及关于购置、调试所形成的文件材料。

给水装备的服役档案是指给水装备在使用、维修、改造、大修和报废等各个环节活动中所形成的有关文件资料。其主要包括:① 给水装备技术特征卡;② 给水装备运转记录;③ 给水装备检修改造记录;④ 给水装备技术测定记录;⑤ 给水装备技术图纸、图册档案;⑥ 给水装备事故管理档案;⑦ 给水装备报废鉴定报告档案。

由于给水装备种类繁多、规格型号复杂,因而只能有重点地选择主要生产系统中对生产和安全有较大影响的给水装备及相关系统建立给水装备服役档案。

给水装备档案管理就是对给水装备的资料进行收集、鉴定、整理、立卷、归档和使用的管理。给水装备的档案资料应按每台给水装备整理,存放在档案袋内,档案编号应与给水装备编号一致,给水装备档案袋由给水装备管理和维修部门负责管理,保存在档案柜内,按顺序编号排列,定期进行登记和资料入袋工作。具体应做到:

(1)给水装备档案要有专人负责管理,不得处于无人管理状态。

(2)明确纳入给水装备档案各项资料的归档程序。

(3)明确定期登记的内容和负责登记的人员。

(4)制定给水装备档案的借阅管理办法,防止丢失和损坏。

(5)对重点管理给水装备的档案,做到资料齐全、登记及时、准确。

5. 给水装备清查

企业要对给水装备进行定期的清查,这是因为企业在生产经营过程中,由于给水装备的调入、调出、内部变动、报废清理,以及使用、维修、更新、改造等,使给水装备在数量、质量、地区分布上都会发生变化,为了解给水装备的实际情况,必须对给水装备进行定期或不定期清查盘点。

给水装备清查盘点一般在年终进行,若有特殊情况发生,则要进行特别清查盘点。通过盘点实物,及时调整有关账面记录,以保证账、物相符。

给水装备清查盘点时,要求有关清查人员和使用或保管人员同时在场,并要编制清查盘点表和给水装备盘盈、盘亏报告表。在清查盘点中,如果有需要报废清理的给水装备,必须按报废清理的有关程序进行。

给水装备的盘盈、盘亏必须及时入账,并按规定报有关部门审批。对盘盈给水装备防查明原因外,还应将该给水装备的有关资料,如制造厂家、出厂时间、主要技术特征、结构、性能、附属给水装备、磨损程度等了解清楚,并编号建立账卡,对于盘亏的给水装备必须追查原因,针对不同情况分别进行处理。盘亏原因不清或没有处理结果的,不准上报核销。

5.5.2 给水装备资产管理方法

本节首先对给水装备的定额管理方法进行分析,在此基础上进一步系统分析了给水装备资产管理的资产结构、资产估价、资产折旧等内容进行分析。

5.5.2.1 给水装备的定额管理

给水装备的定额管理是工业企业在特定生产工艺条件下为完成计划产量所需给水装备数量的标准。

合理的给水装备定额能保证生产任务的完成和企业综合经济效益的提高,从而达到用最少的给水装备,完成尽可能多的施工任务,即以最少的投入获得最大的经济效益。

给水装备的定额是随着企业生产环节、布局、任务的变化而变化的。当企业原设计能力不能满足需要时,企业及时调查核定,对环节进行技术改造,修订出新的给水装备定额,以及提高给水装备综合生产能力保证生产任务的完成。

在进行给水装备定额时,首先需要调查核定以下几方面内容,在此基础上计算给水装备合理的额定台数。

(1)数量。清查企业给水装备的在用、停用、在修、待修、闲置、借入及借出等在籍总台数,进行分类统计。分析给水装备各数目是否合理,计算待修率、使用率是否符合规定,停用闲置数是否过多,能否提供平衡调配等。

(2)质量。给水装备经过长时间使用,产生不同程度磨损。通过各种形式的修理,仍不能恢复其原有性能。随着使用年限的不断延长,其经济寿命也逐渐衰竭。因此,同样的给水装备因使用和修理条件的不同,产生不同的质量,其功能也各异,又因检修次数和质量成反比,所以在确定给水装备定额时,质量因素要作为考核的内容。

(3)功能。主要给水装备要通过技术测定,检查给水装备能力是否满足额定要求,技术参数是否达到设计标准。生产系统要通过能力查定来分析比较,查清给水装备单项生产能力和综合生产能力。能力不足会限制生产,能力过大会浪费能源和加大给水装备投资,只有合理选择,才能发挥装备的综合能力,适应施工的需要。

(4)性质。由于给水作业的特殊性,对某些给水装备的安全性、可靠性、重要性要求较高。编制这类给水装备定额,要遵照有关规定进行核算。

定额计算必须依据一定的定额标准,而定额标准则必须是依照一定的生产条件、技术条件,在合理生产布局、合理选用给水装备的情况下进行分析判断,才能确定出合理的定额标准。

5.5.2.2 给水装备的资产管理

企业的资产包括固定资产和流动资产,以下部分主要研究固定资产的管理。固定资产是指企业使用期较长、单位价值较高,并且在使用过程中保持原有物质形态的资产。它具有以下特征:

(1)使用期限超过规定的期限,一般在一年以上的建筑物、给水装备、工具等应作为固定资产;不属于生产经营的主要物品,单位价值在 2000 元以上,并且使用期限超过两年的也应作为固定资产。凡不符合上述条件的作为低值易耗品时,其购置费摊入企业生产成本。

(2) 使用寿命是有限的(土地除外),需要合理估计,以便确定分次转移的价值。

(3) 用于企业的生产经营活动,以经营为目的,而不是用于销售。

1. 固定资产的分类与结构

企业固定资产种类繁多,为了加强管理,便于组织核算,必须进行科学的分类。

(1) 按固定资产经济用途分类,可分为经营用固定资产和非经营用固定资产。经营用固定资产是指直接参与及服务于企业生产、经营过程的各种固定资产。非经营用固定资产是指不直接服务于生产、经营过程的各种固定资产。这种分类可以反映企业经营用固定资产和非经营用固定资产之间的组成和变化情况,促使企业合理地配备固定资产,提高投资效益。

(2) 按固定资产使用情况分类,可分为在用固定资产、未使用固定资产、不需用固定资产和出租固定资产四类。这种分类可以分析固定资产的利用程度,提高固定资产的利用率。

(3) 按固定资产的综合分类,可分为生产经营用固定资产、非生产经营用固定资产、出租固定资产、融资租入固定资产、未使用固定资产、不需用固定资产和土地七大类。

(4) 按固定资产结构特征性能分类,可分为房屋、建筑物、机械动力装备、传导装备、运输给水装备、贵重仪器、管理用具及其他。

按上述固定资产的分类,用固定资产原值计算各类固定资产占全部固定资产的比重或各类固定资产之间相互比例就形成了企业固定资产结构。

2. 固定资产的价值

正确确定固定资产价值,不仅是固定资产管理和核算的需要,也关系着企业收入与费用的配比。在固定资产的核算中,一般采用的计价标准有原始价值、净值和重置完全价值。

1) 原始价值

原始价值义称原值,是指企业在建造、购置或以其他方式寻取某项固定资产达到可使用状态前所发生的全部支出。固定资产来源渠道不同,其原始价值的组成也不同。一般应包括建筑费、购置费和安装费等。固定资产的原值是计算提取折旧的依据。企业由于固定资产的来源不同,其原始价值的确定方法也不完全相同。从取得固定资产的方式来看,有购入、借款购置、接受捐赠、融资租入等多种方式。

(1) 购入固定资产是取得固定资产的一种方式。购入的固定资产同样也要遵循历史成本原则,核实际成本入账,记入固定资产的原值。

(2) 借款购置的固定资产计价有利息费用的问题。为购置固定资产的借款利息支出和有关费用,以及外币借款的折算差额,在固定资产尚未办理竣工决算之前发生的,应当计人固定资产价值,在这之后发生的,应当计入当期损益。

(3) 接受捐赠的固定资产的计价,所取得的固定资产应按照同类资产的市场价格和新旧程度估价入账,即采用重置价值标准;或者根据捐赠者提供的有关凭据确定固定资产的价值。接受捐赠固定资产时发生的各项费用,应当计入固定资产价值。

（4）融资租入的固定资产的计价租赁费中包括了给水装备的价款、手续费、价款利息等。为此,融资租入的固定资产按租赁协议确定的给水装备价款、运输费、调试费等支出计账。

2）净值

固定资产的净值是指固定资产原始价值或重置完全价值减去累计折旧后的余额。固定资产净值可以反映企业实际占用固定资产的数额和企业技术装备水平。主要用于计算盘盈、盘亏、毁损固定资产的溢余或损失及计算固定资产的新度系数等。

3）重置完全价值

重置完全价值又称现实重置成本,是指在当时的生产技术条件下,重新购置同样固定资产所需的全部支出。它主要用于清查财产中确定盘盈固定资产价值或根据国家规定对企业固定资产价值进行重置时用来调整原账面的价值。

4）残值与净或值

残值是指固定资产报废时的残体价值,即报废时拆除后余留的材料、零部件或残体的价值。净残值是指残值减去清理费用后的余额。现行财务制度规定,各类固定资产的净残值比例按固定资产原值的 3% ~5% 确定。

5）增值

增值是指在原有固定资产的基础上进行改建、扩建或技术改造后增加的固定资产价值。增值额为由于改建、扩建成技术改造而支付的费用减去过程中发生的变价收入。

3. 固定资产折旧

固定资产折旧是指固定资产在使用过程中由于损耗而转移到产品成本或经营费用中的那部分价值。其目的在于将固定资产的取得成本按合理而系统的方式折旧,在它的估计有效使用期间内进行摊配。固定资产的损耗分为有形和无形两种,有形损耗是固定资产在生产中使用和自然力的影响而发生的在使用价值和价值上的损失;无形损耗则是指由于技术的不断进步,高效能的生产工具的出现和推广,从而使原有生产工具的效能相对降低而引起的损失。因此,在固定资产折旧中不仅要考虑它的有形损耗,而且要适当考虑它的无形损耗。

1）计算提取折旧的意义

折旧是为了补偿固定资产的价值损耗,折旧资金为固定资产的更新、技术改造、促进技术进步提供资金保证。正确计算提取折旧可以真实反映产品成本和企业利润,有利于科学评价企业经营成果,可为社会总产品中合理划分补偿基金和国民收入提供依据,有利于安排国民收入中积累和消费的比例关系。

2）确定给水装备折旧年限的一般原则

（1）统计历年来报废的各类给水装备的平均使用年限,作为确定给水装备折旧年限的参考依据。

（2）给水装备制造业采用新技术进行产品换型的周期,也是确定折旧年限的重要参考依据之一。

（3）对于精密、大型、重型稀有给水装备,由于其价值高而一般利用率较低,且保养较好,故折旧年限应大于一般通用给水装备;对于国产给水装备,由于其配件购买与维修方便,其折旧年限应比进口给水装备的折旧年限短些;对于更新换代较快的给水装备,其折旧年限要短,应与产品换型相适应。

(4)给水装备生产负荷的高低、工作环境条件的好坏,也影响给水装备使用年限。实行单项折旧时,应考虑这一因素。

3)影响折旧的因素

影响折旧的因素主要有以下三个方面,一是折旧基数,一般为取得固定资产时的原始成本;二是固定资产净残值,即固定资产报废时预计可回收的残余价值扣除预计清理费用后的余额,一般为固定资产原值的3%~5%;三是提出固定资产的使用年限,也就是提取折旧的年限。

4)计算折旧的方法

计算折旧的方法有直线法、工作量法、双倍余额递减法、年数总和法、加速折旧法。由于折旧计算方法的选择直接影响到企业成本、费用的计算,因此,对折旧计算方法的选用国家历来有比较严格的规定。为了鼓励企业采用新技术,加快科学技术向生产力转化,增强企业后劲,允许某些企业经国家批准采用加速折旧法。

5.5.3 给水装备登记与统计

给水装备的登记统计是给水装备管理人员掌握给水装备资产的基本内容,因此本节主要对给水装备的登记统计的内容、制度、方法等进行分析。

5.5.3.1 给水装备登记

给水装备登记是给水装备管理工作中一项经常性的重要制度,其基本任务是:及时、准确、全面地对给水装备的各种数据做好登记,提供可靠、真实的资料,为主管部门决策提供科学依据。

给水装备登记的主要内容包括:

(1)给水装备履历书;

(2)值班日记;

(3)给水装备出入场登记;

(4)给水装备动态登记;

(5)机(车)场日登记;

(6)机工具、装备检查登记;

(7)给水装备使用登记;

(8)给水装备移交登记。

5.5.3.2 给水装备统计

统计管理不仅是给水装备管理中的重要内容之一,而且是掌握给水装备工作基本情况和进行管理工作分析的基本依据。管理部门及使用单位必须加强领导,建立健全给水装备统计制度,切实做好统计工作。

1. 统计的基本任务

(1)及时掌握所属给水装备的数、质量,动态分布及增减情况。这不仅是主管部门、使用分队改进业务工作的依据,而且也是首长和司令部门安排作战、训练、施工、进行给水装备调动不可缺少的依据。因此,各级主管部门和使用分队主管干部,都必须随时掌握这些基本情况,及时准确地向首长提供有关资料和情况。

(2)定期进行使用、修理、安全及配件、油料、材料等方面的消耗统计,并进行分析。这是进行统计工作的主要方面,它不仅反映出给水装备使用的主要情况,而且可据此进行各种使用指标的计算、分析,促进给水装备的合理使用。同时,运转小时和行驶里程的统计是安排使用、保养和修理的重要依据。

(3)负责建立和及时填写技术档案。技术档案分两种:一种是随机(车)文件档案,即每机(车)一份,调动时随机(车)移交,其内容主要有给水装备出厂时的技术文件、给水装备履历书以及修理、事故等记录资料,它是对单台给水装备具体管理的依据,必须及时填写和妥善保管;另一种是综合技术资料档案,其内容因各单位的任务不同而有所区别,主要有给水装备的使用、修理、管理等方面的技术业务资料及经验等。这些档案资料对提高工作效率和改进工作方法具有重要作用,因此,在工作中应随时注意搜集、整理,以便应用。

(4)办理有关封存、改装、报废和外借、出勤的统计。

2. 统计的基本要求

(1)及时。统计报表一定要在规定的期限内填写好送上去。因为统计数字有时效性的特点,如果统计数字过了一定的时间才获得,就会降低其作用,甚至变成无用数字;如果下级报表不及时,还会影响上级机关按时汇总分析工作。

(2)准确。填写报表必须准确,否则,就失去它应有的作用。要求表内填写的各项内容,要与实际相符,不得估计推算,更不得乱填虚报。同时,填写的报表要按上级的填表规定,统一格式。

(3)清晰。采用手工填写的报表,字迹要清晰,表格整齐美观;采用计算机填写的报表,应用规定的版本。

(4)保密。统计报表具有一定的保密性,如给水装备实力统计表,表明部队的实力装备程度,战斗力的强弱,所以必须妥善保管,不得遗失。

(5)凡上报的统计表,必须按规定加盖私章与主管首长印章,并写明制表人姓名和时间。

3. 统计报表的制作

随着给水装备管理软件的不断开发和在给水装备管理中的应用,给水装备管理统计报表越来越规范,制作越来越简单。制作统计报表的基本方法和要求有:

(1)熟悉报表制作的目的、要求、表格式样、填写方法。

(2)明确上报时间,计划填表时间。统计报表制作时间往往是在数据汇集截止期与上报日期之间的较短时间内完成,这个时间越短,统计就越准确可靠。因此,各单位都应根据上级要求和各级处理信息的能力规定适当的时间,以保证报表的质量。

(3)掌握全部必须的汇总数据、资料,如果资料不全,应查明原因,设法找全,一般情况下不应随意留空格。

(4)核实原始记录,发现错误及时处理。

(5)附注、备注等栏内填写不易用数据反映或表达不清的事项。

(6)报表制作人、单位负责人要按规定签章,以示负责。重要报表应加做封面或采用标准式样的封面。

4. 统计分析

统计工作主要是有目的地收集本单位有关给水装备管理的详细资料,并把它们加工整理成能够反映给水装备管理某一方面的指标数据。但这并非给水装备统计的最终目的。统计工作的最终目的是要对这些数据进行分析研究,以揭示所研究对象的发展变化规律,判定成绩或差距,揭露矛盾,找出薄弱环节,提出措施,改进工作。

1)统计分析方法

给水装备统计分析的基本方法是对比分析法。客观事物是具有内在联系的,是在对立的统一中发展的。人们只有在事物的相互联系中进行分析研究,才能正确地认识事物。给水装备统计指标也是一样,单个给水装备的统计指标数值往往说明不了什么问题,必须从相互对比中才能发现问题。一般来说,统计指标与统计指标之间,不同统计指标的变化规律都存在着某种正常的关系。这种关系虽然不能象数学函数关系那样严密,但也具有某种规律性或某种逻辑联系。通过对比分析,就可以发现不符合正常规律或正常关系的现象,即发现矛盾或问题。

2)对比分析方法的具体运用形式

(1)统计指标本身的表现形式就具有对比的属性。凡是一些以百分数形式表示的统计指标,如给水装备的完好率、修理间隔期定额完成率等,即使不与其他指标对比,其本身就具有对比的属性,在一定程度上就能说明一些问题。

(2)同一统计指标不同时期的前后对比。把同一统计指标在不同时期的统计结果互相对比,可以反映其变化发展的情况与趋势,并从中得出某些结论。

(3)与某一客观标准对比。这也是常用的一种对比分析法,这个客观标准可以是上级颁发的定额指标,也可以是外单位的同类参考性指标。这些客观标准是别人已经做到的客观事实。通过对比分析,找出差距,作为改进工作的动力;或者找出优势的原因,为保持优势或进一步扩大优势指明方向。

(4)不同类统计指标之间变化规律的对比。这里说的不同类统计指标,是指统计指标的变化情况之间的对比关系与正常规律之间的对比。因为有关给水装备的各项因素之间有着内在的联系,某一因素的变化可以引起其他因素的相应变化,通过对几项指标变化情况之间的对比,就能更深入更全面地揭示出给水装备及其他有关方面存在的问题。

5.5.4 给水装备租赁

给水装备租赁是将某些给水装备出租给使用单位(用户)的业务。企业需要的某种或某些给水装备不必购置,而是向给水装备租赁公司申请租用,按合同规定在租期内按时交纳租金,租金直接计入生产成本。给水装备用完后退还给租赁公司。这样,可以减少企业固定资产投资,使固定资产流动化,降低成本;可以加速提高给水装备的技术水平和增强企业的竞争能力,减少技术落后的风险,促进企业加强经济核算、改善给水装备管理。

1. 给水装备租赁方式

给水装备租赁方式一般可分为两大类,即社会租赁和企业内部租赁。

1）社会租赁方式

依据现代给水装备管理的社会特征，依靠和借用社会力量来解决企业需用的给水装备，是为企业获得良好经济效益的重要途径之一。社会租赁就是由社会上的专业租赁公司将给水装备租赁给需用给水装备的单位。其具体方式有金融租赁（也称融资租赁）、维修租赁（也称管理租赁）、经营租赁（也称服务性租赁）和出租等。目前，我国采用较多的是融资租赁和经营租赁。

经营租赁是指只出租给水装备的使用权，而所有权仍为出租企业的租赁。经营租赁方式主要是为解决企业生产经营中临时需要的给水装备。承租企业的责任是按租赁合同的规定按时支付租金，保证租入给水装备的完好无损，对租入的给水装备不计提折旧；承租企业对租入的给水装备支付的租金和进行修理所发生的费用均作为制造费用计入产品成本。

融资租赁既出租给水装备的使用权，又出租给水装备的所有权，在承租企业付清最后一笔租金后，给水装备的所有权就转移到承租企业。融资租赁与经营租赁具有本质上的区别，在管理上也不相同。

以融资租赁方式租入的给水装备，其所有权也租给承租企业。因此，承租企业必须将其视同自有资产进行管理，直接登入企业固定资产有关明细账内。承租企业在使用融资租入给水装备期间，需计提折旧，作为企业的制造费用或管理费用处理。承租企业按承租协议或合同规定每期支付的租金，包括给水装备买价的分期付款、运杂费、未偿还的部分利息支出和出租企业收取的管理费和手续费等，支付的租金不能直接计入生产成本。

由以上分析可以看出，融资租赁实质上是以实物资产作为信贷，租金是对信贷资产价值的分期偿还。融资租赁方式一般主要用于中小型企业的主要施工给水装备，可以解决企业资金不足的问题。从某种意义上说，融资租赁方式也是企业筹集资金的重要方式之一。

2）企业内部租赁方式

内部租赁是在大型联合企业内部实行的一种租赁制度。目的是为了加强给水装备管理，充分发挥给水装备资产的使用效益，防止积压浪费，把基层企业的全部或部分给水装备由给水装备租赁公司(站)租给基层企业。目前，给水施工行业内部租赁方式可归纳为维修租赁和承包租赁两种。

维修租赁是指租赁给水装备的单位对租入给水装备只负责使用和日常维护、保养，修理工作由租赁站负责。目前，我国企业大多采用这种方式。具体做法是：① 在一个公司内，各分队将需要租赁的给水装备在年度计划内确定，由装备动力部门与给水装备租赁站签订租赁合同。合同格式各地虽有所差别，但其主要内容和格式是一致的。② 给水装备租赁站按合同要求将给水装备送到施工地域或自行提运。③ 自给水装备到达之日起计算租金，给水装备使用完毕，由使用单位负责收回放到指定地点后，即停止计算租金，由租赁站派车(或委托运输部门)将给水装备运回租赁站，经技术鉴定后，需要进行修理的送修理厂进行修理，修好后验收入库待租。

承包租赁有两种形式，即自带给水装备承包工程、租赁给水装备并配备司机。其收费办法按承包项目或台班计贷。

2. 给水装备内部租赁租费的计算、安排和使用

1）给水装备内部租赁费的计算

对于给水装备的租赁费标准，目前尚无统一规定。主要费用项目应包括基本折旧费、大修费、维修费（中小修）、运输费和管理费等。

月租赁费 F 的计算式为

$$F = \frac{1}{12} \times \left(\frac{P}{n} + Pk + M_x + C_y + C_g \right) \tag{5.15}$$

式中：P 为租赁给水装备的原值；n 为给水装备规定的使用年限；k 为租赁给水装备大修年提存率；M_x 为租赁给水装备年平均修理费（中小修）；C_y 为给水装备年平均运输费；C_g 为租赁应分摊的租赁站的管理费。

需说明：外部租赁时要加税收。

2）给水装备租赁费的安排和使用

给水装备租赁费是维持给水装备正常运转、进行技术改造和更新的主要资金来源，必须合理地安排和使用，租赁费一般按月计算，由财务部门或租赁站统一核收。基本折旧费和大修费应纳入财务计划统一安排使用，中小修理费、运输费、管理费统一由租赁站安排使用。使用的原则是先提后用、量入为出、以租养机、专款专用、收支平衡。对于修理费用多数是按实际支出进行决算，实行多退少补的办法。给水装备保养得好，修理费就会比计划低，剩余的退给冲减成本。修理费用超支的由上级补交。这样就可以促使上级加强给水装备管理，给水装备使用完毕，应及时回收，尽量减少丢失和损坏现象。

5.5.5 给水装备回收、封存与闲置处理

为实现给水装备的效益最大化，除给水装备的正常使用外，对于无法再次使用的装备可以采用回收法回收可以继续使用的零部件；而对于短时间内不需要使用的装备，可以采用封存或租赁等方法进行处理。

1. 给水装备回收

给水施工因其自然环境恶劣，给给水装备管理带来了很多困难。多数的给水装备使用一定时期后，为了补充装备的磨损，恢复其性能，需要及时拆除、维修，通常把这一过程称为给水装备回收。给水装备回收是给水装备管理工作中一个不可缺少的重要环节。搞好给水装备回收工作，对给水装备的安全性、技术性、经济性都有极其重要的意义。

回收工作可分为以下四种类型：

（1）终点回收。终点回收是指一次施工作业完成后，对给水装备进行一次回收，安排检修。

（2）更换、更新回收。给水装备在运转中磨损、事故中损坏，造成的更换、更新回收。

（3）大修期回收。按给水装备大修间隔期进行大修。

（4）日常零件回收。给水装备在日常作业过程中，遇到一般问题可以现场修理的可在现场直接进行修理。

回收的给水装备要认真鉴定，根据给水装备的磨损程度制订出检修方案和计划，无修复可能的给水装备申请报废。鉴定的原则是：既要依据给水装备的技术性，也要考虑给

水装备的经济性。

2. 给水装备封存

封存是对企业暂时不需要使用的给水装备的一种保管方法。对于企业暂不需用或需要连续停用6个月以上的给水装备应进行封存。经企业给水装备管理部门核准封存的给水装备,可不提折旧。封存分原地封存和退库封存,一般以原地封存为主。

1) 给水装备封存的基本要求

(1) 对于封存的给水装备要挂牌,牌上注明封存日期。给水装备在封存前必须经过鉴定,并填写"给水装备封存鉴定书"作为"给水装备封存报告"的附件。

(2) 封存的给水装备必须是完好给水装备,损坏或缺件的给水装备必须先修好,然后封存。

(3) 给水装备的封存和启用必须由使用部门向企业给水装备主管部门提出申请,办理正式申批手续,经批准后生效。

(4) 对于封存的给水装备必须保持其结构完整,技术状态良好,妥善保管,定期保养,防止损失和损坏。

(5) 给水装备封存后,必须做好给水装备防尘、防锈、防潮工作。封存时应切断电源,放净冷却水,并做好清洁保养工作,其零、部件与附件均不得移作他用,以保证给水装备的完整;严禁露天存放。

2) 给水装备封存范围

在工业企业中,需要封存的给水装备一般包括以下几类:由于任务变更、施工方法的改变、钻井施工地点的变动等原因暂时停用的给水装备。经清产核资、给水装备普查等暂时停止使用的,停用在6个月以上的给水装备(不包括备用或因季节性生产、大修等原因而暂时停止使用的给水装备)。

3. 闲置给水装备的处理

企业闲置给水装备是指企业中除了在用、备用、维修、改装、特种储备、抢险救灾所必需的给水装备以外,其他连续停用一年以上的给水装备,或新购进的两年以上不能投产的给水装备。

企业闲置给水装备不仅不能为企业创造价值,而且占用生产场地、资金,消耗维护保管费用,因此,企业应及时积极地做好闲置给水装备的处理工作。企业除应设法积极调剂利用外,对确实长期不能利用或不需用的给水装备,要及时处理给需用单位。企业闲置给水装备的处理方式主要有出租、有偿转让等。

1) 给水装备出租

给水装备出租是指企业将闲置、多余或利用率不高的给水装备出租给需用单位使用,并按期收取租金。企业在进行给水装备出租时,需与给水装备租用单位签订合同,明确出租给水装备的名称、数量、时间、租金标准、付费方式、维修保养责任和到期收回给水装备的方式等。

给水装备出租可以解决给水装备闲置,充分发挥给水装备效能,并收回部分资金,提高效益。租入给水装备的企业也可用少量的资金解决生产需要。

2) 给水装备有偿转让

给水装备有偿转让是指企业将闲置给水装备作价转让给需用给水装备的单位,也就是将给水装备所有权转让给需用给水装备的单位,从而收回给水装备投资。企业在转让给水装备时,应按质论价,由双方协商同意,签订有偿转让合同,同时应连同附属给水装备、专用配件及技术档案一并交给接收单位。

国家规定必须淘汰的给水装备,不许扩散和转让。待报废的给水装备严禁作为闲置给水装备转让或出租。企业出租或转让闲置给水装备的收入,应按国家规定用于给水装备的技术改造和更新。

5.5.6 给水装备折旧与更新

对于老旧的给水装备,需要按照一定的计算方法进行折旧,同时为保证企业的施工能力,需要及时购置新的给水装备,本节主要对给水装备的折旧与更新的理论与方法进行研究。

1. 折旧的定义

折旧是指固定资产由于损耗而转移到产品中去的那部分以货币形式表现的价值。

固定资产的折旧分为"基本折旧"和"大修折旧"两类。基本折旧用于固定资产的更新重置,也就是对固定资产实行全部补偿。大修折旧用于固定资产物质损耗的局部补偿,以便维持其使用期间的生产能力。

按年分摊固定资产价值的比率,称为固定资产的年折旧率。折旧率的大小与装备的价值、大修费用、现代化改造费用、残值和预计使用的年限等因素有关。有的企业按基本折旧率和大修折旧率分别提取:有的企业按一定折旧率一起提取,再按一定比例分成基本折旧基金和大修理基金分别使用。此外,国家还规定基本折旧基余按一定比例上交主管部门。

2. 折旧的计算方法

折旧率的计算方法较多,下面介绍几种。

1)直线折旧法

目前使用最广泛的是直线折旧法。这种方法是在装备使用年限内,平均地分摊装备的价值。计算公式如下:

对于装备基本折旧率

$$\alpha_b = \frac{K_0 - L}{TK_t} \times 100\% \qquad (5.16)$$

对于装备大修折旧率

$$\alpha_r = \frac{K_r}{TK_t} \times 100\% \qquad (5.17)$$

式中:K_0 为装备的原始价值;K_t 为装备的重置价值;L 为预计的装备残值;T 为装备的最佳使用年限;K_r 为在 T 时间内大修理费用总额。

我国的装备基本折旧率和大修折旧率就是用上述方法计算的。但其中有两个重要参数的取值与上式不同:一是装备使用年限不是按照最佳期确定的,而是普遍地延长装备使用年限;二是装备价值不是采用重置价值,而是采用原始价值。故基本折旧率 α_b' 和大修理折旧率 α_r' 分别为

$$\alpha_b' = \frac{K_0 - L}{T_n K_0} \times 100\% \qquad (5.18)$$

$$\alpha_r' = \frac{K_r}{T_n K_0} \times 100\% \qquad (5.19)$$

式中：T_n 为延长的装备使用年限，有的已接近装备的自然寿命。

2）加速折旧法

采用加速折旧法的理由是装备在整个使用过程中，其效果是变化的。在使用期限的前几年，由于准备处于较新状态，效率较高，为企业可创造较大的经济效益。而后几年，特别是接近更新期时，效能较低，为企业创造的经济效益较少。因此，前几年分摊的折旧费应当比后几年要高些。下面介绍年限总额法的计算方法。

这种方法是根据折旧总额乘以递减系数 A，来确定装备在最佳使用年限 T 内某一年度（第 t 年）的折旧额 B_t，即

$$B_t = A(K_t - L) \qquad (5.20)$$

$$A = \frac{(T+1) - n}{\dfrac{(T+1)T}{2}}$$

式中：n 为第 n 年。

上式中递减系数的分母值为

$$1 + 2 + 3 + \cdots + T = \frac{(T+1)T}{2}$$

3）复利法（偿还基金法）

这种方法考虑到费用的时间因素。它是在装备使用期限内，每年按直线法提取折旧，同时按一定的资金利率计算利息，故每年提取的折旧额加上累计折旧额的利息与年度的折旧额相等。待装备报废时，累计的折旧额和利息之和与折旧总额相等，正好等于装备的原值，以补偿装备的投资。

按照直线折旧法，如每年计划提取的折旧额为 B，资金利润率为 i，使用年限为 n，则第 k 年提取的折旧额和利息应为

$$C_k = B(1 + i)^{n-k} \quad (k = 1,2,\cdots,n) \qquad (5.21)$$

则 $\displaystyle\sum_{k=1}^{n} B(1+i)^{n-k} = K_0 - L$，整理得

$$B = (K_0 - L)\frac{i}{(1+i)^n - 1} \qquad (5.22)$$

式中：K_0 为装备的原始价值；L 为装备的残值；$\dfrac{i}{(1+i)^n - 1}$ 为资金积累系数（折旧基金率），其值可通过相应表格查得。

3. 装备选择的原则

装备的选择原则是每个企业经营中的一个重要问题。合理地选购装备，可以使企业以有限的装备投资获得最大的生产经济效益。这是装备管理的首要环节。为了讨论方

便,结合更新问题进行讨论。选择装备的目的,是为选择最优的技术装备,也就是选择技术上先进,经济上合理的最优装备。

一般来说,技术先进和经济合理是统一的。这是因为,技术上先进总有具体表现,如表现为装备的作业效率高等。但是由于各种原因,有时两者表现出一定矛盾。例如,某台装备效率比较高,但能源消耗大。这样,从全面衡量经济效果不一定适宜。再如,某些自动化水平和效率都很高的先进装备,在生产的批量还不够大的情况下使用,往往会带来装备负荷不足的矛盾。选择机器装备时,必须全面考虑技术和经济效果。下面列举几个因素,供选择装备时参考。

1) 作业性

作业性是指装备的作业效率。选择装备时,总是力求选择那些以最小输入获得最大输出的装备。目前,在提高装备作业率方面的主要趋向有下列几项。

装备的大型化——这是提高装备生产率的重要途径。装备大型化受到一些技术经济因素限制。同时要受到运输能力的影响,受到市场和销售的制约。而且,在现有的工艺条件下,有些装备的大型化,不能显著地提高技术经济指标,装备大型化使生产高度集中,环境保护工作量比较大。

装备高速化——高速化表现在作业、加工速度、运算速度的加快等方面,它可以大大提高装备作业率。但是,也带来了一些技术经济上的新问题。主要有:随着运转速度的加快,驱动装备的能源消耗量相应增加,有时能源消耗量的增长速度甚至超过转速的提高;由于速度快,对于装备的材质、附件、工具的质量要求也相应提高;速度快,零部件磨损、腐蚀快,消耗量大;由于速度快,不安全因素也增大,要求自动控制,而自动控制装置的投资较多等。因此,装备的高速化,有时并不一定带来更好的经济效果。

装备的自动化——自动化的经济效果是很显著的。而且由电子装置控制的自动化装备,还可以打破人的生理限制,在高温、剧毒、深冷、高压、真空、放射性条件下进行生产和科研。因此,装备的自动化,是生产现代化的重要标志。但是,这类装备价格昂贵,投资费用大,生产效率高,一般要求大批量生产;维修工作繁重,要求有较强的维修力量;能源消耗量大;要求较高的管理水平。这说明,采用自动化的装备需要具备一定的技术条件。

2) 可靠性

可靠性是表示一个系统、一台装备在规定的时间内、在规定的使用条件下、无故障地发挥规定机能的程度。规定条件是指工艺条件、能源条件、介质条件及转速等。规定时间是指装备的寿命周期、运行间隔期、修理间隔期等。规定的机能是指额定能力。人们总是希望装备能够无故障地连续工作,以达到生产更多产品的目的。一个系统、一台装备的可靠性越高,则故障率越低,经济效益越高,这是衡量装备性能的一个重要方面。

同时,就装备的寿命周期而论,随着科学技术的发展,新工艺、新材料的出现,以及摩擦学和防腐技术的发展,装备的使用寿命可以大大延长,这样,每年分摊的装备折旧费就愈少。当然,在决定装备折旧时,要同时考虑到装备的无形磨损。

3) 维修性(或叫可修性、易修性)

维修性影响装备维护和修理的工作量和费用。维修性好的装备,一般是指装备结构简单,零部件组合合理;维修的零部件可迅速拆卸,易于检查,易于操作,实现了通用化和标准化,零件互换性强等。一般说来,装备越是复杂、精密,维护和修理的难度也越大,要求具有相适应的维护和修理的专门知识和技术,对装备的润滑油品、备品配件等器材的要求也高。因此在选择装备时,要考虑到装备生产厂提供有关资料、技术、器材的可能性和持续时间。

4)节能性

节能性是指装备对能源利用的性能。节能性好的装备,表现为热效率高、能源利用率高、能源消耗量少。一般以装备单位开动时间的能源消耗量来表示,如小时耗电量、耗汽(气)量;也有以单位产品的能源消耗量来表示的。能源使用消耗过程中,被利用的次数越多,其利用率就越高。在选购装备时,切不可采购高耗能的装备。已经使用的,要及时加以改造。

5)耐蚀性

给水装备野外作业时经常受到各种化学物质的腐蚀。因此,装备应具有一定的防腐蚀性能。制造一种完全不腐蚀的装备是不可能的,经济上也是不合理的。所以要在经济实用的前提下,尽量降低腐蚀速度,延长装备的使用寿命。这需从装备选材、结构设计和表面处理等方面采取相应措施,以保证生产工艺的需要。

6)成套性

成套性是指各类装备之间及主辅机之间要配套。如果装备数量很多,但是装备之间不配套、不平衡,不仅机器的性能不能充分发挥,而且经济上可能造成很大浪费。装备配套,就是要求各种装备在性能、能力方面互相配套。装备的配套包括单机配套、机组配套和项目配套。单机配套,是指一台机器的主机、辅机、控制装置之间,以及与其他装备配套。项目配套,是指一个新建项目中的各种机器装备的配套,如工艺装备、动力装备和其他辅助生产装备的配套。

7)通用性

这里讲的通用性,主要指一种型号的机械装备的适用面要广,即要强调装备的标准化、系列化、通用化。就一个企业来说,同类型装备的机型越少,数量越多,对于装备的备用、检修、备件储备等管理都是十分有利的。目前有不少装备,虽然型号一样,或一个厂的不同年份的产品,由于某些零件尺寸略有差异,就给装备检修、备件储备带来很多困难和不必要的资金积压,并增大了检修费用。不少专用装备,目前还采用带图加工的办法,是很不合理的。一是不能批量生产,成本较高,质量不易保证;二是备品储备增加;三是工艺改变,不利于装备的充分利用。事实说明专用装备实行标准化、系列化是完全可能的。各厂在新装备设计或老装备更新改造时,应尽量套用标准设计,而不要另起“炉灶”。一来可节省设计费用,减少不必要的重复劳动;二来对推动标准化、系列化、通用化有益,对改善企业管理有利。

以上是选择机器装备要考虑的主要因素。对于这些因素要统筹兼顾,全面权衡利弊。

参 考 文 献

[1]   余勤,等.新型水源侦察系统[M].北京:解放军出版社,2012.

[2]   李建国,郭东.钻机操作培训教程[M].北京:石油工业出版社,2008.

[3]   张奇志,等.电动钻机自动化技术[M].北京:石油工业出版社,2006.

[4]   黄开启,古莹奎,等.矿山机电设备使用与维修[M].北京:化学工业出版社,2009.

[5]   孙松尧,等.钻井机械[M].北京:石油工业出版社,2006.

[6]   王胜启,高志强,等.钻井监督技术手册[M].北京:石油工业出版社,2008.

[7]   元和平,等.电驱动钻机使用与维护[M].北京:石油工业出版社,2005.

[8]   尹永晶,等.车载钻机[M].北京:石油工业出版社,2002.

[9]   王荣祥,李健,等.矿山工程设备技术[M].北京:冶金工业出版社,2005.

[10]   赵大军,等.岩土钻凿设备[M].长春:吉林大学出版社,2004.

[11]   洪有密.测井原理与综合解释[M].东营:中国石油大学出版社,2008.

[12]   章成广,肖成文,李维彦,等.声波全波列测井响应特征及应用解释研究[M].武汉:湖北科学技术出版
       社,2009.

[13]   肖培琛,李耀文,万舒,等.放射性测井基础与中子寿命测井[M].北京:石油工业出版社,2007.

[14]   章成广,江万哲,潘和平,等.声波测井原理与应用[M].北京:石油工业出版社,2009.

[15]   肖立志,等.核磁共振测井原理与应用[M].北京:石油工业出版社,2007.

[16]   陈果.测井信息处理与应用[M].东营:中国石油大学出版社,2006.

[17]   沈琛.测井工程监督[M].北京:石油工业出版社,2005.

[18]   李士军.机械维修技术[M].北京:人民邮电出版社,2007.

[19]   李双景.陆战武器系统分析与作战评估[M].北京:军事科学出版社,1998.

[20]   籍宝林.武器系统战斗效能分析[M].装甲兵指挥学院,2000.

[21]   郑俊峰,等.三维激光扫描系统在测绘技术中的应用前景[J].科技信息,2007.

[22]   李志良,等.军事地形分析与利用[M].北京:八一出版社,1993.

[23]   张里程,等.利用全站仪 CASS 测绘数字化地形图[J].煤炭科技,2005.

[24]   周刚炎.大比例尺地形测量新技术的发展及前景[J].工程勘察,1999.

[25]   曹小平,路广安,孙红军,等.装备维修计划与控制[M].北京:国防工业出版社,2009.

[26]   魏新利,尹华杰.过程装备维修管理工程[M].北京:化学工业出版社,2005.

[27]   司来义,等.信息作战指挥控制学[M].北京:解放军出版社,1998.

[28]   王可定.作战模拟理论与方法[M].长沙:国防科技大学出版社,1999.

[29]   黄劳生.作战工程保障运筹分析[M].北京:军事科学出版社,1995.

[30]   曹小平.装备维修战略学[M].北京:国防工业出版社,2008.

[31]   马占新.偏序集理论在数据包络分析中的应用研究[J],系统工程学报,2002.

[32]   刘曙阳,程万祥.C3I 系统开发技术[M].北京:国防工业出版社,1997.

[33]   杨江平.电子装备维修技术与应用[M].北京:国防工业出版社,2006.

[34]   宋建杜.装备维修信息化工程[M].北京:国防工业出版社,2005.

[35]   叶传标,赵振南.指挥自动化系统[M].南京:工程兵工程学院,1998.

[36]   郝杰忠,杨建军,等.装备技术保障运筹分析[M].北京:国防工业出版社,2006.

[37]   杨伦标,高英仪.模糊数学原理及应用[M].广州:华南理工大学出版社,1996.

[38]   《运筹学》编写组.运筹学[M].北京:清华大学出版社,1996.

［39］ 张最良,李长生,等.军事运筹学［M］.北京:军事科学出版社,1997.

［40］ 中国煤炭教育协会职业教育教材编写委员会.矿山机械维修与安装［M］.北京:煤炭工业出版社,2009.

［41］ 车宏安.软科学方法论研究［M］.上海:科学技术文献出版社,1995.

［42］ 徐南荣,钟伟俊.科学决策理论和方法［M］.南京:东南大学出版社,1995.

［43］ 王保存.世界新军事革命［M］.北京:解放军出版社,1999.

［44］ 朱明,张锦瑞,杨中.管理系统工程基础［M］.北京:冶金工业出版社,2002.

［45］ 胡桐清.人工智能军事应用教程［M］.北京:军事科学出版社,1999.

［46］ 汪应洛.系统工程(第二版)［M］.北京:机械工业出版社,1999.

［47］ 张莹.运筹学基础［M］.北京:清华大学出版社,1995.

［48］ 孙增圻.智能控制理论与技术［M］.北京:清华大学出版社,1997.

［49］ 焦李成.神经网络应用与实现［M］.成都:电子科技大学出版社,1993.

［50］ 刘桂芳,冯毅.高技术条件下的 C3I［M］.北京:国防大学出版社,1994.

［51］ 林锉云,董加礼.多目标优化的方法与理论［M］.长春:吉林教育出版社,1992.

［52］ 吴枕江,刘雨,等.指挥控制系统分析概论［M］.长沙:国防科技大学出版社,1992.

［53］ 黄宪东,等.指挥自动化建设与管理［M］.北京:军事谊文出版社,1994.

［54］ 穆若志.外军武器装备维修管理研究［M］.北京:解放军出版社,2002.

［55］ 甘茂治.军用装备维修工程学［M］.北京:国防工业出版社,1999.

［56］ 王利勇.军事装备研究［M］.北京:国防大学出版社,2014.